INTERIOR DESIGN FREEHAND SKETCHING

室内设计快题手绘表达与解析

宋威 /编著

机械工业出版社
CHINA MACHINE PRESS

设计思维与手绘表达

室内设计快题手绘表达与解析

■宋 威 / 编著

机械工业出版社
CHINA MACHINE PRESS

本书通过系统的设计思考，深度解析快题设计三大方面的内容：方案设计、设计表达与设计表现。通过基础知识点拨、设计逻辑思路引导、设计步骤解析以及真题作品讲解点评辅助考生掌握考试精髓，进阶提高。

本书分为 8 章，第 1 章为室内设计快题手绘表达综述，第 2 章为室内设计快题手绘的主要内容和命题解析，第 3 章为室内快题设计中的版式设计和标题设计手绘表达，第 4 章为室内快题设计中的分析图设计手绘表达，第 5 章为室内快题设计中的平面图设计手绘表达，第 6 章为室内快题设计中的立面图、剖面图设计手绘表达，第 7 章为室内快题手绘线稿范例与快题绘制的一般步骤和方法，第 8 章为室内设计快题手绘表达优秀范例及评析。

本书可供室内设计快题手绘考试考生、爱好者、相关培训师生使用。

图书在版编目（CIP）数据

室内设计快题手绘表达与解析 / 宋威编著. — 北京：机械工业出版社，2021.9（2025.1 重印）
ISBN 978-7-111-69013-9

Ⅰ. ①室… Ⅱ. ①宋… Ⅲ. ①室内装饰设计—教学参考资料
Ⅳ. ① TU238.2

中国版本图书馆 CIP 数据核字（2021）第 171423 号

机械工业出版社（北京市百万庄大街 22 号邮政编码 100037）
策划编辑：刘志刚　责任编辑：何文军　刘志刚
责任校对：刘时光　责任印制：张　博
北京建宏印刷有限公司印刷
2025 年 1 月第 1 版第 3 次印刷
215mm × 225mm · 14.4 印张 · 2 插页 · 423 千字
标准书号：ISBN 978-7-111-69013-9
定价：109.00 元

电话服务	网络服务
客服电话：010-88361066	机　工　官　网：www.cmpbook.com
010-88379833	机　工　官　博：weibo.com/cmp1952
010-68326294	金　　书　　网：www.golden-book.com
封底无防伪标均为盗版	机工教育服务网：www.cmpedu.com

PREFACE

序

设计一词对于普通大众已经变得不那么陌生了，这是一个设计的时代。而整体对设计(Design)相关联的诸多知识系统、认知范畴以及应用深度的了解仍显得距离遥远。已经或者未来将要从事设计的人们也一直面临科技迭代和知识完善的自我更新状况，现实需求和理想期待都是如此。

设计思维、设计手段、设计表达、设计实践、设计成果和设计评价，构成了设计教育和设计应用影响人类生活方式重要的核心内容。其中，设计思维(Design Thinking)的培养形成，在互联网背景与人工智能袭来的当下，则需要进行系统的重新建构，包括如何重新认识人文艺术的植入路径和精神的表达。

斯坦福大学著名的“D.School”（斯坦福设计学院），将设计思维分成5大步骤，即共情、定义、创意、制作、测试，每一步骤的所含内容和分层也较为复杂，逻辑严密，形成一套完整的理论体系和目标建立。这套“设计思维与手绘表达系列”，将设计思维的理念建构与执行手段融合，涵盖了关于环境设计的主要学科，拓展了设计思维的理论框架和实施途径。

虽然摄影技术、计算机、互联网、AR、3D打印技术在设计领域的应用已十分广泛，而设计思维则处于整个设计流程的“前置”状态，决定着“后置”的所有环节。现实是，在设计创意和方案形成的早期阶段，如果对于计算机过度依赖，会让设计者逐渐放弃自主性，丧失观察物象世界的敏锐性和快速捕捉能力，譬如形象和形态、尺度和材质、色彩与质地、文脉与肌理关系等。手绘所具有的第一反应和非理性表达，与人类的本真诉求更为接近，它强化了人脑思维和行为动作的良性协调。通过手脑高度一致的表达推演，拆解和验证设计思维的每个步骤，可以有效地完善和丰富设计，同时也提升了设计师的“自信塑造”和“能量聚集”。

另外，回顾绘画艺术的发展，从古典绘画、宗教艺术、文艺复兴绘画到近现代艺术，手绘表达占据着重要的地位， 东西方绘画均是如此。手绘所具有的唯一性和不可重复性，以及情绪化的呈现形式、时空的自由对接、语言的个性化选择等优势，都被展现得淋漓尽致。作为具有鲜明特性的设计表达手绘，在满足功能性诉求的同时，已经成为独立的艺术形式和审美对象，手绘的多重角色可见一斑。

本丛书的作者宋威拥有从大学本科、硕士研究生到博士研究生这样完整的学习经历，有着室内、建筑、展示和视觉传达等丰富的设计经验，学术视野开阔。在大学一年级就显现出优秀的手绘表达能力，为他以后的学习工作奠定了坚实的基础，这些年来的设计生涯也从未间断，成果丰硕。今天这样的系列图书出版，值得祝贺！

陈六汀

北京服装学院艺术设计学院 教授 博士

2021年夏日于北京

RECOMMENDATION

推荐语

手绘是设计师表达思想最直观且生动的方式，许多著名设计师习惯使用手绘方式快速记录瞬间的灵感，把构思加工成可视化的图示。当前中国设计教育，尤其是设计学研究生教育，非常重视设计学基础教学，在基础教育的体系中设计思维和表达无疑是重要的方面，手绘表达是设计专业学生必须要掌握的基本技能之一。而快题设计手绘不仅是大多数设计院校入学考试的主要内容，同时也是很多大型设计公司入职考试的关键一环。由此可见，手绘表达的重要性是不言而喻的。该书从手绘基础到快题基础，由浅入深，循序渐进，是一本很好的设计思维和手绘表达的工具书。

——徐飞/清华美院信息系博士后

设计手绘不仅仅是艺术设计类院校研究生考试的重要科目之一，对于职业设计师来说也是一项必不可少的技能。设计手绘是设计师构思方案的一种直观生动的表达方式，可以帮助设计师在短时间内快速表达创意。一个优秀的设计师不一定会有很强的手绘能力，但具有好的手绘表达能力一定更容易成为优秀的设计师。该书在设计手绘的方法、技巧等方面都有独到的见解，同时也有优秀的手绘案例便于读者学习参考。

——韩坤炯/清华美院科普硕士、信息系博士研究生

手绘对于设计师而言是一种表达方式，具有不可替代的作用。一名优秀的设计师，不仅要有好的构思和创意，还需要通过一定的形式将其表达出来，设计手绘表达便是最直观有效的方式。该书不仅能让你了解手绘表达的重要性、快速掌握手绘表达的要点和技巧，最重要的是教你捕捉设计构思与创意、推敲设计方案、建立设计思维。

——张宇春/清华美院环艺系博士研究生

会颠球的人不一定是专业足球运动员，但是专业足球运动员一定会颠球。那么可不可以这么说，会手绘的人不一定是专业设计师，但是专业设计师一定会手绘。设计师关注设计问题的核心价值，满足客户的诉求，传达自己的设计意图。手绘虽然是纸笔间的划动，但实际上是一种思维工具，它能够帮助设计师思考，尤其是在草图阶段构思方案、推敲细节、构建信息框架发挥着不可替代的作用。

——罗亦鸣/清华美院信息系博士研究生

对于“设计手绘”，我更倾向于称之为专业设计方案构思阶段的手绘草图过程，其涵盖室内设计、景观设计等多方面的专业基础知识。“设计手绘”作为相关专业研究生考试中评判学生水平的方式是有其道理的，专业教师可以从一张短时间内绘制的“设计手绘”中看出学生对专业基础知识的掌握程度和设计思维的灵活性。无论是作为研究生考试的重点专业科目，还是作为衡量学生专业水准的量尺，学生对设计手绘的学习都是必要且重要的。该书系统地梳理了设计手绘的学习方法和内容，是学生系统性学习专业基础知识和开拓设计方案思维思路的必看书籍。

——杨跃/清华美院环艺系硕士研究生

在众多的设计表达形式中，手绘是最直观的表达，也是衡量设计师能力的标准之一，其不仅是研究生专业考试的主要内容，也是在工作中表现想法与创意的重要工具。线条、比例、结构、透视、色彩都是手绘表现的要义，该书从设计手绘的理论到实践都有详细的讲解，并结合了大量的优秀设计案例，相信会给考研学生以及工作中的设计师们带来全新的方法与思路。

——李成惠/清华美院科普硕士研究生

即使是在如今各类计算机软件功能丰富的今天，设计手绘仍是设计师不可替代的基础表达语言，它是一种可以快速直观传达设计灵感的工具，是方案从设想迈向现实的关键第一步。不同于单纯的艺术绘画作品，设计手绘的首要目标是准确而清晰地讲述关键信息，达到有效沟通的效果。好的设计手绘作品可以表现出设计师的创意思维逻辑与基本专业素养。该书中优秀的案例和精准的讲解对于学习者了解设计手绘具有很强的指导意义，值得读者临摹、分析与体悟。

——苗雨菲/清华美院科普硕士研究生

设计手绘的主要目的是体现设计者的设计意图。通过准确的透视、尺度等向观看者传达信息；通过具有张力的构图、设色等营造氛围，在设计快题中具有极其重要的作用。对于设计手绘的学习者来说，学习设计手绘的手段无外乎多看、多想、多练。在平时多多收集、观摩、研究优秀的设计手绘案例，分析其优点、缺点分别在哪里。在自己练习时也要将平时积累的设计素材灵活运用。该书为学习设计手绘者提供了丰富的设计素材方便大家观摩学习，希望各位读者能够充分、灵活地对这些素材进行内化和运用。

——吴楠/清华美院科普硕士研究生

设计手绘是目前大部分艺术设计研究生入学考试专业基础的重要内容，快题设计手绘可以考查考生快速构思设计方案的能力，以及手绘表现能力。通过对设计手绘的学习和练习，不但能促进设计方案的有序展开，沿着正确的设计方向发展，而且能不断提高设计者的专业设计素质。该书在设计思考及手绘表达方法等方面有独特的见解，对设计思维的提升有很好的引导作用，是值得学习和借鉴的。

——张一凡/清华美院科普展览硕士研究生

设计手绘是将设计与艺术结合起来的产物，不仅要考虑它设计方案的美妙，也要考虑整体作品呈现出来的艺术感。学习设计手绘一开始可能只是高校的敲门砖，其实它的作用远远大于此，随着学习的深入你会发现它是做设计的最好工具。市面上的设计手绘书大多把它作为一本教辅材料，该书最大的不同是从设计工具的角度教你如何画好设计手绘，它是服务于设计的。

——黄蕾/清华美院科普展览硕士研究生

求学阶段，手绘是重要的设计学基础技能；工作时期，手绘贯穿整个建设周期。在概念规划前期，手绘将创意灵感快速转化为视觉效果；在方案交流推敲中，手绘比口头阐述更加形象，较计算机建模更加快捷；在施工图阶段，良好的手绘能力可以极强地提高与各专业的沟通效率。该系列丛书，从建筑、景观、室内、展陈等多方面展开，全面、系统、实际地研究了设计学科的手绘方式方法，适合高校教师、设计师、在校学生使用。

——王华石/北京华清安地建筑设计有限公司，工程师，中央美术学院建筑学院硕士研究生

RECOMMENDATION

推荐语

我认为设计手绘是一种快速表达个人设计思维的方式。在设计之初徒手勾勒草图常常能给创作带来灵感。同时，设计手绘的延展性很强，无论是草图勾勒还是细节刻画表现力都极强。就考研设计快题而言，我认为手绘风格固然重要，但更重要的还在于个人设计思想、设计理念、设计规范、画面效果和个人特色的综合表达。该书很好地归纳和总结了手绘设计的要素，能够帮助考生快速理解和学习设计手绘。

——苏春婷/中央美术学院建筑学院硕士研究生

手绘是设计方案展示与交流的重要手段，其表现形式与呈现效果不仅能够直接反映出创作者的专业能力，亦可检验出其设计思维是否具有独创性。该书立足于当代设计前沿，结合长期的专业考研辅导教学经验，从教与学的角度，注重手绘设计的实践与应用性，通过系统科学的设计过程引导，激发设计思维发散，提供高效的训练思路，让使用者在较短的时间内提高方案创造力与效果表现力。

——杨莹/中央美术学院建筑学院硕士研究生

考研手绘快题一直是考研中很重要的一环，如何在短时间内准确把握设计要求并表现自己的想法，是对每个好设计师的基本要求。手绘快题里包括平面图、剖面图、立面图、效果图、分析图等，其中每张图注重的东西不同，比如构图、透视、明暗、色彩、元素、尺度、标注，小的细节构成大的整体。多练习也是学习手绘的重要方法，对线条的掌握，学习前期完全可以多临摹，多看优秀作品并且与自己的作品多对比。

——李香漫/中央美术学院建筑学院硕士研究生

该书多方面讲解考研手绘注意事项，能够收获手绘的更多知识，更重要的是通过该书能够让我们了解手绘的正确步骤和方法，开阔眼界。由基础到高阶，每一步都配有大量精美的作品，以深入浅出的方法和例子，准确地展现了室内设计如何正确地运用手绘表达设计理念。该书不仅是工具书，也是值得收藏的画册，相信该书能够成为您设计理念不断创新的灵感源泉。如果能够将该书通读，相信在手绘方面能够获得质的飞跃。

——郑德群/北京理工大学环艺系硕士研究生

在“环艺”设计的学习过程中，手绘学习是其中不可或缺的一条关键路径。手绘学习必须经历临摹到创意的过程，由“演习”转为“实战”，这种演进的过程，是学习手绘表现技法不可忽视的过渡环节。整个过程由浅入深、由简单到复杂的递进。而反复训练既能增强手绘表现技法又能提高设计方案能力。手绘学习的目的是为了更好地应用这一技能，并最终服务于设计。该书将手绘学习必经过程进行拆分，满足手绘全阶段学习诉求，通过细致的讲解与前沿设计的描摹表现，赋予读者对手绘学习更好、更深的理解。

——宋晓菲/北京理工大学环艺系硕士研究生

设计手绘是设计师用于记录资料、记录想法、交流设计的最方便、最快速的工具，也是设计师的工作语言。对于一个设计师来说手绘具有不可替代的作用。手绘是表达捕捉构思与创意、推敲设计方案最快捷的表现手段，能够很好地把设计者的手、脑、眼三位一体地结合起来，是计算机所代替不了的。手绘更能反映设计师的艺术修养，创造个性、创造能力，是设计师必备的专业技能，也正是多数设计类专业考研的必考科目。该书从基础入门到技法表现到方案推演，一步步带领大家了解考研手绘，学习设计手绘 ，辅助大家将设计理念表达得淋漓尽致。

——宋雨晴/北京理工大学环艺系硕士研究生

快题手绘是考研的必考科目，因此手绘技能必不可少，尤其是“环艺”专业，不光是考试，在之后的工作中都会用到，通过手绘去表现自己的设计想法，也是自己个人技能的提升，提高自己的竞争力。手绘入手是容易的，但是画好手绘是不容易的。作者从事手绘设计教研工作多年，专注探索手绘表达的方法，以自己独特的表达方式去解读设计手绘。相信一本用心制作的手绘书能给大家带来指引和帮助。手绘不是一朝一夕就可以学好的，要坚持不懈地练习和不断地积累，从而提高自己的手绘能力。

——刘雅静/北京林业大学环艺专业研究生

作为一名“环艺”的学生，快速表达是一个设计师表达想法最原始、最直接的方式，也是最基本的能力。手绘能力的提升是一件慢慢积累的事情，它可以快速直观地表现出你自己的设计方案。优秀的设计理念需要通过手绘来做到快速表达，这也就是为什么考研院校的专业考试需要用手绘来测试学生的设计能力。这是一本适合手绘“小白”的书籍，作者经验丰富，有自己的教学思路，从基础线条到空间塑造都有自己的巧思应用，可以使读者快速地掌握手绘技巧。认真研读练习一定会收获满满！

——孔泐涵/北京服装学院城市与建筑设计硕士研究生

手绘是设计师必须掌握的一项技能，它是表现创意与捕捉灵感的载体，是艺术设计的初始阶段，是最直接的“设计语言”。在如今这样一个科技高速发展的时代，设计师们普遍使用计算机绘图来表达，反而忽略了手绘能力的重要性。该书是一本经典的手绘教材，详细地介绍了手绘从表达方式到练习，最后再到完整表达的一个过程。该书作者与我亦师亦友，是带我打开手绘大门的良师，广大读者在阅读这本手绘书籍后，同样也会在设计手绘上有新的感悟。现在的设计师需要重视手绘能力的重要性，而该书就是一本不可多得的好书。

——杜旭萍/北京服装学院环艺系硕士研究生

熟练掌握手绘这一项技能，可以带给我们更多沟通上的便利。它的全面性和随意性可将设计理念用最直接的方式表达出来，所以，在目前设计手绘不仅仅是低年级的一项课程，更是硕博考试以及毕业后的工作需要。作者作为我的考研快题导师，在考研过程中给了我很多指导和建议，同时也给了我在毕业后顺利找到心仪工作的自信心。该书运用了作者独特的教学理论，结合教学实践，从而可以更快更轻松地学习手绘技巧。在读书、练习的过程中经历一次有趣而又特殊的课堂教学体验，何乐而不为？

——王彤匀/北京服装学院环艺系硕士研究生

当前国内设计行业的竞争愈加激烈，方案设计和方案表现方面显得尤为重要。虽然计算机能制作出逼真的效果，却失去了设计者自身的艺术理念，相比之下，手绘效果图能反映设计者个人的艺术素养与思想情感。呈现出的独特品位与审美趣味，也是国际设计行业的现实需求和长远趋势。该书不光能助力读者考研，也能在读者进入设计领域之后给予很大的帮助，手绘将是专业设计师的必备技能。

——鲍艳艳/尚层装饰设计师

FOREWORD

前 言

设计手绘不是耍花枪，是设计过程中思维活动的真实记录，更是一种自然而然养成的习惯。

与我的上一本书相同，这本书也是讲设计手绘的，之所以在手绘前面加上“设计”这个限定词，是想要区别于目前比较流行的表现类手绘，或者称之为技法类手绘，因此本书不是对手绘表现技法的描述，而是致力于对手绘认识观念的转变以及手绘学习过程中常见问题的讲解。对于一个初学者，缺乏阅历和判断力是很正常的，我也是从这个时期过来的，判断画面好坏的标准仅仅是“像不像”“用笔帅不帅气”“刻画得是否深入具体”。这些表面的因素也是最能吸引住初学者眼球的，因此也导致初学者盲目崇拜和跟随。

手绘的爱好者、初学者们，有没有问过自己这样的问题：“什么样的手绘是好的手绘？”“手绘的目的是什么？”“手绘就是为了画好效果图吗？”当你的大脑里没有带着这些疑问去学习手绘时，只是凭借着手来画，你的手绘学习将是被动和消极的，或者不夸张地说是稀里糊涂的。几年来，我教过很多学习手绘的学生，绝大多数是本专业、具备一定的专业基础，也有的是跨专业的，几乎都是零基础学习手绘。当我问到他们为什么学习手绘时，得到的答案几乎都是为了升学、考研、出国，或者是为了工作上的需求。几乎没有因为喜欢、爱好而主动学习手绘的。我觉得这暴露出很大的问题，这也是画不好手绘的根源所在。为了某种目的的被动式学习的效果必然不会理想。不是要求所有画手绘的都要喜欢它，但发自内心的喜欢将是你学习手绘过程中源源不断的动力。

在准备学习手绘之前，请问自己几个问题：

1. **你真心喜欢手绘吗？**

如果说有某种因素可以让你在手绘的道路上走得更好、更远，在我看来，这种因素一定是发自内心的对于手绘的热爱，甚至是痴狂。俗话说，兴趣是最好的老师，在兴趣的带动下，你会拥有巨大的学习热情和不竭的动力。会使你在学习手绘的过程中孜孜不倦，持之以恒。可能有人会觉得说得有些夸张，手绘不就是学校开的那门不得不修的课程吗？手绘不就是考研必考的专业课吗？手绘不就是工作中需要用到的一项技能吗？答案是肯定的，但只适用于那些对于手绘有着更高追求的手绘爱好者，而对于只是追求急功近利和消极被动的那些初学者来说，可能最初是没有必要的。我想大多数手绘学生都属于第二种人，这也正是学习手绘的人有很多，但真正画得好的却不多的根本原因，而这部分人或许没有跟任何老师学过，也没有参加过任何形式的培训。他的“老师”就是自己那份对于手绘的兴趣和热爱。

可能在开篇说这些，对于一个手绘的初学者来说，没有必要，但当有一天你的手绘能力得到了很大的提高时，或者遇见了瓶颈时，希望你能想起我说过的这些。也更希望绝大多数的手绘初学者能够建立起对于手绘的热爱和兴趣。并在学习的过程中，能够带着这些话去思考，去学习，这样你才能在手绘的道路上越走越好，越走越远。

2. 你有正确的学习方向吗?

保证正确的方向是学习手绘的关键。方向错了，即使努力得再多，也是徒劳。在今天我们可以很方便地通过网络浏览到各种手绘资料，而这些手绘资料的水平良莠不齐，甚至鱼龙混杂。不同风格的作品随处可见，无论是从书店还是网络，或者从其他人那里都可以很方便地获得大量的手绘资料，我相信每一位手绘初学者的计算机里都会有几千张甚至上万张手绘资料，这些资料更多时候是安静地放在那里，很少有人去翻看，更不必说会有人认真地去品评、分析这些作品。很多人都有这样的问题，热衷于去找这些资料，但当他们得到了这些资料后却很少再去翻看研究，只是放在硬盘中珍藏存储起来。面对这些资料，我们应该去伪存真，进行判断和做出取舍，选择正确并且适合自己风格的作品，通过临摹学习和借鉴来吸收这些资料中的养分，并转化为自己的东西。

学习手绘的目的不是为了表面的表现技法，而是为了更好地应用这一技能为设计本身服务。设计是创造性的过程，手绘是以图示形式表现头脑中的思维过程。当看到各种手绘资料时，不能仅仅停留在表面表现技法上的学习研究，更是要通过画面看到设计的思路和方法，深入分析表达的方法和达到良好效果。

因此，对于手绘爱好者，尤其是初学者来说，在学习的过程中，要接受正规、正确的训练和指导，把握正确的方向，养成良好的习惯，掌握正确的方法，避免在学习手绘的道路上走弯路。

3. 你学习手绘的方法正确吗?

在这个信息蜂拥的时代，我们可以从网络、书店或者培训机构等获得到大量的手绘学习资料，但正是因为这些不计其数的学习资料中包含了大量的手绘学习方法和表现风格，很容易使初学者眼花缭乱，无从下手。因此在学习手绘的过程中寻找适合自己的风格和方法，不要被良莠不齐的手绘学习资料所迷惑而失去判断。

从我自身的学习经历来看，一般手绘学习的过程应该是：理论学习—临摹—写生—设计实践，如此往复。一般认为临摹是学习手绘的第一步，但在我看来，没有目的和方法的临摹是错误的，在临摹之前应该进行系统的手绘理论学习，如透视原理、制图基础、色彩基础等。所谓理论指导实践是很有道理的，大脑里如果没有理论依据的支撑，就会盲目，甚至是在稀里糊涂地临摹，并不知道画的道理和原因，只是靠临摹的数量来积累经验，以此提高手绘能力，这样的手绘学习方法效率是很低的。

4. 冰冻三尺非一日之寒，水滴石穿非一日之功

你能做到持之以恒吗？天道酬勤，贵在坚持。当你在学习手绘的过程中，有了正确的方向和目标后，那么剩下需要你做的就只有两件事：持之以恒地坚持和不断地提高眼界。手绘的学习是一个漫长的过程，是一个在原有基础上不断超越的过程，这个过程是简单而重复的。简单重复意味着只要保证方向和方法上的正确，接下来就是不懈地坚持和重复这个过程，这里我所说的重复和坚持，意思不是说要靠数量上的积累，数量上的积累固然重要，量的变化必然引起质变。但更希望把这种重复和坚持的过程放在每日的手绘学习上，就像吃饭和睡觉一样，每天画几张手绘，把这种行为养成一种习惯。建议每天画一两张小画，而不是一天时间内突击画大量的手绘，我认为这样做可以保持新鲜感，有充分的时间去思考，并且不至于产生压力和厌倦感，让手绘变成一种自发的爱好，而不是把它当作一种作业或者负担。当你每天都花费一点时间去重复这个过程，当你有一天会因为没有画手绘而感觉不自在或者缺少点什么的时候，恭喜你，你距离手绘成功就越来越近了。学习手绘最美的音符就是每天听到笔尖在纸上划过的声音，最令人难忘的气味就是马克笔挥发出来的味道。这种“坚持”看似简单，但能够做到的人并不多，当你每天都能主动地拿起笔，在纸上画出一根线条，一个简单的形体，你都是在进步的。学习手绘犹如逆水行舟，不进则退。因此，在当你每天都拿起笔的那一刻，希望你能和昨天去比较，并带着思考和对问题的分析，去开始新一天的手绘之旅。

不止如此。

宋 威
清华大学美术学院

目录 CONTENTS

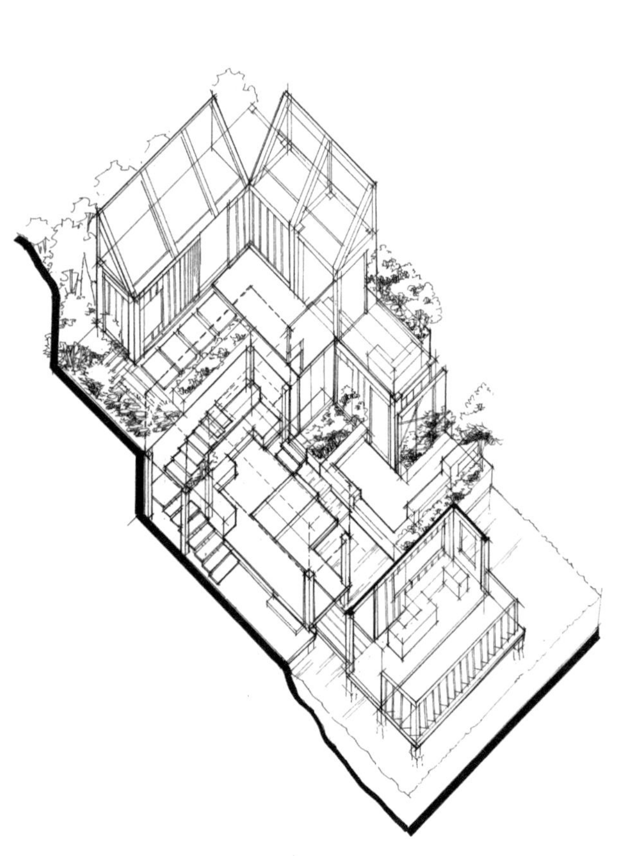

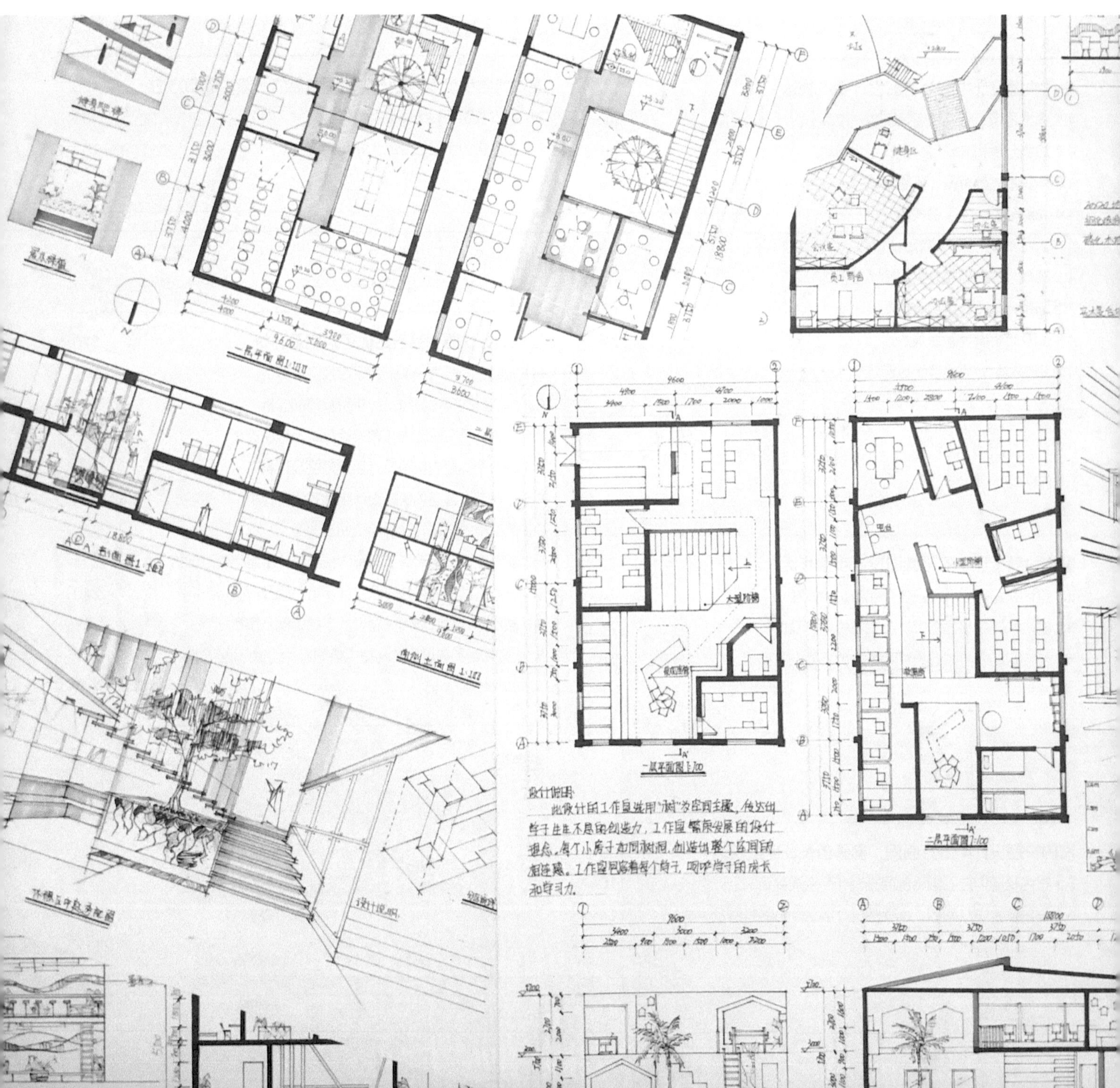

一层平面图 1:100
设计说明：
此设计的工作室选用"树"为空间主题，传达出孩子生生不息的创造力，工作室繁荣发展的设计理念。每个小房子如同树洞，创造出整个空间的相连感。工作室包容着每个孩子，呵护孩子的成长和学习力。
二层平面图 1:100

Chapter 01 室内设计快题手绘表达综述

室内设计快题手绘的认识和理解

室内设计快题表现有时也称作快速表现，是指在比较短的时间内用一系列专业的图示和文字的形式来表达室内方案的设计思维过程以及对预期效果的表达的一种手绘形式。室内设计快题手绘是目前大多数艺术设计院校研究生入学专业考试的主要内容，也是很多设计公司入职考试的主要内容，因此，越来越多的学生开始关注和学习室内设计快题表现。

和很多学生的经历相同，很多大学的课程设置中安排了手绘这门基础课程，但多侧重于写生的手绘练习或者侧重于效果图的表达训练。很少有专门的对室内设计快题的学习课程。室内设计快题手绘和写生类的手绘，以及效果图的手绘有很大的不同，室内设计快题手绘是一套完整设计方案的手绘表达，包含了大量的信息，我们平时所侧重的效果图只是快题设计中的一部分内容，是对设计方案预期效果的表达，能够传达的信息是有限的，需要结合平面图、立面图、效果图以及分析图等一起来展示设计的思路和想法。

室内设计快题表现是设计方案从无到有过程的再现，一般情况下，一张完整的快题包括设计草图、概念分析图、平面图、立面图、剖面图、透视效果图以及必要的设计说明。室内设计快题表现一般是要求在4~6小时内完成，在A1或者A2的图纸上来展现对设计方案的思考过程和对方案预期效果。室内设计快题表现的形式有很多种，马克笔、彩色铅笔、水彩笔等形式都可以表达室内设计的方案。而马克笔的快捷性、方便性以及易于掌握成为室内设计快题表现的主要形式。因此，可以说快题设计是训练和考查快速设计能力和表达能力的一种很好的方式。

一幅优秀的室内设计快题不仅是一幅很好的绘画作品，并且应该是一幅准确无误的设计图，可以最终服务于设计本身。一幅优秀的室内设计快题是一整套设计方案的思路再现，能够让观者看出设计师的思维过程。因此，对于初学者来说，应该对室内设计快题多加练习，更注重于对设计思维过程的培养和训练，而不只是注重于效果图的表达和技法的炫耀。

建筑设计手稿如图1-1、图1-2所示。

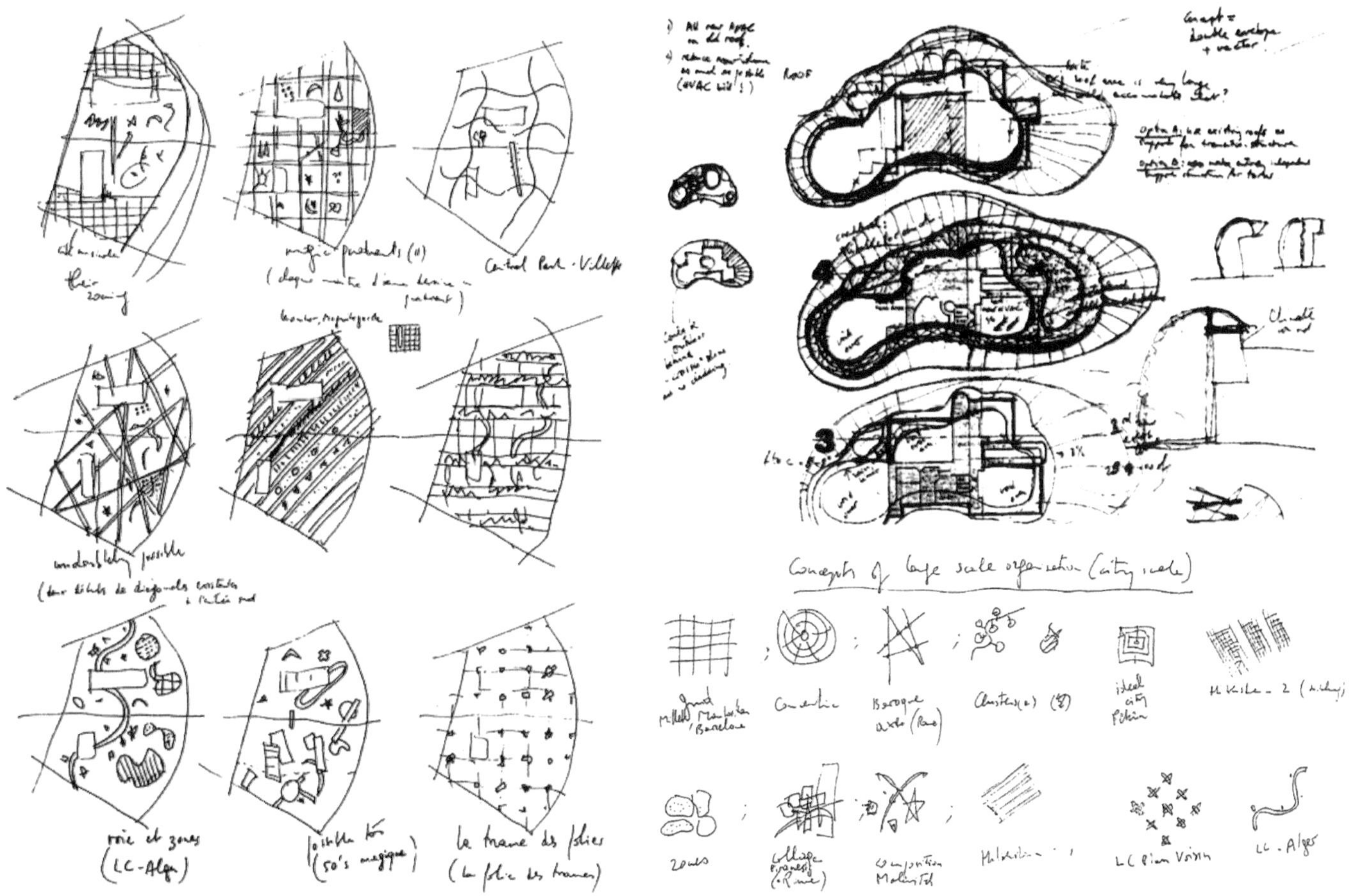

图1-1 建筑设计手稿（一）/ 屈米

1.1 室内设计快题手绘的考试要求和评判标准

室内设计快题手绘考查学生对专业知识的掌握情况、快速设计能力和表达能力，对于专业基础考试来说是一种很好的考查形式。但快题手绘的分数不能完全反映一个学生的设计和综合能力。成绩会受很多因素的影响，如运气、临场发挥、阅卷老师的喜好等因素。符合题目要求、创意新颖、设计规范、表达美观、整体效果强烈等方面是快题设计手绘考试的基本要求，也是通常快题评分的采分点。评判室内设计快题好坏的标准有很多，归纳起来可以分成以下几种：

（1）是否切题，是否符合题目的要求。室内设计快题手绘是在给定的题目和要求下进行快速设计和表现，好的室内设计快题手绘一定是对题目的准确解读和解答，而不是对模板的生搬硬套。

（2）方案的设计。方案设计的好坏是评判室内设计快题手绘的重要标准，也是广大考生的弱点，绝大多数方案设计要么中规中矩，要么缺乏新意，没有将两者结合好。

（3）在规定的时间内是否充分表达。在考试规定的时间内完成整张快题是充分表达的基础和前提，

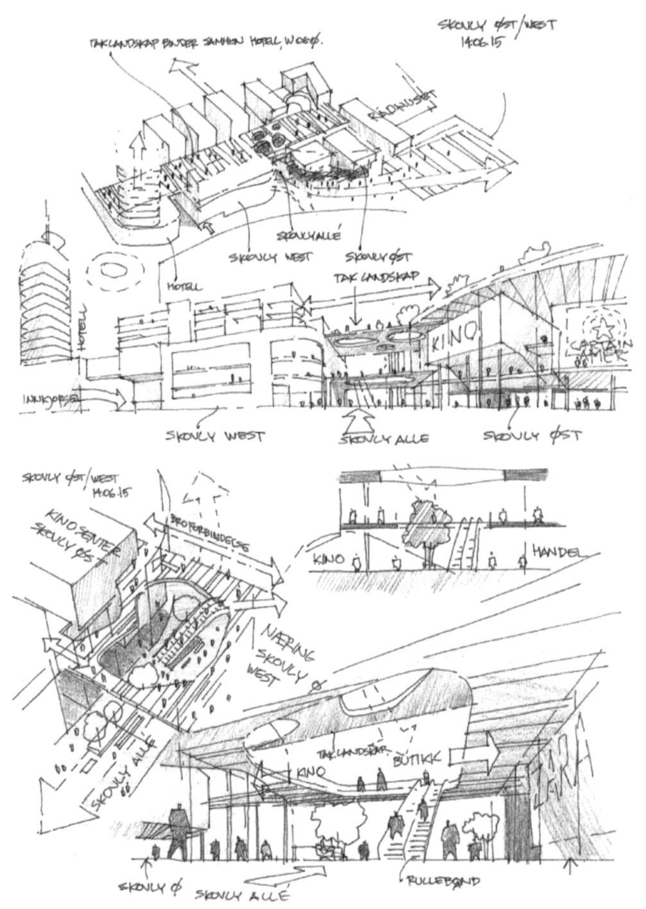

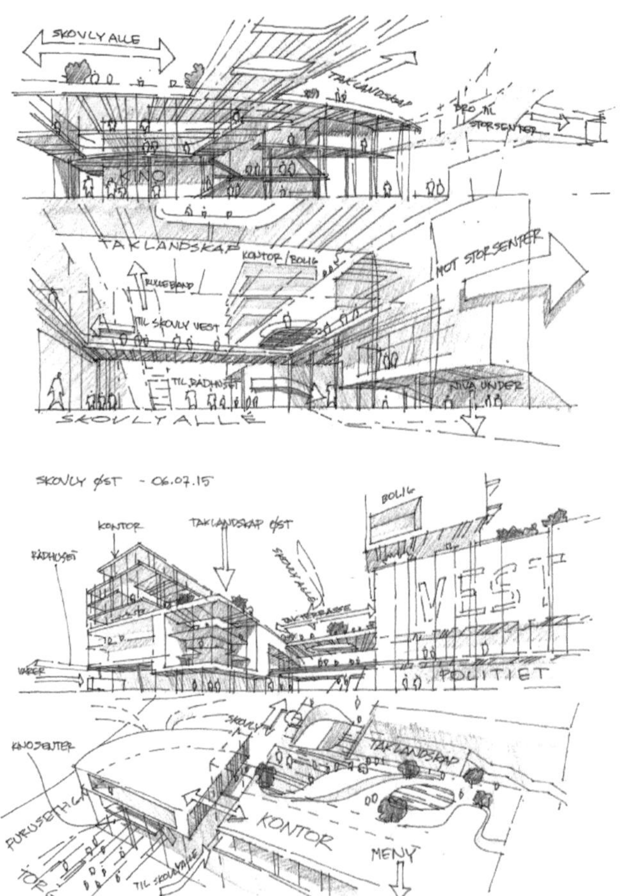

图1-2　建筑设计手稿（二）/ Pinterest

没有完成整张快题是不可能取得好成绩的。相同的时间内，你表达得越充分，越能够让你的快题脱颖而出。

（4）适当表现。室内设计快题手绘不是画得越深入越好，要适可而止，见好就收，否则容易使画面“匠气”。很多阅卷老师并不喜欢这种经过培训痕迹明显的画法，毕竟室内设计快题手绘不是考查手绘的能力，因此不应该把时间花在无休止的表现上。

（5）制图是否规范标准。读图、识图、制图能力是这个专业的基本要求。相比表现、线型、比例等制图规范基础内容是考查的重点，制图是否规范和标准是考试考查的基本内容和重要内容，也是阅卷老师评分标准中重要的一项。

（6）个人风格是否明显。从历年的考试试卷可以看出，越来越多的学生在考前会参加培训来提高手绘的能力，但这种填鸭式的教学使学生的快题手绘越来越相似，甚至很大部分学生画的快题就像一个人画的，相同的版式或相同的配色，这种生搬硬套模板使自己的快题缺乏个性。

（7）图面的整洁度。图面是否整洁干净也是评分的一个标准，也是给阅卷老师的第一个印象。虽然所占分数不高，但如果不多加注意，丢掉的这几分，想在其他方面找回这几分却是很困难的。在作图时，要时刻注意尺子是否干净，不要把马克笔和墨线的笔痕弄得到处都是，保证画面的干净整洁会给阅卷老师一个良好的印象。

建筑设计手稿如图1-3、图1-4所示。

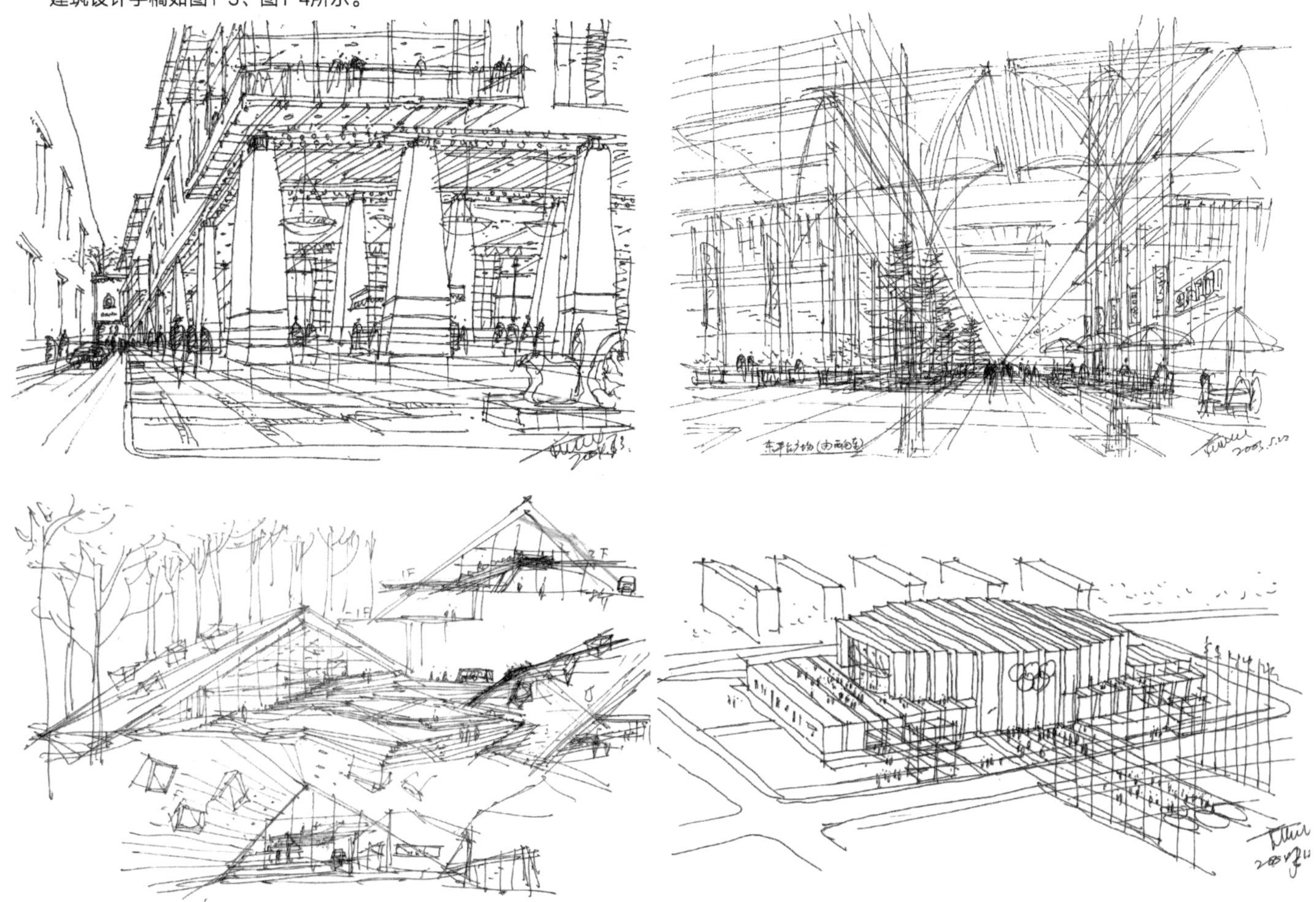

图1-3　建筑设计手稿（三）/ 庄惟敏

1.2 室内设计快题手绘中的常见问题

1.2.1 设计能力差，对方案的设计束手无策

不积跬步无以至千里，室内设计快题手绘不是一蹴而就，需要日常点滴积累。平时缺乏积累，脑子里空，设计能力不强是制约室内设计快题质量的重要因素，也是影响室内设计快题表现速度的主要原因。这是一个设计师日常的习惯问题，对于一本手绘的书籍来说，不想说得过多，结合自身的学习经历，谈谈我的方法，仅供大家参考。在学习手绘的过程中，一定要注重平时对设计素材的积累，在大脑中形成自己的资料库和素材库，随时可以调用。养成眼睛、大脑和手同时合作的习惯，不要仅仅停留在用眼睛看，我习惯于准备一个本子，把看到的自己认为好的设计元素和案例用简单的文字和图形的方式记录下来，不一定追求画得多么好，但过程中要尝试分析好的原因和设计的思路，这样时间久了，一方面手头的速写能力得到了很大的提高，另一方面自己大脑中也储存了大量的设计素材和案例。久而久之提高快题设计和手绘表达的能力，对于设计师的成长有很大的帮助。

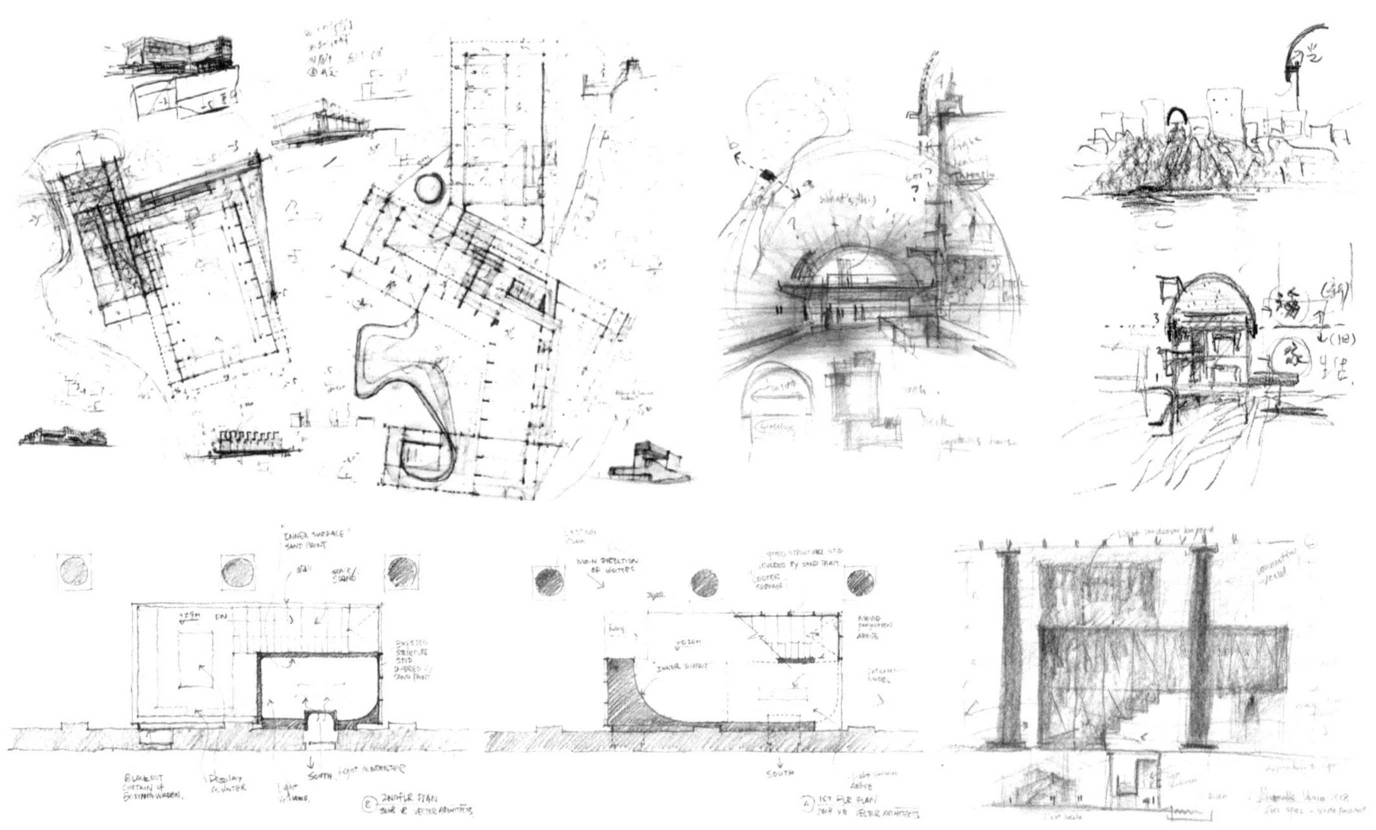

图1-4　建筑设计手稿（四）/ 董功

1.2.2 时间不够用，在规定的时间内不能完成快题设计

从以往的教学经验来看，对于大多数学生来说，在规定的时间内画不完是他们面临的最大问题，也是考试分数不高的主要原因。对于快题设计考试来说，一般的考试时间是在4~6小时内完成一整套方案的设计和表现，这对于一个初学者，或者没有经过系统学习快题设计的考生来说是十分困难的。这么大的图量在如此短的时间内，更不用说充分表现，就连完成整个快题都是件不容易的事。

时间不够用主要是三个方面的原因：

1. 时间安排不合理。对于整个快题设计没有一个明确的时间规划和安排，画到什么程度，完全是靠感觉，这样很容易造成时间安排的不合理。在日常的练习过程中应该计时练习。把从开始到结束的时间记录下来，精确到分钟，并记录每一部分所用的时间，如平面图用了多少时间、效果图用了多少时间，并做个简单的统计，看哪一部分耗时最多，接下来就从这个方面入手，着重练习提高作图的速度。

2. 方案设计耗时太多。方案设计是整个快题设计最重要的一部分，也是初学者最头疼的部分，经常脑子里空，设计不出来东西。这主要是平时对设计积累得不够，大脑里的素材缺乏。

3. 熟练度不够。速度跟不上，这与画的数量不够有直接的关系。书读百遍，其义自现。画得多了，自然手头的速度就提上来了。根据个人的经验和对学生的数据统计来看，以四个小时的快题设计为例，如下的时间安排是比较合理的：0~30分钟，用于方案的初步设计；30~90分钟，用于深入设计和线稿的绘制；90~150分钟，用于墨线的绘制；150~210分钟，用于颜色的绘制；210~240分钟，用于文字和最终画面的调整。这是一套室内设计快题手绘比较合理的时间安排，尤其是适用于考试，但每个人的习惯和能力不同，应该根据个人的特点作调整。

1.3

室内设计快题手绘抄绘练习方法

针对快题设计手绘学习过程中脑子空、素材积累不够，抑或手头表达速度慢，不知道如何下笔等问题，手绘抄绘练习是常用且有效的方法，抄图百遍，其意自见，抄绘练习是能够短时间内快速提高设计能力和手绘表达能力的重要手段。抄绘练习是指把成熟优秀的设计方案通过手绘的形式抄画一遍，在这一过程中能够积累大量的设计案例和设计素材，在提升设计思维能力的同时锻炼手绘表达能力。

室内设计抄绘练习范例如图1-5~图1-12所示。

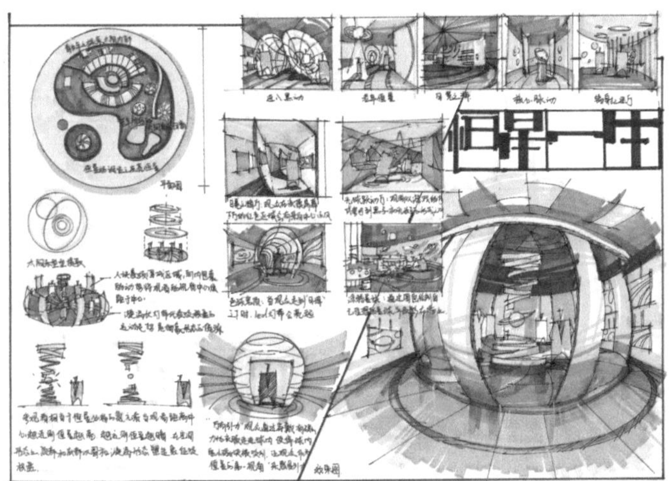

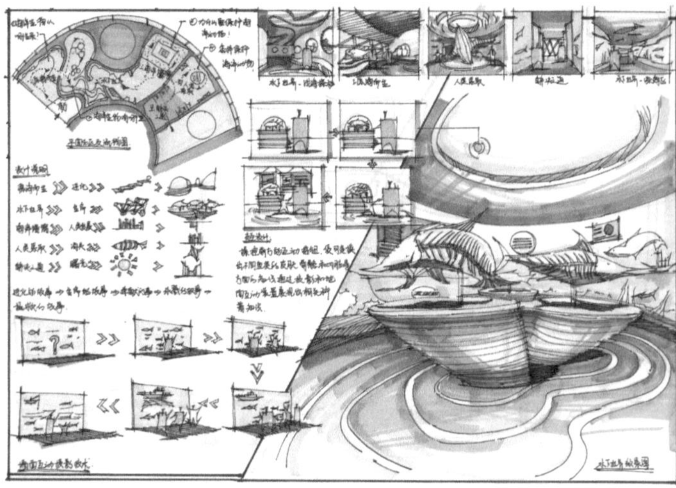

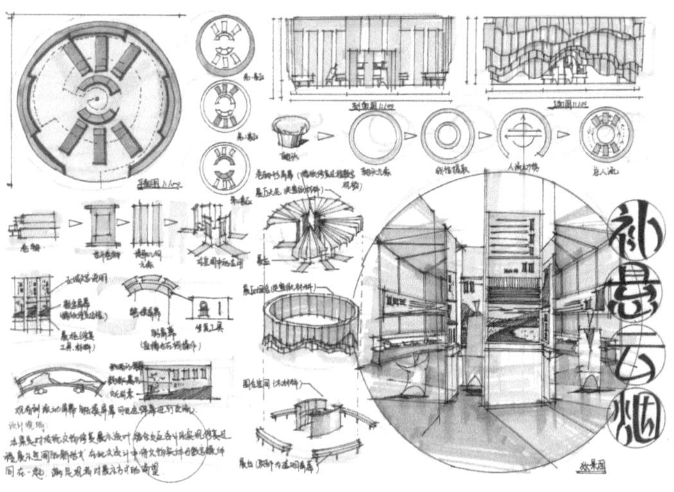

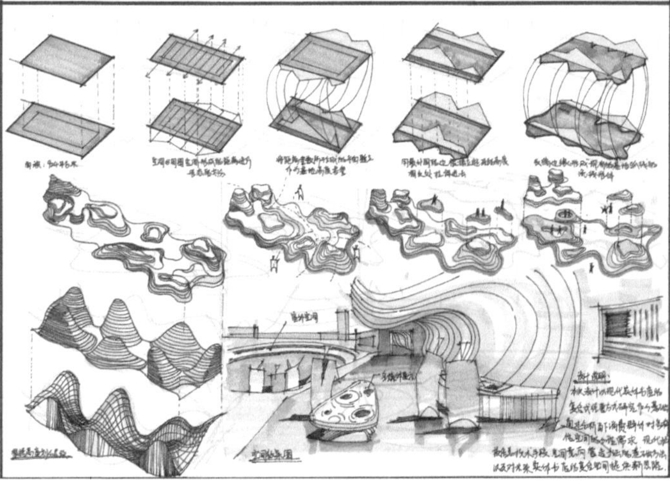

图1-5　室内设计抄绘练习范例（一）

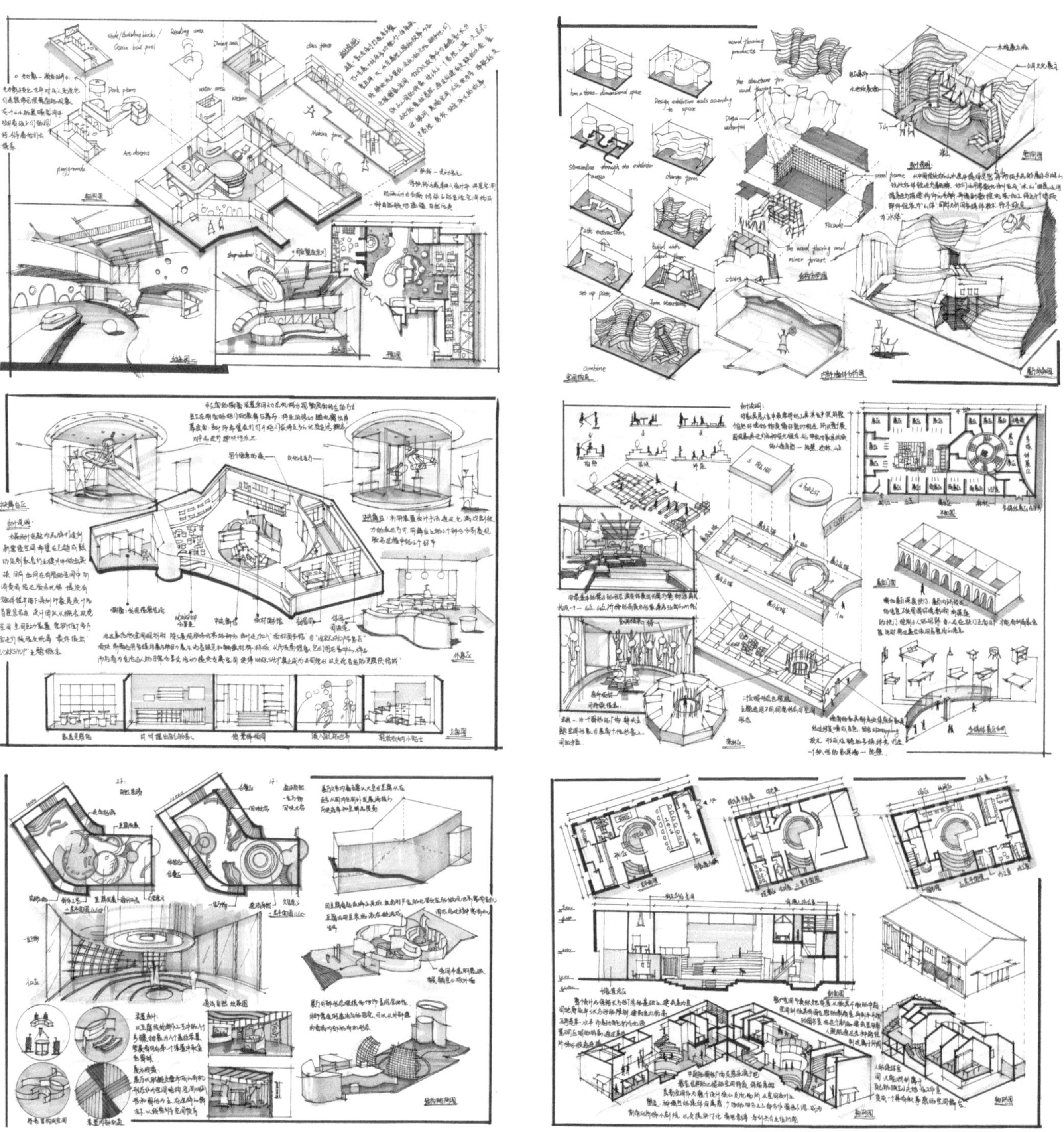

图1-6 室内设计抄绘练习范例（二）

1.3.1 手绘抄绘练习的内容

设计能力是制约和影响快题设计手绘分数的根本原因，因此在日常练习中，必须把设计能力的提升作为快题学习的首要目标。在室内快题手绘抄绘练习过程中，首要目标不是解决如何画好的问题，最重要的是解决如何设计的问题，因此优秀的设计案例，特别是与快题设计相似空间的设计方案是手绘抄绘练习的主要内容。在进行抄绘的过程中，一定要注重分析优秀案例的设计思路、设计方法、设计语言等设计层面的内容。

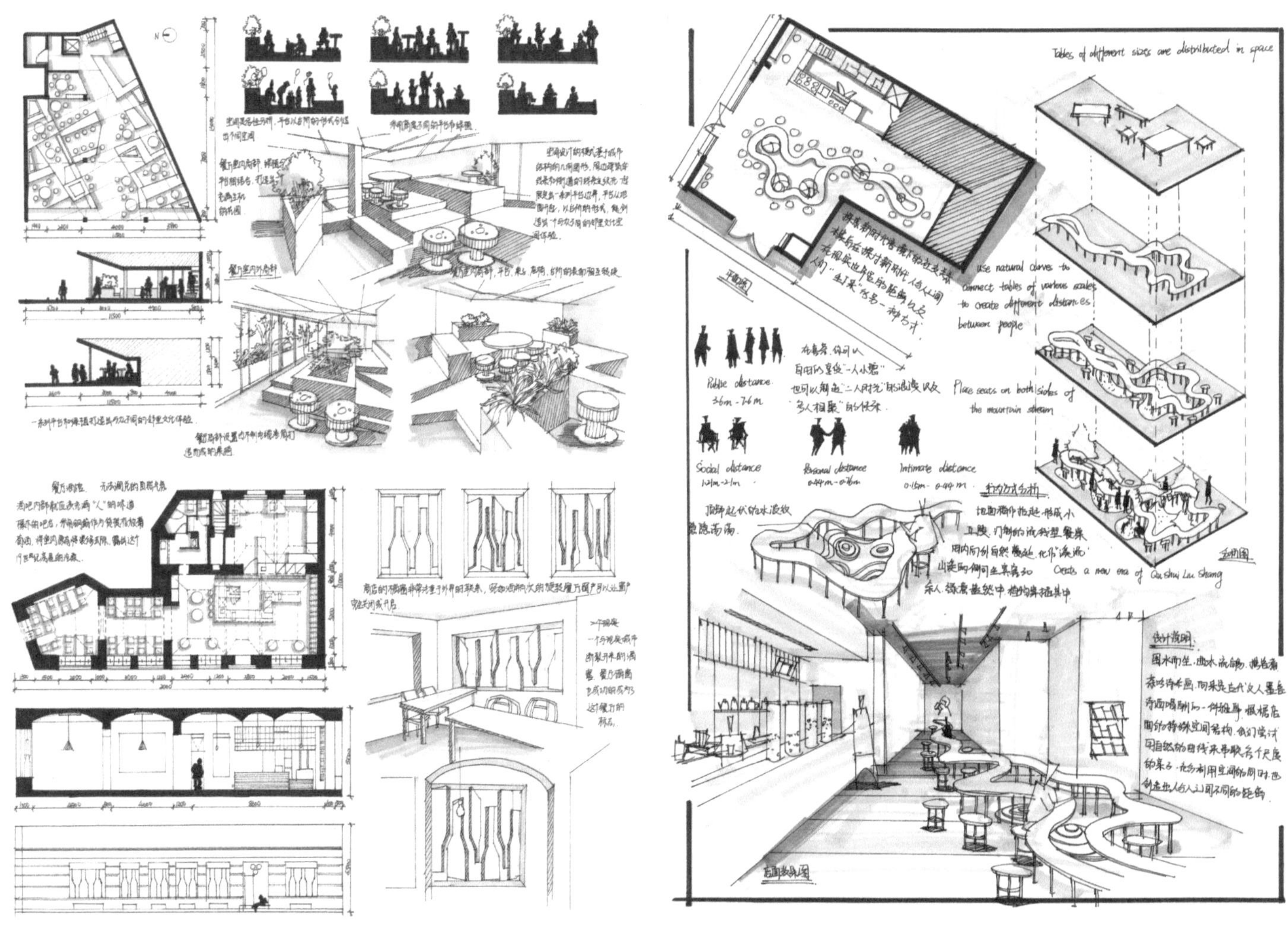

图1-7　室内设计抄绘练习范例（三）

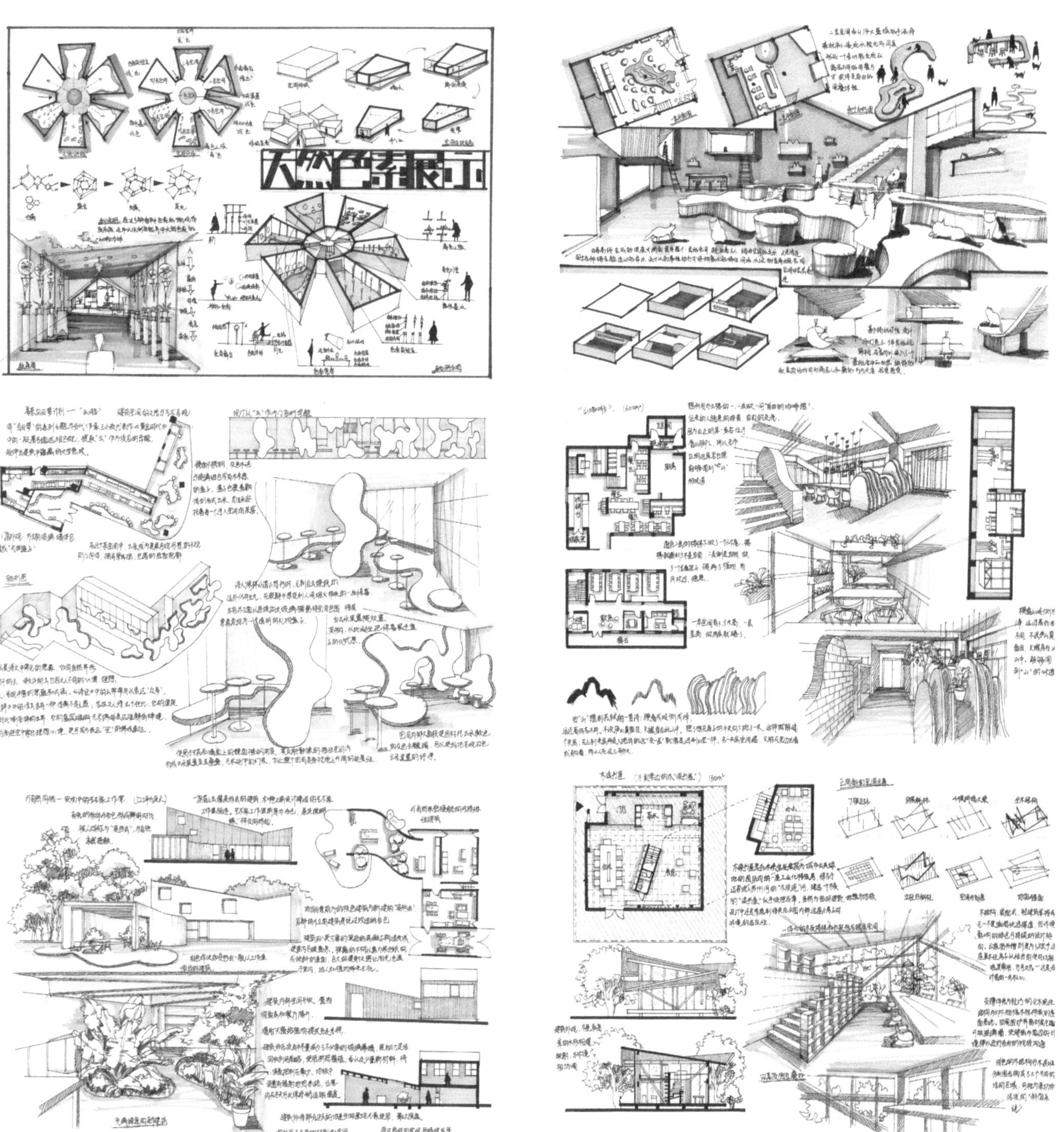

图1-8　室内设计抄绘练习范例（四）

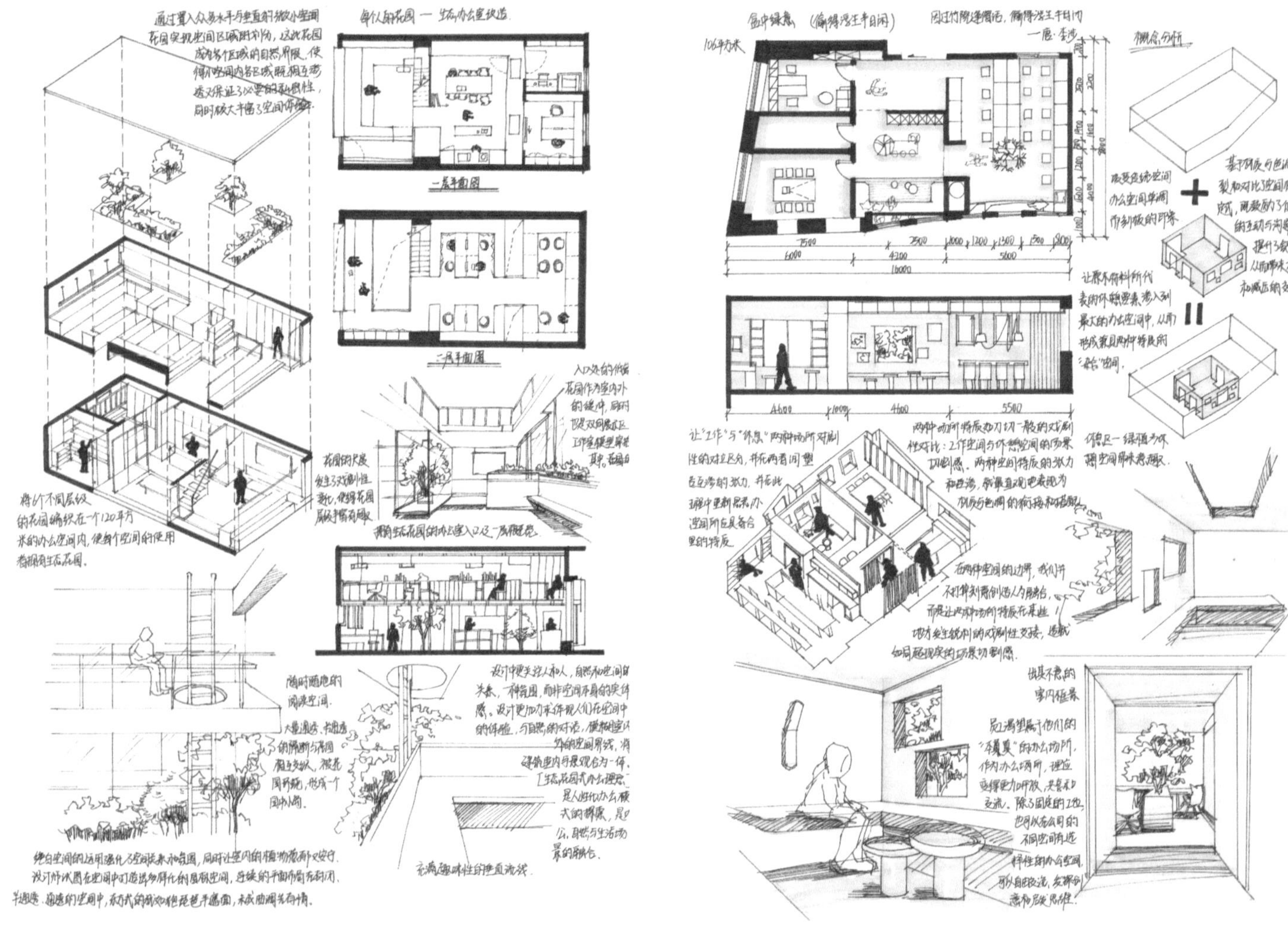

图1-9　室内设计抄绘练习范例（五）

1.3.2 手绘抄绘练习的方法

对于手绘初学者，手绘抄绘练习能够短时间内学习设计思路、积累设计素材，是快速提升手绘熟练程度的有效方法。手绘抄绘练习必须掌握正确的方法，首先，手绘抄绘的频率和强度，为保证手绘抄绘的效果，每天至少完成一个设计案例的手绘抄绘，这是“基本”的，也是“理想”的。“基本”的意思是至少要保证这个工作量才能达到理想的效果。“理想”的意思是“贵在坚持”，很难有人能够长时间的持续进行手绘抄绘练习。

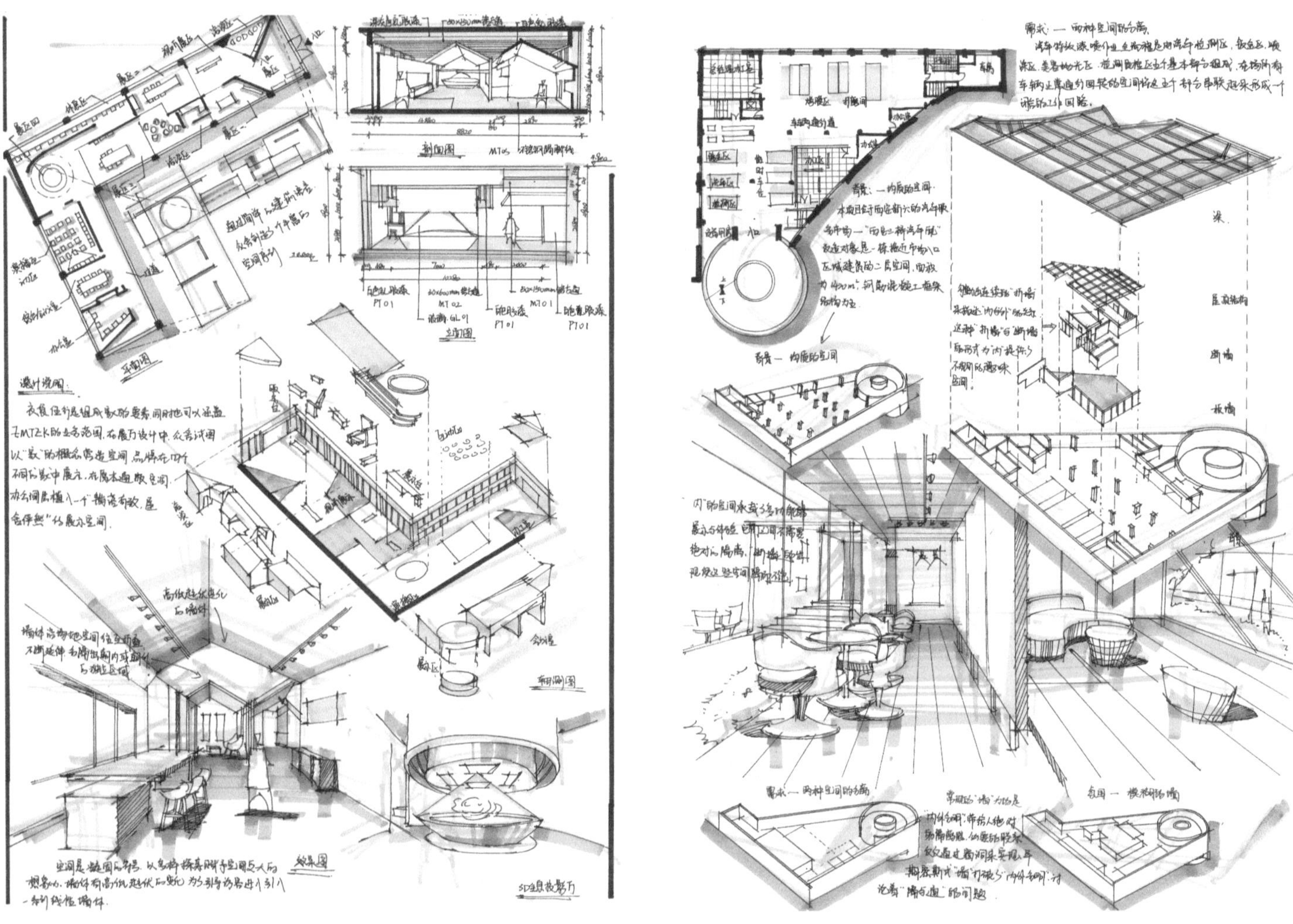

图1-10 室内设计抄绘练习范例（六）

手绘抄绘练习应该由易到难，循序渐进、按部就班地进行，水滴石穿非一日之功，不能急功近利。从简单的空间案例开始，按照人居空间、办公空间、简餐空间、茶饮空间、阅读空间、商业空间、展示空间有计划、有针对性地进行专项空间的手绘抄绘练习。从以往的教学经验来看，抄绘的纸张不易过大，尽量以A4纸为主，抄绘的过程以收集素材、分析案例、学习设计手法为主，以手绘表达为辅。

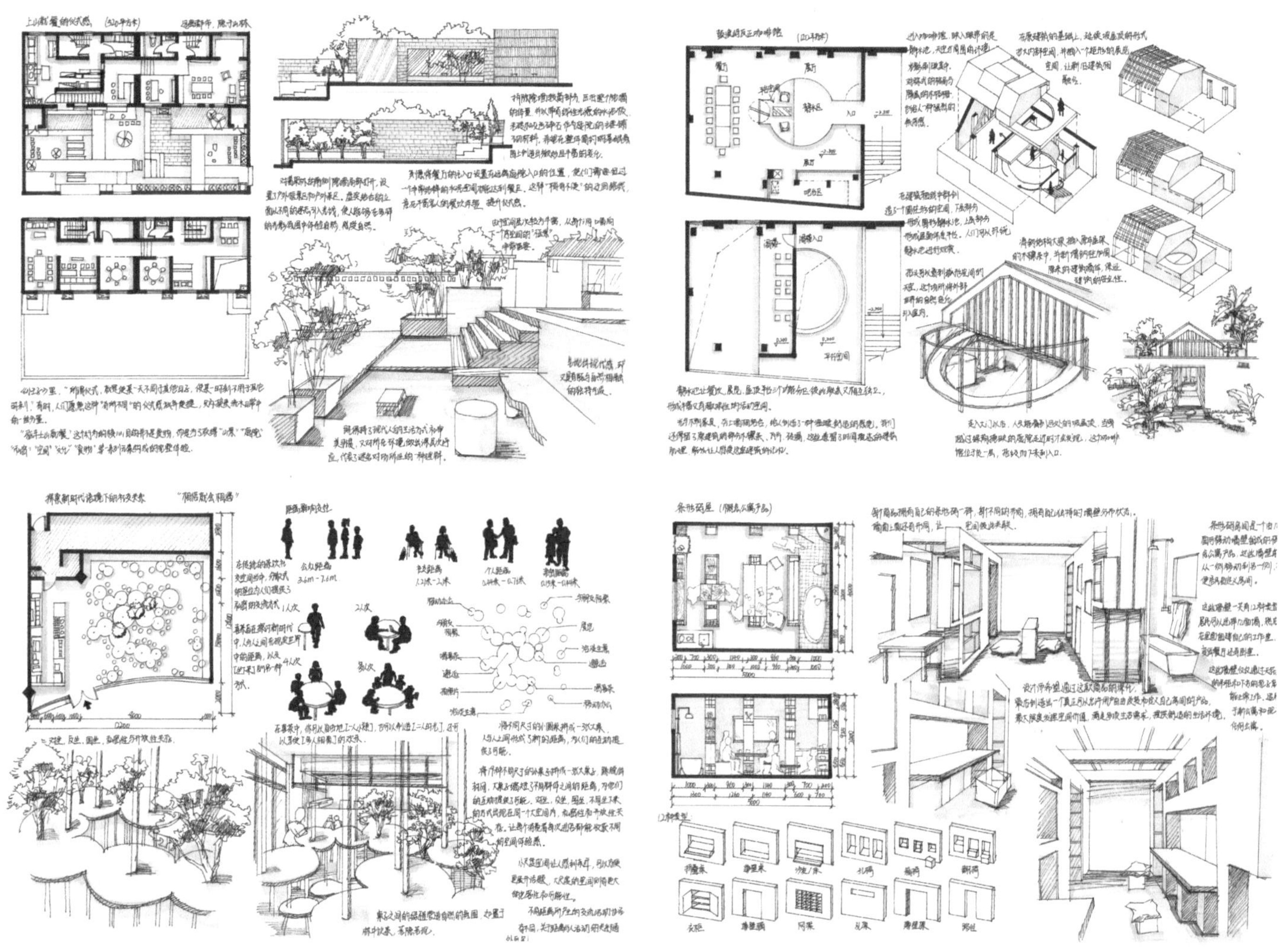

图1-11　室内设计抄绘练习范例（七）

1.3.3 手绘抄绘练习的注意事项

从个人的教学经验和学生的反馈来看，手绘抄绘练习要注意以下三点：第一，对设计的理解程度决定了手绘抄绘的效果，带着思考去进行手绘抄绘练习才能事半功倍；第二，手绘抄绘是对设计方案的全面分析和深入理解，切勿把重点放在效果图的手绘表达上；第三，对于方案的分析不能简单停留在表面形式上，要注重结构构造、材料工艺等深化层面的内容。

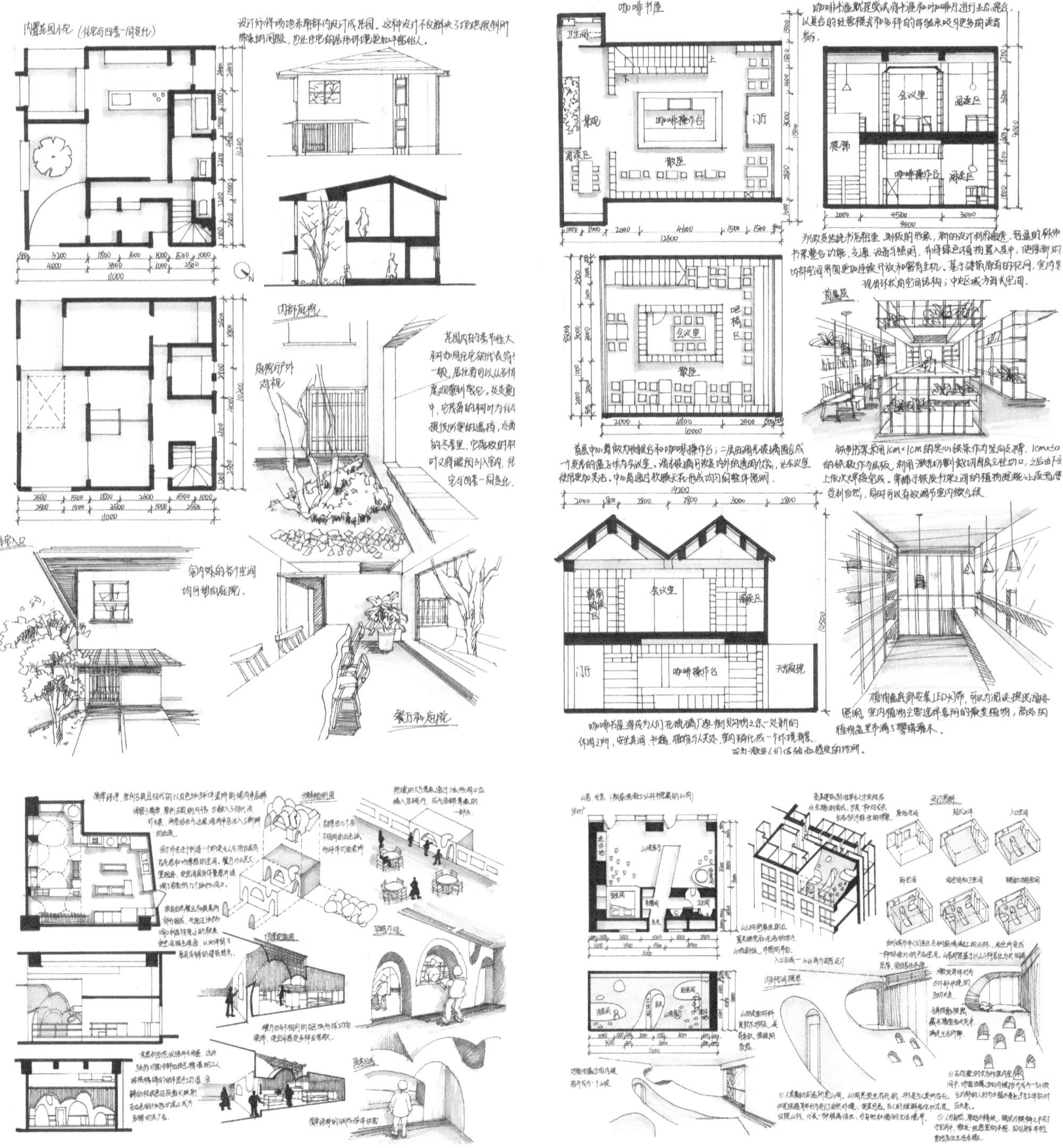

图1-12　室内设计抄绘练习范例（八）

Chapter 02 室内设计快题手绘的主要内容和命题解析

室内设计快题手绘的主要内容

室内设计快题手绘是“环艺”及相关专业考研、就业入职考试的主要考查方式，是考查学生对专业知识的基本掌握能力和设计表达能力的主要方式，也是设计专业学生、设计师要掌握的基本技能之一。目前几乎所有的院校环艺及室内设计相关专业的研究生入学考试中专业基础这门考试科目都是以快题手绘的形式来考查，每个院校具体的考试要求不一样，考试的难易程度也不一样，从考试的题目来看，目前有传统型命题和开放式命题两种考题方向。

从学校的考试大纲来看，设计基础是综合性专业考试，主要考查学生对设计造型形态、空间想象与组合、形式美感法则、构图与色彩及手绘表现的基础设计技能的掌握。要求快题设计符合题目要求，设计创意新颖，具有形式美感，且构图严谨、造型比例准确、色彩与表现技法得当。快题手绘的总分为150分，具体得分点为：创意、规范、表现技法、整体效果等方面，不过每个学校的侧重点不一样。

从院校的考试要求来看，并没有强行规定快题手绘的具体内容，但一张完整的快题手绘至少包含八个部分：快题手绘的标题设计、版式设计、分析图设计、平面图设计、剖面图和立面图设计、效果图设计、制图基础以及简要的设计说明。

室内设计快题手绘的命题解析

随着考研人数的不断增加，很多院校都在进行考试的改革和调整。快题手绘的考试命题方向有传统型命题和开放式命题两种，传统型命题是考题中明确给出场地的尺寸、空间性质、使用要求等具体信息，受限条件较多，考试难度较大。开放式命题是综合性的专业测试，不分专业方向，通常给出名词、短语、句子等内容，通过给出的信息结合考生自己的专业进行设计，受限条件少，比较宽泛。从近几年的考试真题可以看出，目前大多数院校有由传统型命题向开放式命题转变的趋势。

（1）室内快题手绘中的版式设计。

快题设计中的平面图、立面图、效果图、分析图等要素的排列组合形式，与其他设计一样，同样需要好的版式设计，同样的内容、不同的版式设计，呈现出的效果完全不同。

（2）室内快题手绘中的标题设计手绘。

快题设计中的标题字就如同作文的题目，起到点题的效果，标题字的选择不能过于花哨，喧宾夺主，要选择简单容易书写的字体，可使用POP字体及专用的书写工具进行专项练习。

（3）室内快题手绘中的分析图设计手绘。

分析图设计是整个设计过程的开始，是设计师对方案思考过程的一种图解表达，方案在从无到有、从有到优的过程中，大脑会迸发出很多灵感，这些碎片化的灵感重组的过程即是设计的过程，这一过程就需要以分析图的方式表达出来，分析图的种类样式很多，没有固定的形式，需要根据设计的具体情况而定。

（4）室内快题手绘中的平面图设计手绘。

平面图的设计是评判方案好坏的重要依据，也是快题设计考查的重点，通过平面图可以看出功能分区、交通流线是否合理。绝大多数学生会画手绘，但不会设计平面图，这就暴露出设计能力的欠缺，在提升手绘表达能力的同时，要注意积累平面图的素材，提升设计能力。

（5）室内快题手绘中的立面图、剖面图设计手绘。

平面图设计是反映室内空间的位置和大小关系，立面图、剖面图设计则是反映室内空间竖向的尺寸关系和位置关系，是对平面空间布局的一种补充和深化。

（6）室内快题手绘中的效果图设计手绘。

从某种角度来说，效果图是一张快题手绘的脸面和核心，是评判快题手绘最直观的标准。在有限的阅卷时间内，效果强烈、具有视觉冲击力的效果图能够脱颖而出，给阅卷者留下深刻的印象。

（7）室内快题手绘中的设计说明。

设计说明是对快题设计的一个简要概括和总结，是设计总体概念、思路、方法等元素的简要说明。很多学生不重视设计说明的书写，经常是几句话草草了事，这是一个不好的习惯，要注重设计说明的表达和书写标准。

（8）室内快题手绘中的制图基础。

制图基础是室内设计专业的基本功和基本常识，是读图的标准和规范，有很多院校尤其是地方院校，在室内快题设计手绘中不重视制图基础的规范标准，久而久之养成学生不严谨的制图习惯。

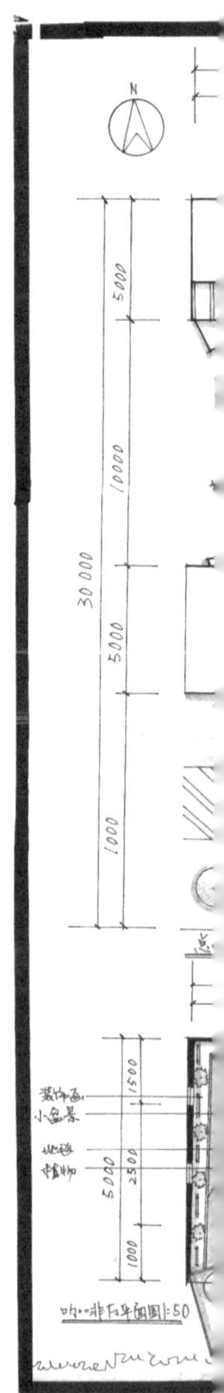

2.1 室内快题设计手绘的主要内容

室内快题设计手绘是在规定的时间内（一般为3~6小时）按照考试题目要求完成的快速设计及手绘表现。通常情况下，一张完整的快题设计手绘至少包含八部分内容：室内快题设计中的版式设计、标题字设计、分析图设计、平面图设计、剖立面图设计、效果图设计、设计说明，以及快题设计中的制图基础部分。

商业休闲空间室内快题设计手绘如图2-1所示。

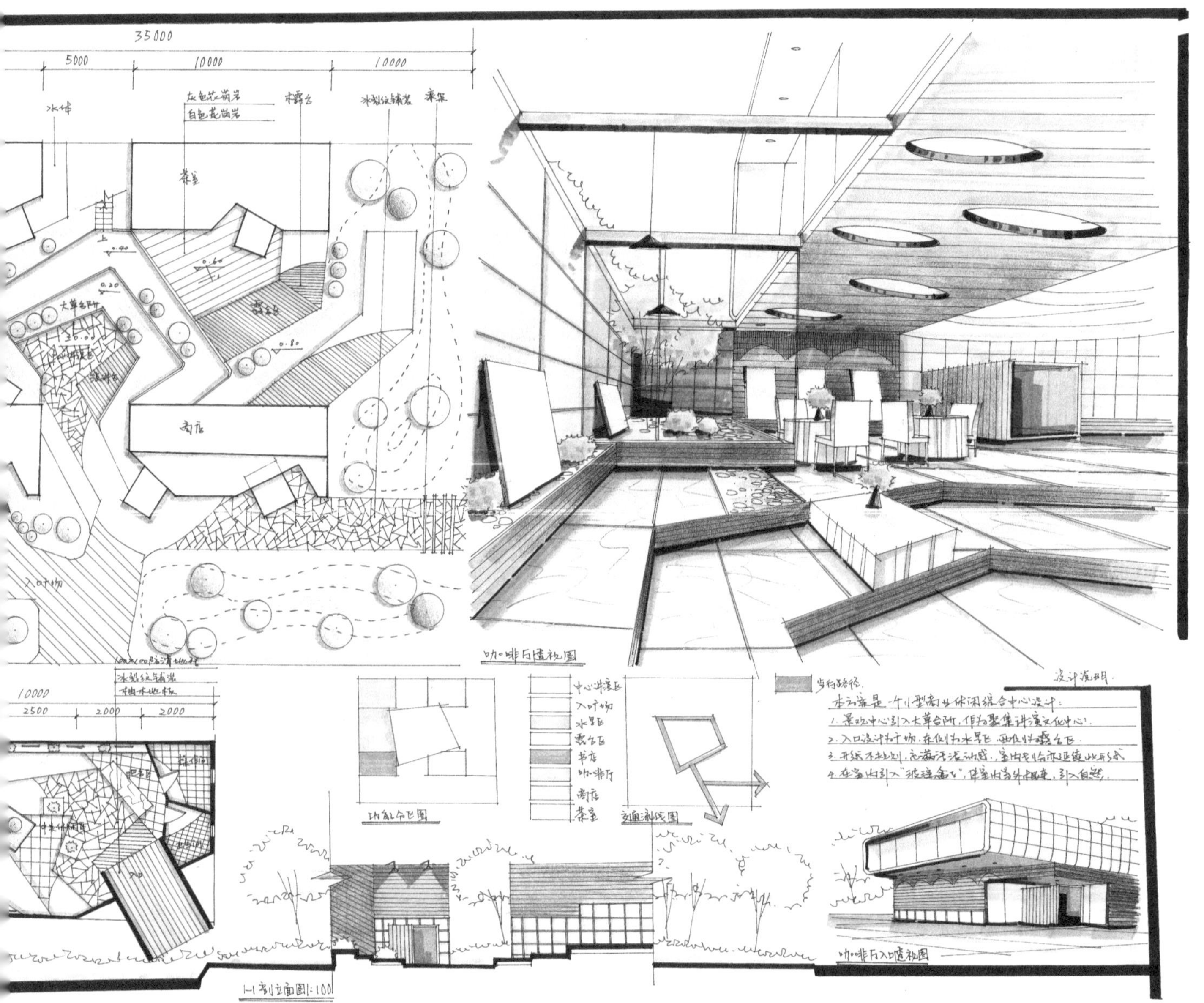

图2-1 商业休闲空间室内快题设计手绘

2.2 室内快题设计手绘的常见空间类型

一张完整的室内快题设计是在规定的时间内，一般为3~6小时内完成的快速设计及手绘表现。一般情况下常见的快题至少包含8部分内容：室内快题设计中的版式设计、标题设计、分析图设计、平面图设计、立剖面图设计、效果图设计、设计说明，以及快题设计中的制图标准。

常见空间类型如图2-2~图2-6所示。

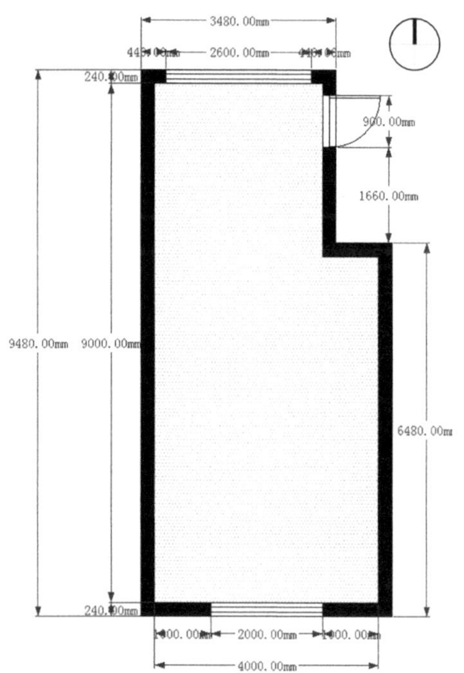

图2-2　居住空间设计

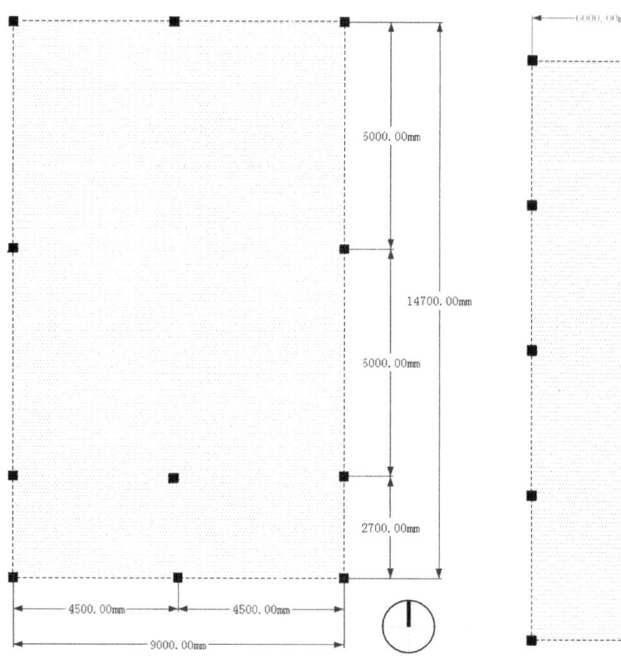

图2-3　办公空间设计

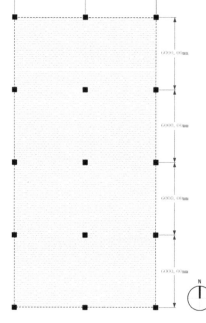

图2-4　展示空间设计

居住空间设计

33m² 设计师 / 艺术家自宅室内设计

要求设置休息及工作的区域，能够满足日常生活及工作要求。功能划分合理，符合人体工程学，并体现使用者的性质、兴趣爱好及个性。层高*H*=3000mm。

图纸要求：分析图，平面图、天花图，主要的立面图、剖面图，效果图以及主要的家具尺寸图。

办公空间设计

135m² 现代办公空间设计

根据所给平面设计符合现代办公需求的空间设计，主题自定，要求满足办公的不同需求，接待、会客、休息、会议、展示、开放式工位及独立工位等功能。层高*H*=5500mm。

图纸要求：分析图，平面图、天花图，主要的立面图、剖面图，效果图以及主要的家具尺寸图。

展示空间设计

288m² 售楼处室内设计

根据给定的柱网条件，在12m × 24m的范围内，设计一处售楼处(室内设计及景观设计)，入口方向自定，入口区要有景观设计。柱间距为6000mm，并合理利用场地原有的柱子。主题及风格自定，层高*H*=5500mm。设计表现出售楼处的建筑外观。

图纸要求：分析图，平面图，主要的立面图、剖面图，效果图以及节点的大样图。

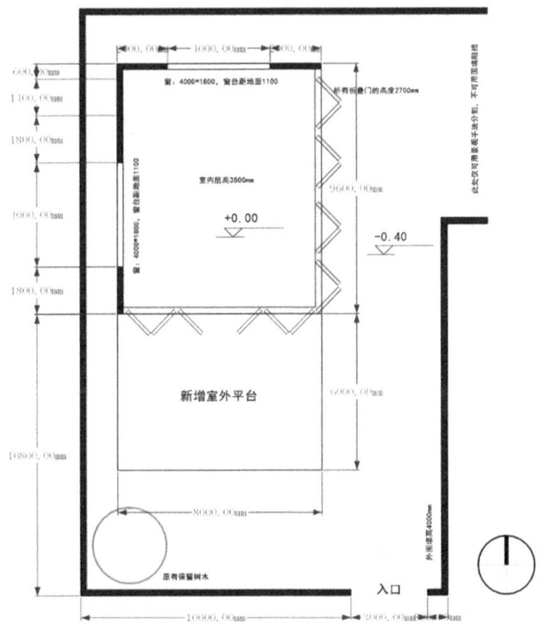

图2-5　简餐休闲空间设计

简餐休闲空间设计

300m² 咖啡厅、茶室、（水）书吧室内设计

场地条件如图，原有建筑为平屋顶，室内层高H=3500mm。推拉门高度2700mm，围墙高度4000mm。根据场地现有条件设计一处休闲、简餐空间，咖啡厅或茶室均可，主题不限。并在原有建筑南侧新增一个景观平台，丰富室内外的环境关系。

室内部分能够满足茶饮、阅读及交流讨论的功能，景观部分需有水系、叠石、观赏花木、连廊、步道等景观元素。

图纸要求：分析图，平面图，主要的立面图、剖面图，效果图以及节点的大样图

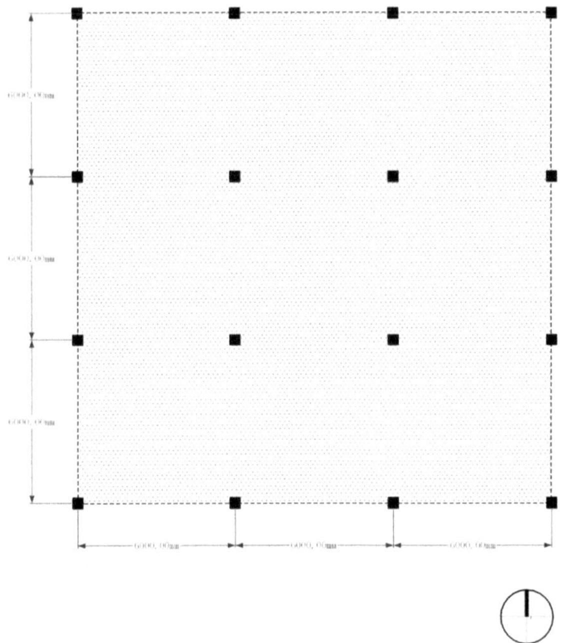

图2-6　商业空间设计

商业空间设计

324m² 汽车展厅设计

根据给定的柱网条件，在18m × 18m的范围内，设计一处商业空间（商业空间的类型自定），柱间距为6000mm，并合理利用场地原有的柱子。主题自定，层高H=4500mm。设计表现出橱窗的展示设计效果。

图纸要求：分析图，平面图，主要的立面图、剖面图，效果图以及节点的大样图

清華大學美術學院
Academy of Art & Design, Tsinghua University

2019年 家居空间和庭院设计，一对夫妻，一对老人，两个小孩，室内高度不高于3.6m，不能有2层。设计3个平面方案草图，选择一个方案进行深化设计，并画出天花平面图，东西、南北向剖面图，功能分析图，路线分析图，鸟瞰效果图或轴测图，简要设计说明，入口和开窗位置自定，不用过多考虑结构驻点问题，但要体现内部开窗的位置及高度。纸张要求A2图纸两张，构图不限。

真题解析：六口之家的人居空间设计，满足三代人的不用使用需求，注意在平面布局上考虑到老人、夫妻、小孩生活习惯和特点，既要相互独立的空间，也要满足公共活动区域的需求。三个方案草图要从不同的方向进行考虑，选择最合适的方案进行深化设计，并画出完整的全套图纸。鸟瞰图或轴测图是整张快题的亮点和难点，要求考生对设计方案的全面理解，如果是方案不成熟，或者某一方面考虑得不够周全，缺点将被暴露得很明显。

2018年 根据常建的《题破山寺后禅院》中的诗句“曲径通幽处，禅房花木深”的意境，在30m×20mm的空间（未给出平面图）内进行设计，设计符合现代人需求的公共休闲空间。绘制室内外平面示意图，并标明尺寸、材料、标高等，比例自拟，高差自定。并根据所学专业，绘制一张室内或景观透视效果图，需要标记材料做法。

真题解析：诗句蕴含成功或成就，必须要经历曲折和坎坷的哲理。从出题者的角度来看，这是一道偏向景观设计的考题，虽然也可以从室内设计的角度去解读，但从景观设计的角度进行解题更加切题。曲径通幽是中国式园林景观园路的固然形态，是中国古典园林中崇尚自然的空间意境。“曲径”延长了路径，拓展和丰富了景观的有限空间，能多视角全方位观赏景观。因此在公共休闲空间的景观处理上，要通过道路、水系、植物、构筑等景观设计手法来体现这种曲径通幽的意境。

2017年 某公共空间内有一室外空地，南北长40m，东西长20m，是一西北高，东南低的坡地。西北处高出东南3.3m，现有4个集装箱，将其改造成游客接待中心，集装箱每个尺寸（长11.8m×宽2.8m×高2.7m）。室外部分禁止通行或停放机动车。图纸要求：在图中画出总平面图，室内公共空间平面，剖面图、效果图。制图规范 30分，满足功能要求30分，效果表现30分， 制图完整60分。

真题解析：集装箱改造设计一直是热点话题，结合场地的坡地现状改造为游客接待中心，这是一道较难的快题手绘考题。集装箱内现有空间封闭局促，使用面积有限，要利用好4个现有集装箱进行错落组合，穿插叠加，大胆突破集装箱的表象，进而扩展到外围空间，扩大使用面积，满足游客接待中心的使用需求。另外一点还要充分利用好场地现有的高差，通过合理规划布局，设计出错落有致、虚实相间的游客接待中心。

2.3

室内快题设计手绘传统型命题解析

室内快题设计手绘传统命题是指给出详细且明确的设计要求，包括设计范围、设计面积和尺寸、是否有柱子以及柱间距、每个空间的功能及容纳人员的数量等详细信息。目前绝大多数地方院校的室内设计专业或环境艺术设计相关专业考试的快题命题都是“走”这个形式，传统命题考查得比较细致，对学生的基础知识和知识面要求较高。

2021年 文创公司空间快题设计，没有具体的主题限定，体现中国传统文化气质（小篆），以展示功能为主，并满足十人的办公空间需求，空间平面为平行四边形，面积为400m^2。

真题解析：随着博物馆文博事业蓬勃发展，文创空间设计也成为近几年热门的考试题目类型，兼具展示、商业、办公的功能，在设计上要体现空间的主题特点以及文化艺术气质，在今年的题目中则要体现出小篆的主题元素和艺术氛围，题目中十个人的办公空间需求可以考虑采用开放式工位，自由灵活。

2020年 艺术家工作室设计，根据给出的柯布西耶的画作进行空间设计，层高6m，可设夹层。要求工作室包含展示区、不小于50m^{2}的工作室、卫生间及休息区。

真题解析：艺术家、设计师工作室是很多院校常见的考试题目，空间面积一般不大，但包含的功能需求较多，休息空间、展示空间、交流空间、创作空间等，可结合夹层设计进行合理的功能布局，使得休息、创作、展示、交流等功能动静分离，互不干扰。题目中的唯一限制是根据给出的柯布西耶的画作进行设计，也就是要通过对给出的画作进行分析和元素提取，作为设计的灵感来源、基本元素和设计语言。在进行设计时要深入分析艺术家、设计师的使用需求和生活、工作习惯，并在设计方案中体现出艺术家的艺术风格和特点。

2019年 儿童活动中心设计，面积350m^2，根据已给出的平面图，不能破坏图纸中原有的建筑结构，需要合理设置前台、休息区、阅读区、儿童活动空间、卫生间等功能。

真题解析：儿童活动中心室内设计是常见的考试题目类型，快题设计要着重体现儿童使用空间的特殊性，具体表现在使用功能性、主题氛围装饰性以及对于儿童空间的细节处理上。对于整个空间的造型、色彩、细节上要展示出是为儿童量身打造的舒适、有趣的环境。

2021年 冬奥会主题文创店设计，尺寸：12m × 8m × 4.2m。

真题解析：流线组织上要合理处理主要使用人流与办公辅助人流的关系，避免相互干扰。需要相对明确的功能分区以及动线分析，为了凸显主题感，可以在墙面、地面、天花板上做出造型，体现冬奥会的运动性。增加沉浸式体验，通过视觉、听觉等营造空间氛围感，让顾客有身临其境的感觉，增加其购买欲。

2020年 大学校园书吧设计，尺寸：8m × 6m × 5.4m，书吧包含喝咖啡、交流等功能。

真题解析：书吧设计需要有明确的动静分区，兼具学习和休闲放松等功能，学习的静区与休闲放松的动区需要很好地过渡，5.4m的高度同样可做双层设计，为了空间的通透性，可考虑局部挑空。为增加空间的趣味性，阅读区的设计方式可多样化，穿插于书架之中的软座区、方便休闲的咖啡区、为聚会和学习小组设计的沙发围合区等，也可以在书店前厅设置可随时进行调换的散座区，以及高高低低的阶梯，供阅读人们可以随地而坐。

2019年 国产手机专卖店设计，品牌不限，尺寸：8m × 6m × 4m。

真题解析：展示空间最大的特点是具有很强的流动性，在空间设计上采用动态的、序列化的、有节奏的展示形式是首先要遵从的基本原则。在设计中应以科学的态度对人机工程学，使展示空间的形状、尺寸与人体尺度之间有恰当的配合，使空间内各部分的比例尺度与人们在空间中行动和感知的方式配合得适宜、协调。

传统型命题在前几年使用的范围比较广，目前北京地区绝大多数院校都已转向开放式命题，还有部分院校使用传统型命题作为考试出题的方向，传统型命题是在考题中明确给出场地的尺寸范围、空间性质、使用要求等具体信息，受限条件较多，考试难度较大，对学生设计基础知识和基本功、考场的随机应变能力来说是个挑战。

清華大學美術學院
Academy of Art & Design, Tsinghua University

2021年 “大道至简，少既是多”，结合自己所学专业在2张A2图纸上进行设计。

真题解析：“大道至简”出自老子《道德经》，意思是“万物最开始的时候，一切都是最简单的，经过衍化后变得复杂。”“少既是多”是建筑大师密斯·凡德罗提出的建筑设计哲学，是一种提倡简单，反对过度装饰的设计理念，简单的东西往往带给人们的是更多的享受。由此可以看出，无论是中国传统文化还是西方设计美学，都是表达化繁为简、简洁而不简单的设计理念，可以结合专业由此展开设计和手绘表达。

2020年 根据给出图片中朱鹮的展翅和立姿形态，以写实的手法画一个朱鹮的素描(50分)；并依据图片分析、提取朱鹮的形态特点；以宣传和保护朱鹮为主题进行设计，空间类型不限，包括三个方案的草图以及最终方案和设计说明（100分）。

真题解析：今年的考题是考试变革的开始，考题可以理解为对珍稀鸟类的宣传和保护，此类快题设计在平时练习也比较多，其实并不难。特殊之处在于以写实手法表现的朱鹮素描，造型能力是所有艺术的基础，对元素的提取是设计的基本能力，这是在考查学生的基本能力。但对于绝大多数学生来说，习惯于应试的内容，突然的变革会导致学生不知所措。

2019年 根据图片中给出的平面图形，结合专业在一张A2图纸上进行展厅设计，完成三个平面草图，选择一个进行深入设计。

真题解析：根据给出的图形或图案寻找内在逻辑和规律，并提取有效信息、元素进行再设计，是考查设计能力的常见方式。通过对图案的分析，把关键性的元素、特征提取出来并应用到展厅设计中，在造型形态、色彩图案装饰语言上进行重新设计即可。

2.4 室内快题设计手绘开放式命题解析

近三年，部分院校尤其是清华美院、中央美院等一类重点院校考试内容有所改革，由原来的传统型命题转向开放式命题，考查学生的创新力、创造力和随机应变的能力，实质上是对综合能力提出的更高要求，这是未来考试的趋势和方向。

北京服装學院
BEIJING INSTITUTE OF FASHION TECHNOLOGY

2021年 以“2022北京冬奥会”为主题，结合自己所学专业进行设计。

真题解析：结合热点话题、实事是考题出题的重要方向，冬奥会作为近几年的热门话题一直作为快题考题预测和日常练习的题目，结合自己所学专业，进行冬奥会主题文创空间设计、观众接待中心设计，以及商业、展示、餐饮空间等多种类型的空间设计，满足基本使用功能前提下，多角度、多手段全方位展示冬奥会的主题和精神。

2020年 请以“以人为本”为题，在当前人工智能崛起的情况下，给人、设计师带来的思考与反馈，根据各自报考的专业进行创作。

真题解析：“以人为本”是一个宽泛的命题，很多领域都在倡导这个理念，此次考题的难点就在于如何把人工智能与“以人为本”的设计理念相结合，并在快题设计中用手绘表达出来。

2019年 现在广场舞、全民K歌广受老年人欢迎喜爱，但是还没有通过互联网能把这两个东西结合起来进行线上线下的互动，结合自己所学专业把两者结合进行设计。

真题解析：“广场舞”“全民K歌”的使用人群为老年人，此次考题考查的内容是通过设计将老年人的活动与互联网线上相结合，得到更好的展示和互动体验。结合环艺专业特点，休闲广场等景观空间的设计会更加适合考题，因此以景观空间为载体，用互动体验等方式相结合的形式进行方案设计和手绘表达。很多学生综合能力较差，只会应试技巧，平时练习的室内空间较多，遇到这类题型便生搬硬套，出现不切题的情况，因此在日常练习过程中，不仅要练习手绘表达能力，更要注重设计思维和设计综合能力的提升。

随着设计专业边界模糊化的趋势，专业之间的交叉越来越多，在大的“设计专业”背景下，设计基础是综合性专业考试，不分专业方向，而是给出一个大的命题，如“以人为本”“大道至简”“品尚”等内容，根据这个命题结合自己的专业特点进行设计，要求学生有更广的知识面、更加全面的知识构成和解题、切题的综合能力。

2021年 以冬奥会为主题，结合自己所学专业进行设计。

真题解析：结合环境艺术设计专业特点，以冬奥会为主题可以设计商业空间、展示空间、文创空间、餐饮空间等空间类型，满足功能使用需求，体现冬奥会主题特征和文化内涵。

2020年 以“梦”为主题进行专业创作，结合自己所学专业进行设计。

真题解析：“梦”这个主题比较宽泛，必须要以具体的空间来承载，可以是人居空间、办公空间、商业空间等类型，“梦”的主题具体体现在空间的造型形态、色彩、装饰图案等方面上，例如以“梦”为主题的餐饮空间设计。

2019年 以中国传统元素（竹简、脸谱、京剧、四大发明、瓷器、笔墨纸砚……）为核心，根据所学专业进行创作，内容题材不限，反映当今现代设计特点。

真题解析：考题中已明确给出中国传统元素，设计语言和设计元素直观具体，选择具有代表性的空间和自己熟知的传统元素进行设计即可，例如展示空间设计、文创空间设计、主题餐厅设计、文化公园、休闲广场设计。

2021年 以“共生”为主题进行设计创作，结合自己所学专业进行设计。

真题解析：两种不同的生物生活在一起，相依生存，对彼此都有利，这种生活方式叫作共生。对于环境设计专业来说，要表现共生，体现人与自然和谐发展，可以通过不同材质、新旧肌理空间的碰撞共生来进行手绘表现。平时需要注意搜集素材进行整理，也要加强应用和练习。

2020年 以“青韵”为主题进行设计创作，考试纸张改为一张A3纸，3小时。

真题解析：可以从字面理解“青韵”的含义，理解为优美和谐、绿意清幽等。从自己平时练习的类型，例如景观还是室内进行选择，表现这个风格和主题，做到色调统一，元素展示表现突出即可。

2019年 以“品尚”为主题进行设计创作，结合自己所学专业进行设计。

真题解析：“品尚”可以从时尚、品味、风格或者个性等方面来思考。根据命题进行自己的理解分析，对所表现的主题在脑海里进行记忆搜索，选择对应的空间，提取能够突出主题的元素来进行设计和手绘表达。

Chapter 03 室内快题设计中的版式设计和标题设计手绘表达

室内快题设计中的版式设计

一张优秀的室内快题设计，最容易忽视的部分就是整张快题的版式设计和标题设计，因为目前所有院校的考试都没有对版式和标题（字体等）提出具体、明确的要求，甚至是不做规定。但是结合多年的教学经验，版式设计和标题设计却是花费最少的时间能够快速提升画面的重要方式之一。

室内快题设计手绘中的分析图、平面图、剖面图、立面图、效果图以及必要的文字说明，可通过不同的组合排列、字号大小和位置上的调整产生不同的效果。同样的内容在横构图和竖构图情况下也会产生截然不同的效果。因此要重视快题手绘的版式设计，而且要先行开始，不能边画边设计，“哪里有地方放到哪里”，导致缺乏整体设计，视觉效果差。一般情况下，可以在方案设计草图完成后，进行版式设计的布局，可以通过手绘草图的形式来推敲，合理布局快题设计手绘中的分析图、平面图、剖面图、立面图、效果图以及文字说明的位置关系和大小关系。

室内快题设计中的标题设计手绘表达

在一张快题设计中，没有明确的要求必须写标题，但从教学实践和经验来看，一个醒目、美观的标题设计对于快题手绘是有益无害的。一方面，快题手绘的标题就像一篇文章的题目，是最能够反映主题和令人记忆深刻的地方，因此对于室内快题设计手绘而言，一个巧妙的标题能够直观地反映快题的主题内容，令人过目不忘。另一方面，快题设计中的标题一般都是美术字体，经过系统的练习就能写出美观的字体，对于快题来说也会增色不少。

室内快题手绘中的标题设计也是有技巧和方法的，在选取字体时不要选择过于复杂、花哨的字体，避免“出力不讨好”。选择既简洁、美观又方便书写的字体，可以结合POP字体的练习方法和书写工具进行系统的练习。在颜色方面，尽量使用黑色、灰色，减少彩色的字体，避免喧宾夺主。

科学与艺

版式设计草图手绘如图3-1~图3-3所示。

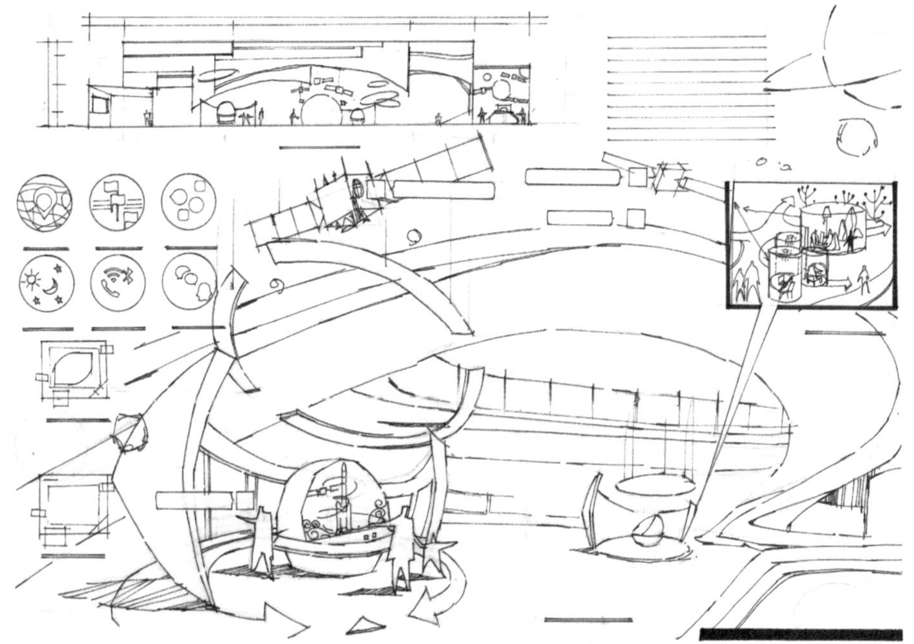

图3-1　版式设计草图手绘（一）

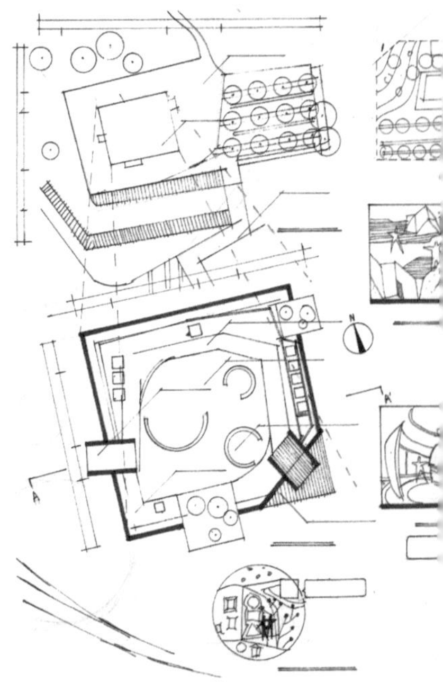

图3-2　版式设计草图手绘（二）

3.1

室内快题设计中的版式设计

版式设计看似简单，但这种简单的版式设计背后所蕴含的细节和规律，才是设计能力和经验技巧的体现。从教学实践和经验中可以总结出室内快题手绘版式设计的基本原则，这些原则也是设计排版的常用方法和技巧。

（1）关联。关联是实现视觉逻辑的开始，相关的内容组织在一起，在视觉上应该越靠近，反之，越不相关的内容，在视觉上就应该远离。关联能够使原本凌乱的内容有序的组合成一个群组，而不是一个个零散的个体。

（2）对齐。对齐是美观的前提和基础，快题手绘中任何元素都不能随意摆放，而是在保持一定联系的基础上，兼具节奏和韵律变化。对齐能够让画面更加整齐，也更加美观，对齐可以分为左对齐，右对齐，以及居中对齐和左右对齐，可以是图与图、图与字、字与字之间的对齐。

（3）重复。为了画面的视觉效果，根据构成的基本规律，主观（有意识）地进行重复可以使画面连续、统一，让快题具有视觉冲击力。如使用整齐排列的色块、相同段落的文字和图形。

（4）对比。为了避免画面的“平均”造成的平淡和乏味，通过对比可以突出主体，起到强调的作用，大小、颜色、粗细、虚实的对比可以增强画面效果。

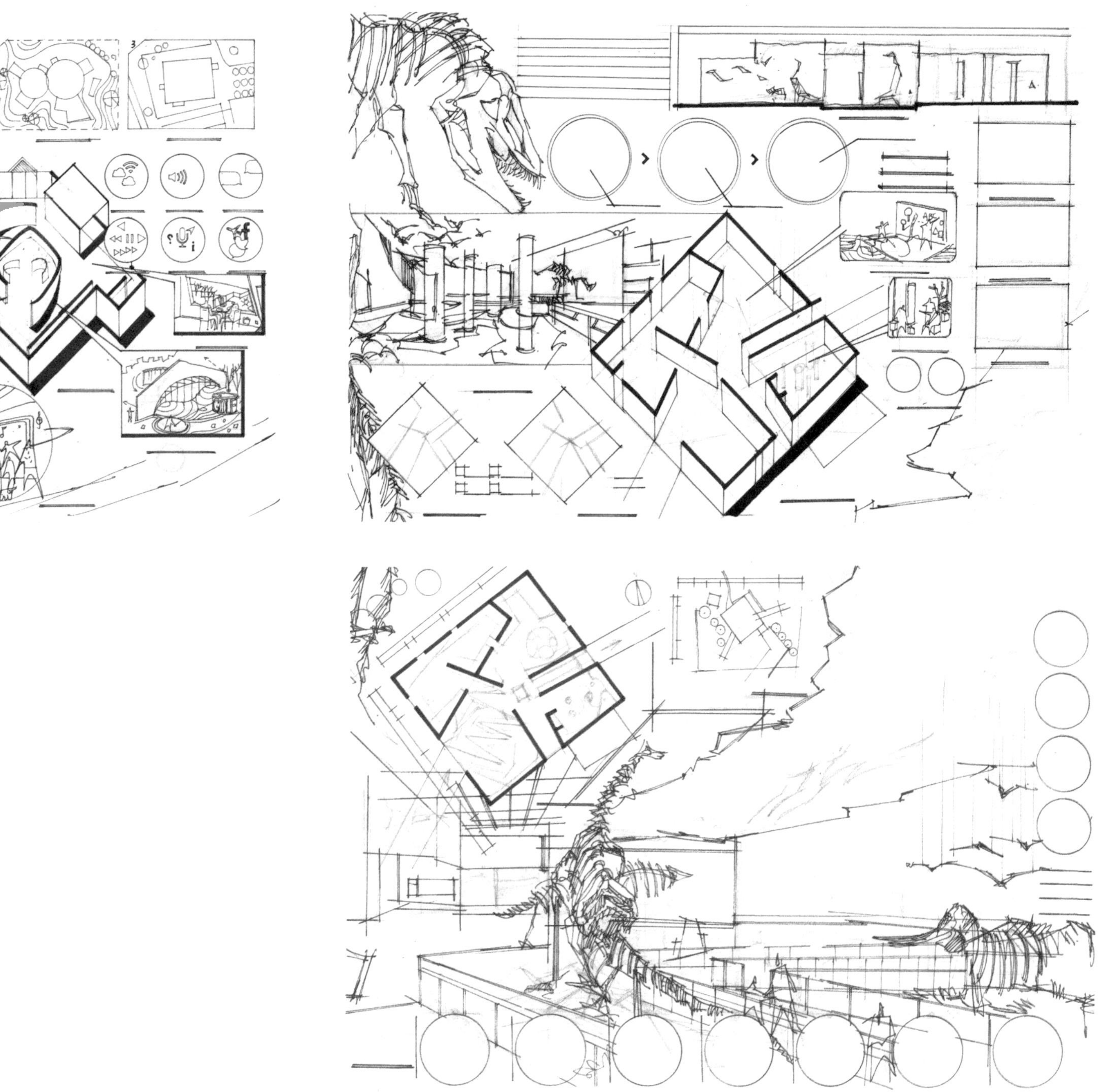

图3-3　版式设计草图手绘（三）

如图3-4~图3-6所示，是相同内容快题手绘的横构图和竖构图布局，对同一张快题手绘来说，相同的元素和内容，改变布局的位置和大小关系，能够产生截然不同的视觉效果。

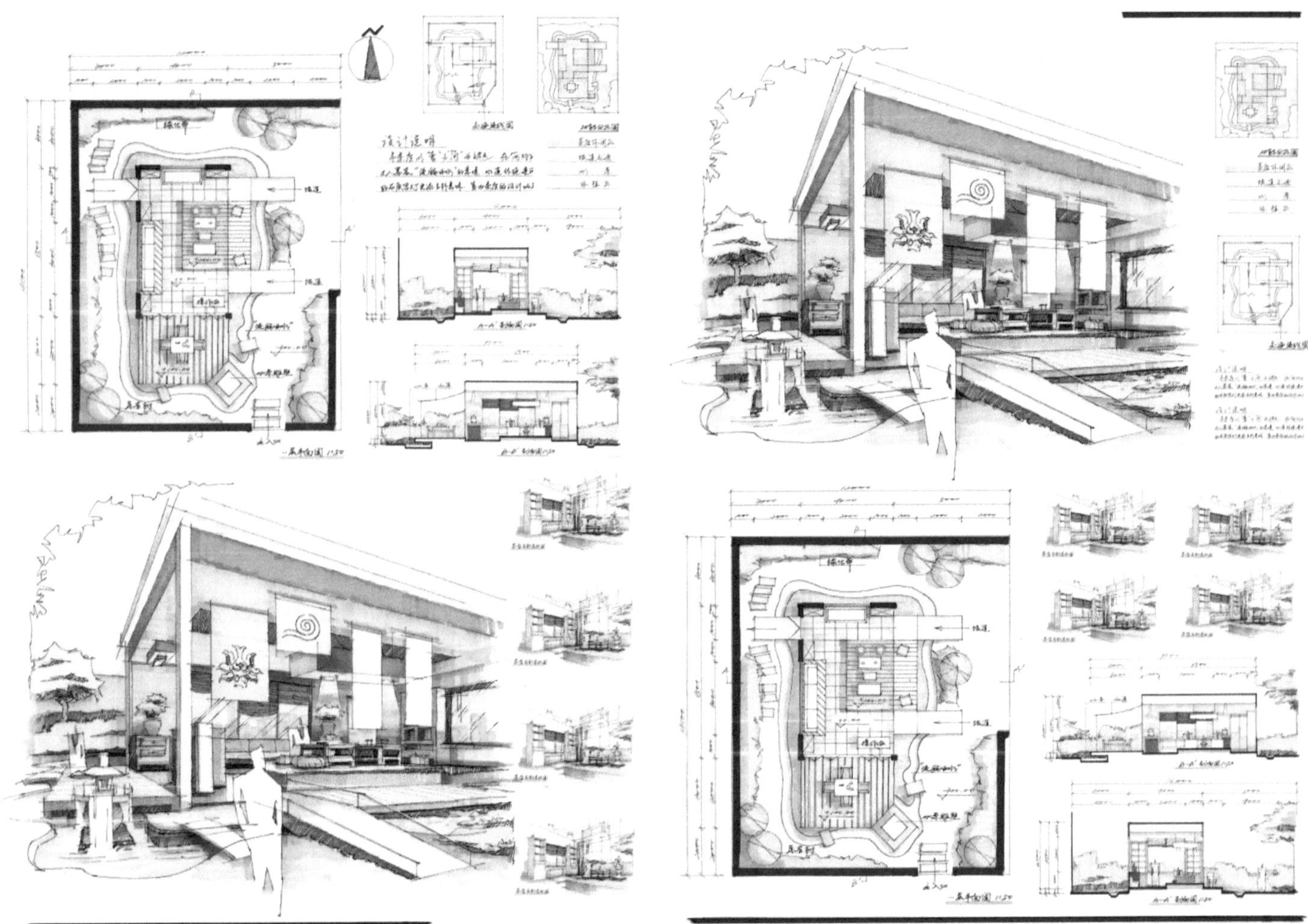

图3-4　版式设计：竖构图排版布局（一）

图3-5　版式设计：竖构图排版布局（二）

对于室内快题设计手绘来说，版式设计不必研究得过于细致和深入，掌握常用的版式设计规律和技巧，能够处理好快题手绘中各个元素的位置关系、大小比例即可。对于考研的学生来说，掌握几套常用的版式模板在应试中有很大帮助。

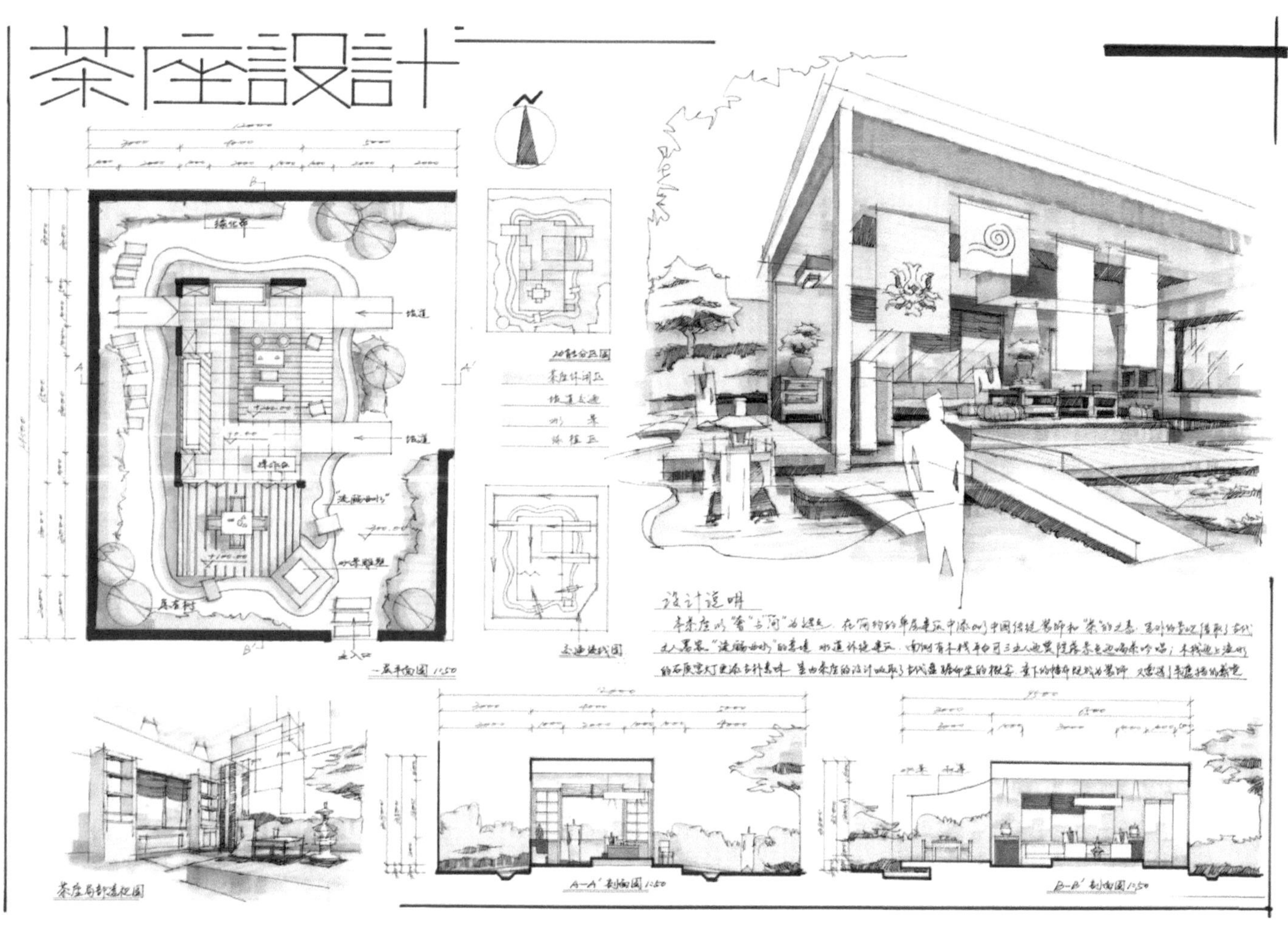

图3-6 版式设计：横构图排版布局

快题手绘中的标题字设计手绘表达范例如图3-7、图3-8所示。

图3-7　快题手绘中的标题字设计手绘表达范例（一）/ 新蕾艺术学员

图3-8　快题手绘中的标题字设计手绘表达范例（二）/ 新蕾艺术学员

3.2

室内快题设计中的标题字设计手绘表达

室内快题设计手绘中的标题字能够最直接地表明快题设计的主题，给人直观的第一印象。快题设计的标题就如同写文章的题目，是对整张快题的一个高度概括，因此给快题设计取什么样的“名字”很重要。名字的选择应该是对题目要求的回应，更是设计方案主题的浓缩概括，通俗易懂、易识别是最基本的要求，当然有一定的文学功底更是锦上添花。

图3-7、图3-8是室内快题手绘中标题字手绘表达的范例，“山水之间”“憩作”等标题，除了基本信息的传达外，又多了一层文字上的意境和优美。

快题手绘中的标题字设计手绘表达范例如图3-9所示。

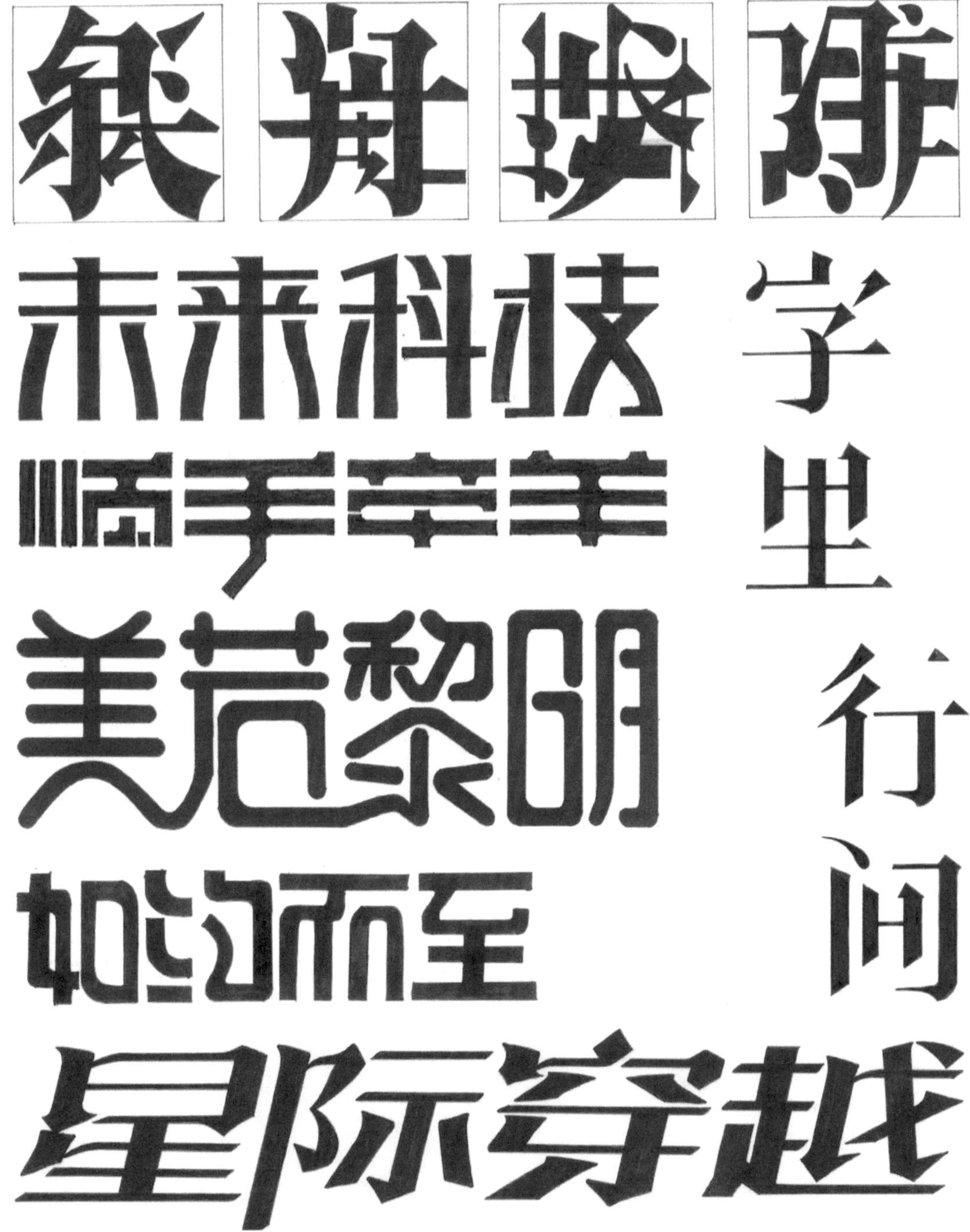

图3-9　快题手绘中的标题字设计手绘表达范例（三）/ 新蕾艺术学员

室内快题手绘中的标题除了有一个“好听”的名字外，还需要书写得庄重美观，即要注重字体的手绘表达。一般快题手绘中的标题字会用黑色、灰色马克笔，偶尔也会用少量的彩色进行装饰点缀，考虑到马克笔的笔尖特点和特性，因此在选择字体时，可以选择美观具有设计感，且方便书写的字体，避免选择复杂、变化丰富的特殊字体。

在练习过程中可以选择电脑字体库中现有的成熟字体，不必准备得过多，选择常用的几套字体，熟练使用即可。

快题手绘中的标题字设计手绘表达范例如图3-10、图3-11所示。

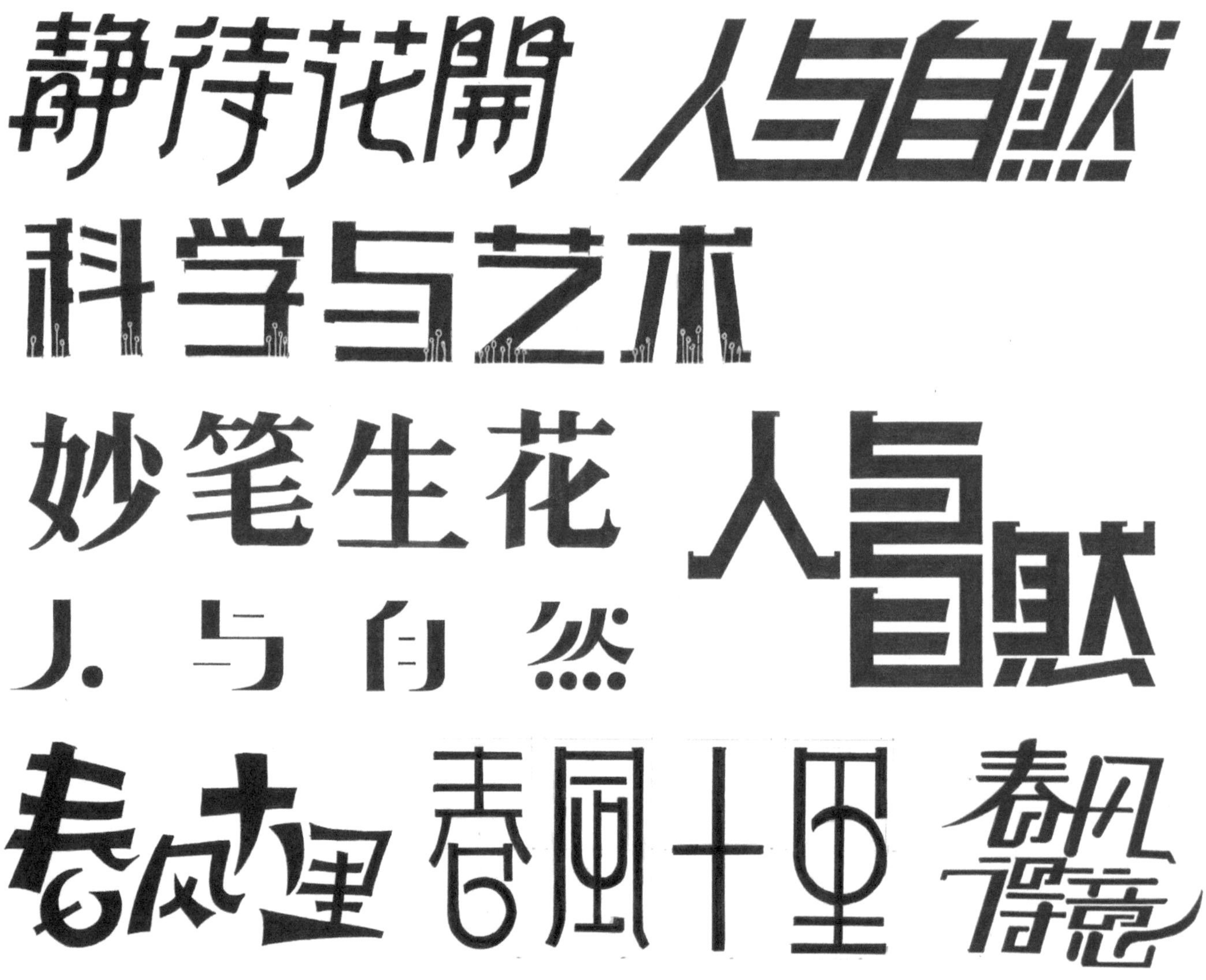

图3-10 快题手绘中的标题字设计手绘表达范例（四）/ 新蕾艺术学员

对于快题手绘来说，字体设计的手绘表达只占了很小的一部分，因此不必花费过多时间去准备和练习，不要追求过于繁杂和花哨的字体，浪费了时间精力，也破坏来画面的整体效果，得不偿失。

图3-10是快题手绘中常见的字体设计手绘范例，其中“科学与艺术”“春风十里”等字体的设计和手绘表达就是很好的参考，既省时省力又出效果。对于考试的学生来说，考试前准备好几套常用的字体，考试时能够根据考题熟练应用即可。

图3-11　快题手绘中的标题字设计手绘表达范例（五）/ 新蕾艺术学员

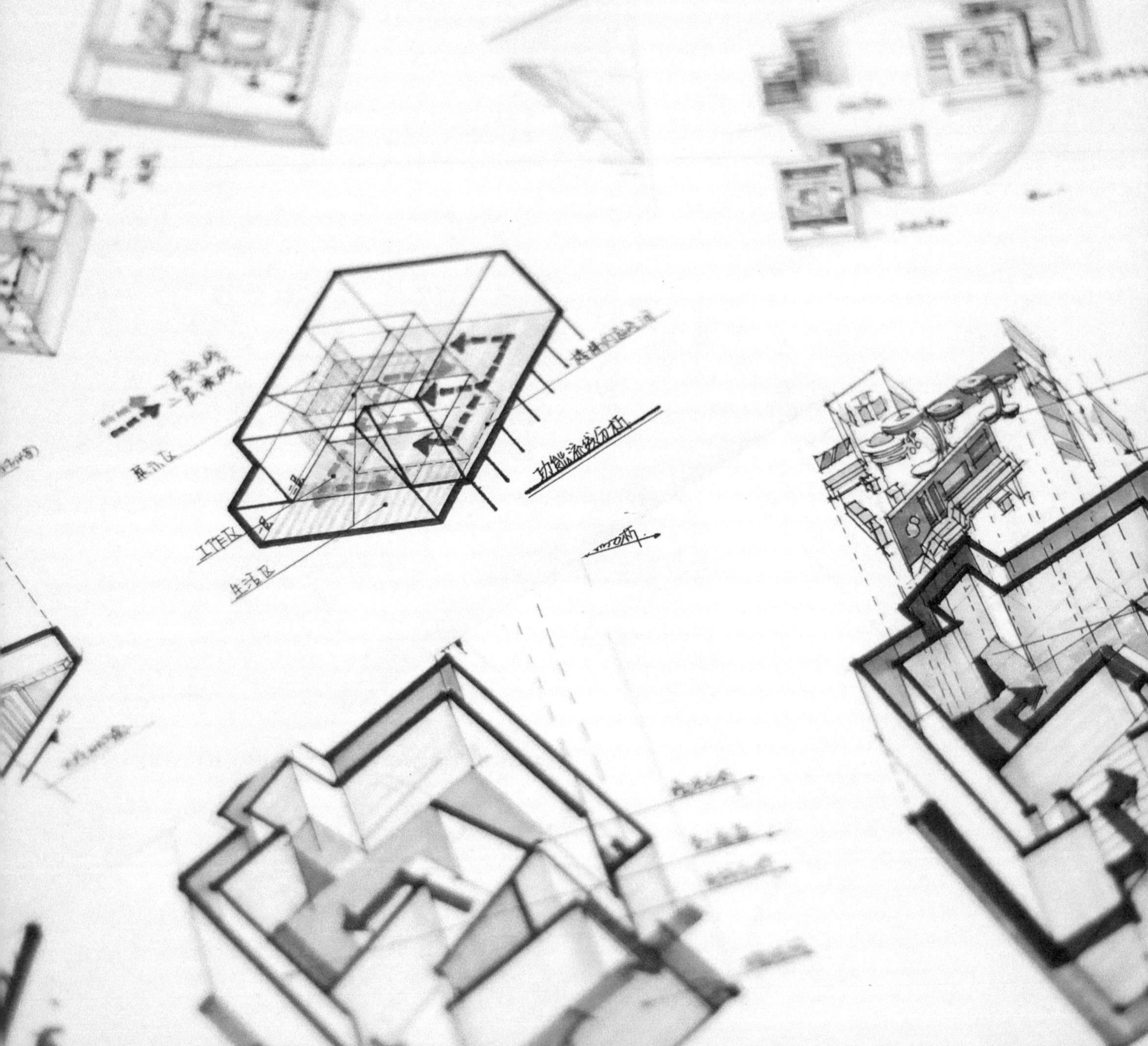
一层流线
二层流线
展示区
功能流线分析
工作区
生活区

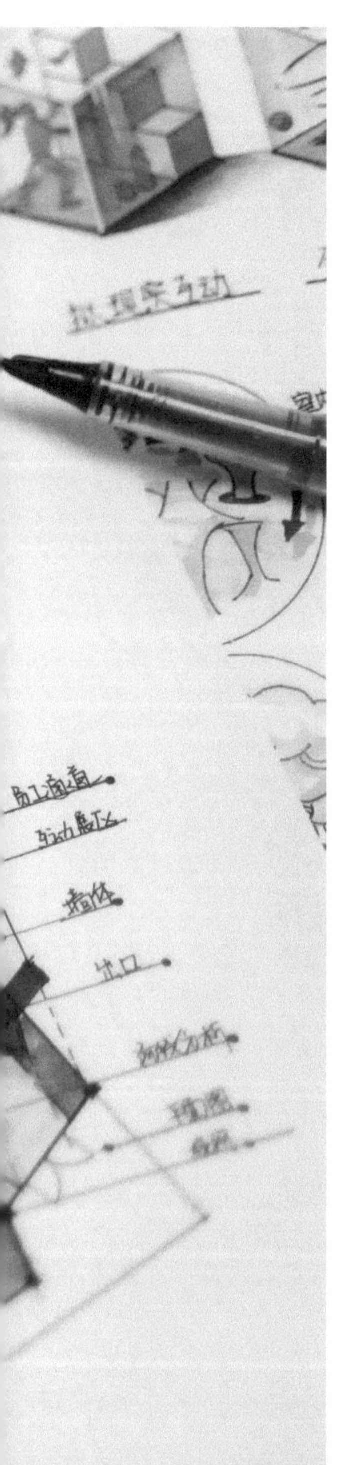

Chapter 04 室内快题设计中的分析图设计手绘表达

设计分析是发现问题、解决问题的开始

设计分析是把设计的思考过程通过图示的语言，形象地展示出来。分析的过程就是思考的过程，设计分析是设计工作的开始。对于设计工作来说，就是发现问题、解决问题的过程，就某种程度来说不会设计分析，一定是做不好设计的。设计之初，存在着这样或者那样的矛盾，只有通过不同的分析，才能将这些矛盾、问题一一梳理清楚，为进一步的设计提供参考和依据，从这一点来看，清晰准确的分析是正确设计的基础，也是设计师进行设计的必要依据和参考。

每个设计案例基础情况不同，因此设计的分析也就不同，设计分析并没有一个固定的模式，其种类多种多样，形式也千变万化，常见的设计分析包括：前期分析、基地环境分析、思维导图分析、功能分析、流线分析、视线视角分析、光照分析、空气流动分析、色彩分析、材质分析、元素分析、使用场景分析、交互分析、节点构造分析、灯光照明分析等。其中基地分析、功能分析、流线分析是最基本的分析，也是每一个设计方案合理可行的最基础性分析。

除了正确准确的、具有逻辑性的设计分析外，还需要将其在快题设计中通过手绘表达出来，美观、简洁的设计分析手绘表达能够为快题设计增色不少，能够使快题设计更加饱满完整，更具逻辑性，同时对于考试来说也能够提高不少分数。对于室内快题设计手绘来说，一般情况下并没有对分析图的设计和手绘表达提出具体的要求，但从以往的教学经验和考试成果中发现，擅长设计分析和手绘表达的学生分数一般都会很高，而没有分析或者简单分析的快题手绘一般分数不高，原因在于从设计分析和手绘表达就能够看出学生、考生会不会设计，或是只会手绘表现，这也就是为什么坚持让学生多练习设计分析和手绘表达的原因。因此，对于室内设计快题手绘来说，要学会设计分析，更要熟练手绘表达，把设计的思考通过图示的语言形象地展示出来。

思维导图分析手绘表达如图4-1、图4-2所示。

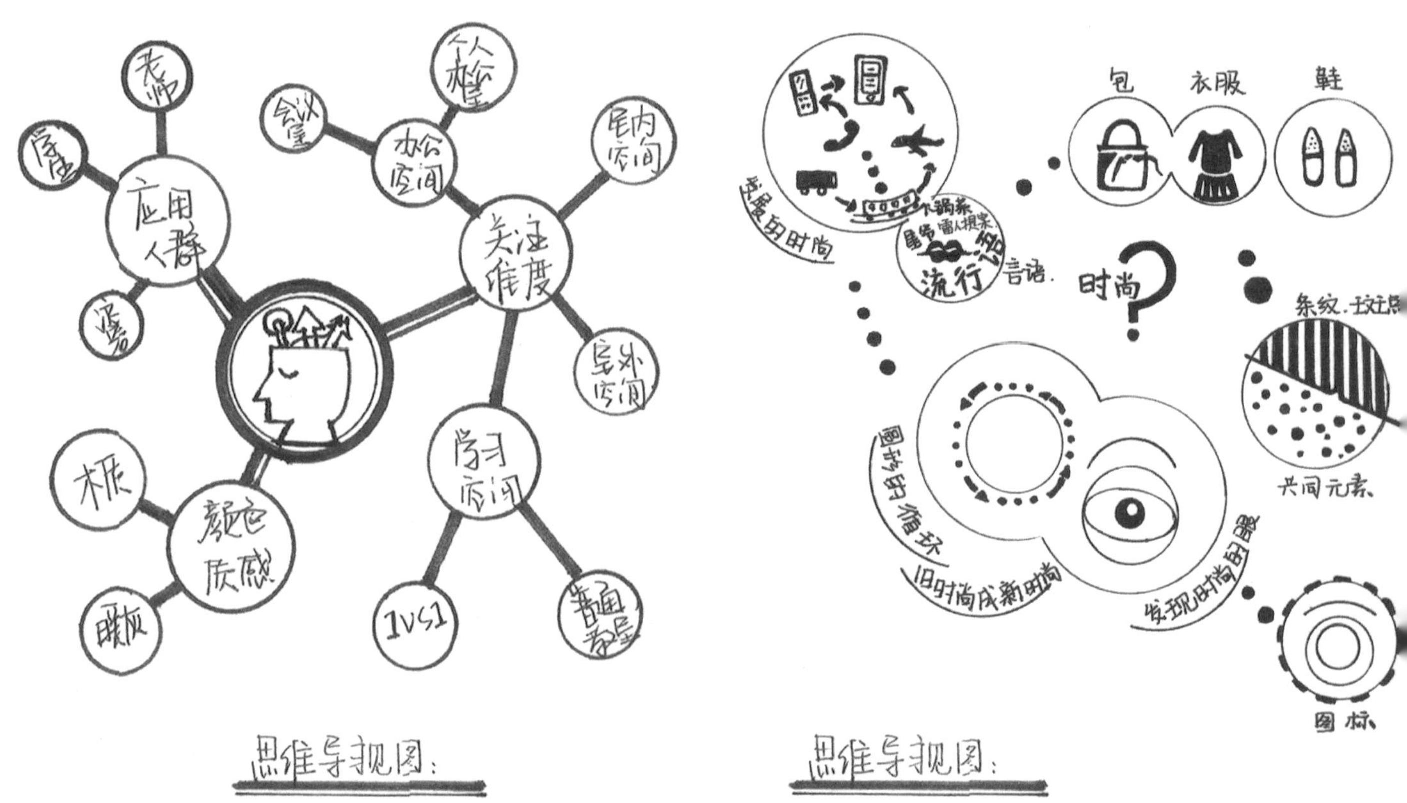

图4-1　思维导图分析手绘表达（一）/ 新蕾艺术学院学员

4.1

思维导图分析设计手绘表达

思维导图分析是设计环节最基础的分析，是设计由抽象性的文字、想法、概念变为具象图示的重要过程，也是设计产生设计灵感、设计概念的重要阶段。这个过程实质上是把思维逻辑捋顺的过程，是使错综复杂的信息和问题矛盾变得逻辑清晰、条理清晰的过程。对于设计思维的手绘表达的形式因人而异、因事而异。

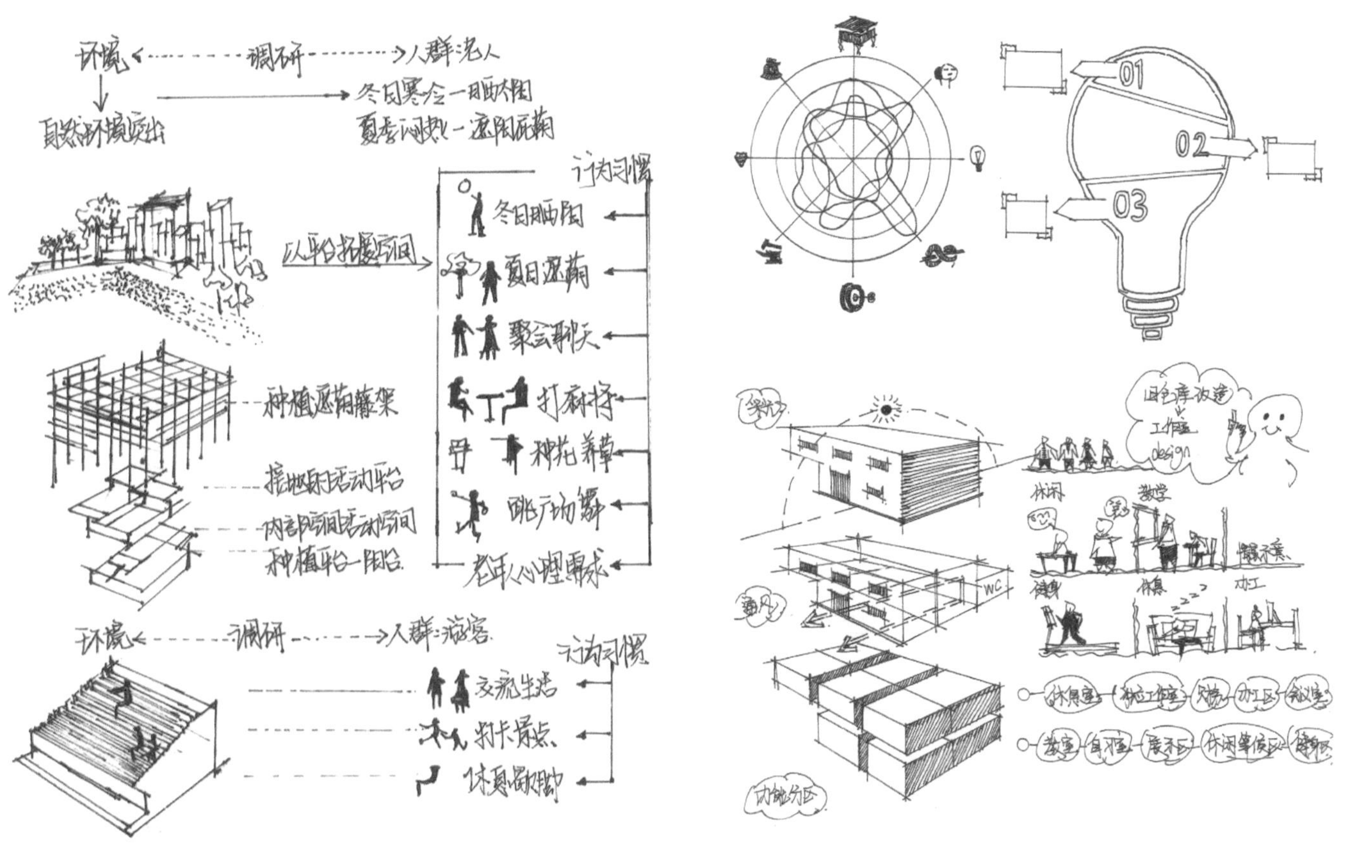

图4-2　思维导图分析手绘表达（二）/ 新蕾艺术学院学员

图4-1、图4-2是艺术工作室设计改造的前期思维导图分析，虽然从不同的角度进行分析，但都围绕着“改造”这一核心，分析梳理出很多有用的信息，这是下一步设计开始的参考和依据。

思维导图分析手绘表达如图4-3、图4-4所示。

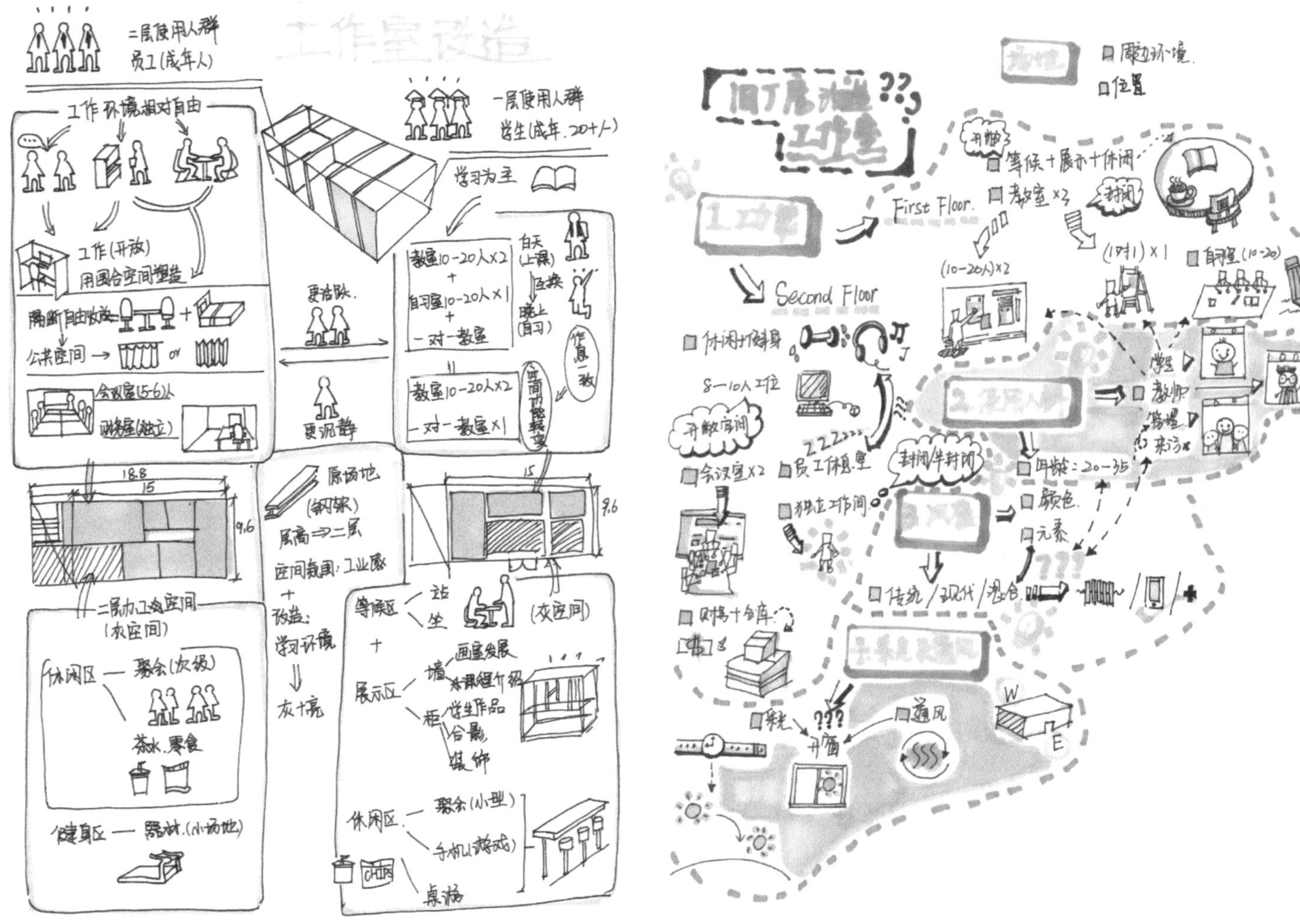

图4-3 思维导图分析手绘表达（三）/ 新蕾艺术学院学员

对于快题设计中思维导图的设计和手绘表达，最重要的是要注重简洁明了、逻辑清晰、表达美观这三个方面。在快题设计中思维导图的分析和手绘表达所占的比重并不大，因此就要在有限的图面中把设计分析思考的过程最直观、形象地展示出来。

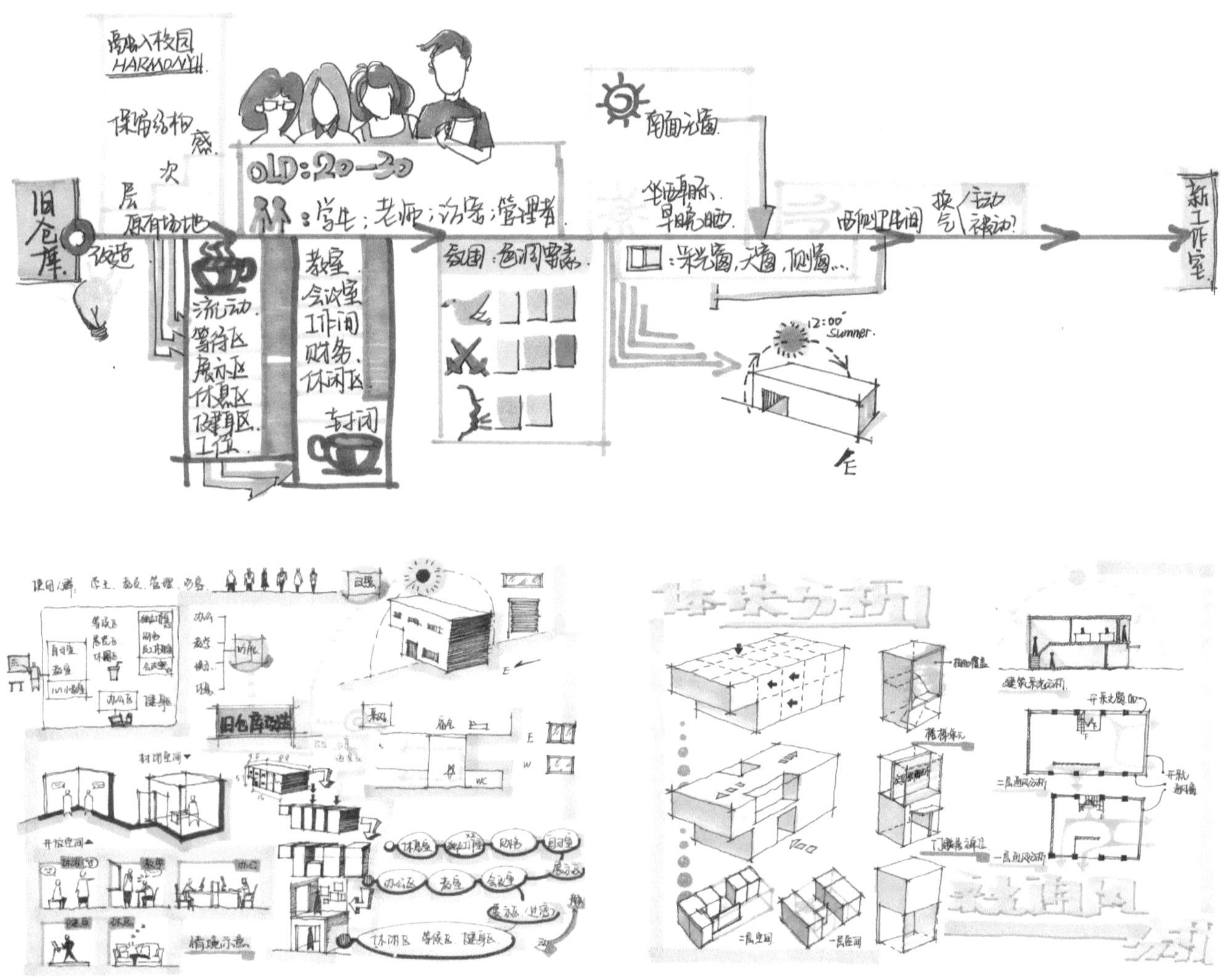

图4-4　思维导图分析手绘表达（四）/ 新蕾艺术学院学员

图4-3、图4-4同样是艺术工作室设计改造的前期思维导图分析，从图面中可以看出对设计基本情况进行了全面的分析，从不同使用者的角度进行分析，从建筑的体块生成进行分析，从光照角度进行分析，从不同的使用功能进行分析，这些分析既相互独立，又相互联系。增加了颜色的图示表达更具表现力，逻辑关系也更加清晰，这样的思维导图分析在快题手绘中必定是“亮点”和“提分点”。

两种分析手绘表达如图4-5、图4-6所示。

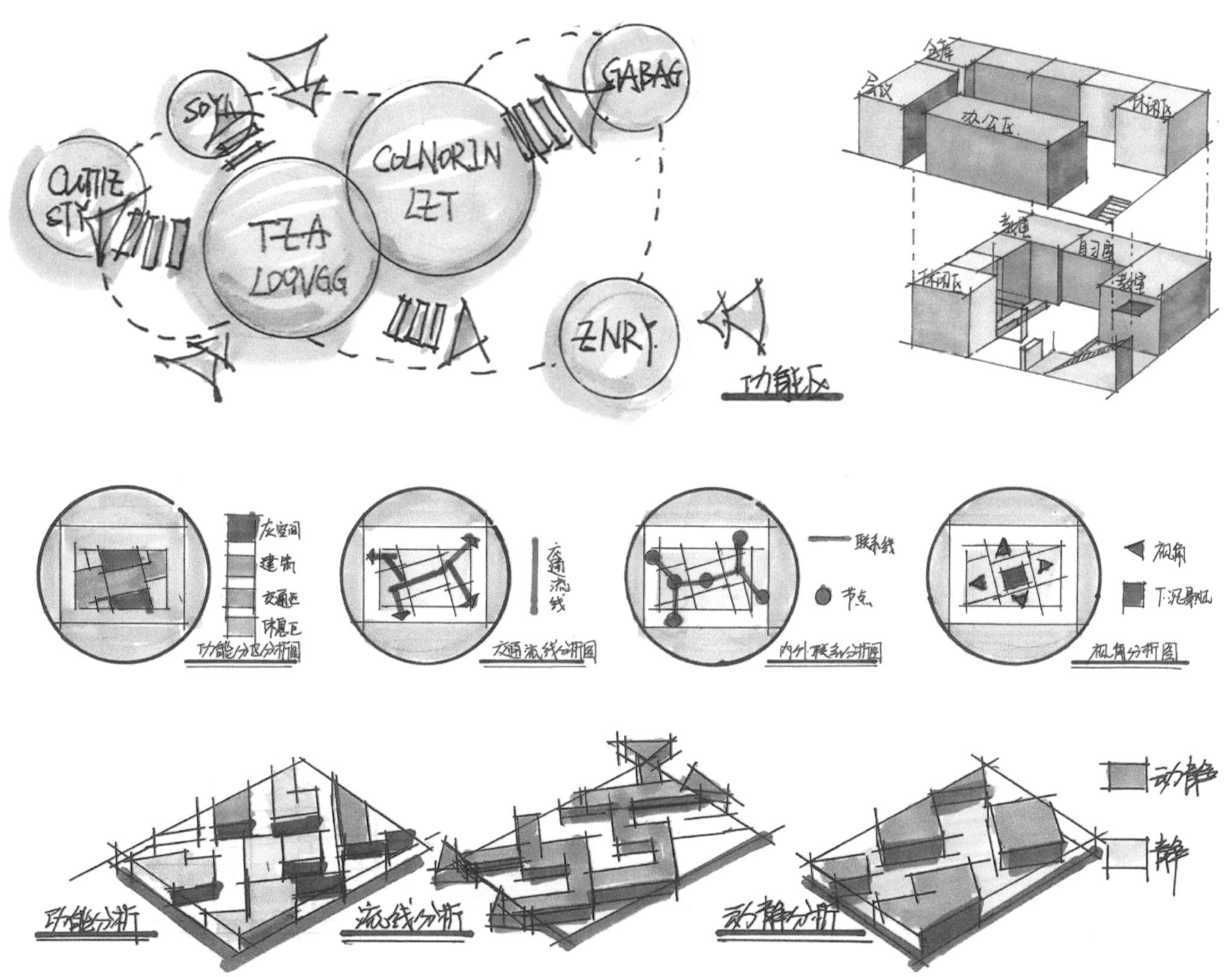

图4-5　功能气泡图分析手绘表达/ 新蕾艺术学院学员

4.2 功能分析和流线分析设计手绘表达

功能分析和流线分析是设计分析中最基本的分析，也是设计环节中最重要的一步，决定了设计方案是否合理，影响了后期能否高效使用。功能分析是推敲方案平面布局的重要方式，气泡分析图是功能分析最常用的方式之一，图4-5是常用的气泡图分析手绘表达，气泡图能够体现出基本功能的布局，以及功能之间的大小、位置、逻辑关系和空间的衔接关系。还能够将空间关系转换成直观的可视化图形，方便思考和推敲设计方案。

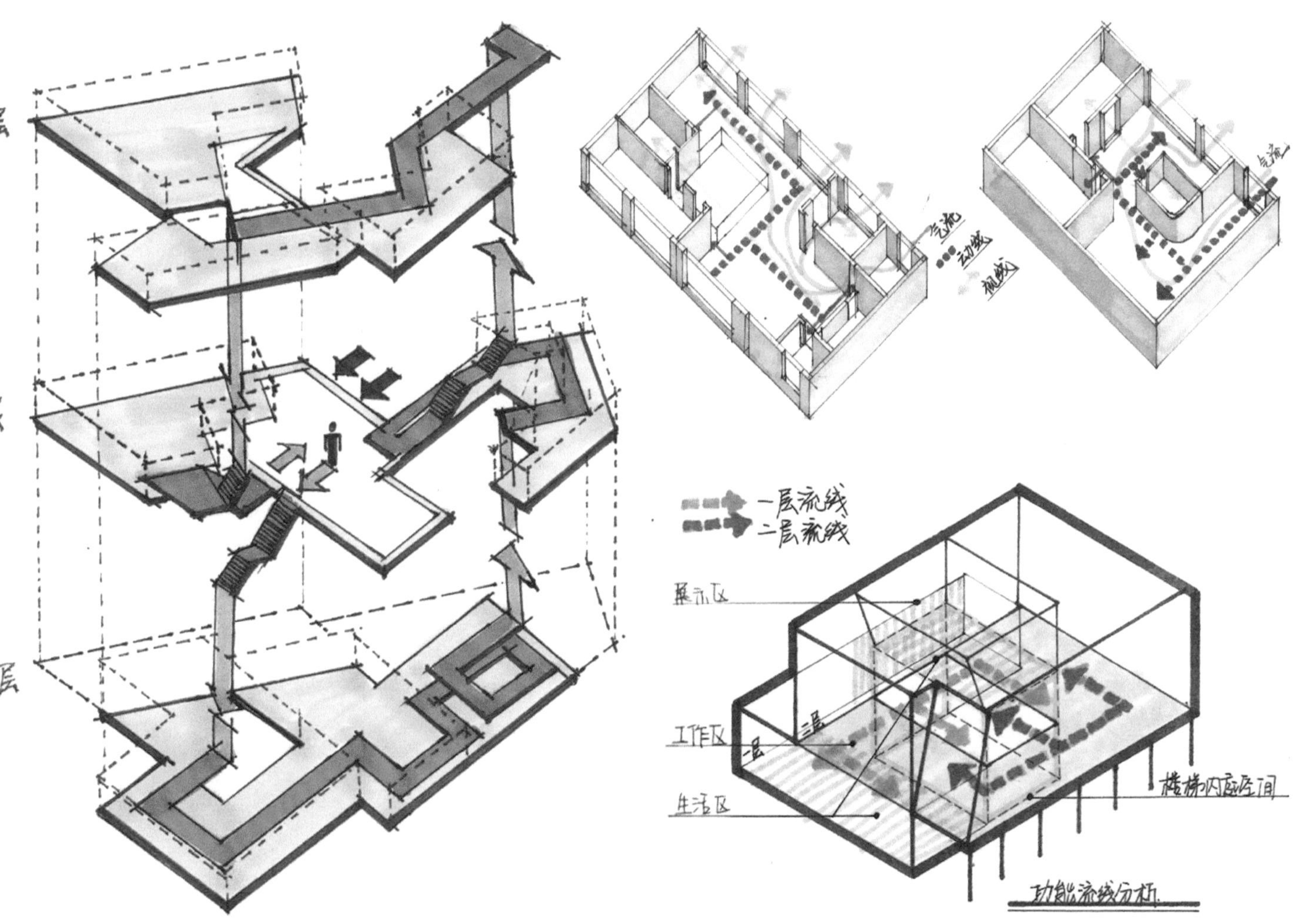

图4-6　垂直交通流线分析设计手绘表达/ 新蕾艺术学院学员

功能分析及流线分析设计手绘表达如图4-7、图4-8所示。

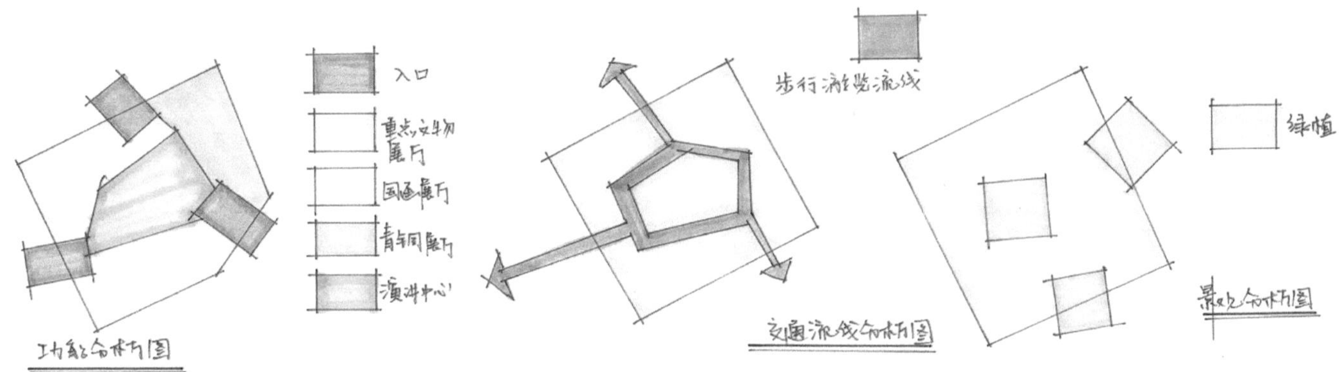

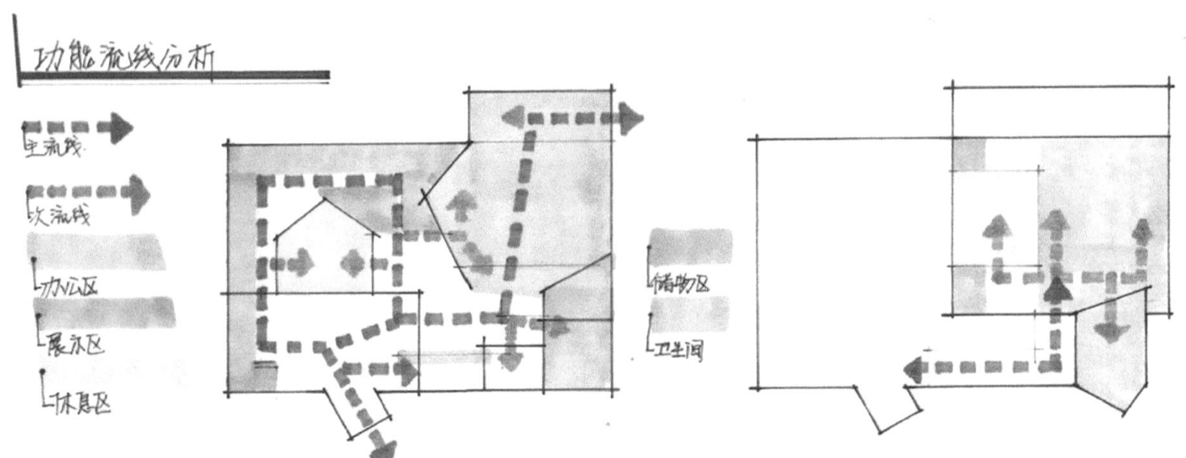

图4-7　功能分析及流线分析设计手绘表达（一）/ 新蕾艺术学院学员

流线分析是继功能分析之后的另一个重要分析，是交通流线的布局和安排，清晰的交通流线布局是各部分功能有效组织的前提。流线分析可以分为水平交通流线分析、垂直交通流线分析、人流交通流线分析等多种类型。水平交通流线分析是水平方向上的流线组织，垂直交通流线分析是立体垂直方向上的流线组织，而交通流线分析是对使用者的流线进行分析，使用者又可以分为对内的使用者和对外的使用者两种，为保障功能的有效使用，对内人员和对外人员应该有自己独立的交通流线组织。

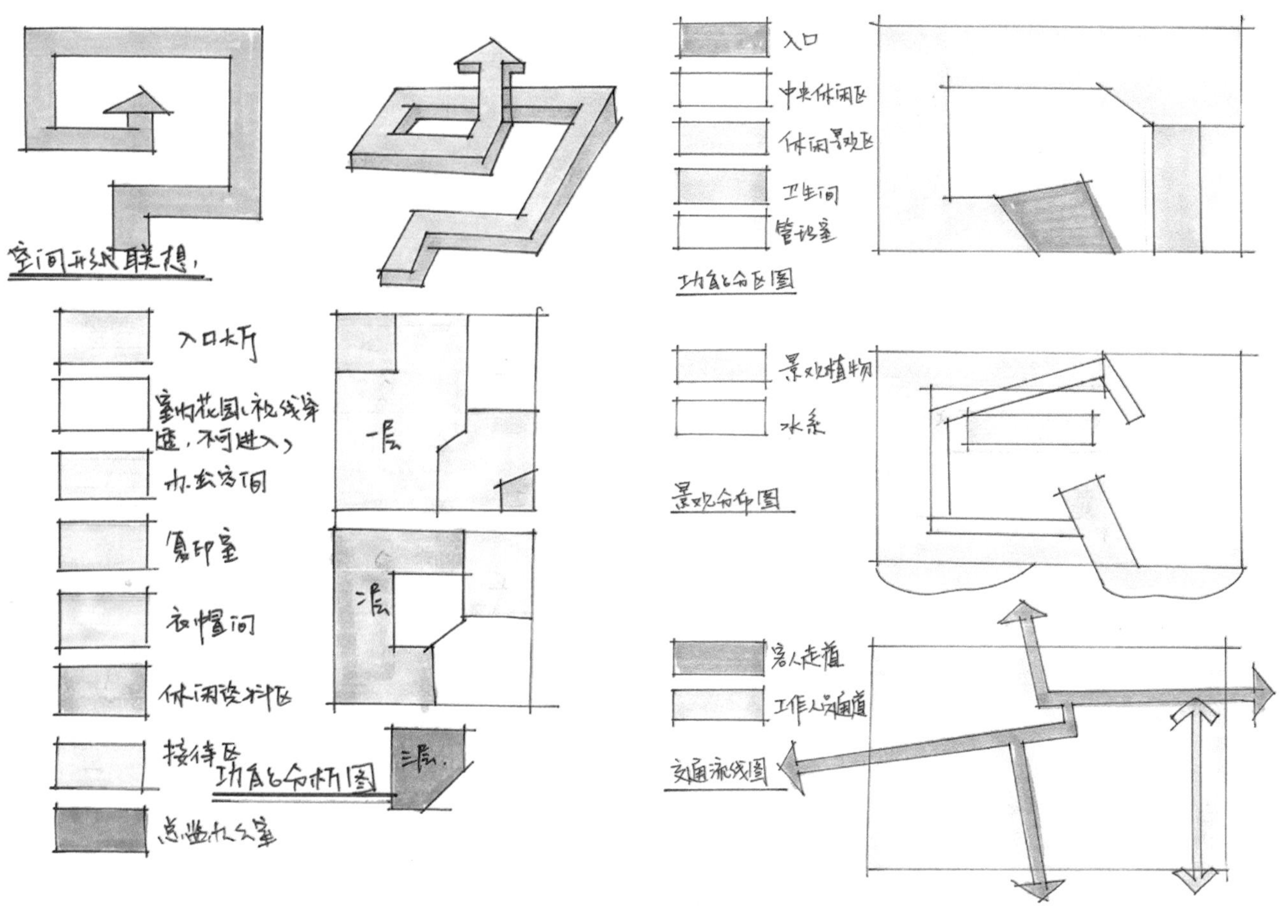

图4-8　功能分析及流线分析设计手绘表达（二）/ 新蕾艺术学院学员

体块生成分析设计手绘表达如图4-9、图4-10所示。

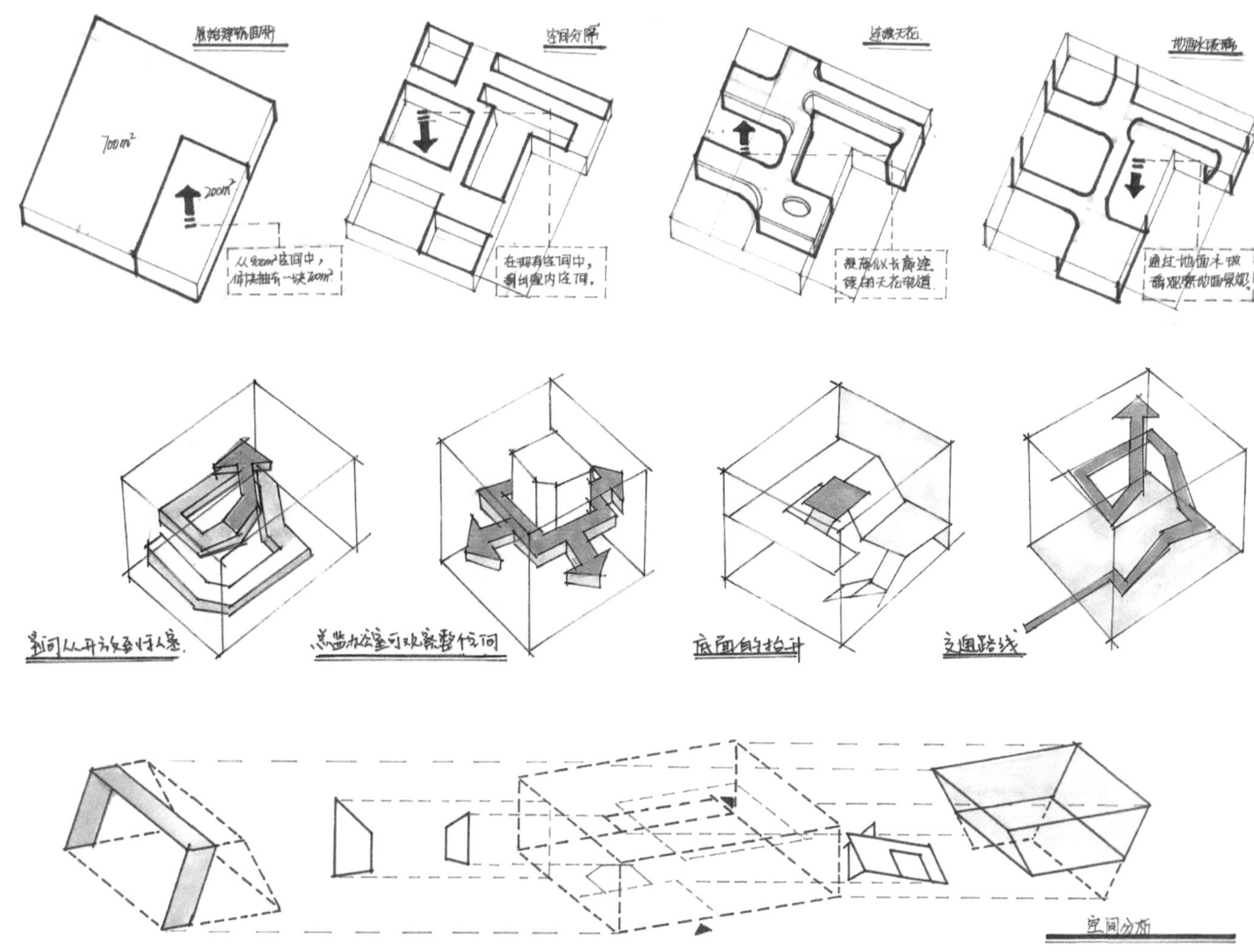

图4-9　体块生成分析设计手绘表达（一）/ 新蕾艺术学院学员

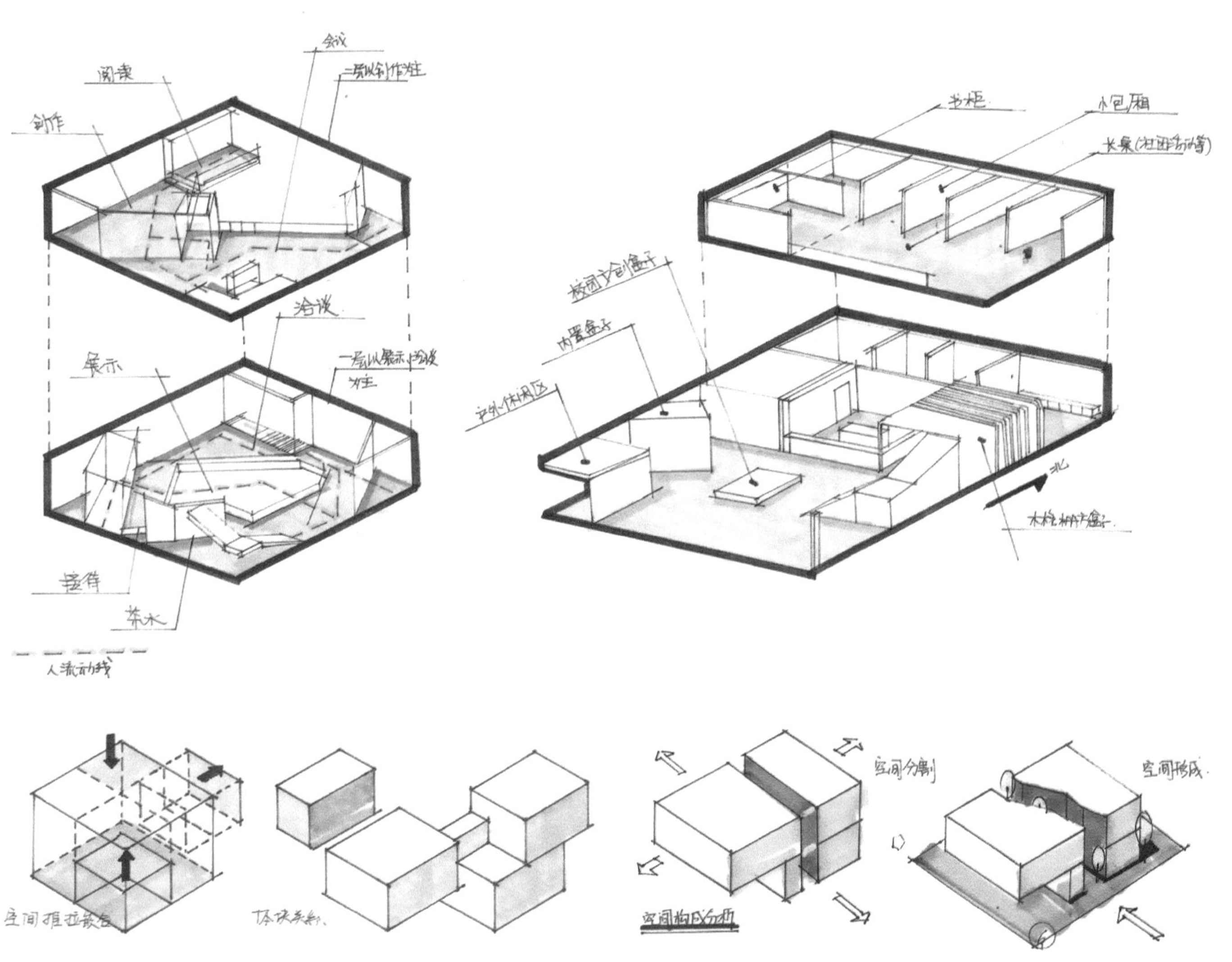

图4-10　体块生成分析设计手绘表达（二）/ 新蕾艺术学院学员

4.3

体块生成分析设计手绘表达

体块生成分析是建筑体量生成、推敲的过程，是体块穿插叠加、分割咬合的可视化过程，也是由简单体块生成复杂体块的演变过程。

体块生成分析设计手绘表达如图4-11所示。

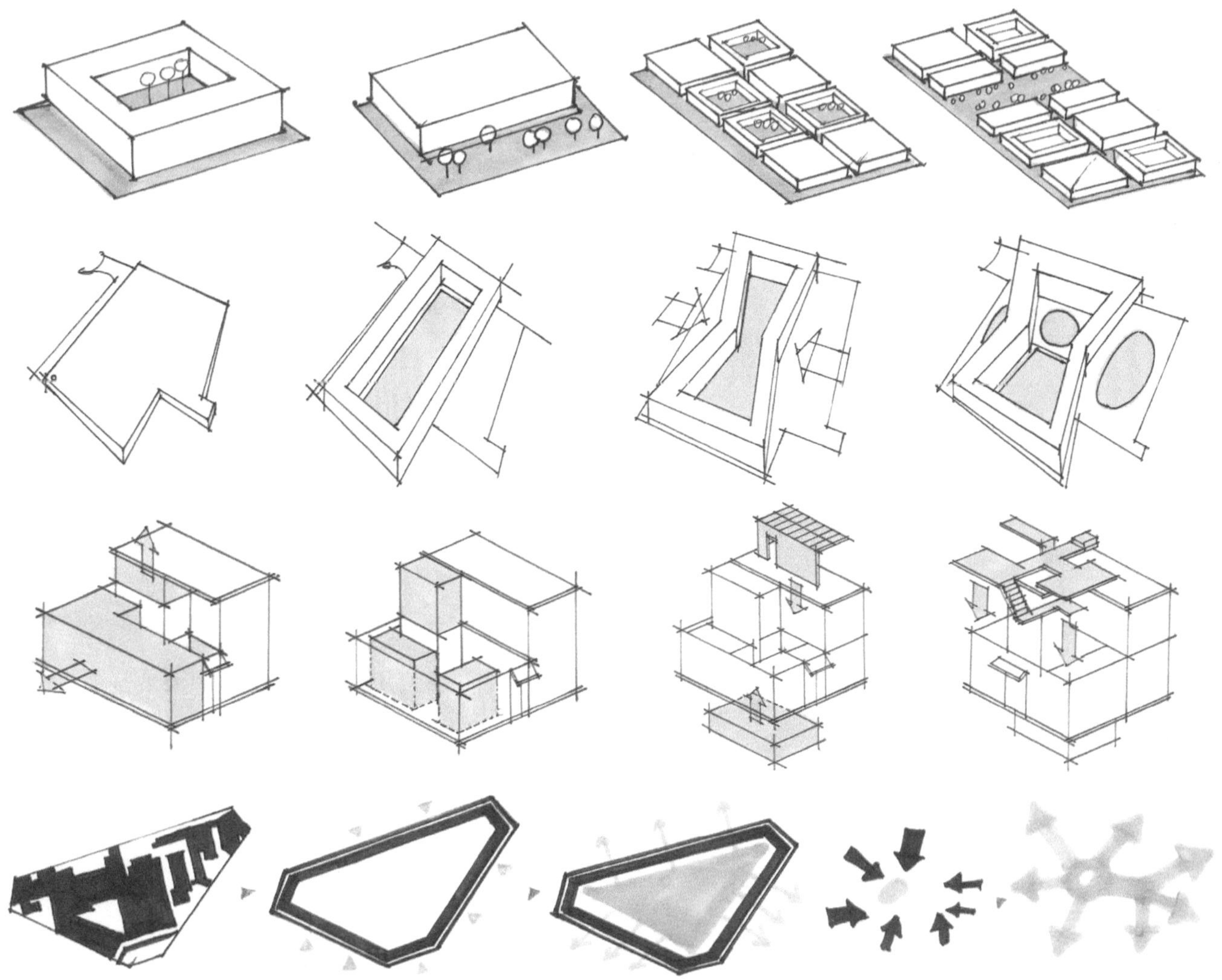

图4-11　体块生成分析设计手绘表达（三）/ 新蕾艺术学院学员

在室内快题设计手绘中，体块生成分析是必不可少的，一般通过几个步骤把体块生成的推导过程、逻辑关系表达清楚。体块的形式主观处理尽量形态简洁，简化不必要的元素，配上必要的符号和简短的文字说明，在颜色处理上尽量减少颜色的种类，除黑、白、灰色以外，一般以单色为主，这样可使重点主题突出，直观明了。

光照和空气流动分析设计手绘表达如图4-12所示。

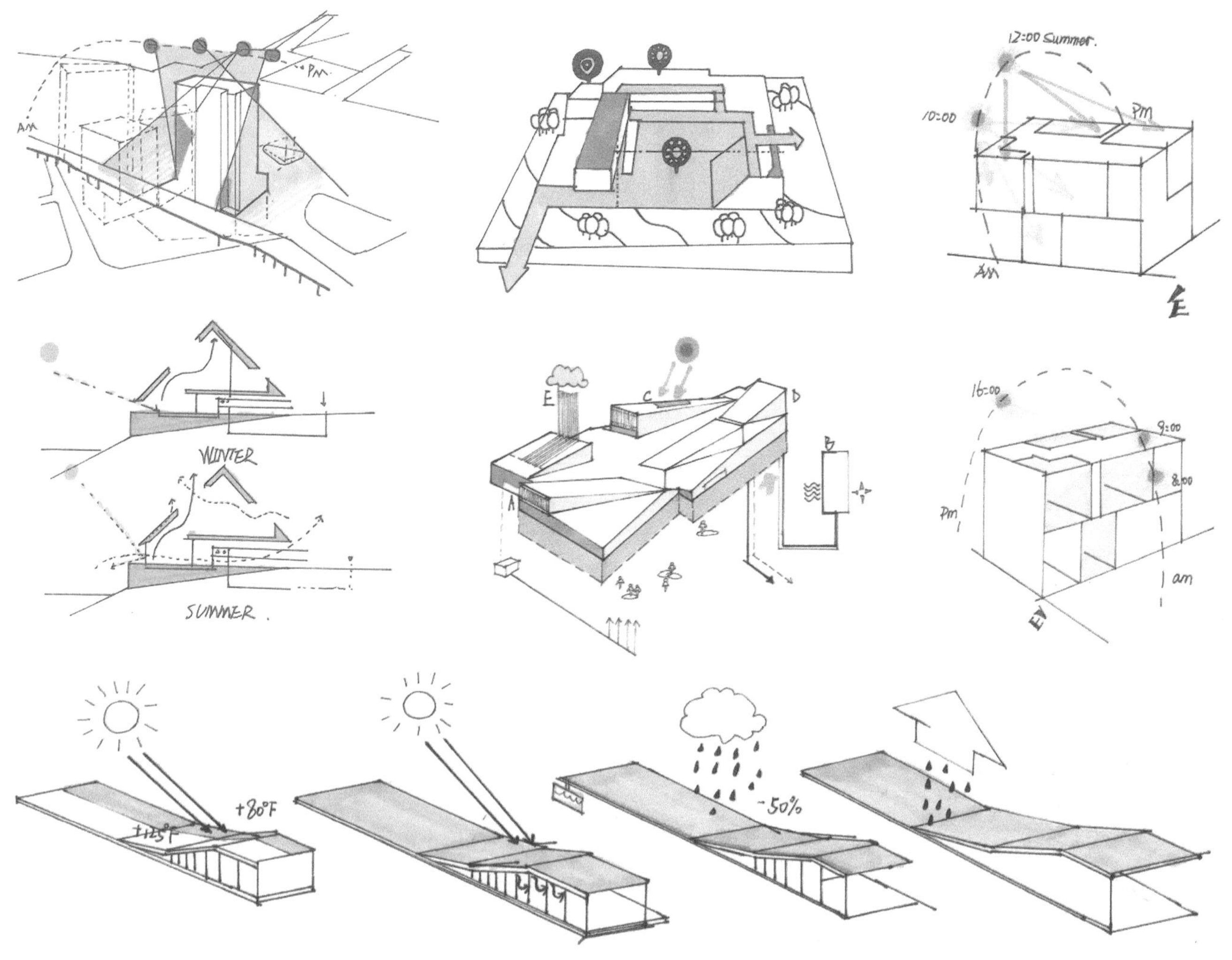

图4-12　光照和空气流动分析设计手绘表达（一）/ 新蕾艺术学院学员

4.4 光照分析设计手绘表达

光照分析也称为日照分析，是研究建筑朝向、太阳高度角对设计方案影响的重要分析。虽然不可能模拟专业日照软件，达到专业级的数据分析，但对光照的基本分析是必要的，也是设计方案是合理的重要依据。

图4-12是光照和空气流动分析设计手绘表达，用简单的图示表达出场地的基本环境，模拟太阳的运动轨迹对设计建筑（构筑）的光照影响。

光照和空气流动分析设计手绘表达如图4-13、图4-14所示。

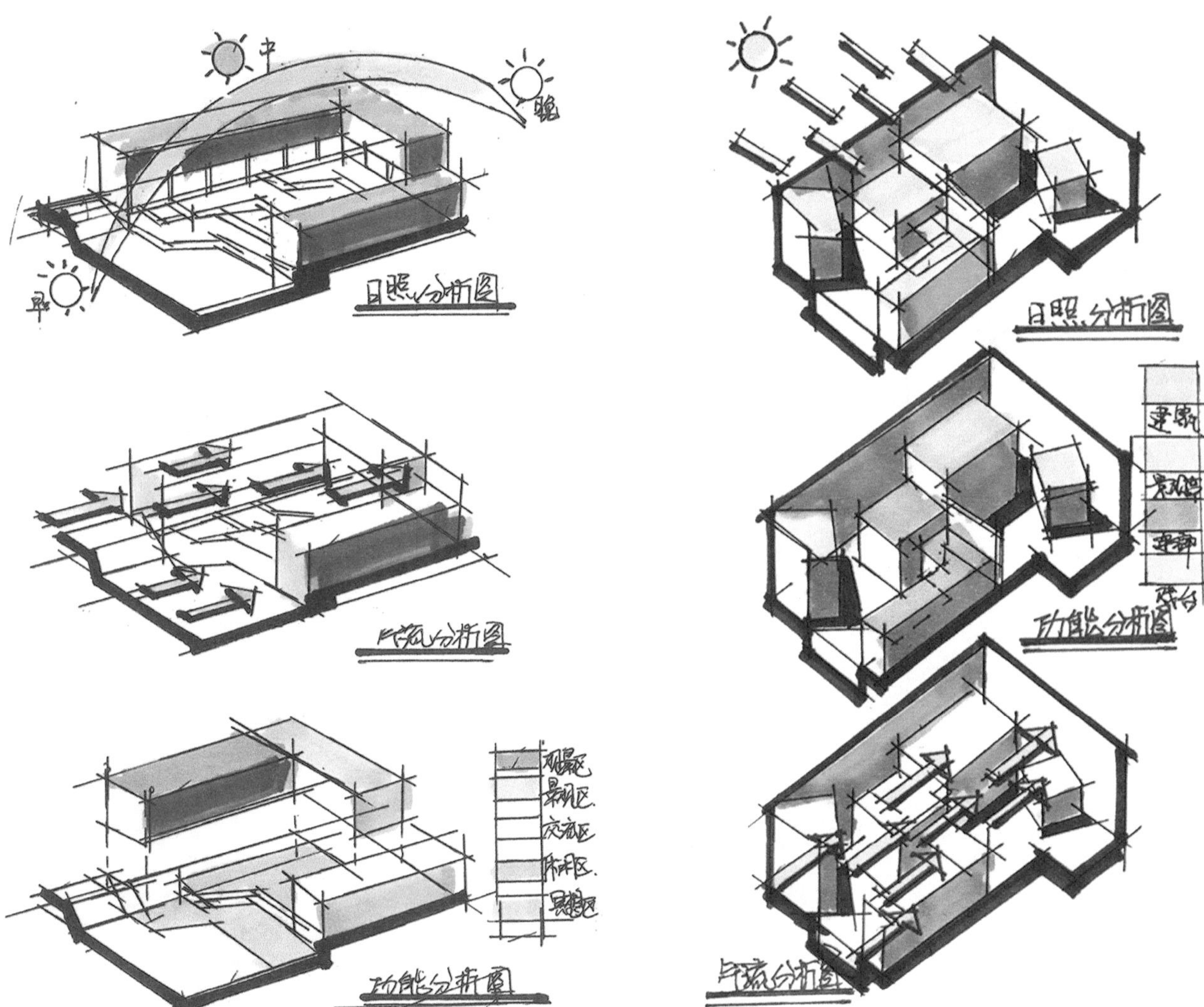

图4-13　光照和空气流动分析设计手绘表达（二）/ 新蕾艺术学院学员

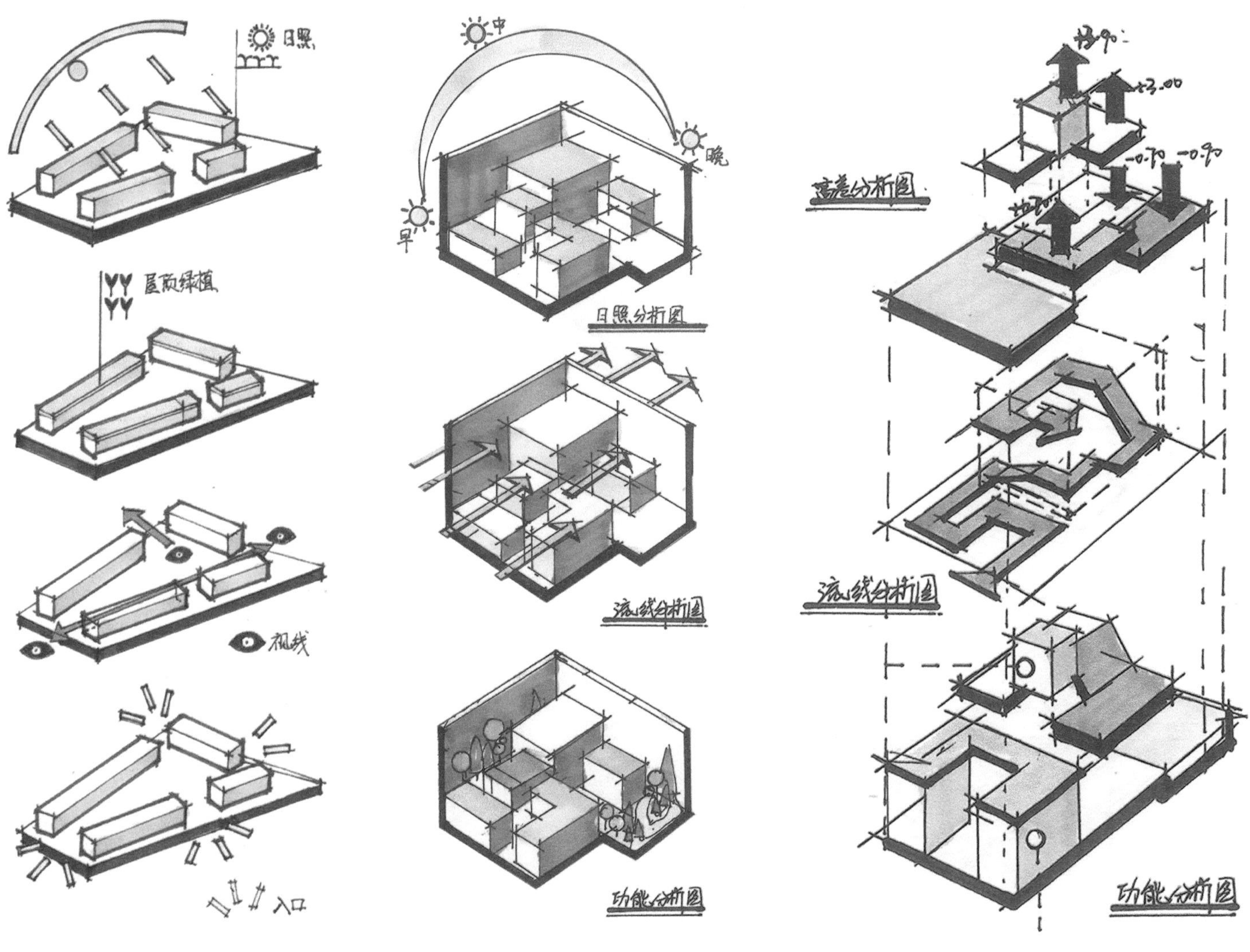

图4-14　光照和空气流动分析设计手绘表达（三）/ 新蕾艺术学院学员

光照的分析是一个专业的、复杂的过程，需要真实的模拟和大量数据的支持，对于室内快题手绘而言，毕竟时间有限，能够把光照对基地的影响、有利因素和不利条件表现清楚，能够在快题手绘中体现出设计者对光照因素的考虑和分析就已经足够。

图4-13和图4-14是光照分析和部分空气流动分析设计的手绘表达，是快题设计手绘表达的范例，除了合理、清晰的分析图外，美观的手绘表达也值得学习和借鉴。

光照和空气流动分析设计手绘表达如图4-15、图4-16所示。

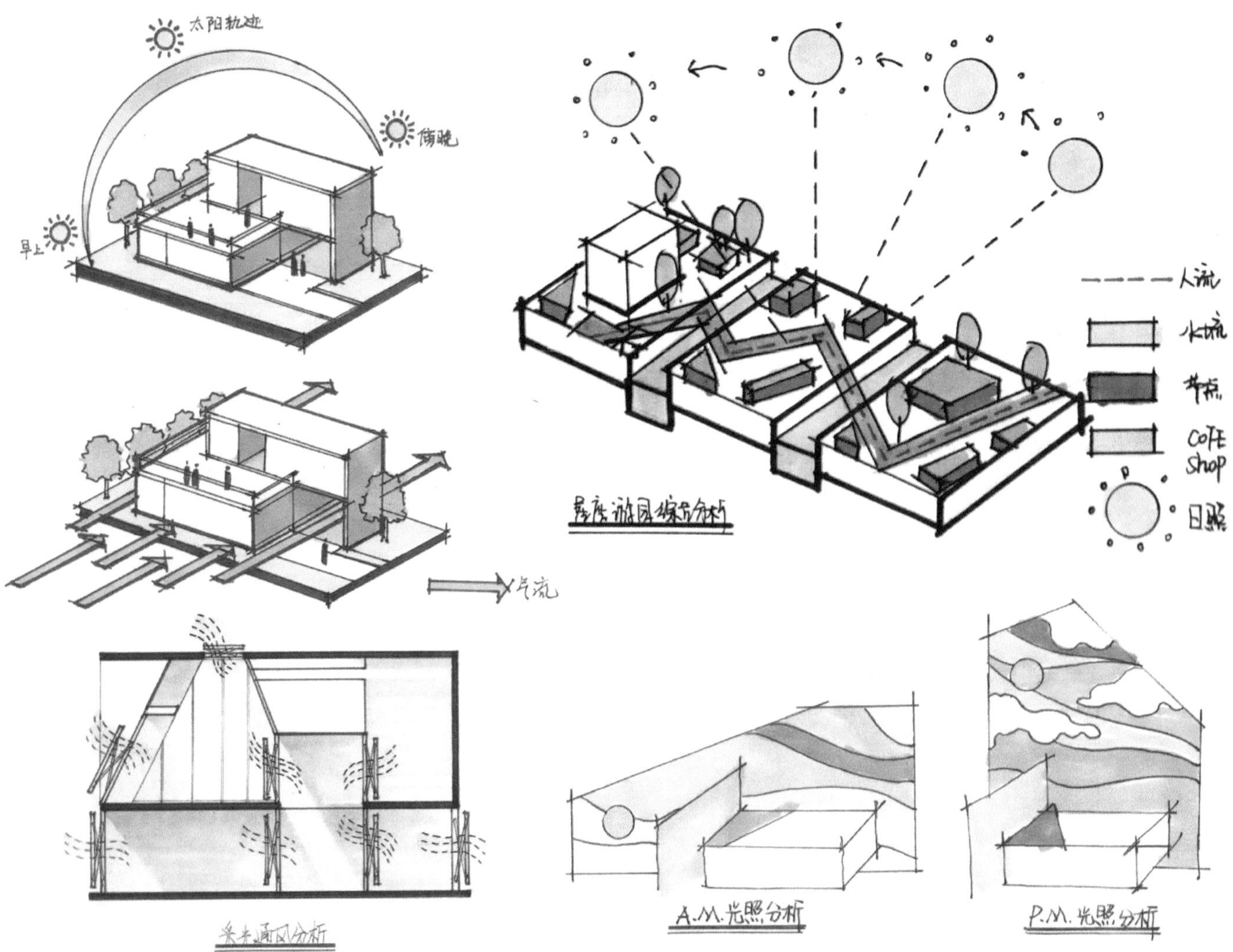

图4-15　光照和空气流动分析设计手绘表达（四）/ 新蕾艺术学院学员

对于室内快题手绘中的光照和空气流通分析，一般情况下，为保证在有限的时间内达到最好的效果，分析图的手绘表达不可能面面俱到，而是要弱化次要的信息，突出主题。因此基础环境的表达尽量作简化、弱化处理，而光照和空气的流通分析要强化突出表达。

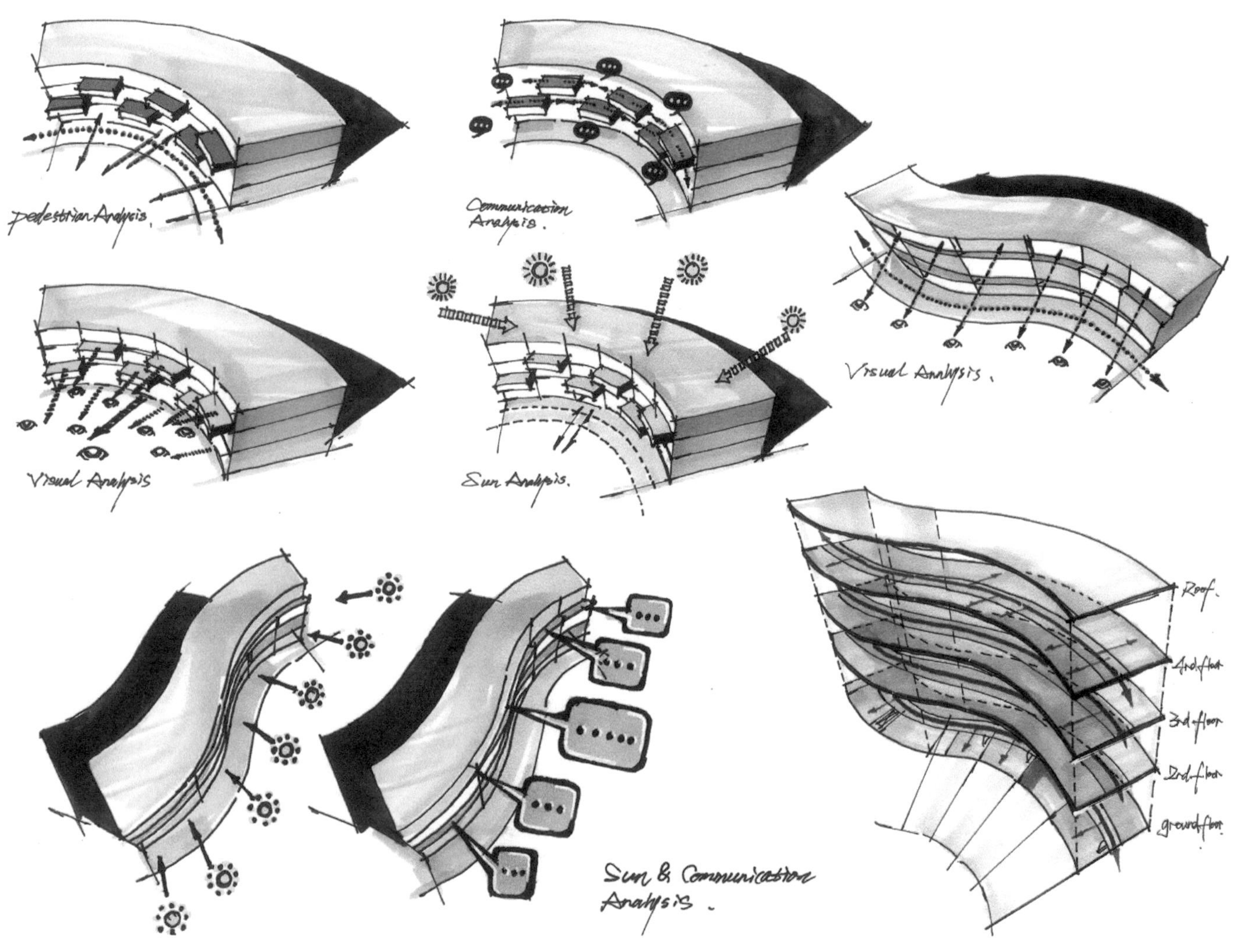

图4-16　光照和空气流动分析设计手绘表达（五）/ 新蕾艺术学院学员

垂直流线分析设计手绘表达如图4-17、图4-18所示。

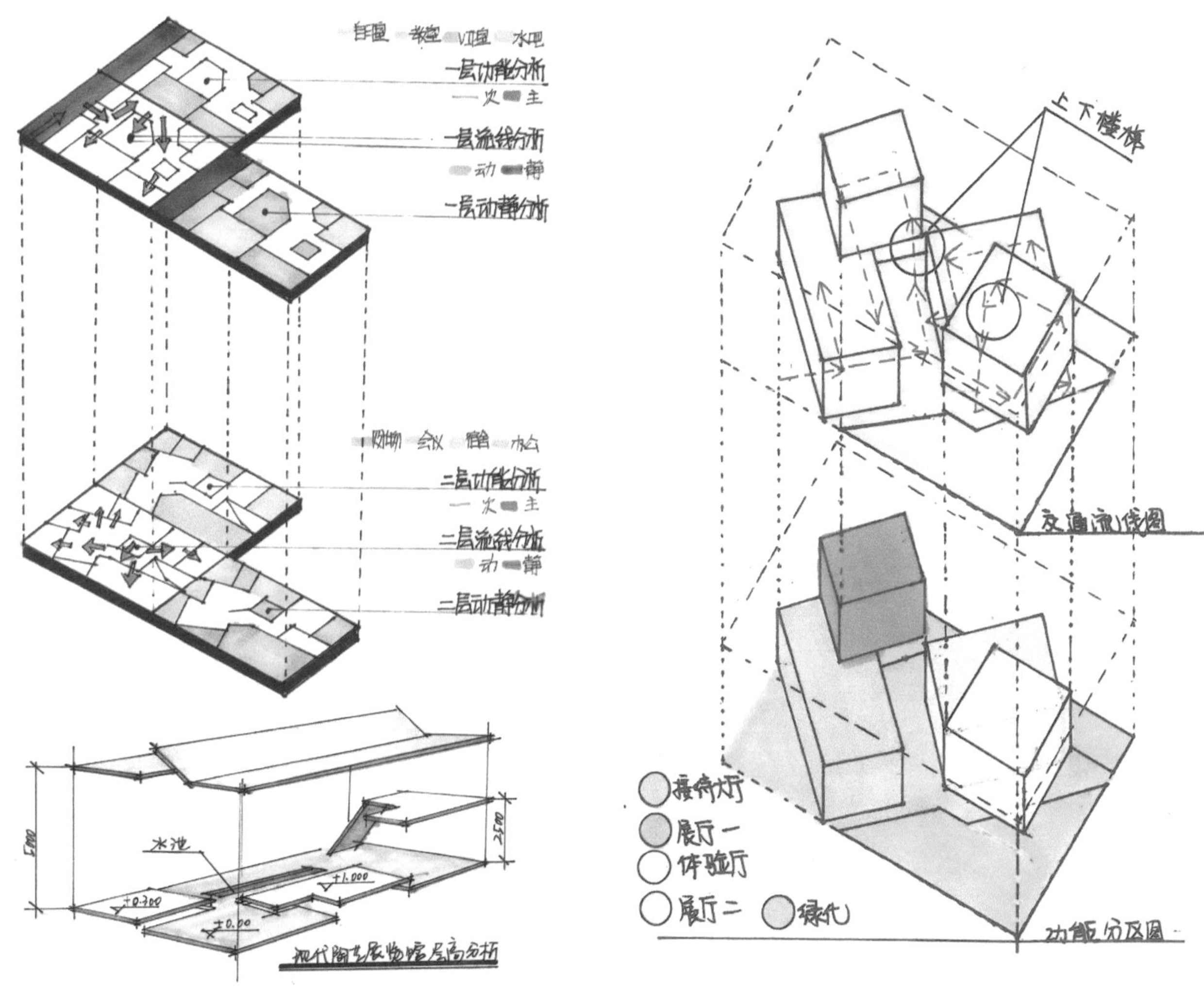

图4-17 垂直流线分析设计手绘表达（一）/ 新蕾艺术学院学员

4.5

垂直流线分析（爆炸分析图）设计手绘表达

垂直流线分析，或者叫爆炸分析图，当水平流线分析不能够很好展现流线的安排布局时，所采用垂直流线分析是水平流线分析的演变和优化，会表达得更加直观清晰，效果也更加强烈，是快题设计手绘中的展示亮点。

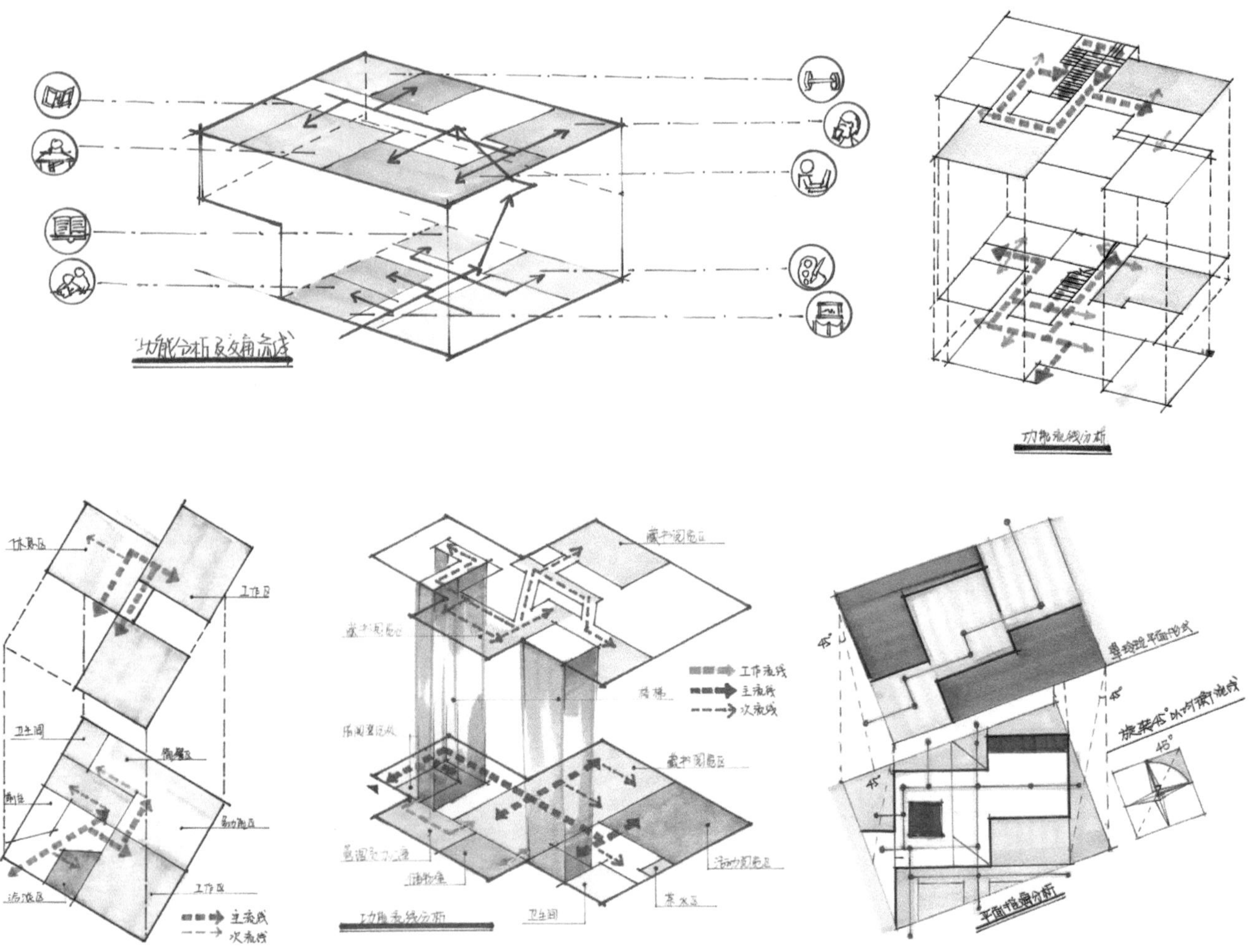

图4-18　垂直流线分析设计手绘表达（二）/ 新蕾艺术学院学员

垂直流线分析设计手绘表达如图4-19、图4-20所示。

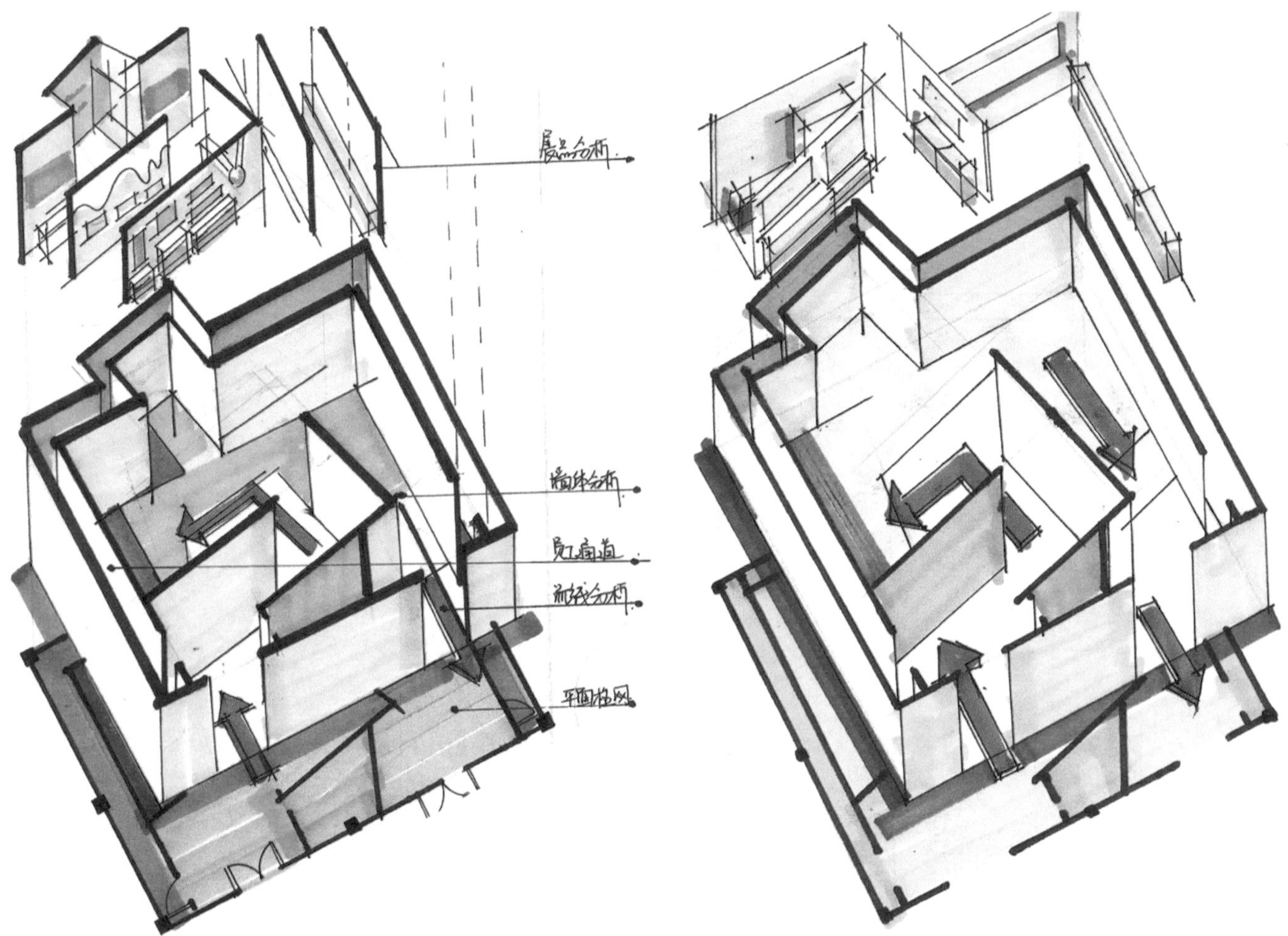

图4-19　垂直流线分析设计手绘表达（三）/ 新蕾艺术学院学员

图4-20　垂直流线分析设计手绘表达（四）/ 新蕾艺术学院学员

爆炸分析图内容丰富、信息量大、视觉效果强烈，在快题手绘中绝对是“重点”和“亮点”，能够提升整张快题设计手绘的格调和品质，是提升快题设计考试分数的重要方法。爆炸分析图相当于轴测图效果图的一种表现，展示效果全面，设计方案的方方面面一览无余，因此对设计师的设计能力和手绘表达能力提出了更高的要求。从另一个角度来说，如果对方案没有全面的认识和自信，不建议使用爆炸分析图进行展示。

图4-21是室内快题手绘中构造分析设计的手绘表达，除了卓越的手绘表达能力外，所展示的是设计能力的全面性。

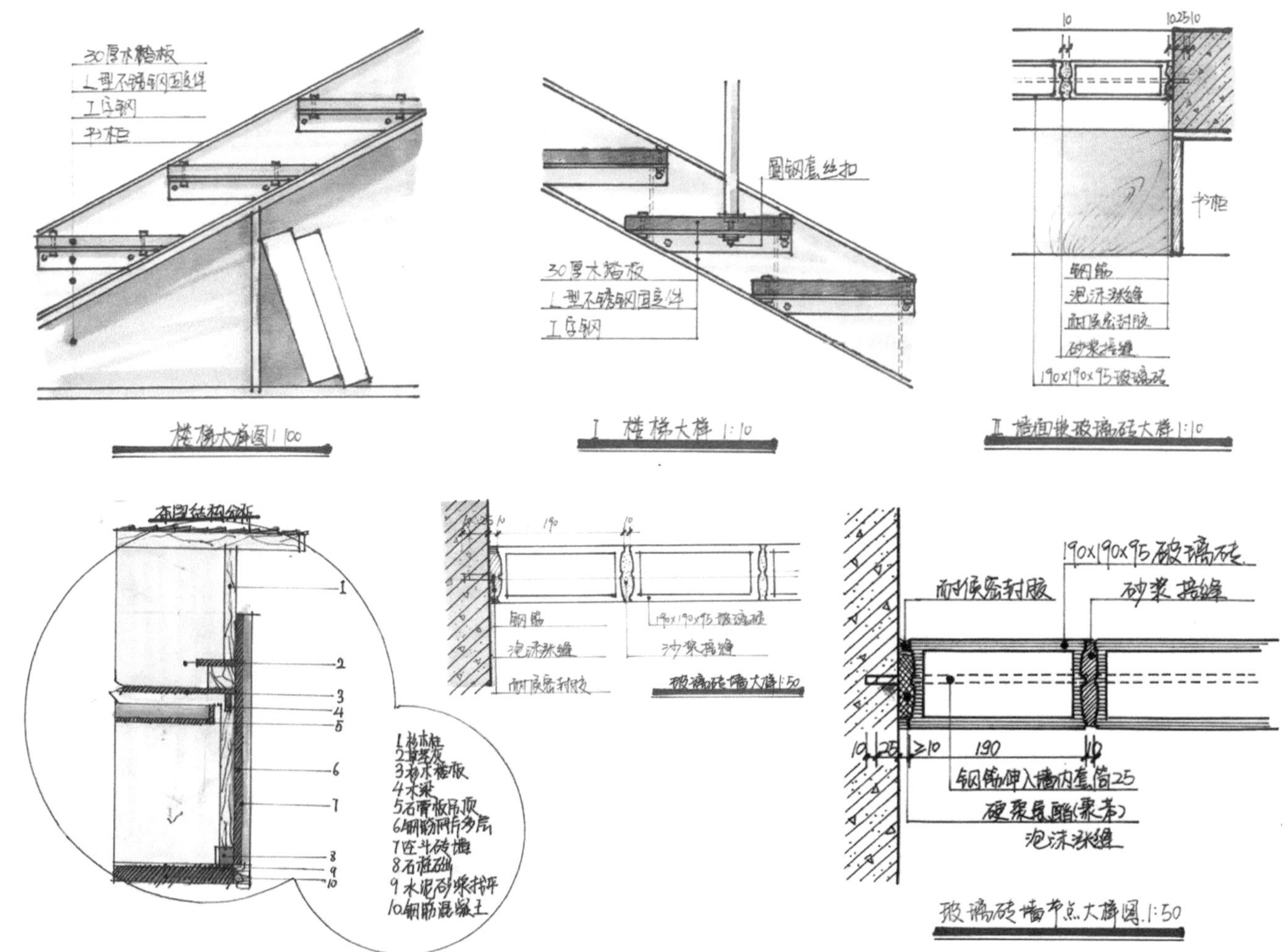

图4-21　构造分析设计手绘表达/ 新蕾艺术学院学员

4.6

构造分析、节点分析设计手绘表达

优秀的设计师不仅能够出色地完成概念设计，更应该对深化设计阶段的节点构造、施工工艺了如指掌，这样才能使设计方案“生根落地”，否则只能是纸上谈兵。因此在快题设计手绘的学习过程中，除了设计元素、设计技巧的积累，还应该掌握常用节点构造的工艺和施工方法。

图4-22是场景分析设计的手绘表达，通过简单的图示语言和文字，把不同空间的使用功能进行分析，展示清晰、形式简洁，是提升快题手绘质量的重要方式。

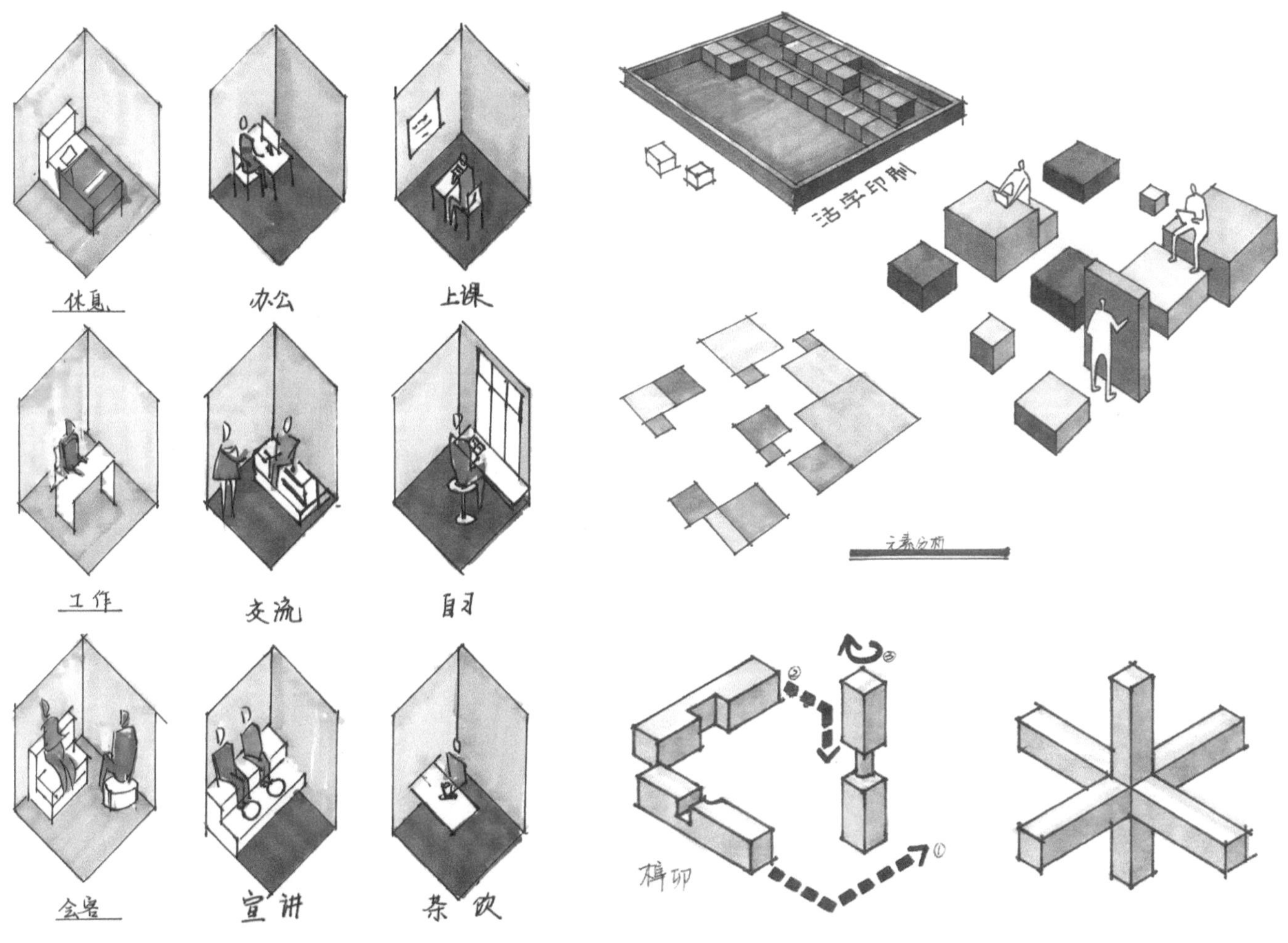

图4-22　场景分析设计手绘表达（一）/ 新蕾艺术学院学员

4.7 场景分析设计手绘表达

为了全面、多角度展示设计的预期效果，常常通过简单的图示来体现不同空间的使用场景，并配合简短的文字说明展现设计的预期效果和设计意图。场景分析是设计分析图中重要的一种展示形式，能够直观、全面地分析不同场景的使用情况。

场景分析设计手绘表达如图4-23、图4-24所示。

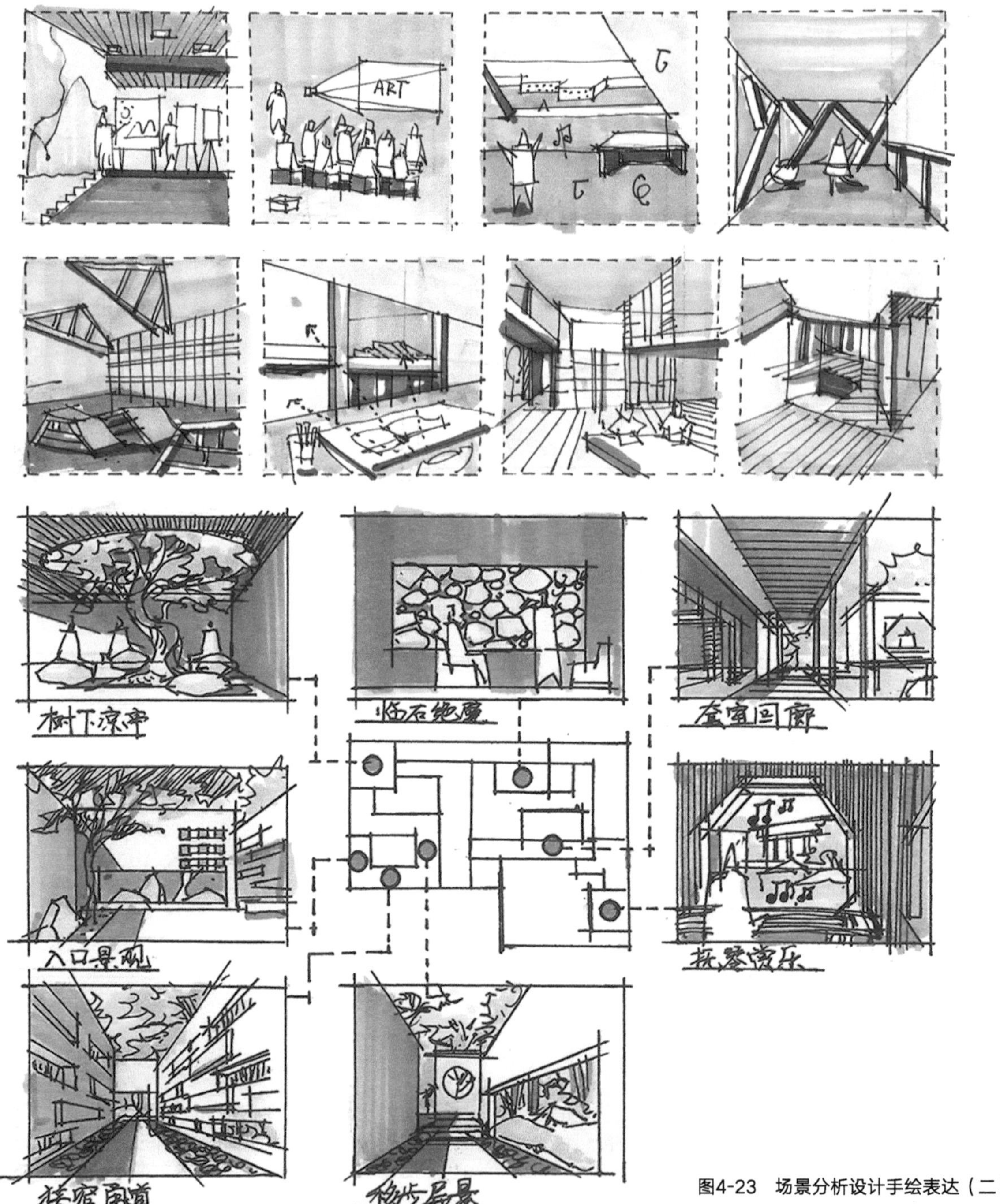

图4-23　场景分析设计手绘表达（二）

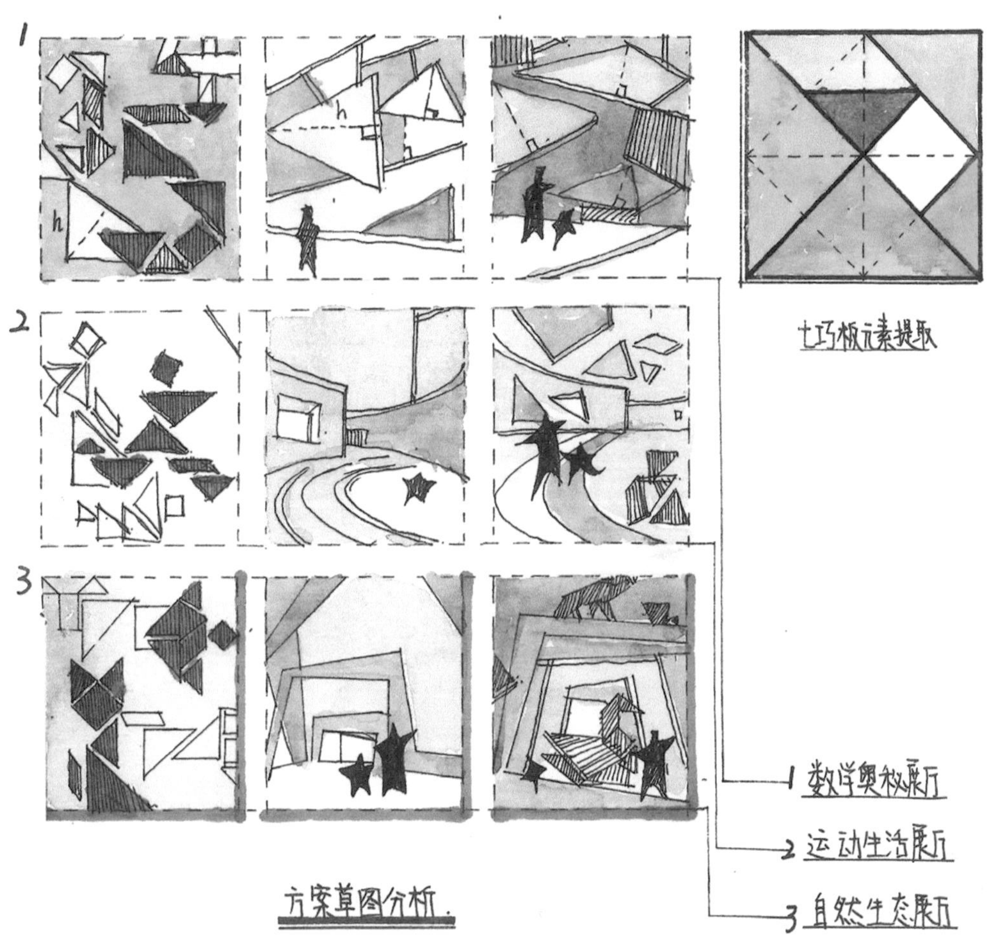

图4-24　场景分析设计手绘表达（三）

场景分析要求设计师对设计方案要有全面的了解和全局把控的能力，在快题设计中这种能显得尤为重要，如果只对局部方案进行设计和表现，整张快题手绘就会略显单薄，设计能力在某种程度上也会被埋没。

图4-23是不同空间场景的使用分析，给人以宏观的印象，能够在短时间内对整个设计有一个全面的认识和了解。图4-24是对“七巧板”元素的一个前期草图分析，也是对组合空间使用情况的场景分析。

场景分析设计手绘表达如图4-25、图4-26所示。

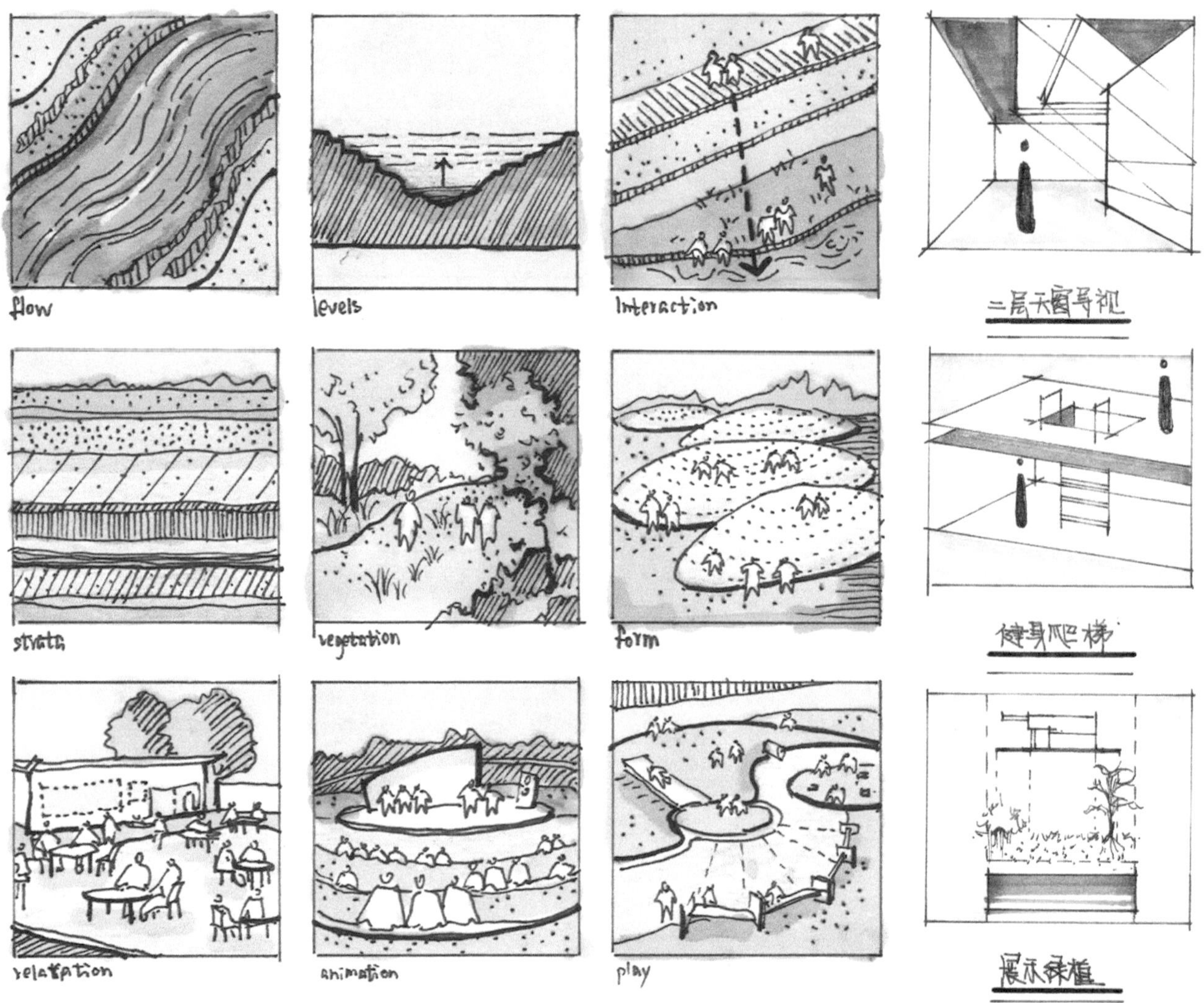

图4-25　场景分析设计手绘表达（四）

在快题设计手绘中，场景设计分析和手绘表达是有方法和技巧的。场景分析通常以相同或近似的形式重复出现，形成分析矩阵，信息内容丰富，形式感强烈，熟练掌握这些规律和技巧能够事半功倍，高效提升快题设计手绘的质量和水平。

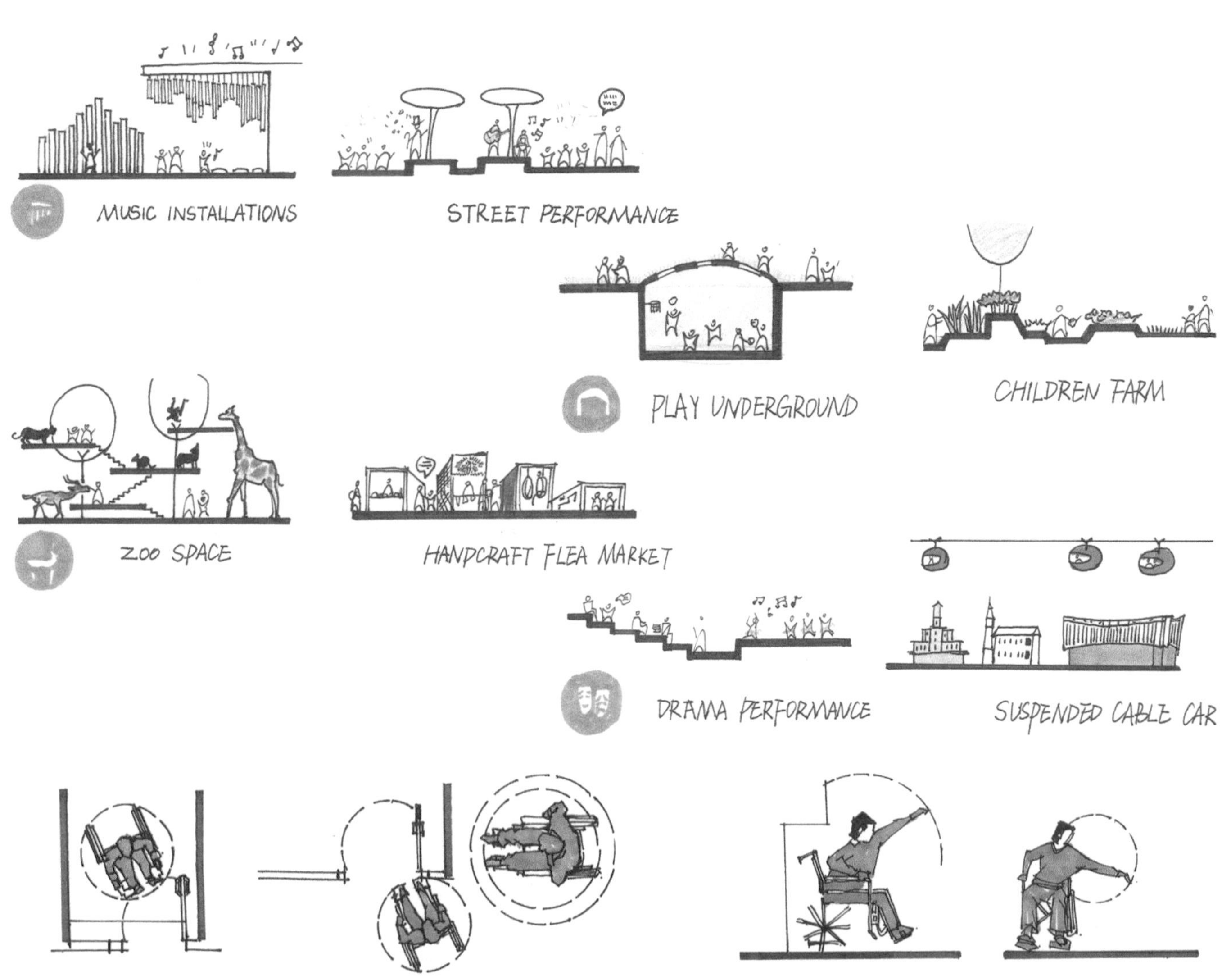

图4-26　场景分析设计手绘表达（五）

场景分析设计是不是多个效果图的手绘表现？很多学生都存在这样的疑惑。首先，场景的分析设计和手绘表达是对不同使用场景的分析，是分析图的一种，并不是效果图，也不是简化的效果图，而是更侧重问题的分析，不是效果的表达。其次，场景分析的形式多种多样，可以通过简化的图示和图形语言进行分析。最后，场景分析的图量不固定，可以结合快题设计手绘的实际需求进行分析和手绘表达。

场景分析设计手绘表达如图4-27所示。

场景分析设计和手绘表达是快题设计手绘中分析图的一部分，不像平面图、剖面图、立面图和效果图所占比重很大，受图量比重、时间的限制，场景分析不能面面俱到，要主观进行简化处理，弱化不重要的信息，强化分析的内容，做到主次突出，使分析的问题和结果一目了然。

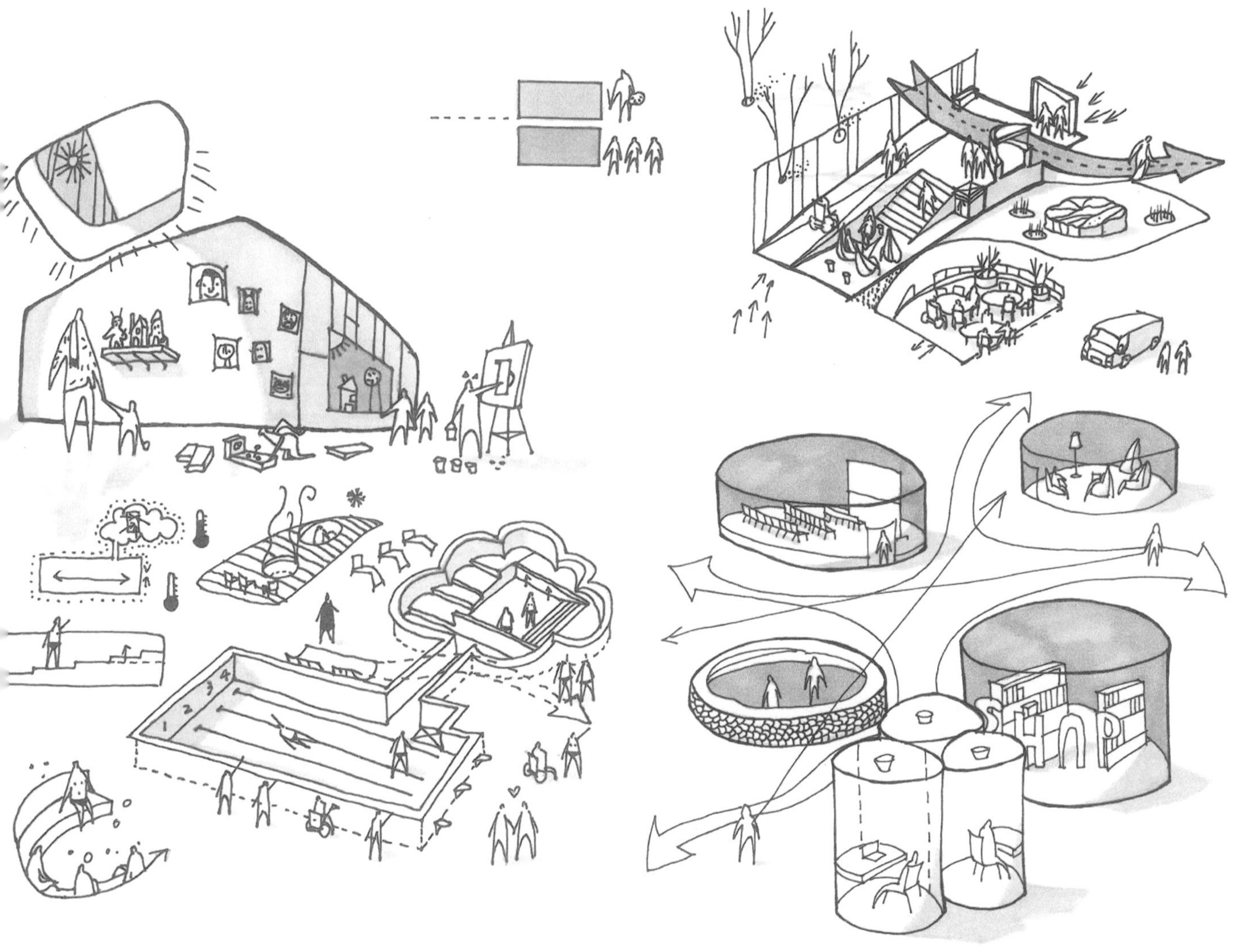

图4-27　场景分析设计手绘表达（六）

在手绘表达过程中，场景分析一般可以分为两种形式：图示结合文字的形式和空间场景图的形式。简单的图示或图形结合必要的文字说明，既简单又能说明分析的问题。空间场景图的形式，效果直观，表现力强，是快题设计手绘中的亮点。

交互分析设计手绘表达如图4-28、图4-29所示。

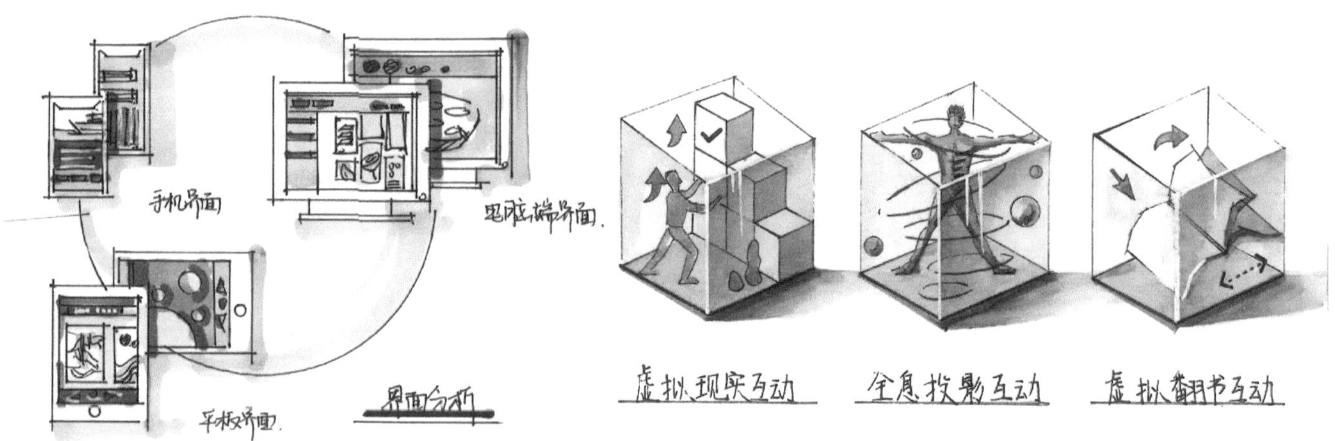

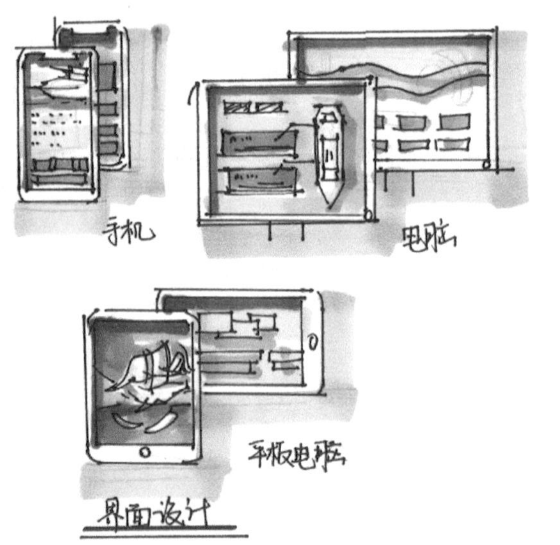

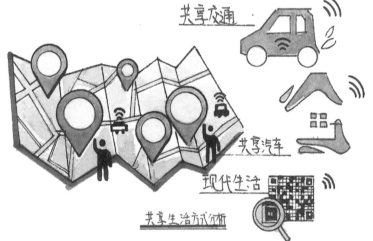

图4-28 交互分析设计手绘表达（一）

图4-29　交互分析设计手绘表达（二）

4.8 交互分析设计手绘表达

在室内快题设计中尤其是展示陈列空间的设计中，界面分析、多媒体分析、交互场景分析等交互技术手段的分析必不可少，这些是对展示内容的拓展和完善。因此在快题设计手绘中，交互分析设计和手绘表达能够使快题内容丰富、形式多样、效果强烈。在具体表达上，交互的技术层面问题不必过多展示，可以侧重在原理和视觉效果的展示和表达上。

其他类型分析设计手绘表达如图4-30、图4-31所示。

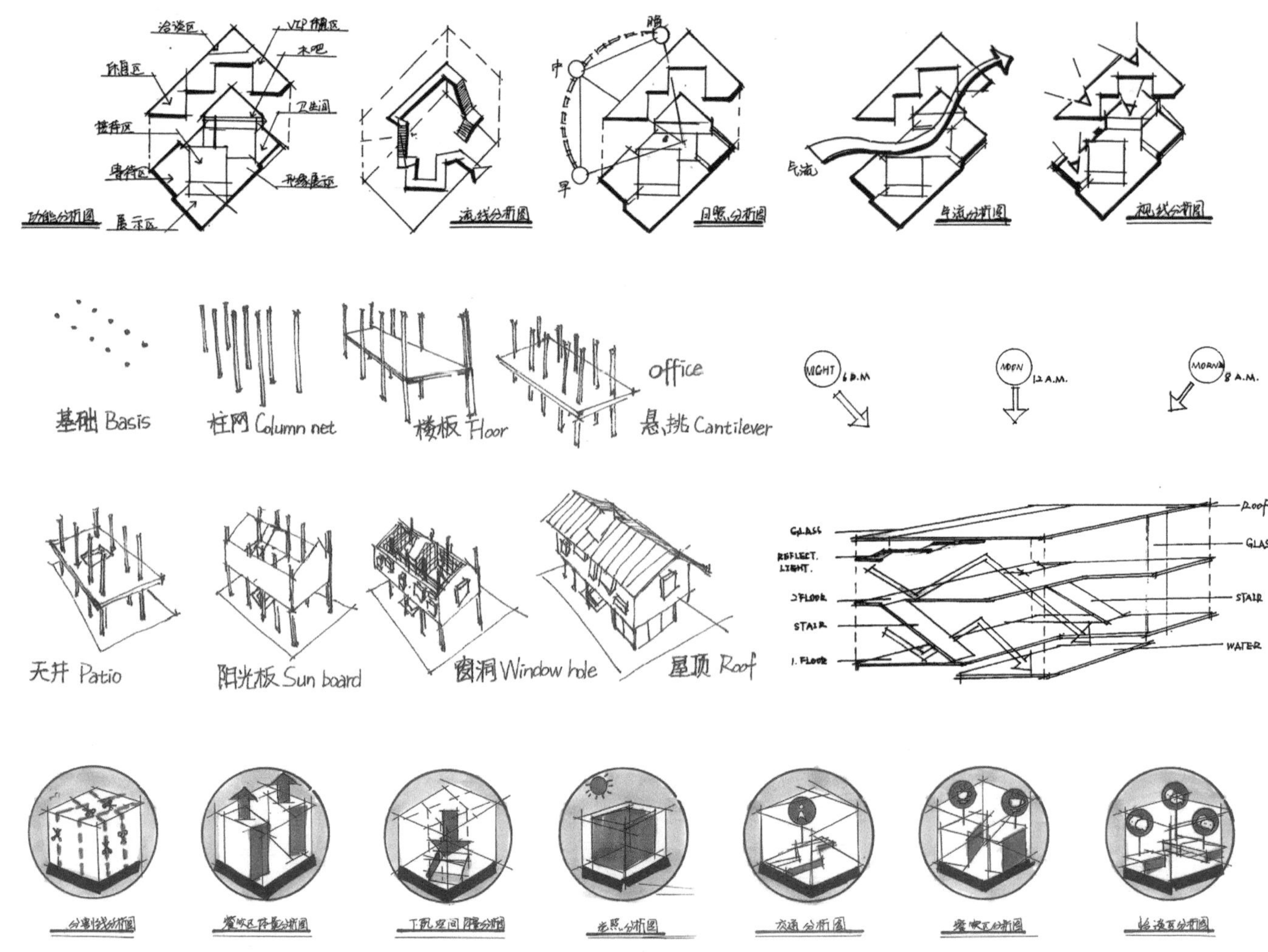

图4-30 其他类型分析设计手绘表达（一）

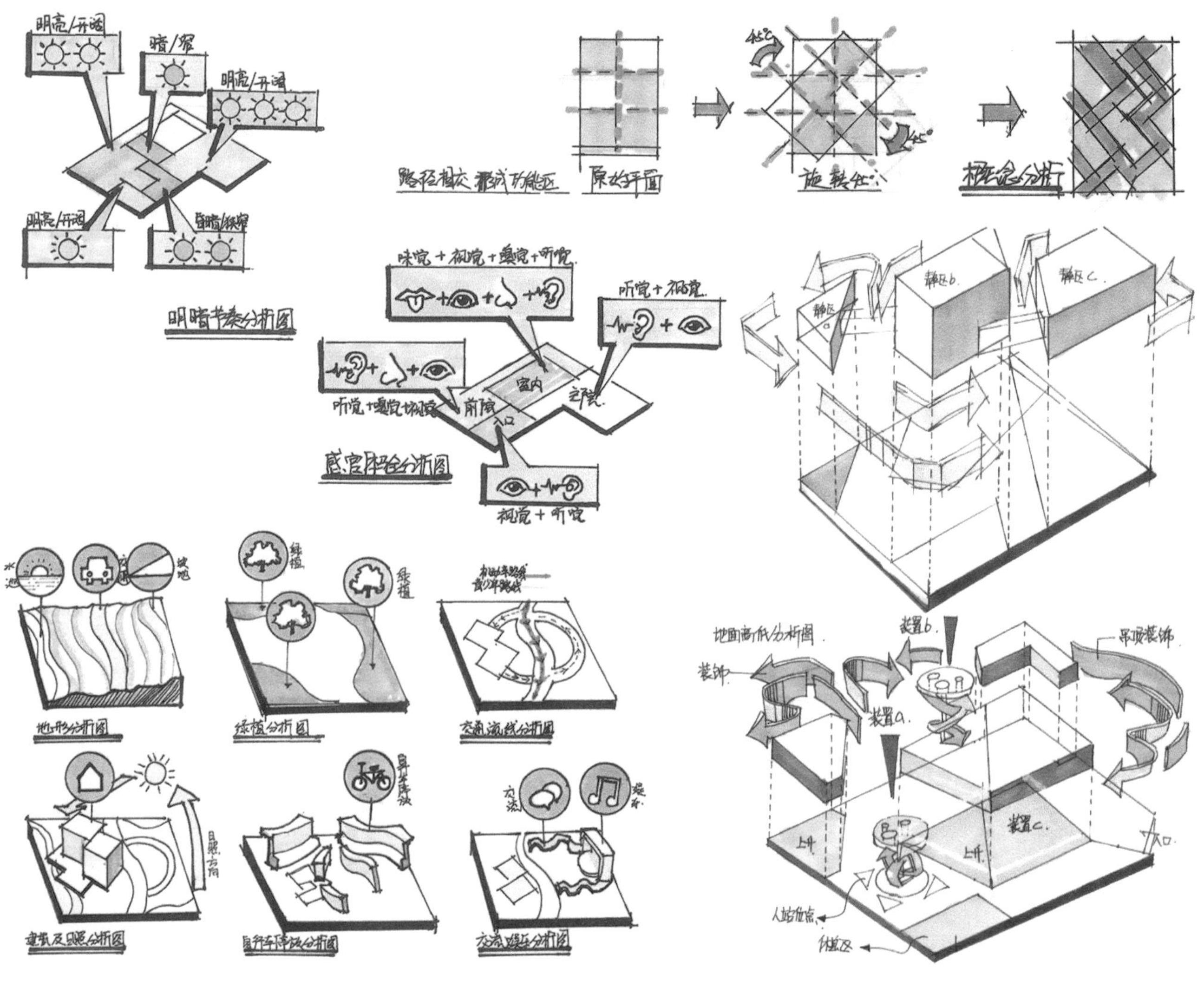

图4-31　其他类型分析设计手绘表达（二）

4.9 其他类型分析设计手绘表达

设计分析图形式多样，灵活多变，没有固定的模式和形式，完全可以结合设计的具体需求进行分析，只要分析逻辑清晰，且有理有据、言之有物即可。在快题设计手绘中，虽没有对设计分析图提出具体的要求，但分析图是设计开始的基本依据，几组优秀的分析图设计手绘表达能够提升快题手绘的“颜值”和整体水平。

图4-30和图4-31分别从不同的角度对设计场地、条件进行系统性分析。

Chapter

05 室内快题设计中的平面图设计手绘表达

平面图设计或者说是平面布局设计，是平面上物体的位置、比例大小关系的安排，是室内设计的重中之重，关系到一个室内空间功能布局是否完整、流线布局是否合理，是衡量一个设计方案是否合理的重要指标，也是快题设计手绘中的重要考查内容。

在室内快题设计手绘中，平面图体现出整个设计方案的功能划分、流线组织、空间布局和整体的设计思路，是最能反映学生设计能力和基础知识考查部分，因此也是快题手绘所占分数比最大的一部分。从某种程度上说，可以通过平面图的设计和手绘表达来衡量一个学生的设计基础和手绘表达能力。

平面图设计反映出设计方案的整体空间布局、功能划分和流线组织等重要信息，平面图设计和手绘表达是快题设计手绘的重点，也是学习快题设计手绘中最难的部分，难点在于三个层面的问题：首先，制图规范是基础，平面图是设计图纸的一部分，不能过于随意和潦草，必须按照严格的制图规范进行设计，确保“画得对”。其次，手绘表达是美化，美观的手绘表达能够给平面图、快题手绘增色不少，具有表现力的同时也更具观赏性，注意“画得好”。最后，设计能力是核心，平面图核心反映的是平面位置上的功能布局、空间布局、流线组织和位置大小关系，因此设计得是否合理是平面图设计和手绘表达最重要的核心，解决“设计好”的问题，毕竟如果设计方案不好，制图规范再严谨，手绘表达再好看，也是没有任何意义。很多情况下，手绘表达能力可以通过强化训练，短期内能够得到明显提升，而设计能力是学生最难提升的部分，也是制约快题设计手绘分数的瓶颈，绝不是一朝一夕的事情。快题手绘考查的不是手绘能力的高低，更不是表现技法的娴熟与否，真正造成快题设计手绘分数的差距，不是技法和效果的表达，而是设计能力。因此在日常手绘的学习过程中，注重手绘表达能力训练的同时，要更加注重设计能力的提升，掌握好设计基础知识，了解最新的设计趋势、设计技术和设计方法。

人居空间平面布局设计手绘表达如图5-1所示。

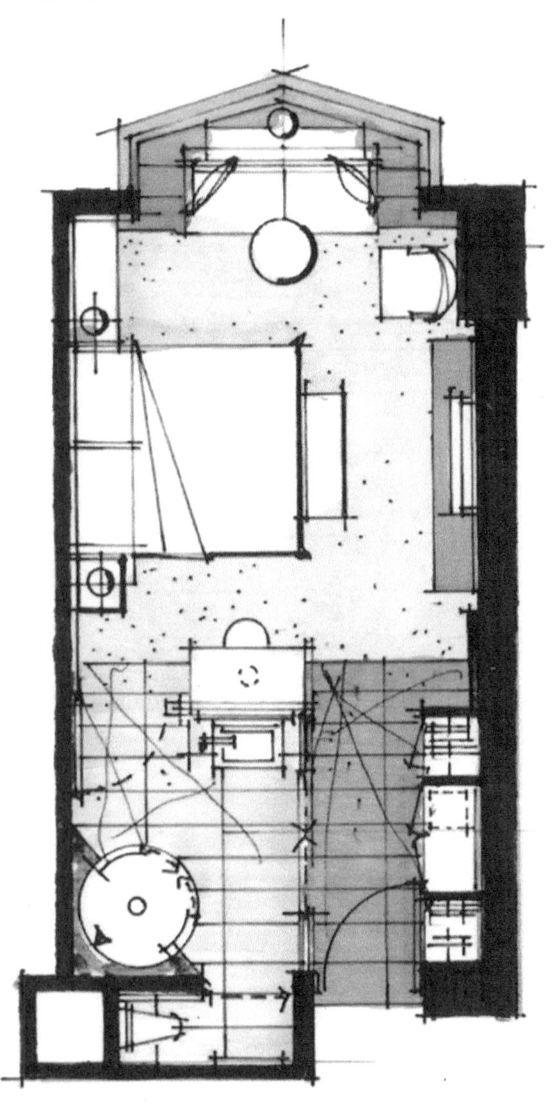

5.1 室内快题中平面图设计手绘表达的标准

平面图是设计图纸的一部分，是设计人员看图识图的重要参考和依据，不能像效果图、设计草图等手绘表现图那样个性化、艺术化。快题设计手绘中的平面图虽不能像设计软件中的平面图那样规范、准确无误，但必须制图标准规范、比例尺度准确、手绘表达美观。

平面图设计手绘需要体现制图标准规范，平面图中的尺寸标注、剖切符号、比例尺、指北针、标高符号、粗线细线的使用需按照制图规范标准尽量做到制图严谨、标准。

图5-1　人居空间平面布局设计手绘表达

平面图设计手绘中的比例尺寸准确是最基本的要求，在快题设计手绘中，要求平面图中各功能部分的尺寸计算准确，选择合适的比例尺，标注清晰。

平面图设计手绘要表达美观，在制图规范、标注准确的前提下，还要注重平面图的手绘表达，用笔上采用平涂用笔，减少笔触的变化。颜色上减少色相和色彩的饱和度，多采用灰色调、低饱和度的颜色，做到色彩搭配协调，画面效果好。

茶室空间平面图设计手绘表达如图5-2所示。

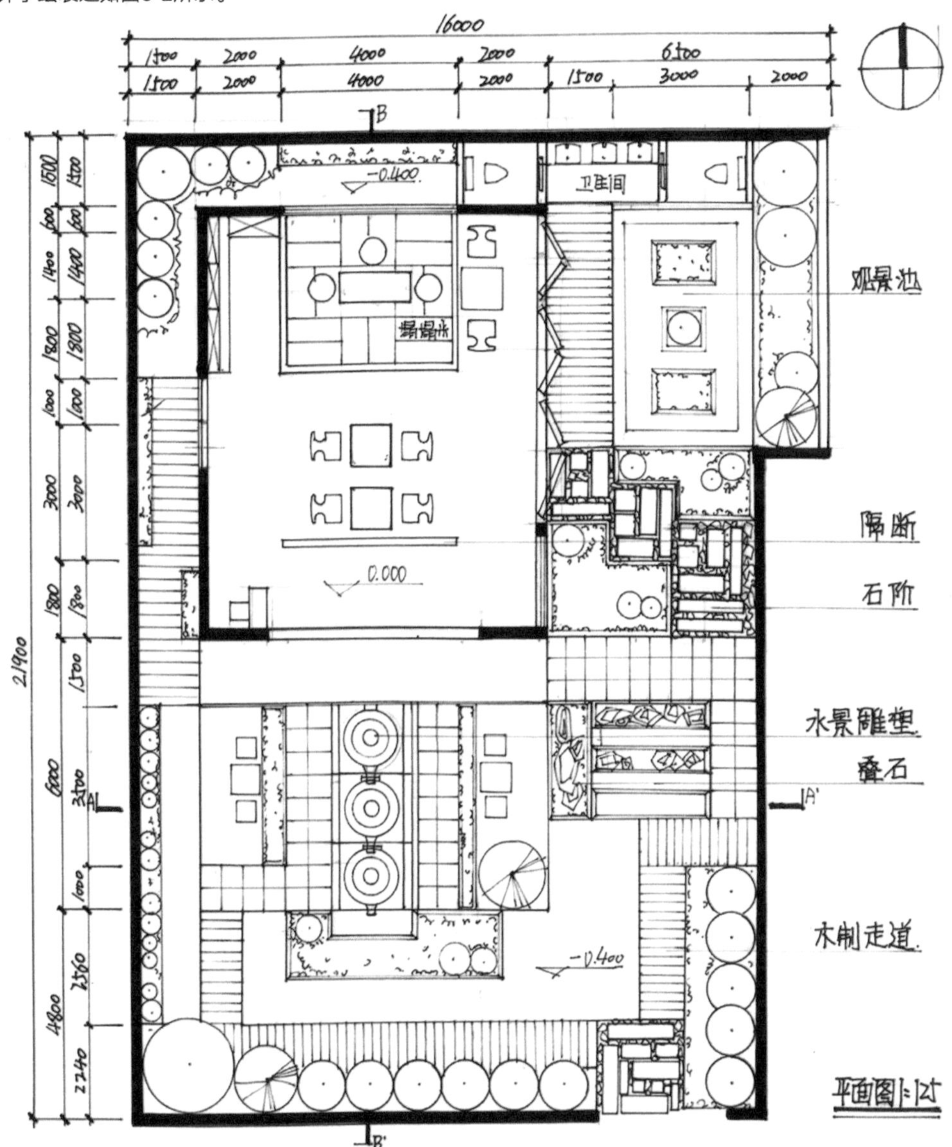

图5-2　茶室空间平面图设计手绘表达

5.2 室内快题中平面图设计手绘线稿范例及评析

优秀的平面图线稿手绘是上颜色的基础，能够为下一步上色提供方便。良好的线稿要求制图标准，比例尺寸准确，图例规范，粗线细线使用得当，线条要流畅、疏密有致，点、线、面构成明显，黑白效果强烈，画面干净整洁。

工作室改造平面图设计手绘表达如图5-3所示。

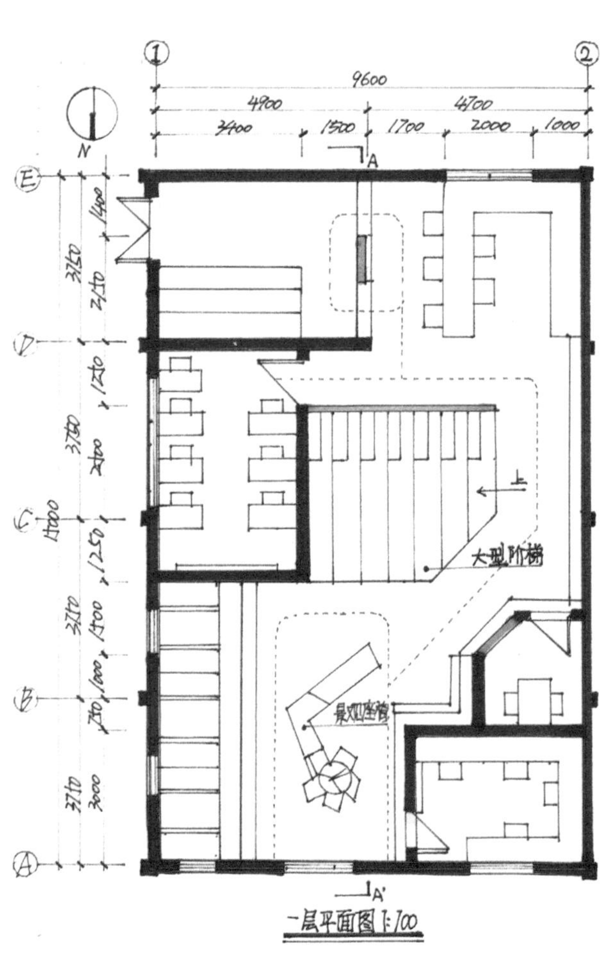

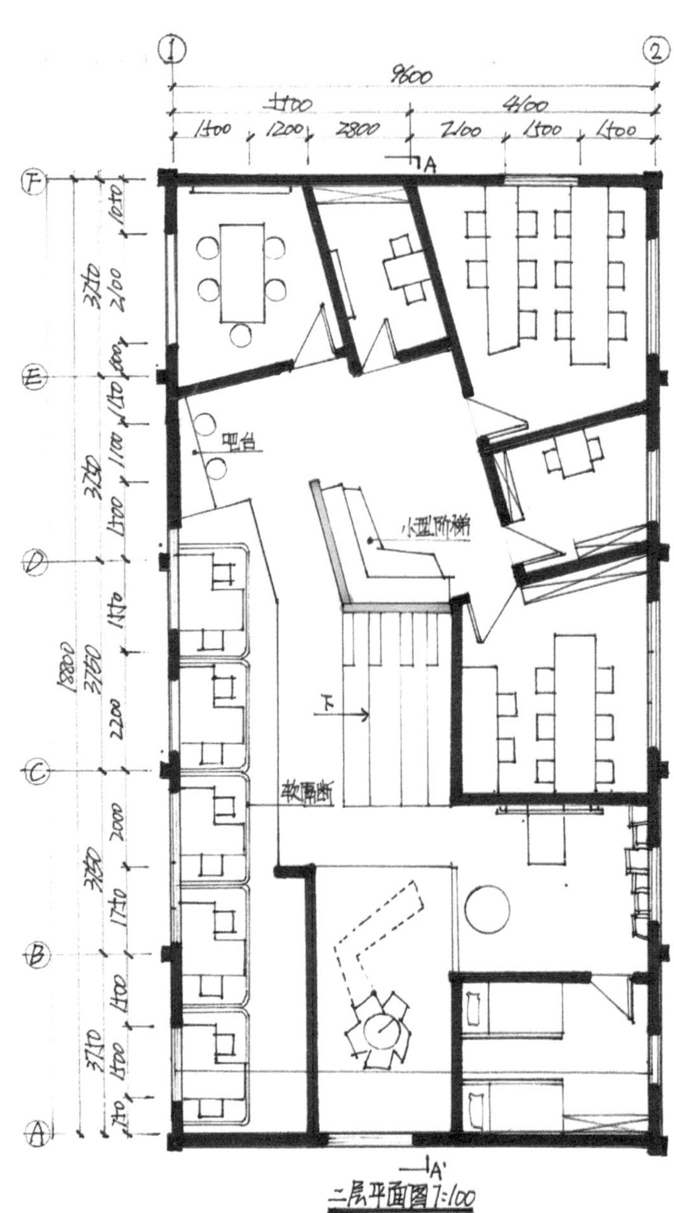

图5-3　工作室改造平面图设计手绘表达（一）

·范例评析：Y 学姐（中央美院硕士）

图5-3是工作室改造的平面图设计手绘表达，功能、空间布局合理，流线顺畅，设计方案规矩中有所创新。手绘表达制图标准严谨，标注规范清晰，线型使用得当，缺少材质上的表达略显不足。

工作室改造平面图设计手绘表达如图5-4、图5-5所示。

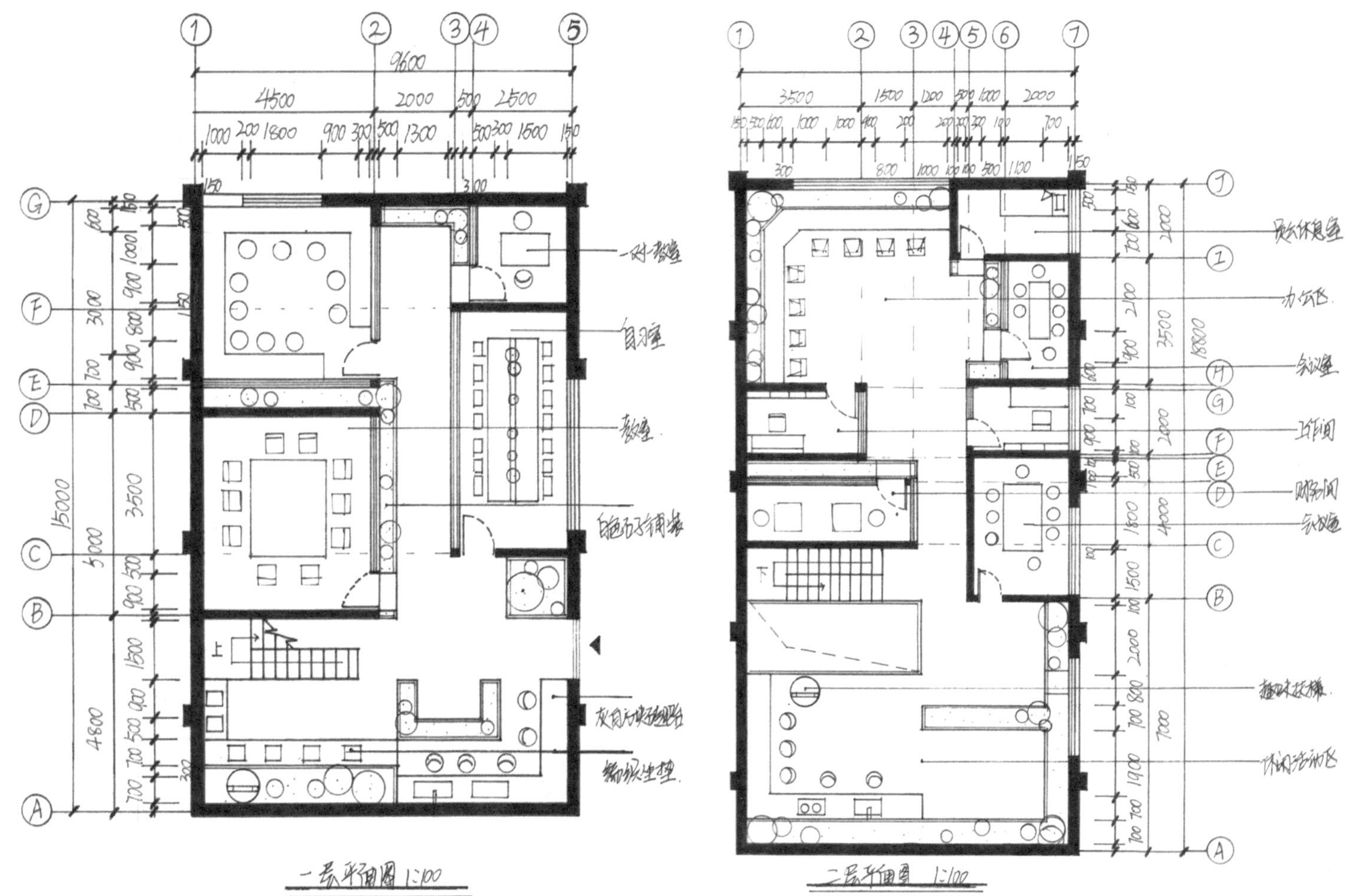

图5-4　工作室改造平面图设计手绘表达（二）

· 范例评析：Z 学姐（清华美院硕士）

该工作室改造的平面布局设计（图5-4），功能布局合理、动线流畅、构思巧妙，符合设计题目要求。尺寸标注、索引、图例使用规范，制图严谨，手绘标准高。缺少局部代表性的材质、铺装的表达，线型区分不明显，总体而言是一套规范、标准的平面图设计线稿手绘。

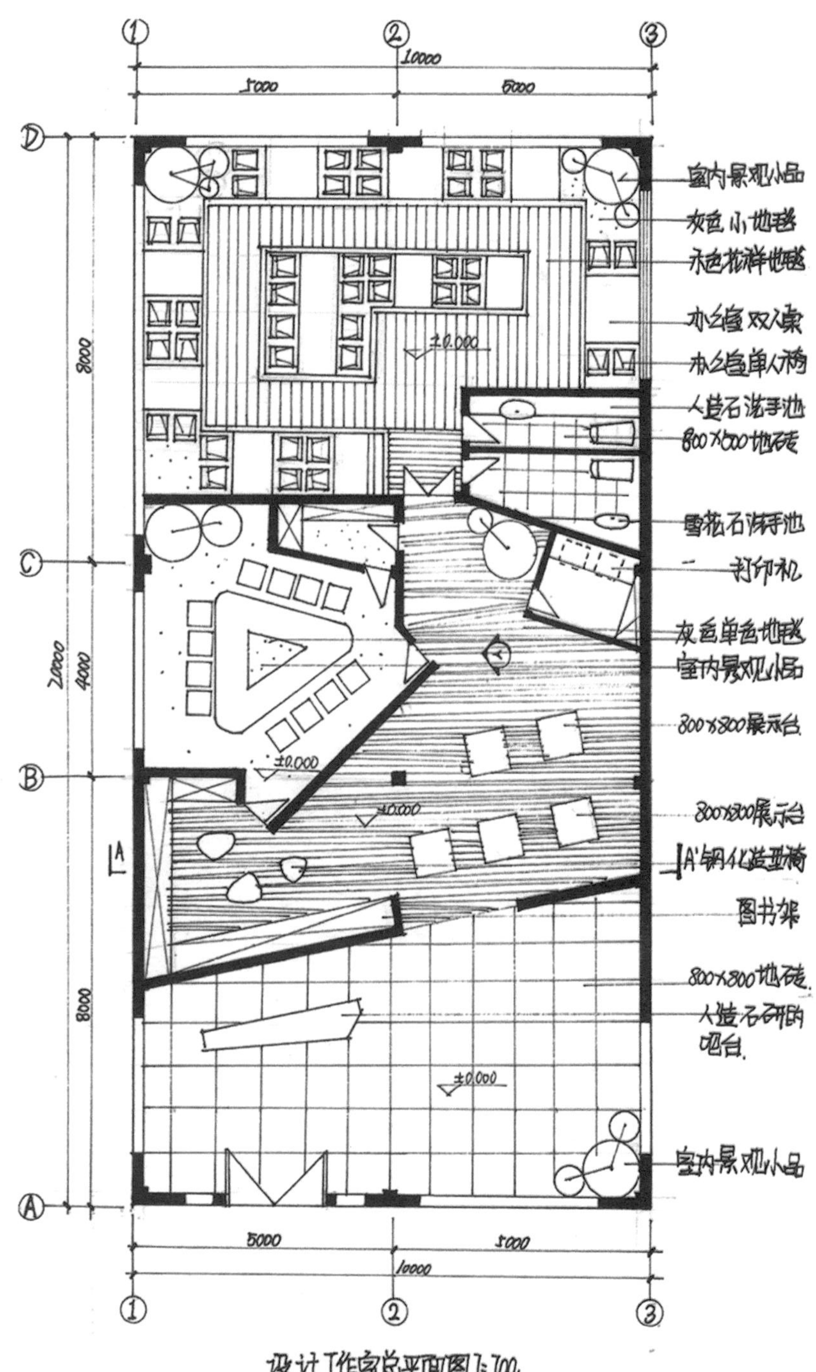

图5-5 工作室改造平面图设计手绘表达（三）

· 范例评析：Y 学长（清华美院硕士）

该平面图（图5-5）的流线清晰，空间划分有特点，在室内铺装和材质运用上考虑得比较细致，采用人造石、地毯、室内景观等，整个工作室精致优雅，舒适感强。

在空间布局上存在一些问题：①办公桌之间的距离过于紧凑，处在内侧的工作人员进出不方便，应有合理的过道间距；②办公空间有些单一，缺少设计感；③入口处的设计有些简略，可以增加灰色空间或休息区，丰富空间的功能布局。

制图工整，细节丰富，但铺装有些满密、平均，可适当调整疏密关系；尺寸标注需更加细致，过道、门洞等都需有相应的标注。

工作室改造平面图设计手绘表达如图5-6、图5-7所示。

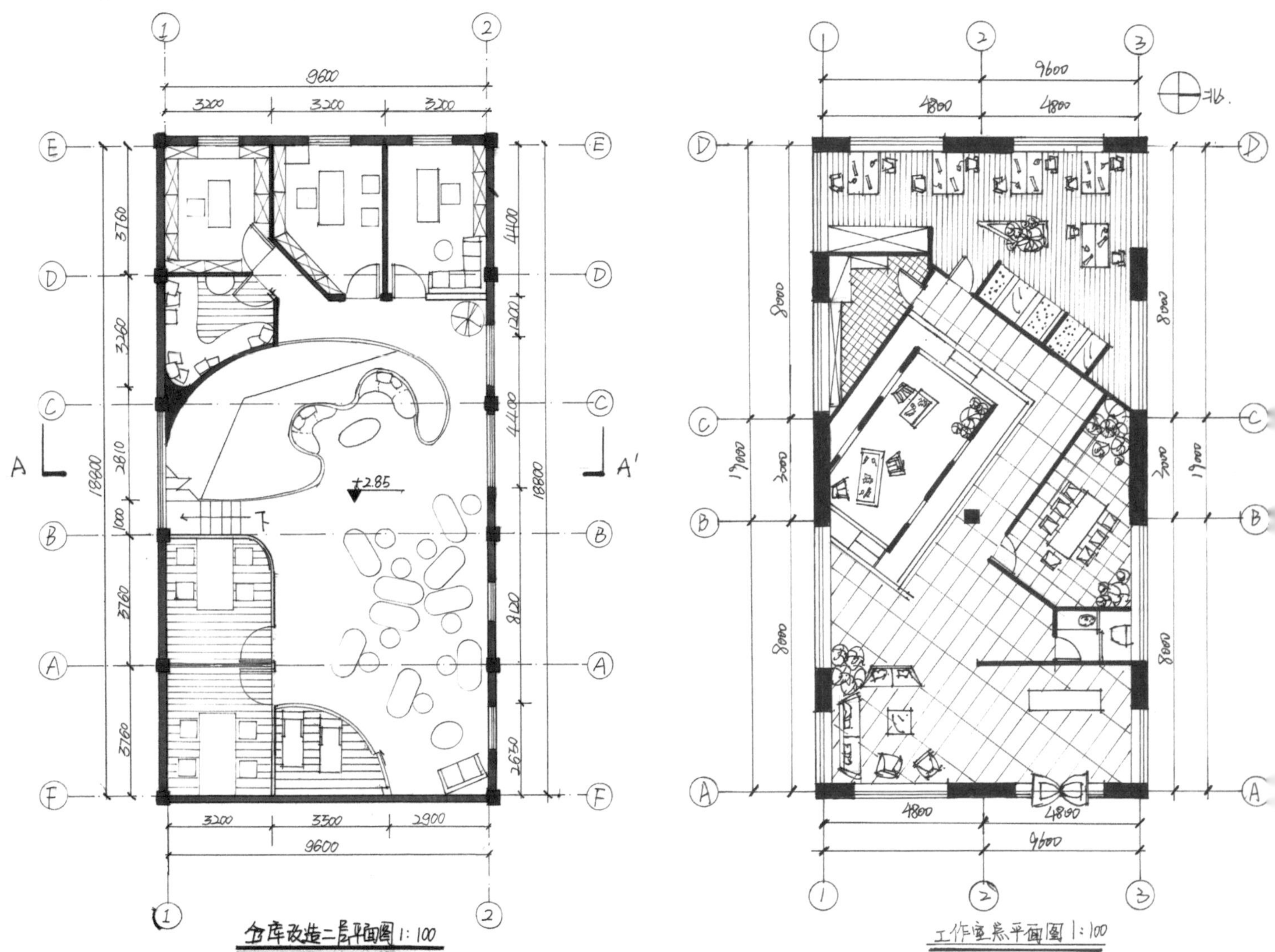

图5-6 工作室改造平面图设计手绘表达（四）

· 范例评析：Z 学姐（北京理工大学硕士）

图5-6中的两张图都是工作室改造设计的平面布局线稿手绘，内容翔实，层次丰富，画面效果理想。尤其是左侧仓库改造的二层平面图，设计布局合理、空间使用得当，制图严谨，线型区分明显，图例、标注使用规范，是不可多得的平面布局设计线稿手绘。

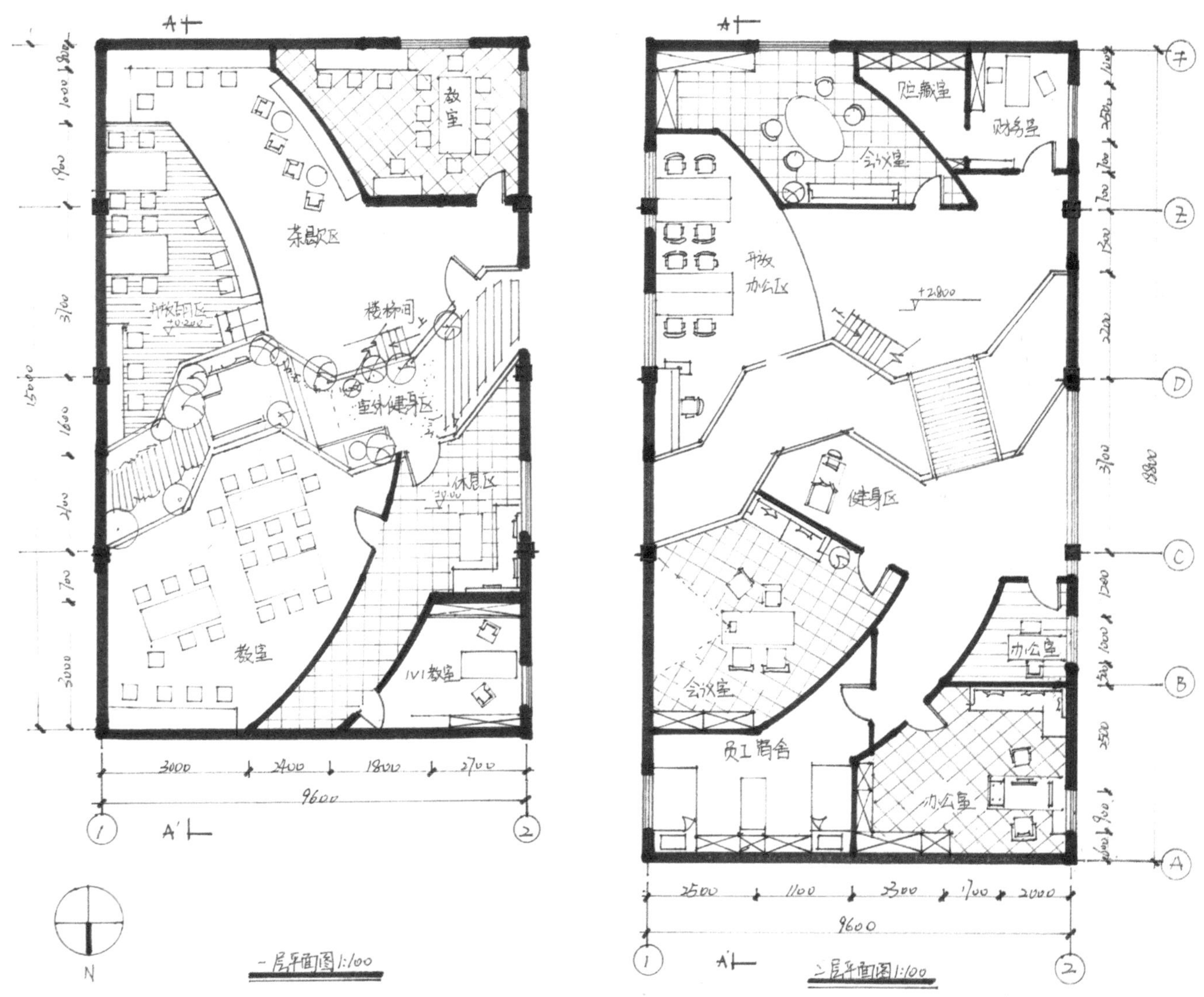

图5-7　工作室改造平面图设计手绘表达（五）

·范例评析：S 学姐（北京理工大学硕士）

图5-7方案为工作室设计，空间布局划分合理、新颖，弧线的运用可以增加空间的动态感，同时可以用来柔和办公严肃的氛围；灰空间的设计是这一方案的一个亮点，中央的植被廊道不仅增加了空间层次，而且可以缓解工作人员的精神疲劳。制图规范、疏密关系把握合理，空间布局比较舒适。

工作室改造平面图设计手绘表达如图5-8、图5-9所示。

图5-8　工作室改造平面图设计手绘表达（六）

· 范例评析：K 学姐（北京服装学院硕士）

图5-8是工作室改造的平面图线稿手绘，在满足最大使用需求的前提下，设计方案中规中矩，没有太多新意，植物为中心的中庭是整个方案的亮点。缺少重点区域地面材质的表达，线型区分不到位、非承重墙的比例不对等暴露出来的制图基础问题略显美中不足。

· 范例评析：

H 学姐（清华美院博士）

图5-9为工作室改造平面图设计，该方案的设计属于比较常规的办公空间，空间流线合理，功能划分也符合办公空间的基本要求。

整体设计有些中规中矩，同时存在着一些问题：①空间划分大小相似；②空间节奏感弱：整个方案的空间划分采用单一的横向、竖向，工作人员在单调的空间内工作很容易产生精神疲劳；③在绘制技法上，制图与标注不够规范；细节不够丰富，地面铺装没有表现出来。

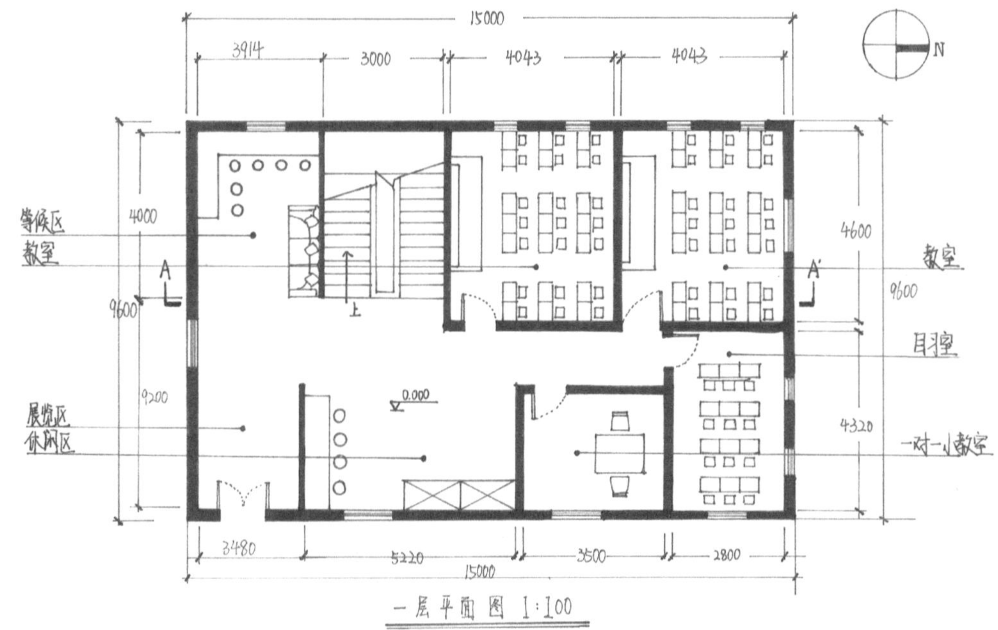

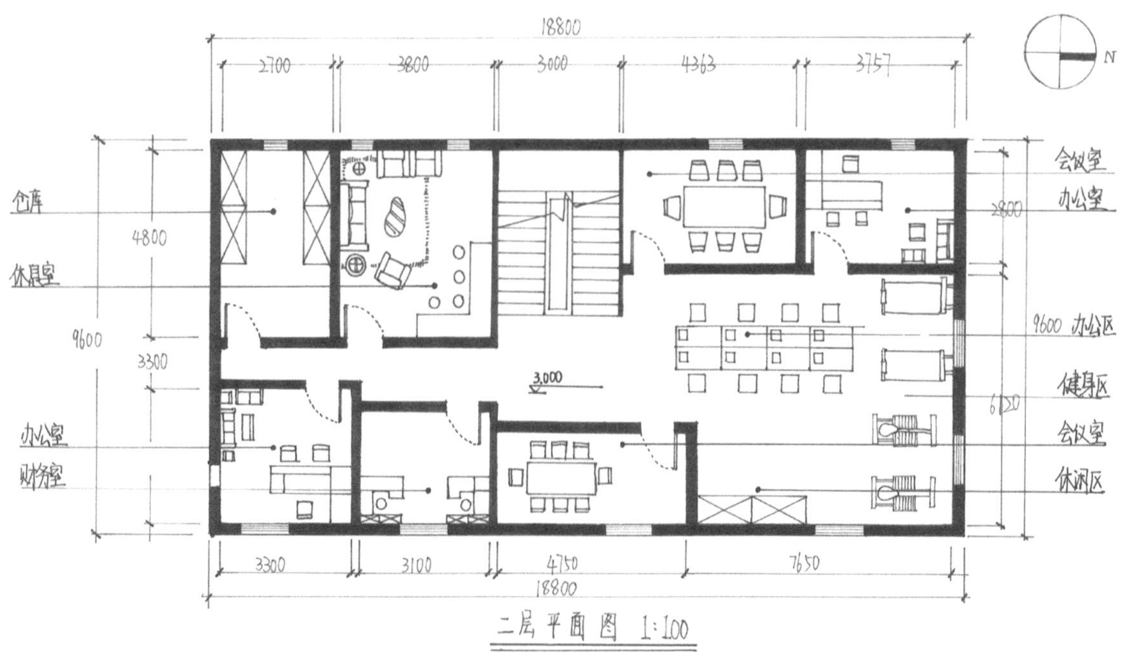

图5-9 工作室改造平面图设计手绘表达（七）

售楼处空间平面图设计手绘表达如图5-10所示。

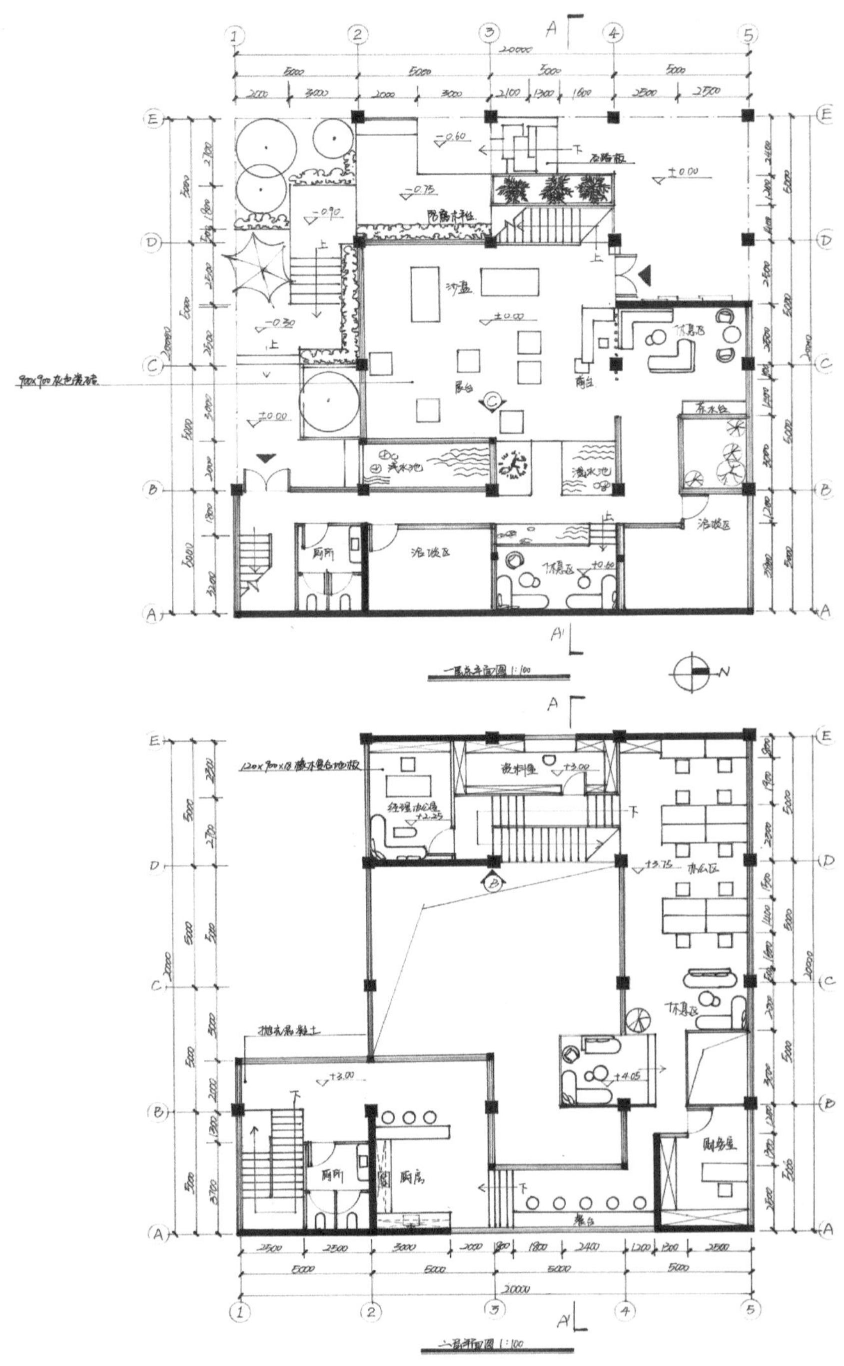

图5-10　售楼处空间平面图设计手绘表达

· 范例评析：

S 学长（清华美院博士）

售楼处空间设计（图5-10）布局合理，动线清晰，标高层次丰富，巧妙处理了室内环境与室外景观的关系。多处设计“借景”景观，室内悬挑空间作为售楼处沙盘展示陈列的空间，空间通透、挑高高，满足了展示设计的空间需求。手绘制图非常标准，尺寸标注索引规范，可说是快题设计手绘中制图基础的临摹范本。室内部分的铺装材质表现略显不足，增加重点区域的材质表现可使主次分明，重点突出。

阅读空间平面图设计手绘表达如图5-11所示。

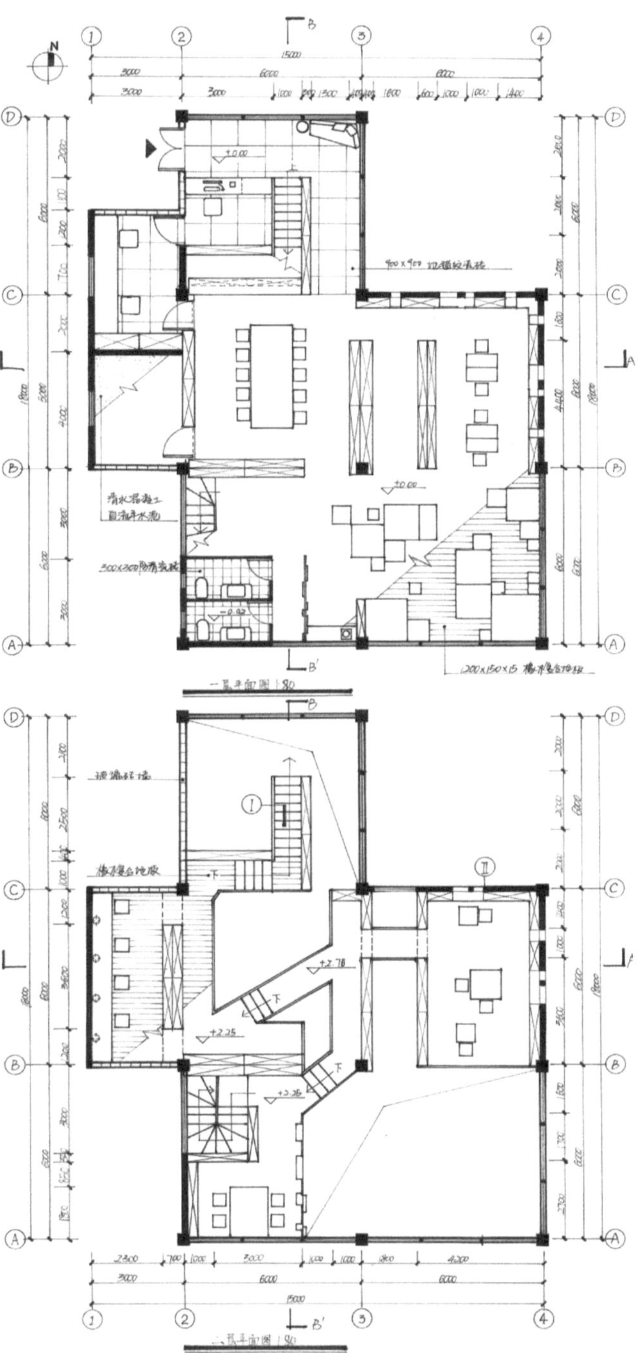

图5-11　阅读空间平面图设计手绘表达

· 范例评析：

W 学姐（中央美院硕士）

图5-11为阅读空间平面图设计手绘表达，是比较规范清晰的平面图线稿。空间功能布局合理，动线流畅，设计方案规矩中有所创新，充分满足了阅读空间的功能需求，从公共空间到私密空间的过渡非常恰当；平面绘制中留有适量空白，疏密得当，可以增加一些地面铺装细节，让线稿更加丰富；整体制图标准严谨，标注规范清晰，加入合理的颜色绘制后应该会有不错的效果。

工作室改造平面图设计手绘表达如图5-12、图5-13所示。

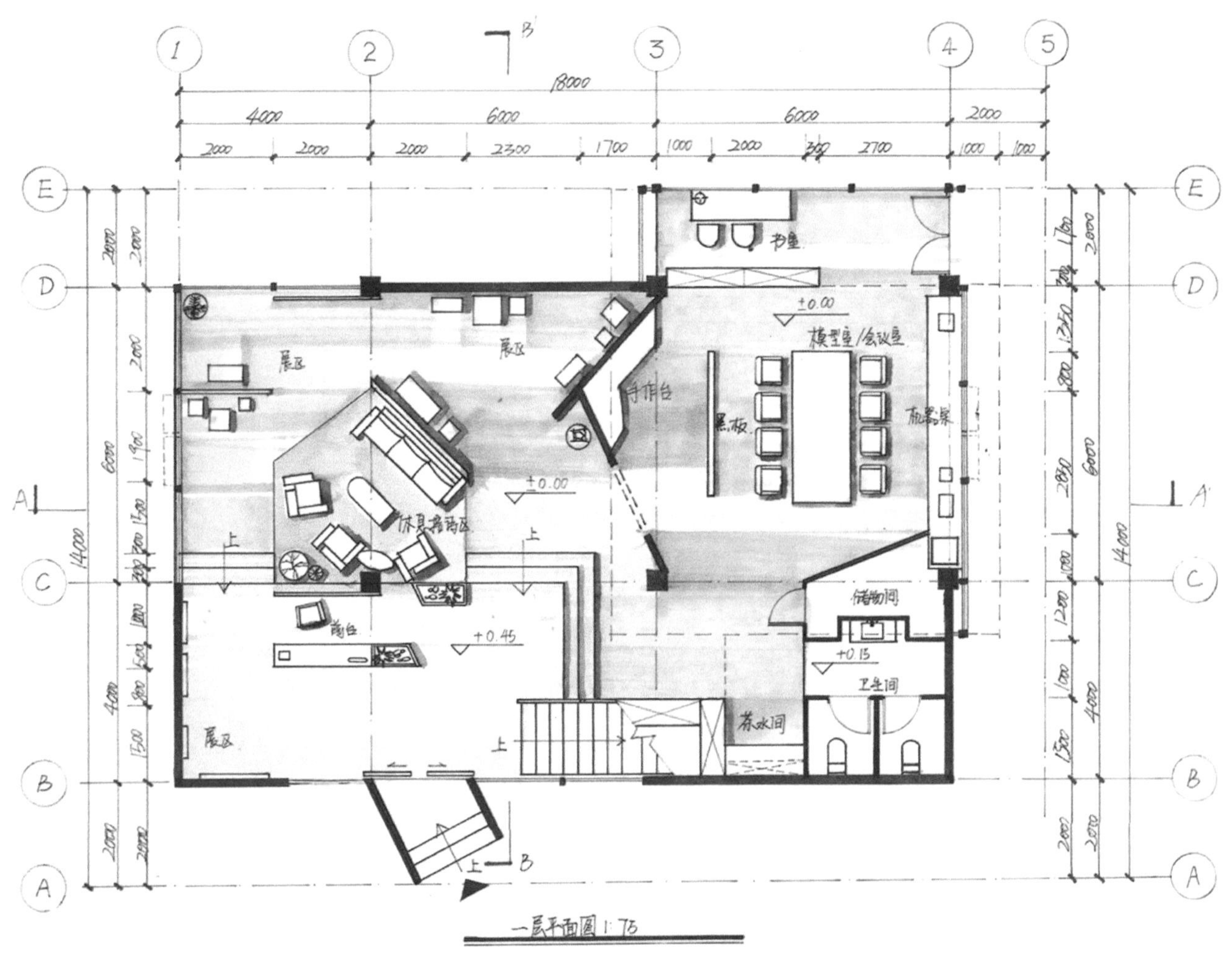

图5-12　工作室改造平面图设计手绘表达

5.3 室内快题中平面图设计手绘颜色稿范例及评析

在快题设计手绘中，平面图所占的分值较大，单一的平面图线稿手绘视觉效果弱，表现力不够，因此适当地上颜色能够区分材质、划分区域，提升画面整体效果。

平面图的上色不宜过多，选择地面铺装的大块颜色，注意色彩之间的色彩关系和搭配关系，以灰颜色为主，可以是暖灰色或者是冷灰色，搭配少量的彩色，形成“鲜灰”对比，纯色和灰色的比例为3:7或者4:6，不能过于平均，一定要有一个色彩占主导，形成主色调。

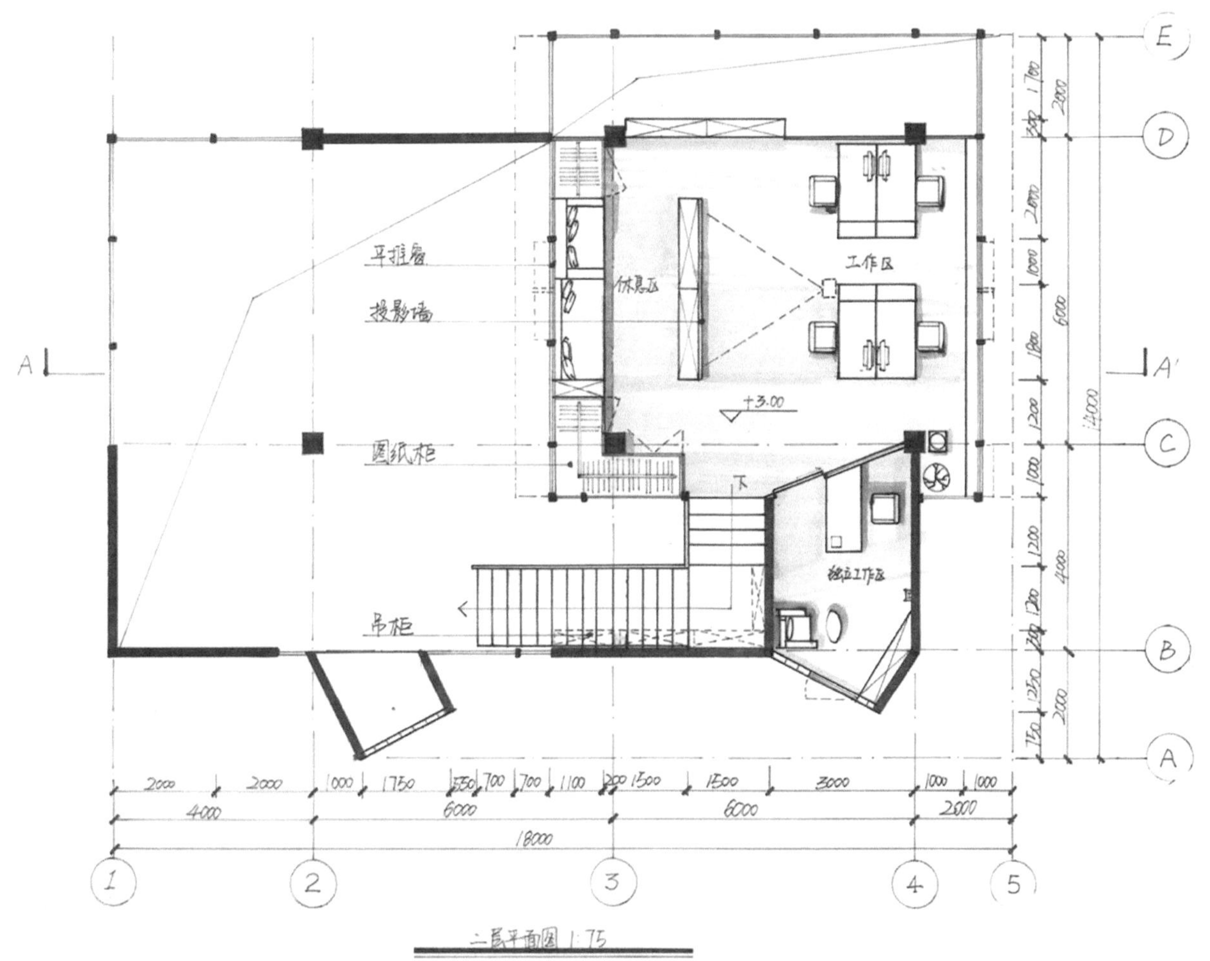

图5-13　工作室改造平面图设计手绘表达

平面图上色的用笔不能过多笔触变化，大面积的地方用笔平涂，减少笔触感，在局部可以适当地叠加用笔，少量找出笔触感。

平面图上色的留白处理，平面图中并不是所有的区域都要上色，要适当地巧妙留白。挑空的区域、灰空间等区域常常留白处理。

图5-12、图5-13，是工作室改造平面图设计手绘表达的范例，简洁明快的色调、干净整洁的用笔、恰到好处的留白处理可以使画面色彩协调、主次突出，视觉效果强烈。

人居空间平面图设计手绘表达如图5-14所示。

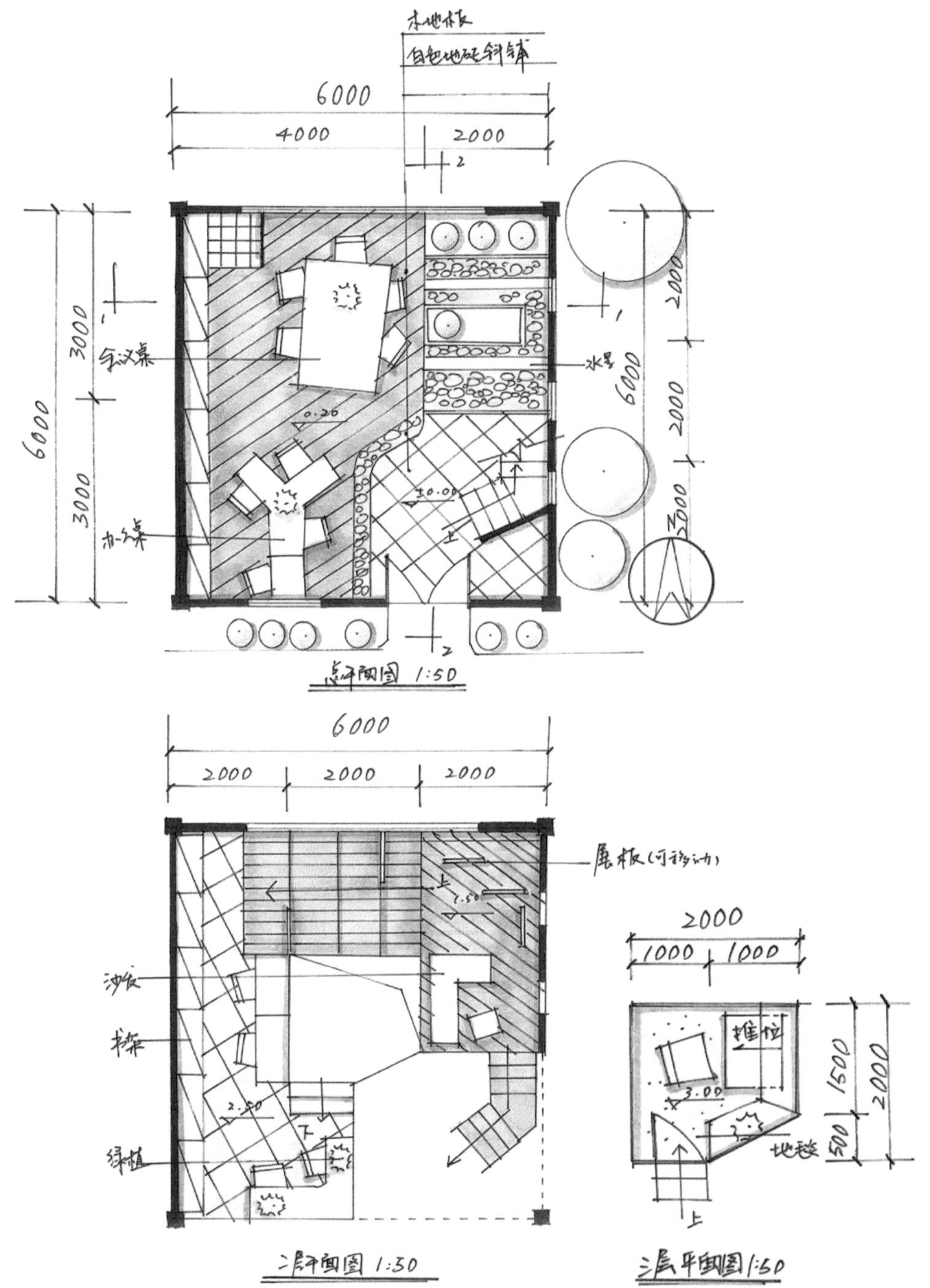

· 范例评析：

W 学姐（清华美院硕士）

人居空间设计整体面积较小，功能简单，因此细节设计决定了成败。平面图整体色彩统一协调，色调雅致。线稿层次略显简单，缺少细节之处的表达，加之线型区分不够明显，导致整体线稿部分基础不好。对平面图中的物体光影和体积感表现不足，导致光影效果不明显，视觉冲击力弱。

图5-14　人居空间平面图设计手绘表达

工作室改造平面图设计手绘表达如图5-15所示。

· **范例评析：**

L 学长（清华美院硕士）

从平面图可以看出，该方案将工作室设计为开放性的空间，狭小、封闭的空间较少，有助于工作者的思维开拓和精神放松；平面图的流线组织合理，方案对空间采用最大化利用，将方形空间的对角线设计成主要流动干线，空间尺寸的分割把握也比较合理；空间功能布局基本满足办公空间的需求。制图规范，用色简洁明快。可增加地面铺装丰富画面，天花布置图略显简单，灯光种类区分不足。

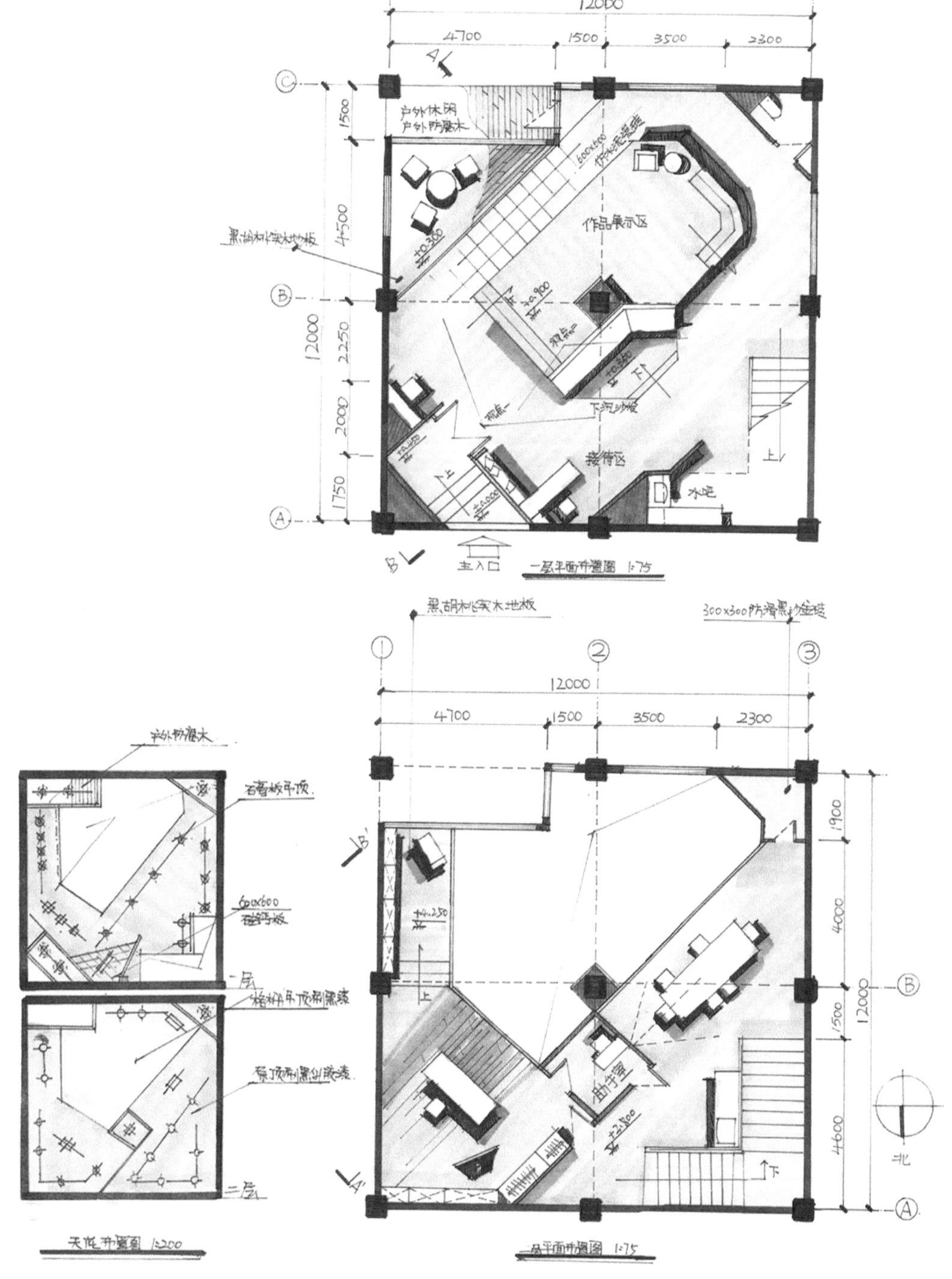

图5-15　工作室改造平面图设计手绘表达

售楼处空间平面图设计手绘表达如图5-16、图5-17所示。

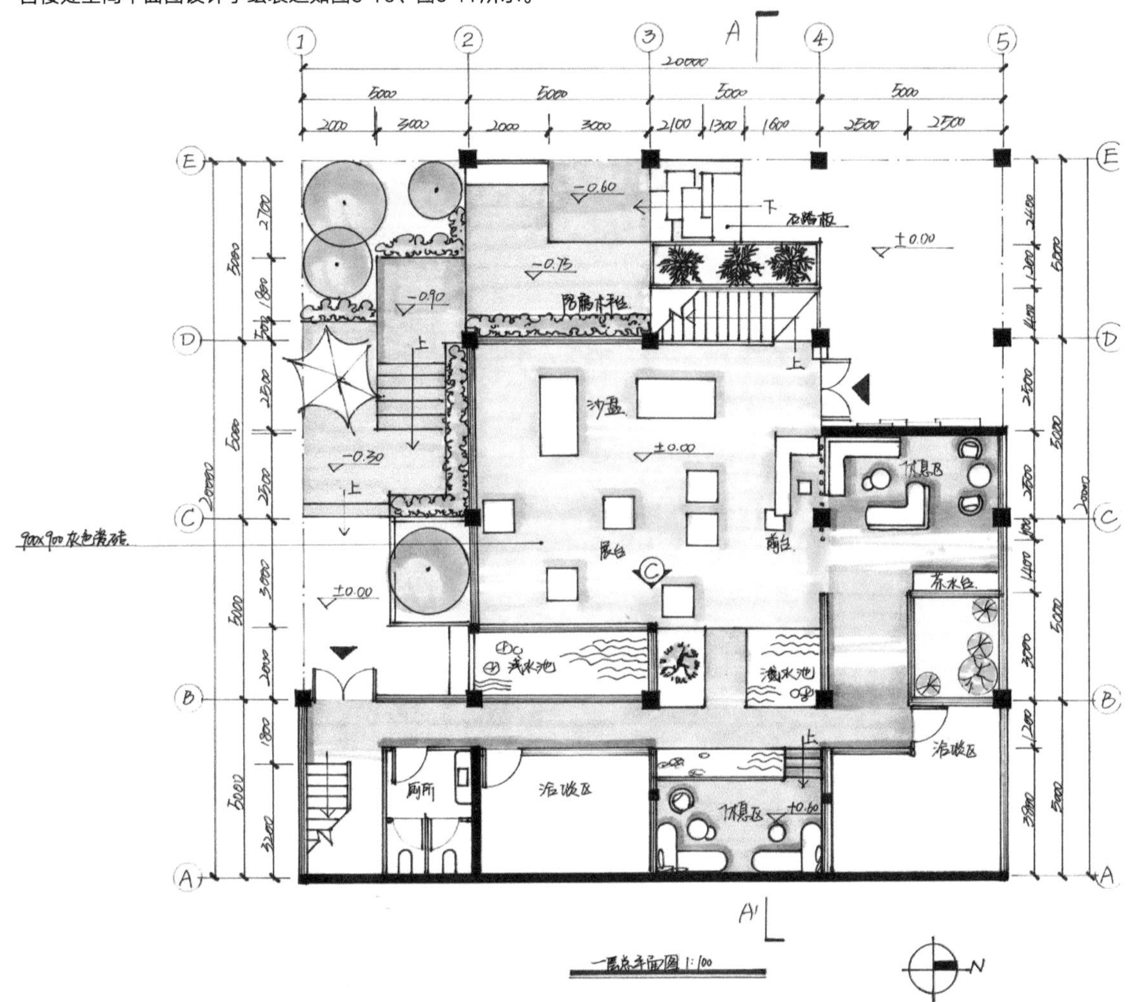

图5-16　售楼处空间平面图设计手绘表达

· 范例评析：Y 学长（清华美院硕士）

图5-16、图5-17是某一售楼处空间平面图设计手绘表达，整体在原有线稿的基础上，简单的颜色设置和用笔，使得售楼处一层、二层平面图整体色彩统一，鲜灰色彩搭配恰当。一层平面留白过多，略显零碎，完整度不高，也导致室内与室外部分的比重接近，主次不够凸显。相比之下，二层平面手绘表达更加整体统一。在现有基础上，适当表现墙体和家具的光影效果，能够使平面图立体感、光影效果强烈。

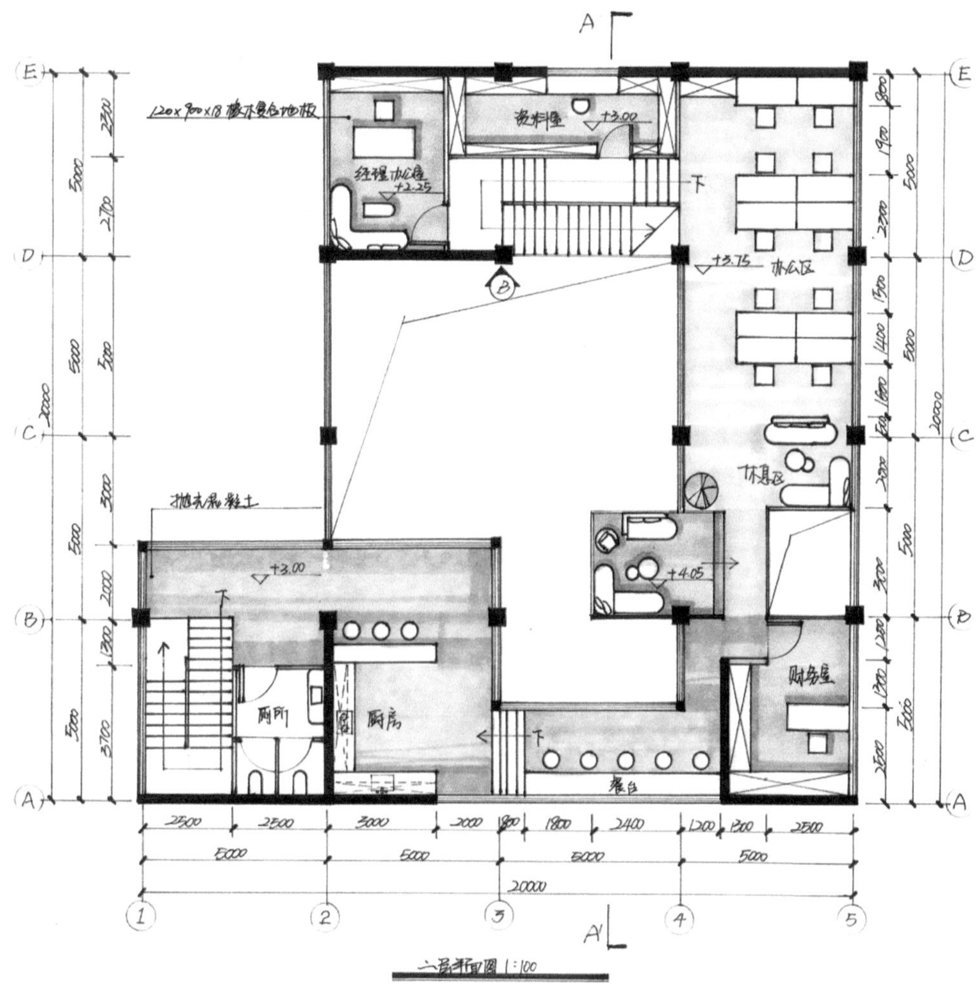

图5-17　售楼处空间平面图设计手绘表达

·范例评析：Z 学姐（清华美院博士）

图5-16、图5-17是某一售楼处空间平面图设计，该方案空间功能划分清晰，用平铺的大色块简明地交代空间功能分布，主次分明，动线流畅。售楼处空间属于商业空间，洽谈、展示的空间功能较多，该方案充分考虑到了空间需求，功能布局合理。中部挑空的面积较大，画面的视觉效果不够完整，可在室外部分绘制适量的植被，使画面更加饱满。

该方案的制图规范，标注合理规范，无论是方案设计还是手绘表达，都值得借鉴学习。

阅读空间平面图设计手绘表达如图5-18所示。

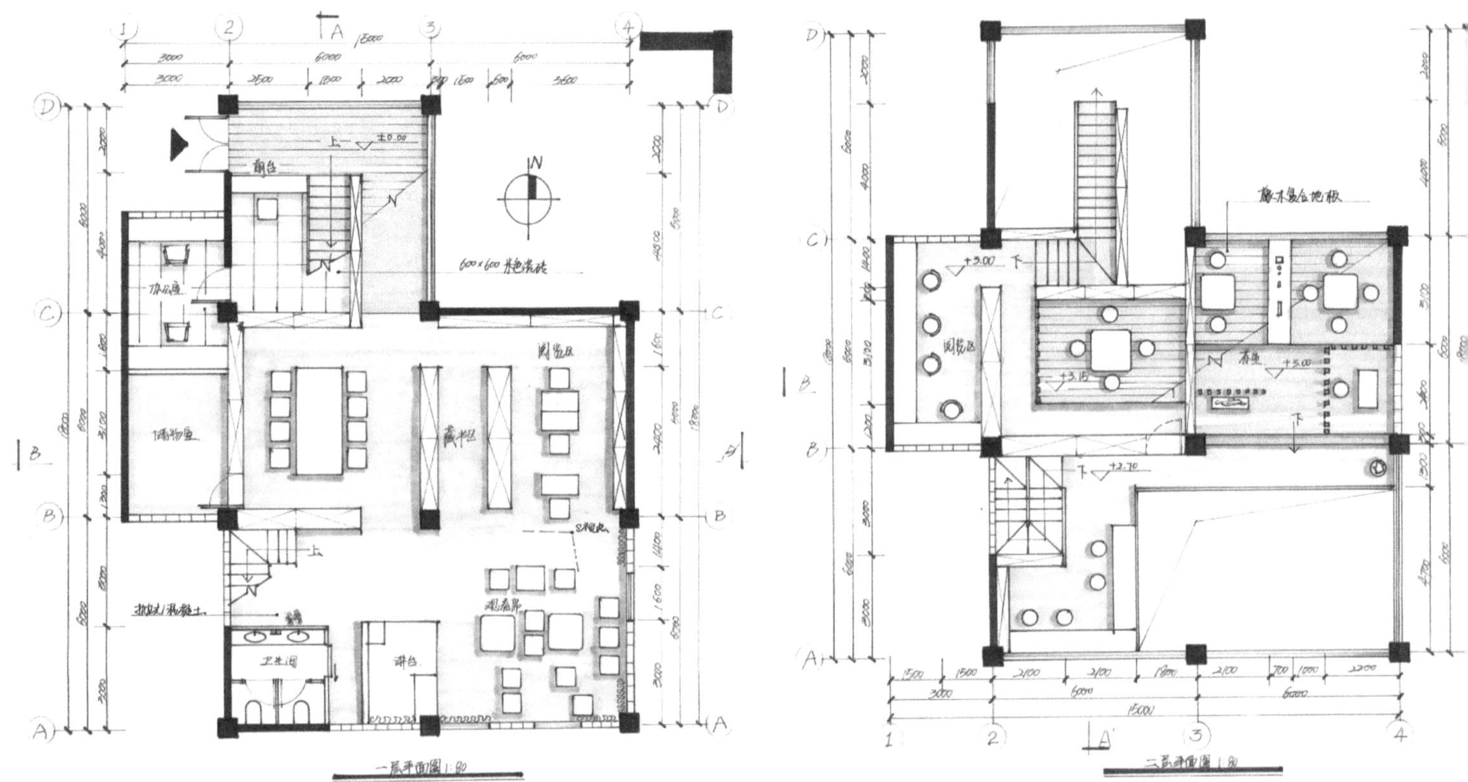

图5-18　阅读空间平面图设计手绘表达

· 范例评析：Y 学长（清华美院硕士）

图5-18是阅读空间的平面图设计手绘表达，其空间设计合理、功能布局完善，动线规划流畅，方案并没有追求形式上的变化和创新，而是在规范标准的基础上完善细节设计，这是快题方案设计的正确方法。对于快题设计手绘来说，优秀的设计方案加上适当的手绘表达便是恰到好处，不需要过多的表现和变化。正如这套阅读空间的平面图手绘，用色、用笔并没有丰富的变化，但色调统一、主次分明。

联合办公空间平面图设计手绘表达如图5-19所示。

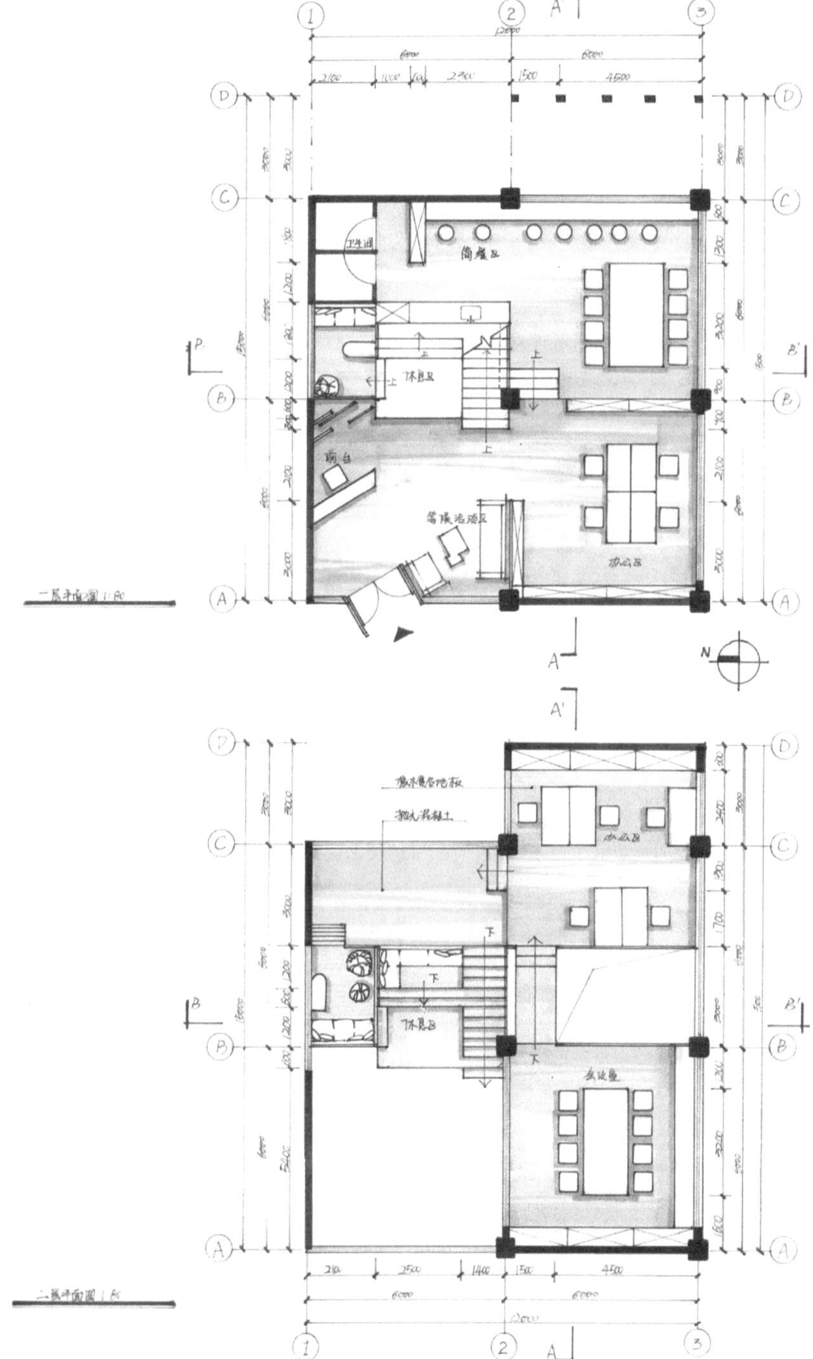

图5-19　联合办公空间平面图设计手绘表达

· 范例评析：

S学姐（中央美院硕士）

图5-19是联合办公空间平面图设计，空间尺寸把握准确，动线合理，制图比较规范，用色简明概括。

联合办公空间是一种共享办公空间，灵活性强，共享办公区域可以供个人创业者和自由职业者们使用，独立办公室可供初创团队使用。该方案的设计中规中矩，基本满足工作者们的办公需求，但空间功能有些局限，可以增加休闲区、洽谈区等提高空间的舒适性。

艺术家工作室平面图设计手绘表达如图5-20所示。

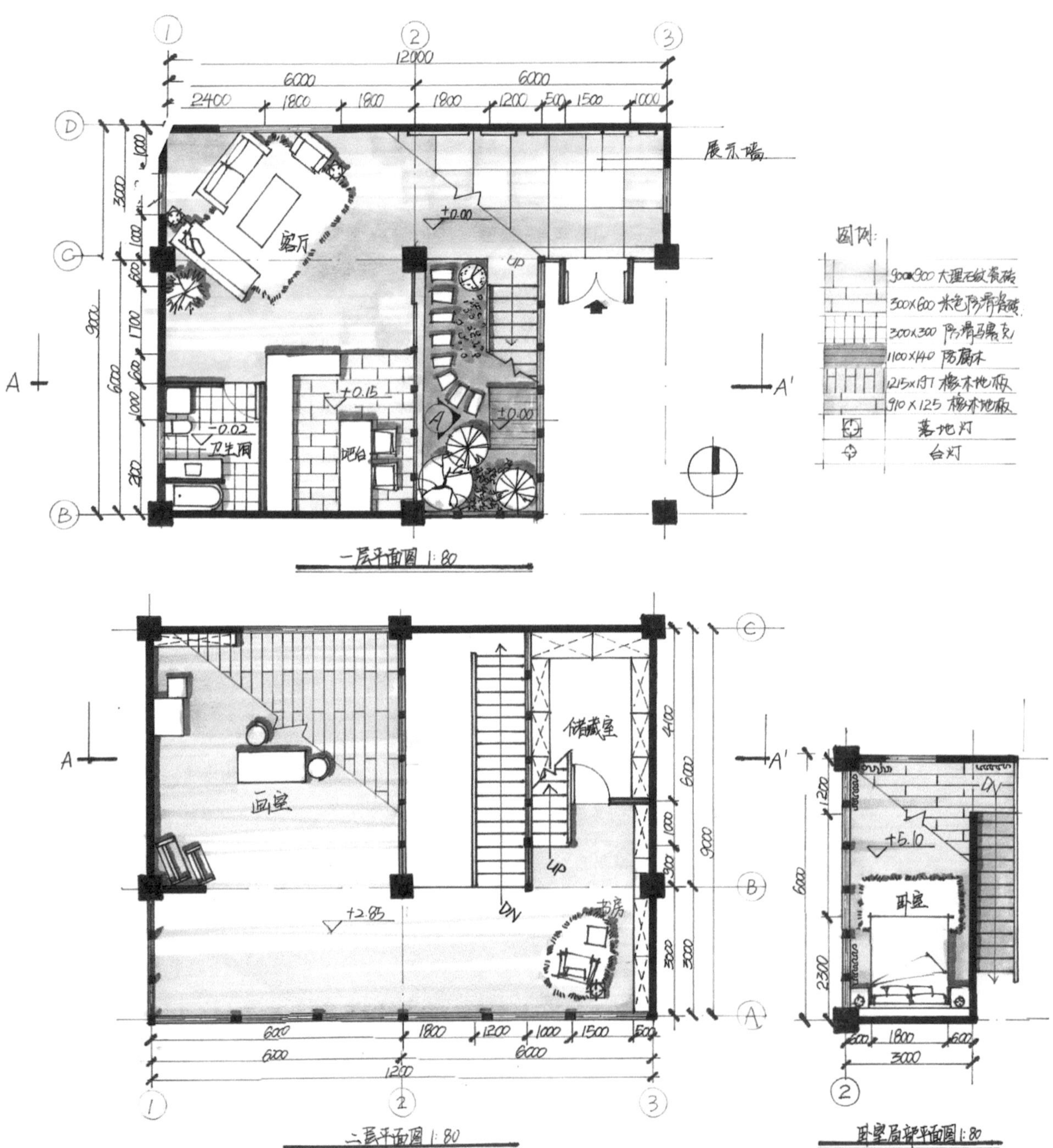

图5-20 艺术家工作室平面图设计手绘表达

咖啡厅空间平面图设计手绘表达如图5-21所示。

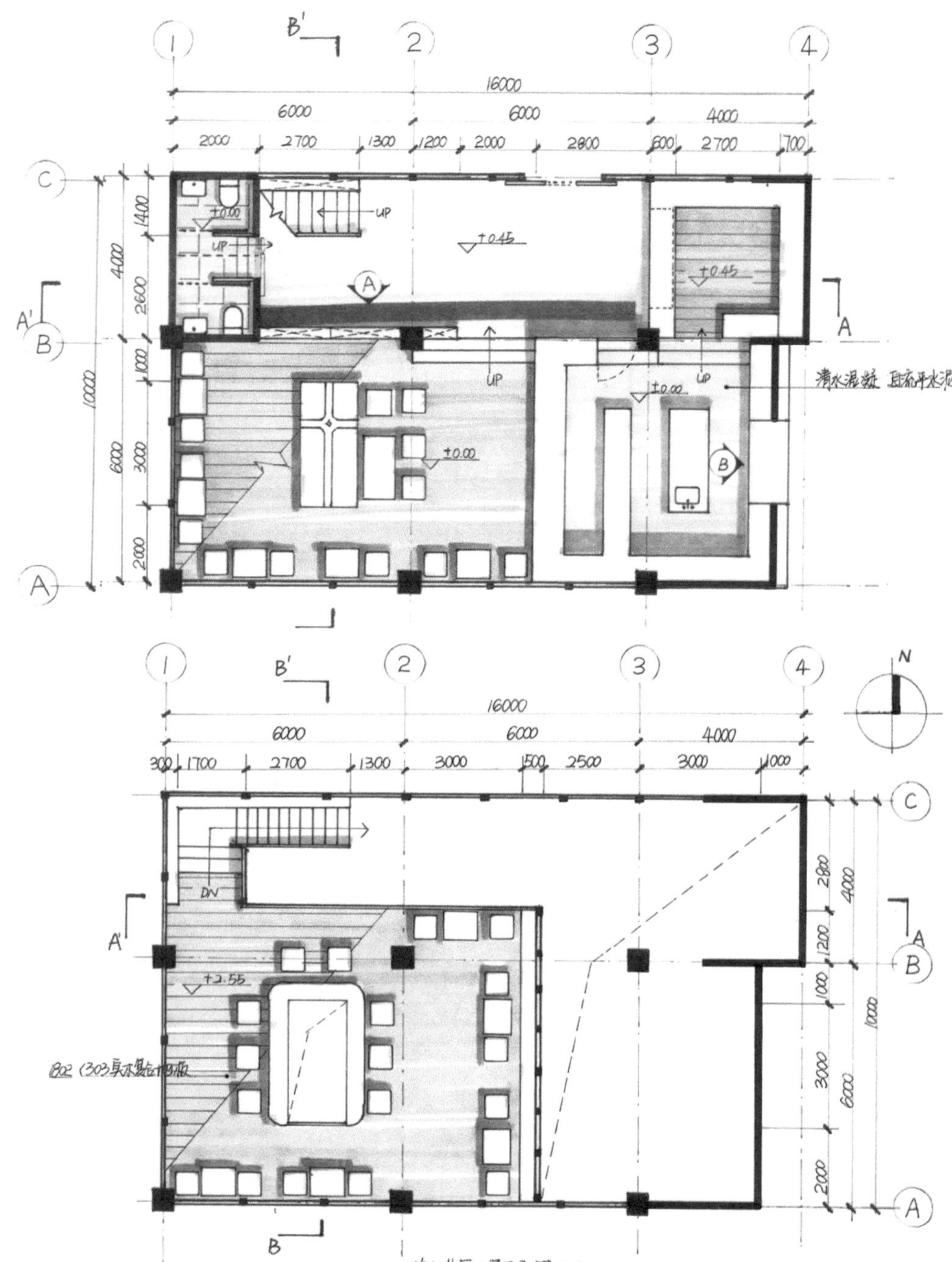

· 范例评析：

Y 学长（清华美院硕士）

图5-20是艺术家工作室的平面图设计手绘表达，方案布局合理，使艺术家休息、创作空间相互独立，表达上整体统一，层次丰富，用色块区分不同的使用功能是很讨巧的方式，制图标准，图例使用规范，是不可多得的平面图设计手绘表达。图5-21是咖啡厅空间的平面图设计手绘表达，平面图整体线稿较为理想，标注规范，制图严谨，但色块搭配、用笔用色没有处理好，影响了整体效果。

图5-21　咖啡厅空间平面图设计手绘表达

阅读空间平面图设计手绘表达如图5-22所示。

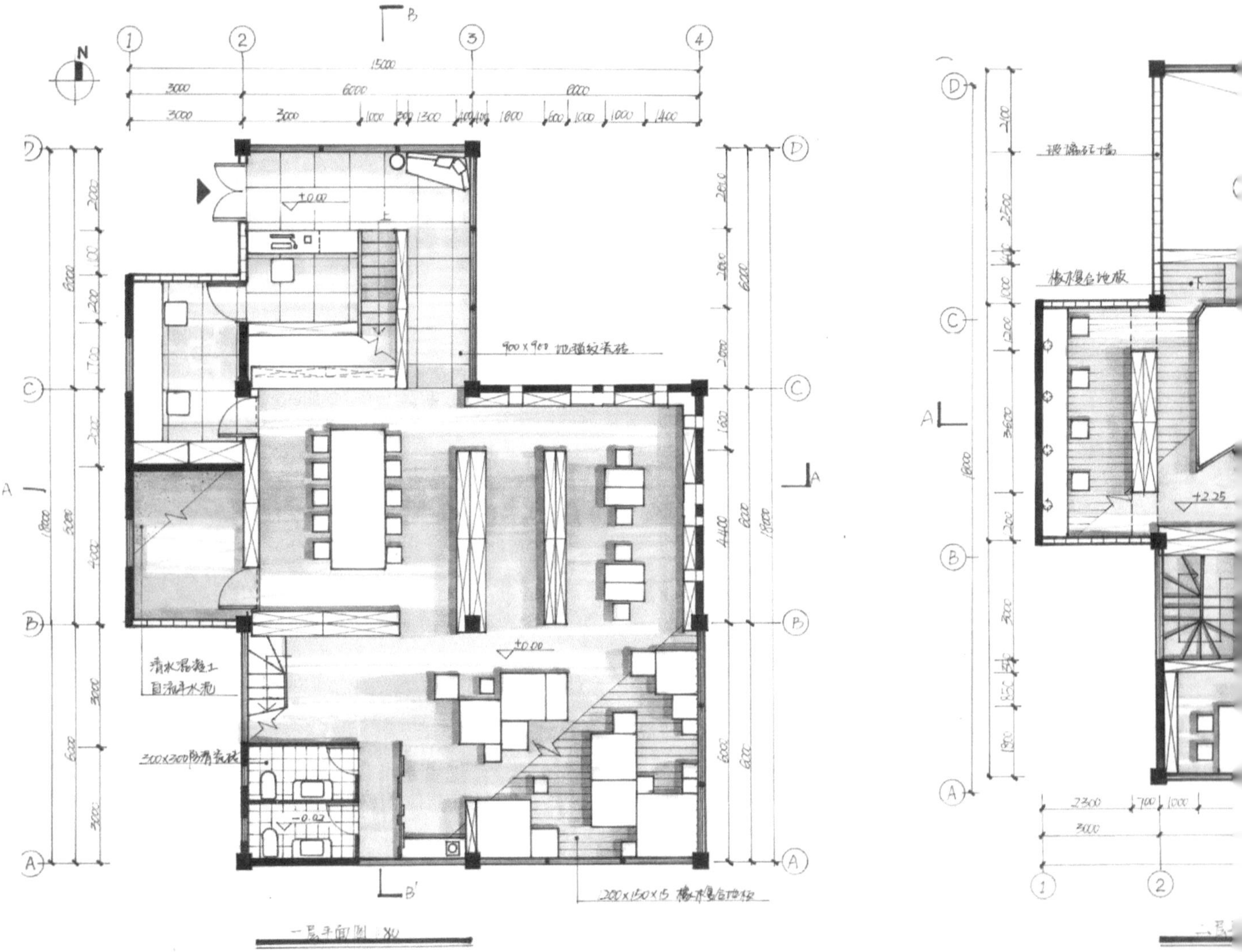

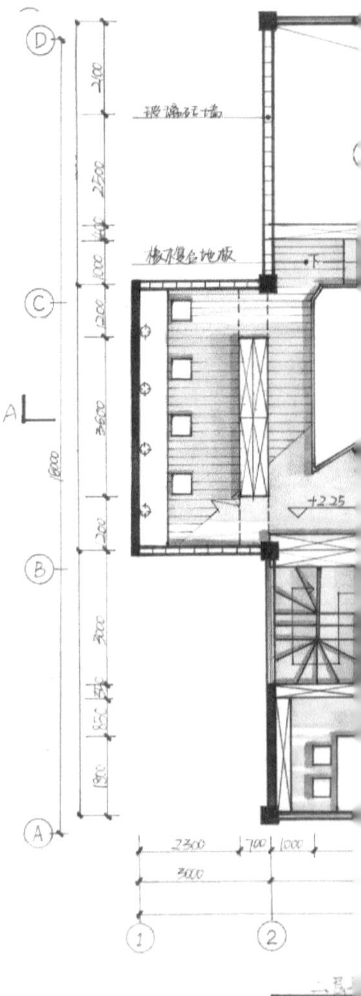

· 范例评析：Y 学长（清华美院硕士）

图5-22是阅读空间的平面图设计手绘表达，设计方案巧妙利用空间，恰当处理室内高差变化、局部挑空处理使得空间活跃、层次丰富。手绘制图规范严谨，外轮廓线与内轮廓线的线型区分准确，尺寸标注、索引图例使用得当。简单的色彩使得整体色调统一，但略显对比不足，冷灰色可以适当增加，调和整体的木纹颜色。家具的光影表现使得统一中有层次变化，立体感强烈。

人居空间平面图设计手绘表达如图5-23所示。

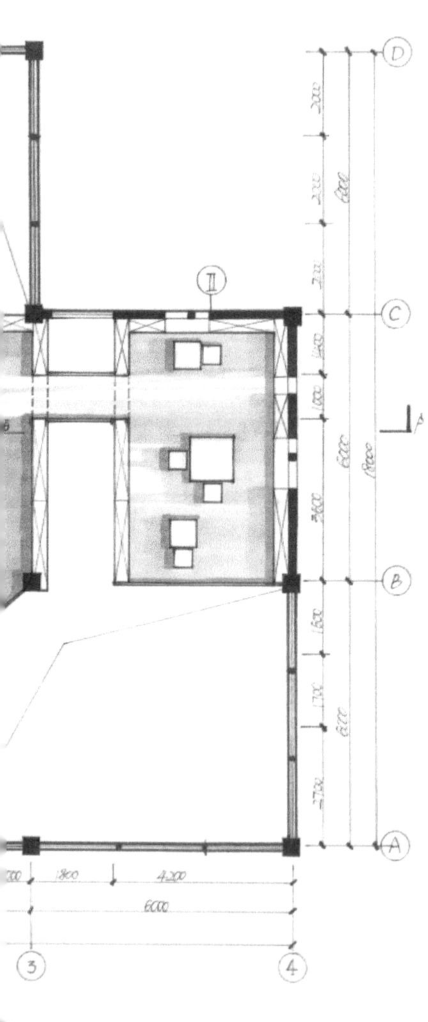

图5-22 阅读空间平面图设计手绘表达

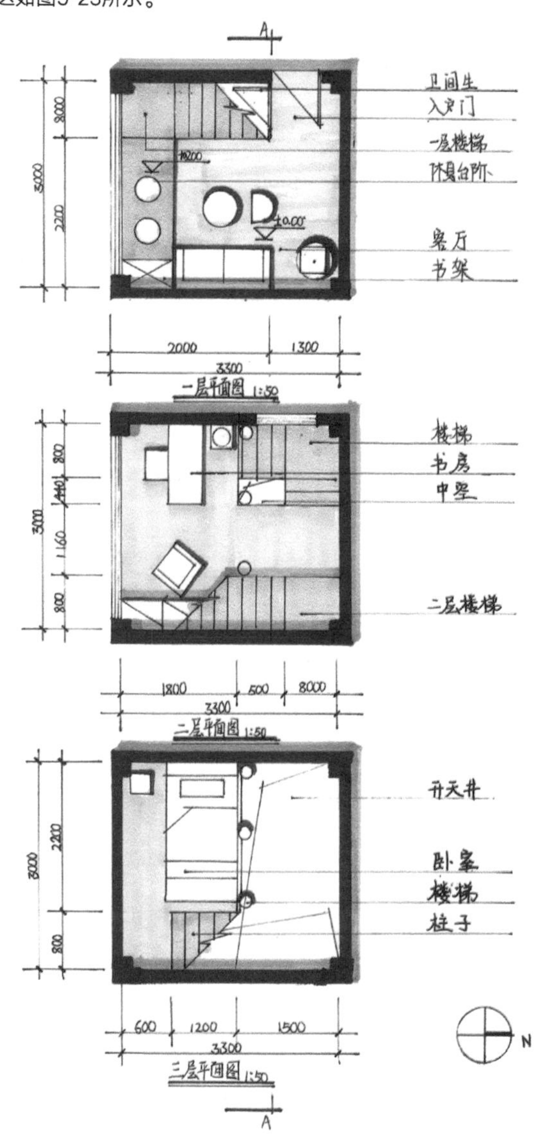

图5-23 人居空间平面图设计手绘表达

· 范例评析：Y学姐（中央美院硕士）

图5-23是人居空间平面设计，属于住宅基地面积小、层数高的空间，这类空间需要更加合理、巧妙的划分空间布局，将空间的使用功能发挥到最大化，同时要保证通道的尺寸合理，流线通畅。该方案设计基本满足了空间要求，空间划分明确，动线流畅，设计中规中矩但有所创新，制图与标注规范，用色简洁明确。

工作室改造平面图设计手绘表达如图5-24所示。

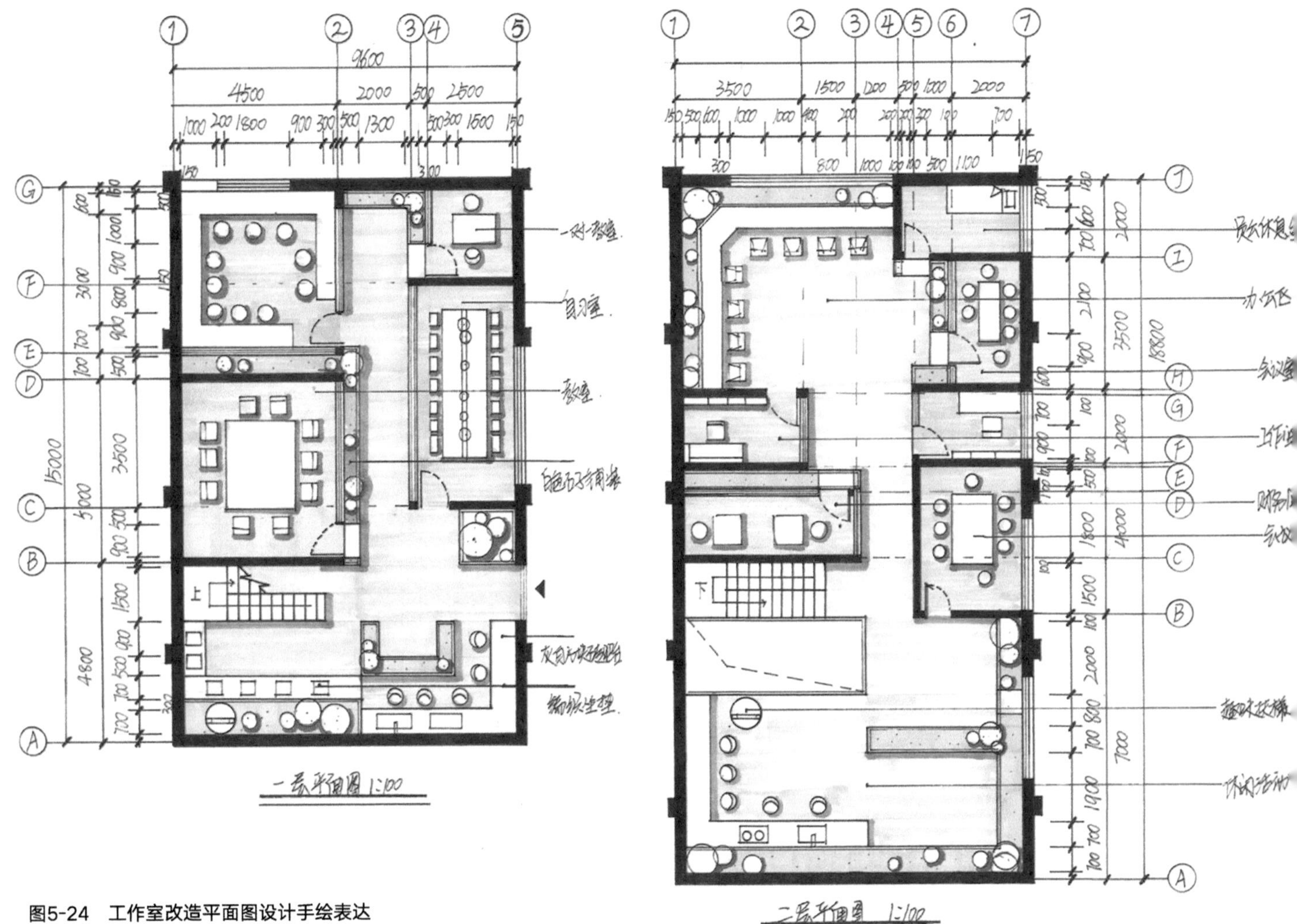

图5-24　工作室改造平面图设计手绘表达

· 范例评析：L 学姐（北京林业大学硕士）

图5-24是工作室改造的平面图设计手绘表达，在良好的线稿基础上，简单的颜色和平涂用笔即可达到理想的视觉效果。以不同色相、明度、饱和度的冷灰颜色作为主色调，局部点缀少量暖灰色，家具部分留白处理是快题中平面图手绘表达的有效方法。掌握高效有效的方法对于快题设计考试至关重要，既能有效统一画面，又能减少颜色搭配不合理、用笔不当时带来的凌乱，同时低饱和度的高级灰颜色也能形成自己独特的风格。

展示空间平面图设计手绘表达如图5-25所示。

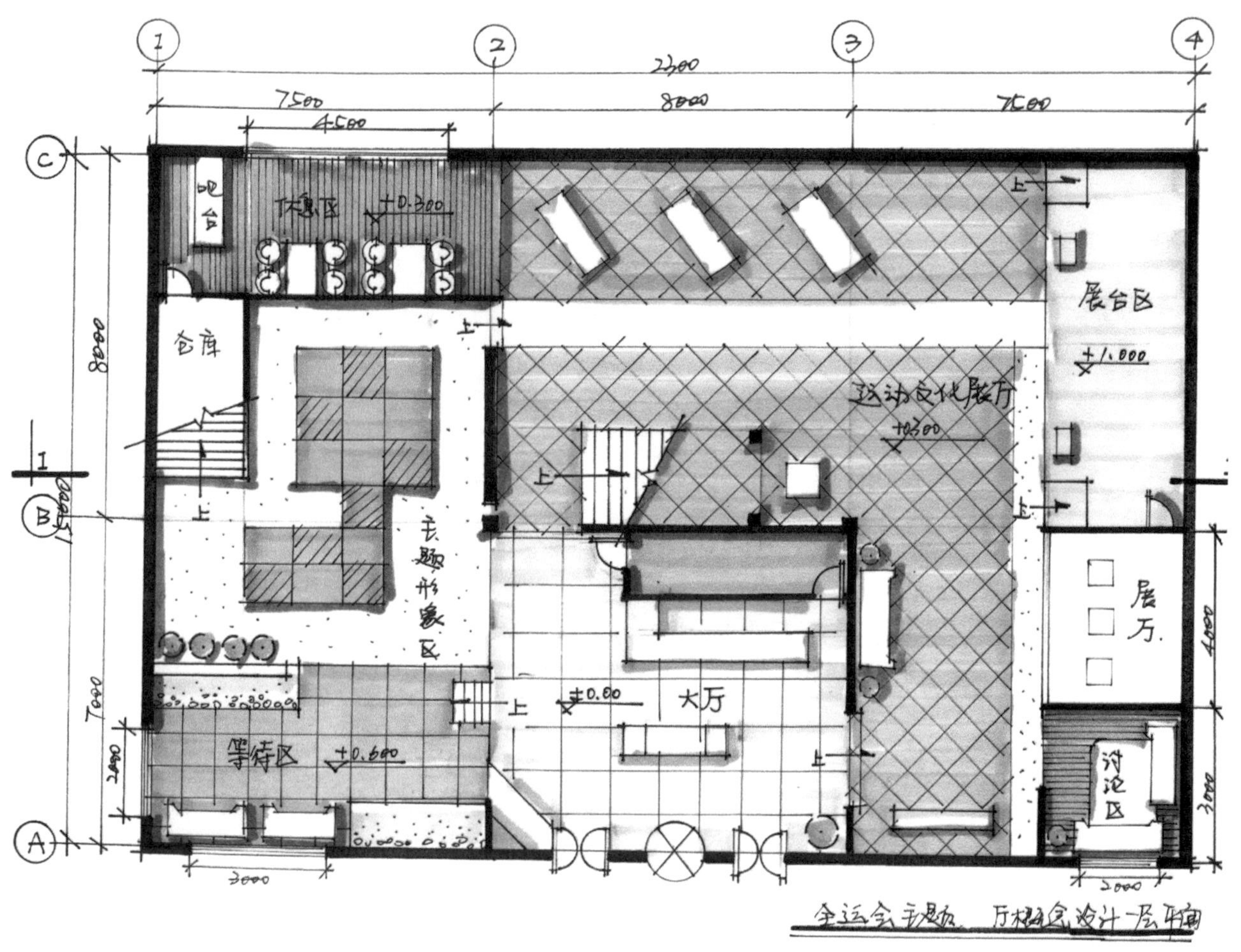

图5-25　展示空间平面图设计手绘表达

· 范例评析：Y 学姐（中央美院硕士）

图5-25是展示空间平面图设计，色块将空间布局划分明确，流线组织通畅。但方案中的设计细节较少，中部空间的布局有些稀疏、简单，展台、展板等展示形式过少，需增加细节设计来体现展示空间的功能。色块之间的留白过于连贯，使画面视觉效果有些零碎。制图与尺寸标注也需更加细致。

餐饮空间平面图设计手绘表达如图5-26所示。

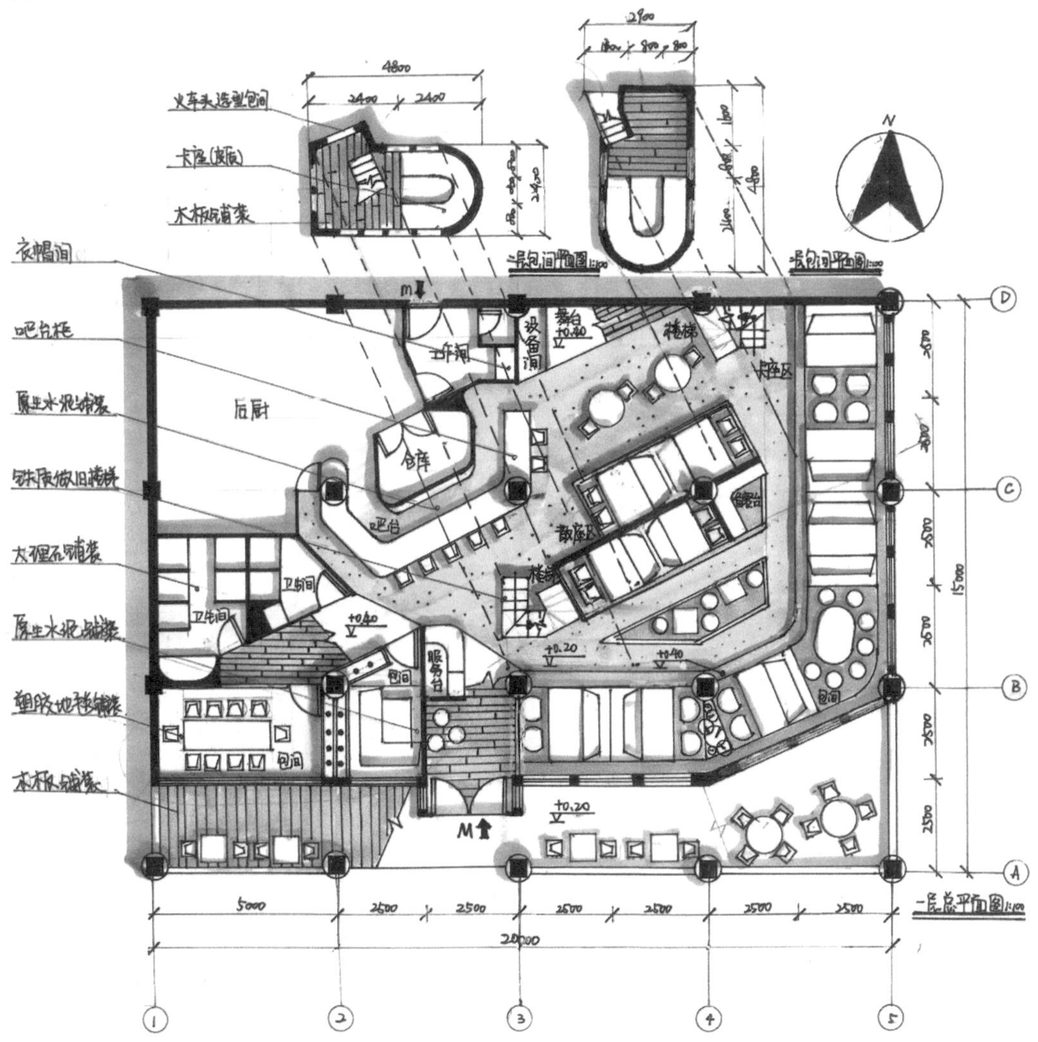

图5-26　餐饮空间平面图设计手绘表达

· 范例评析：D 学姐（北京服装学院硕士）

图5-26是餐饮空间的平面图设计手绘表达，整体空间划分合理，流线清晰流畅，线稿层次细节丰富，色彩统一中略显简单。整体平面图只有两个颜色，冷灰色和木纹色色彩搭配虽然好看，但缺乏层次变化，单一颜色的冷灰色、木纹色缺少同类色之间的变化，导致糊成一片，区分不开。家具和内部墙体的投影恰当地表现了光影和体积感，但墙体的外部阴影画蛇添足、略显多余，干扰了整体画面效果。

工作室改造平面图设计手绘表达如图5-27所示。

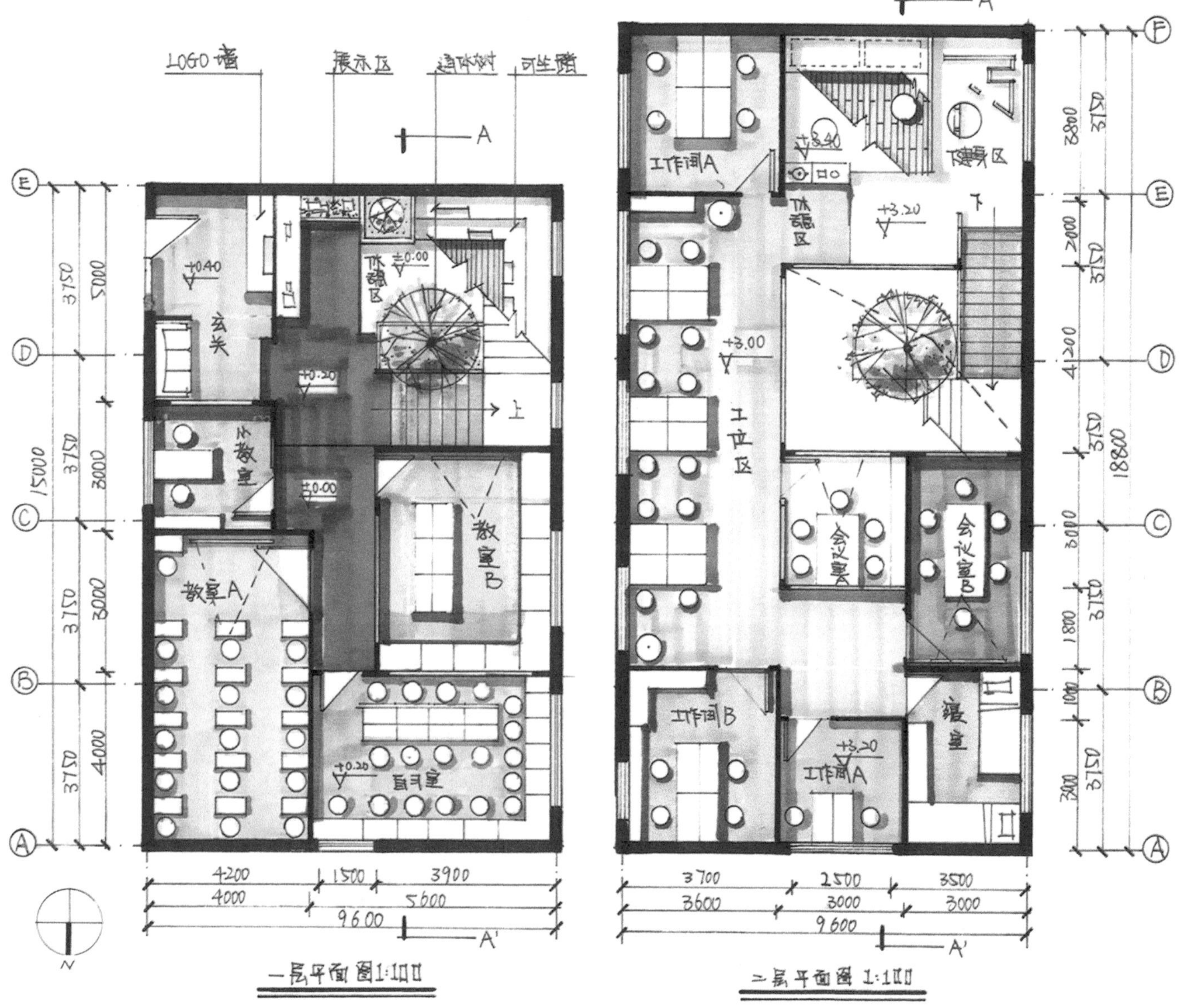

图5-27　工作室改造平面图设计手绘表达

· 范例评析：S 学姐（北京理工大学硕士）

图5-27 为工作室改造平面图设计，空间功能布局丰富，流线合理，画面的视觉效果完整、清晰。从颜色分布可以明确空间的划分，配色和谐。空间及家具尺寸的把握需更加严谨规范，局部出现空间拥挤的现象。画面有些生硬，表达技巧需更加熟练。

休闲空间平面图设计手绘表达如图5-28所示。

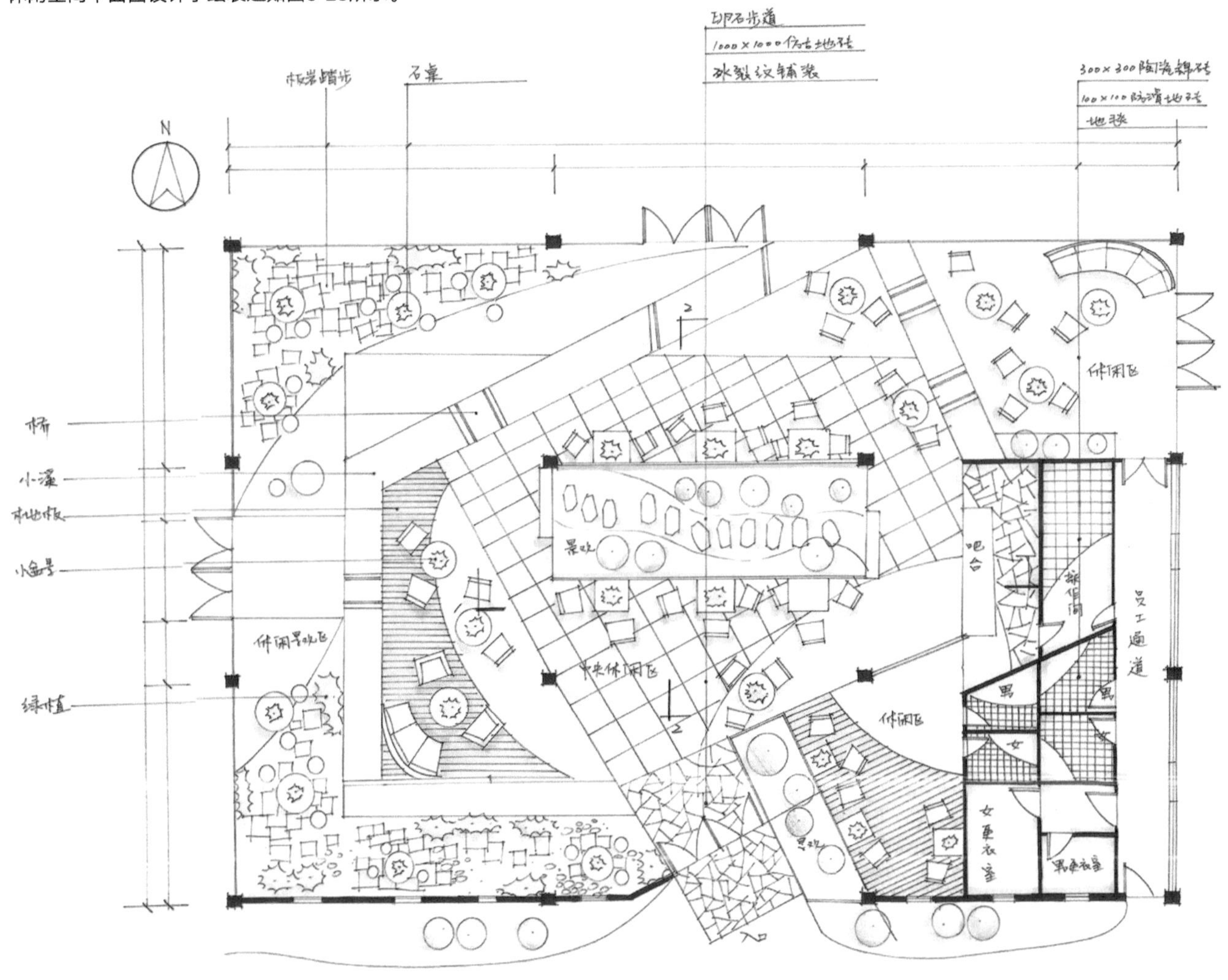

图5-28　休闲空间平面图设计手绘表达

· 范例评析：W 学姐（清华美院博士）

图5-28是休闲空间的平面图设计手绘表达，和大多数平面图设计手绘不一样，此张平面图采用大量留白处理，整体颜色清淡高雅，色彩风格自成一体。平面图线稿略显平均，卫生间、操作间等辅助空间的地面铺装应该省略，重点表现主要区域的材质变化，绿植区域的地面铺装略显潦草，与整体风格不协调。线稿的线型区分不够，制图标准不高。

艺术沙龙平面图设计手绘表达如图5-29所示。

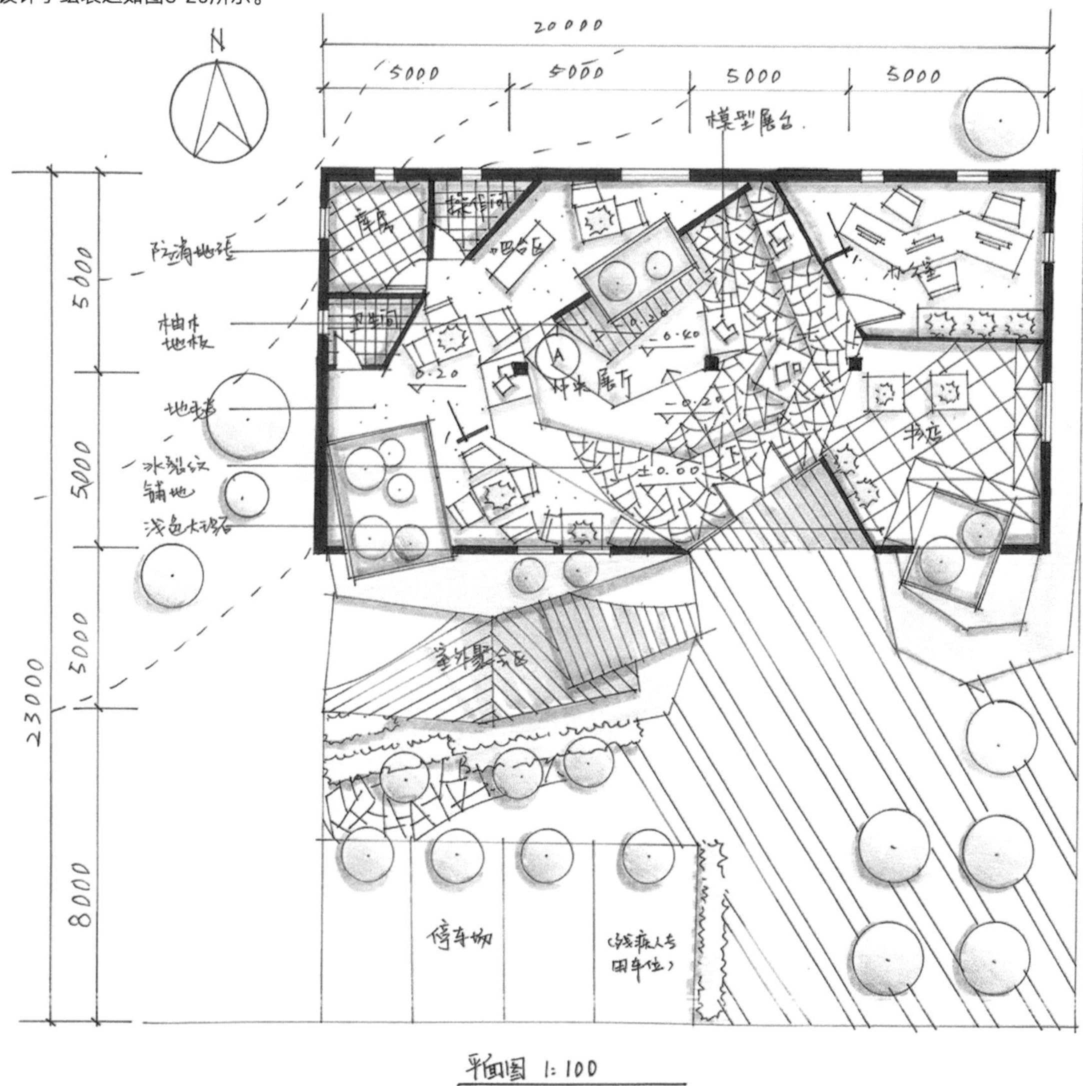

图5-29　艺术沙龙平面图设计手绘表达

· 范例评析：Y 学姐（中央美院硕士）

该方案（图5-29）的平面设计构思新颖，用色淡雅，细节绘制也十分丰富，对室外环境与室内关系的考虑比较全面。空间中的动线流畅，层次变化多，但室内空间在整个平面构图中面积较小，画面效果有些拥挤，不易细化，整体疏密差距过大，有种“头重脚轻”的感觉。

休闲空间平面图设计手绘表达如图5-30所示。

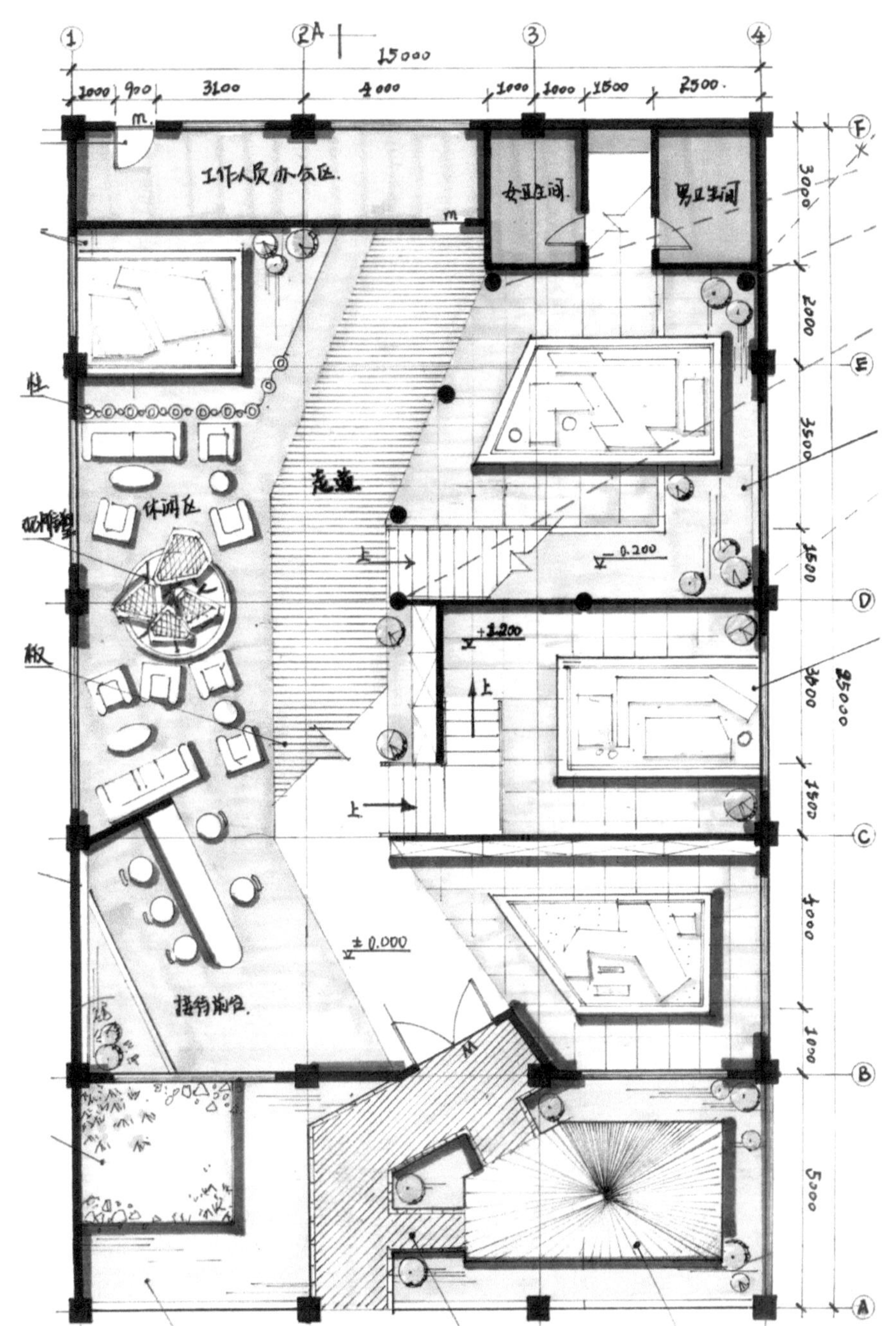

图5-30　休闲空间平面图设计手绘表达

· 范例评析：

Y 学姐（中央美院硕士）

图5-30是休闲空间平面图设计手绘表达，空间设计合理，功能布局巧妙，入口处通过水体上的平台进入室内区域，别有一番意境和体验。线稿手绘精致、制图规范严谨，线型区分明显、层次丰富，是平面图线稿手绘的学习范例。整体色调高雅，颜色好看，但略显凌乱和零碎，颜色过多，面积平均，缺乏主导的颜色进行统一，没有形成主色调。

展示空间平面图设计手绘表达如图5-31所示。

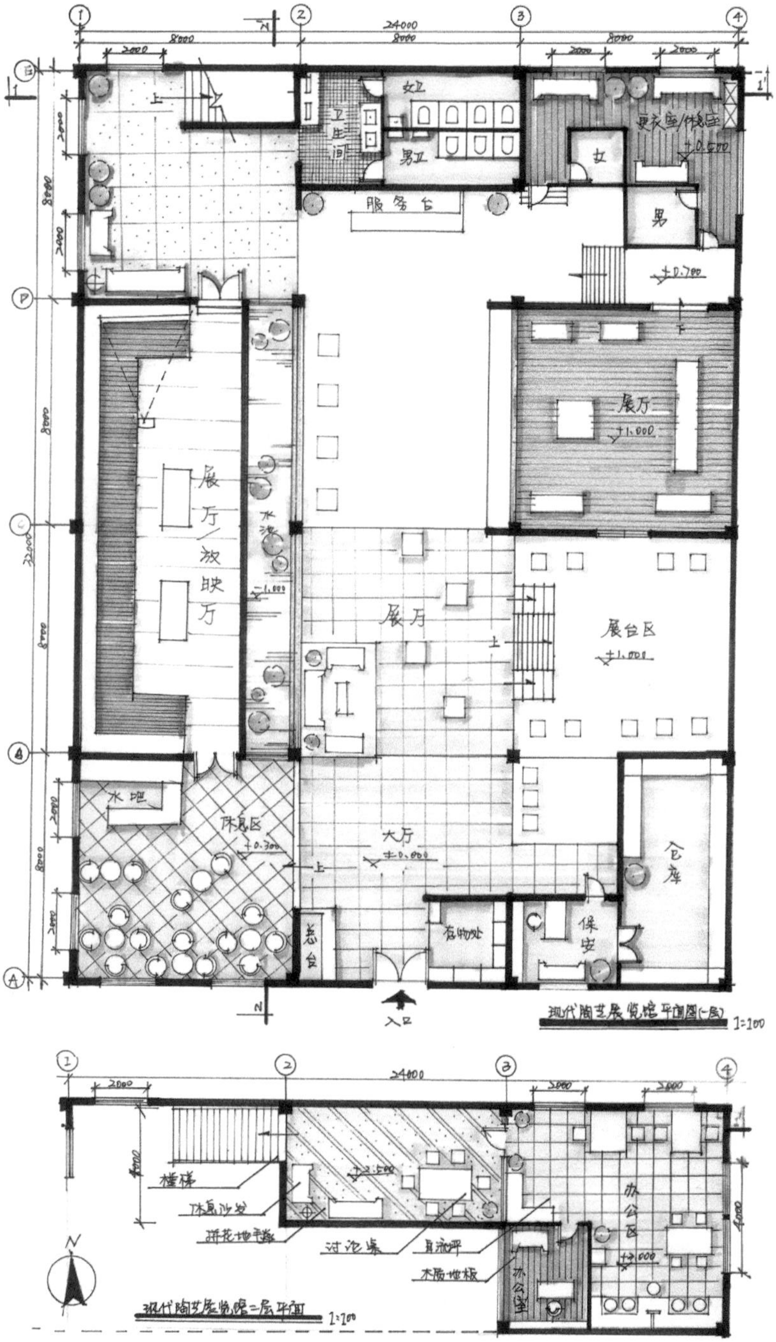

图5-31　展示空间平面图设计手绘表达

· 范例评析：

S 学姐（中央美院硕士）

图5-31是展示空间平面图设计，空间流线组织合理，功能布局清晰，空间变化层次丰富，灰空间的设计富有特点；主体用色为灰色，部分采用明亮的暖色，突出了空间的铺装材质，同时也使空间划分一目了然，局部点缀绿色的植被，为空间增添了活力，单从平面的绘制就可感受到方案的整体空间氛围。

方案制图规范，线型使用得当，上色简洁明快，细节表现非常丰富，空间的疏密关系、主次关系也处理得比较到位，值得学习。

休闲空间平面图设计手绘表达如图5-32所示。

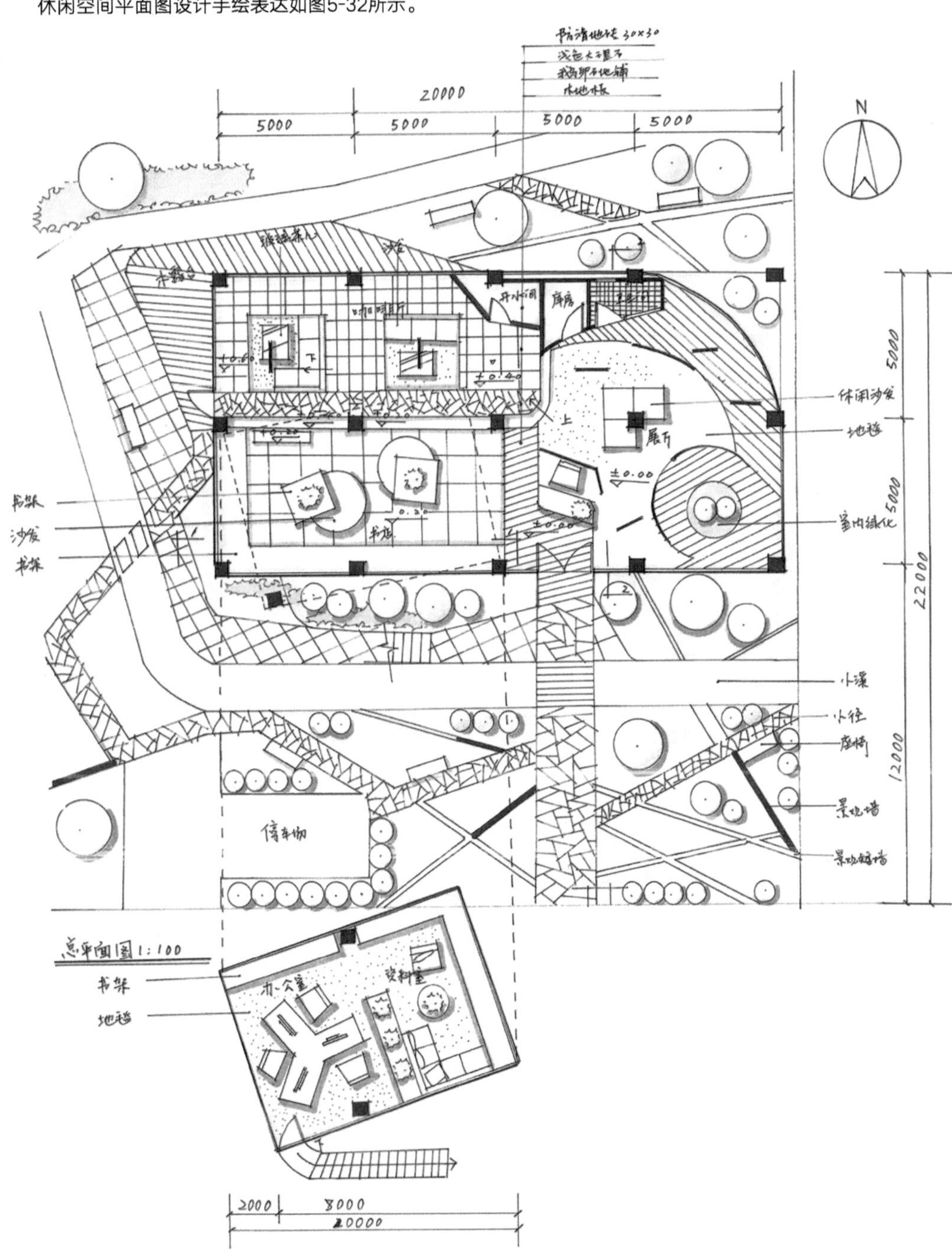

图5-32　休闲空间平面图设计手绘表达

· 范例评析：

W 学姐（清华美院硕士）

图5-32整体以线稿为基础，施以少量颜色，虽整体色调清淡雅致，但对比不强、导致视觉冲击力不够。整体室内部分与室外环境没有很好地区分，应该强调、强化室内部分的手绘表达，另外此张平面图线型没有区分，部分家具与铺装的比例尺度存在问题。不分主次的材质铺装导致整个画面混乱，缺少节奏、虚实变化。

展示空间平面图设计手绘表达如图5-33所示。

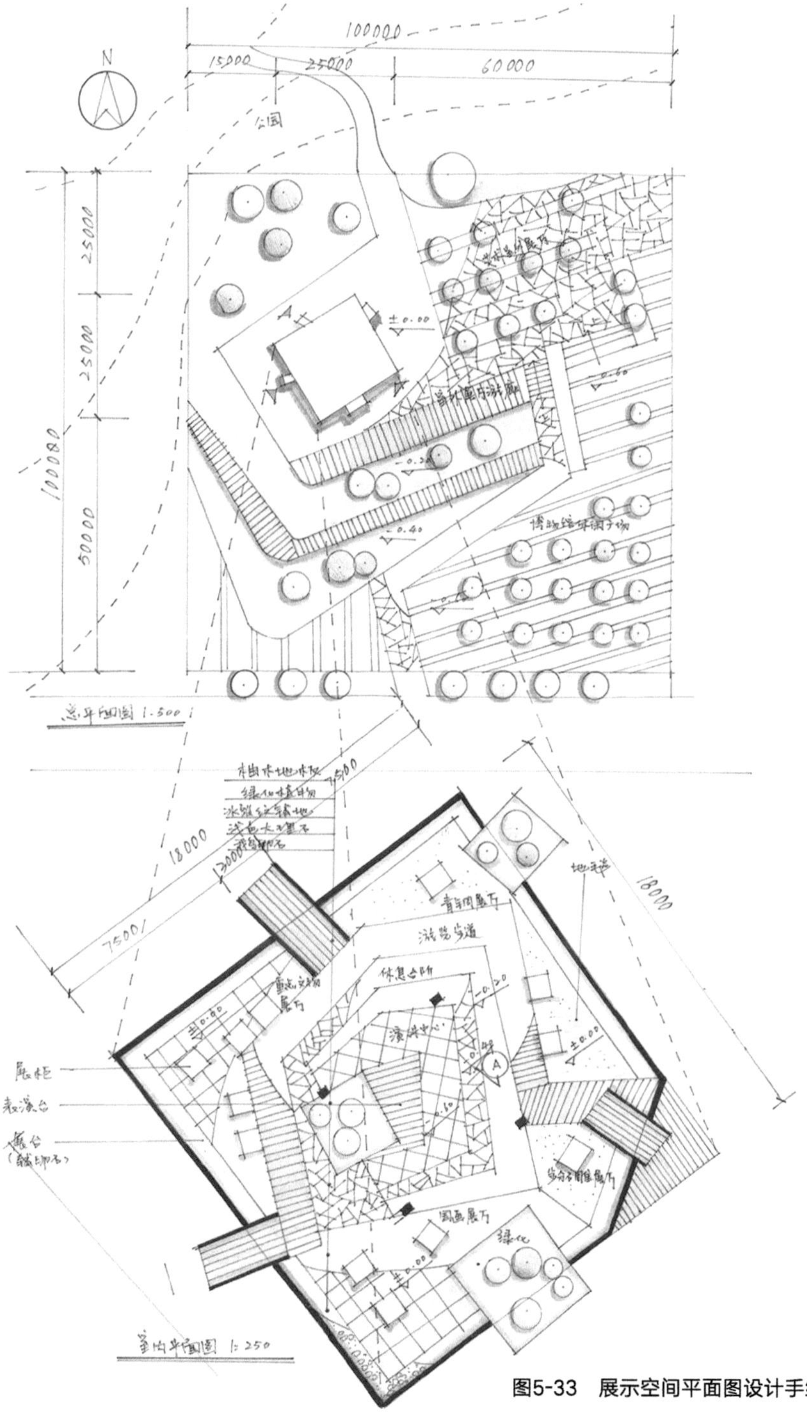

· 范例评析：

Z 学姐（清华美院博士）

图5-33为展示空间平面图设计，是设计比较全面的平面图方案，从室外建筑环境到室内空间都设计的完整、丰富，建筑周围环境交代清晰，空间布局划分合理、流线通畅；室内空间的构思新颖，连贯的路径将空间进行分割，增加了空间的层次变化，正是展示空间所需要的通畅、轻松的空间氛围；向外延伸的路径概括性地“讲清”了室内外的空间联系。

方案的制图严谨规范，用线放松、准确，上色简洁、概括，空间划分一目了然，是比较优秀的平面图设计。

图5-33 展示空间平面图设计手绘表达

Chapter 06 室内快题设计中的立面图、剖面图设计手绘表达

除平面图外，立面图、剖面图是快题设计手绘中另一个重要的部分，也是对平面图基本信息进行补充的重要图纸，在快题设计手绘中所占比重较大。立面图、剖面图是平面图中指定位置的正投影图，反映出空间垂直方向上的设计形式、比例尺寸、材料工艺、高差等信息。平面图、立面图和剖面图等图纸的综合信息，是设计、施工的主要依据。

平面图反映的是平面位置上的位置关系、空间关系和大小关系，单一的平面图传达的信息不够全面完整。因此立面图、剖面图设计是设计方案细节上的补充和完善。

立面图按投影原理，应将立面上所有看得见的细部都表示出来。但由于立面图的比例较小，如门窗扇、檐口构造、阳台栏杆和墙面复杂的装修等细部，通常只用图例表示。它们的构造和做法，都另有详图或文字说明。因此，习惯上对这些细部只分别画出一两个作为代表，其他都可简化，只需画出它们的轮廓线。

剖面图是空间竖向内容的设计，反映出垂直方向上的设计内容、高差变化、尺寸关系，以及剖切位置的构造和工艺做法。

立面图和剖面图都是反映空间竖向的设计内容，要标明结构关系、位置尺寸关系、材料工艺等内容，剖面图在表达立面图所包含的设计内容外，还要体现出剖切位置的空间关系和结构造型的具体做法。

在室内快题设计手绘中，尽量选择高差变化大、层次细节丰富的空间进行剖、立面的手绘表达，这样才能做到层次丰富，效果理想。立面图、剖面图的设计手绘表达要求与平面图对应关系清晰，比例尺寸、标注索引正确，准确表达出空间中的高差变化和各造型的尺度关系。剖面图剖切的位置一定要选择墙体、主体造型的位置，体现出内部的结构和构造，以便更好地表达设计方案的全部内容。

室内空间剖面图的设计手绘表达如图6-1~图6-3所示。

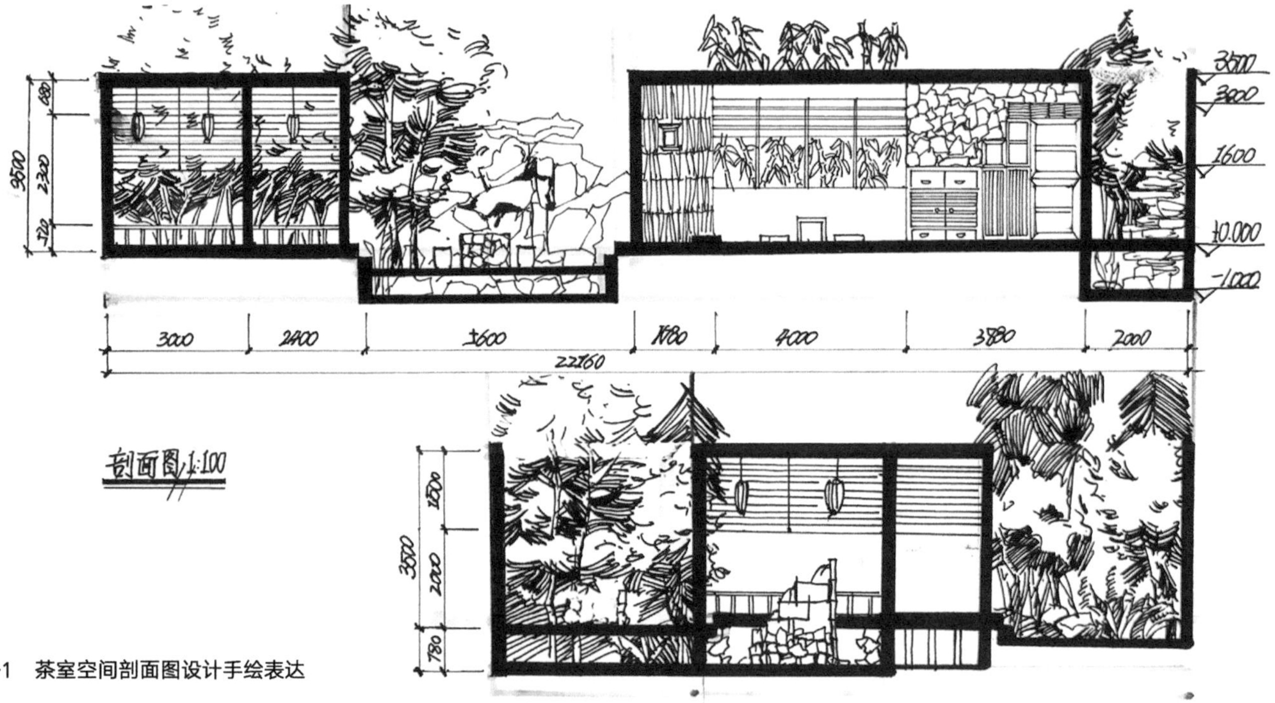

图6-1　茶室空间剖面图设计手绘表达

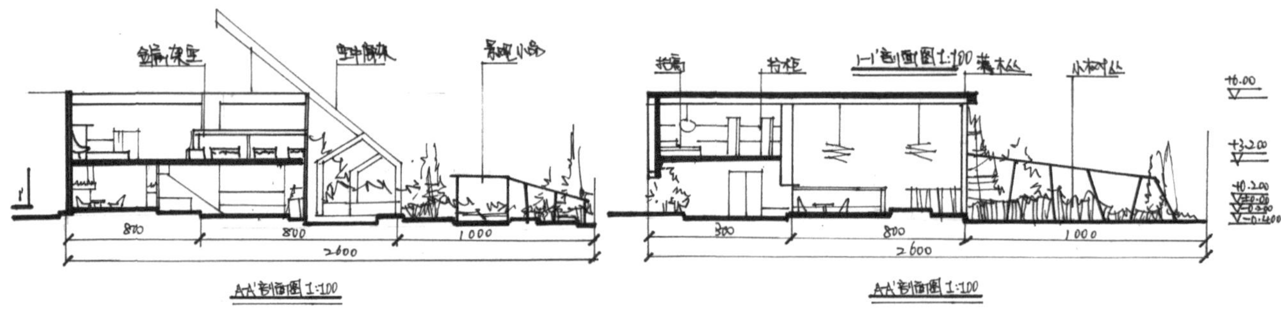

图6-2　展示空间剖面图设计手绘表达

6.1

室内快题中立面图、剖面图设计手绘线稿范例及评析

优秀的立面图、剖面图设计手绘表达是建立在良好的线稿手绘基础上，尺寸准确、比例恰当、标注索引规范、空间富有变化、层次细节丰富的立面图、剖面图设计线稿手绘能够为后期上色提供方便，大大减少上色的工作。

图6-1~图6-3是室内空间剖面图的设计手绘表达，剖切位置关系明确、垂直方向上设计内容丰富，富有层次变化，黑白灰得当，视觉效果强烈。

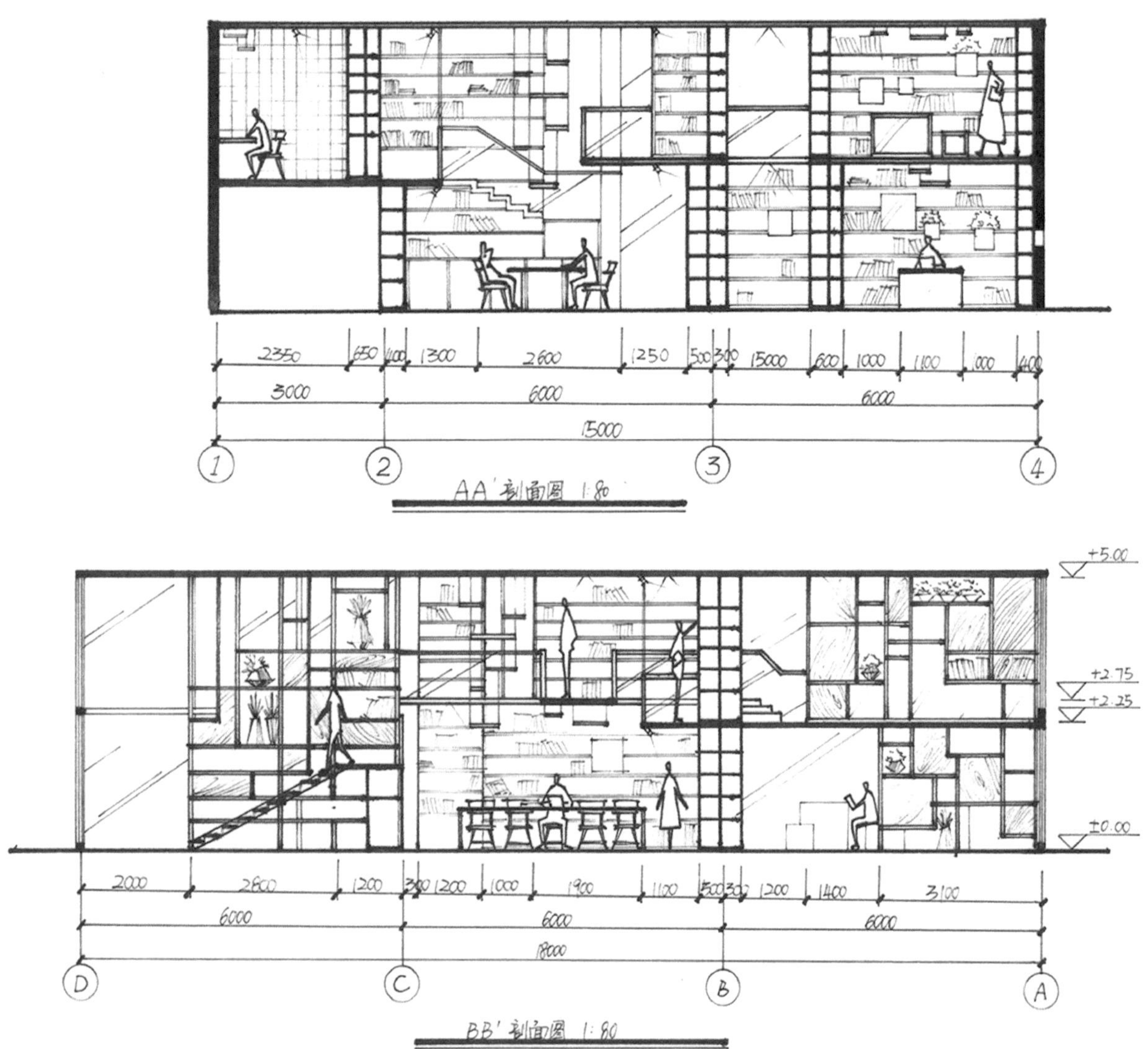

图6-3 阅读空间剖面图设计手绘表达

· 范例评析：Z 学姐（北京理工大学硕士）

图6-3是阅读空间的剖面图设计手绘，线稿层次丰富，细节深入，阅读空间的氛围表现得淋漓尽致。线稿尺规制图标准，尺寸标注、标高符号规范严谨，画面干净整洁。形式感强烈的人物使得场景感十足，画面也变得灵动。

茶室空间剖面图设计手绘表达如图6-4所示。

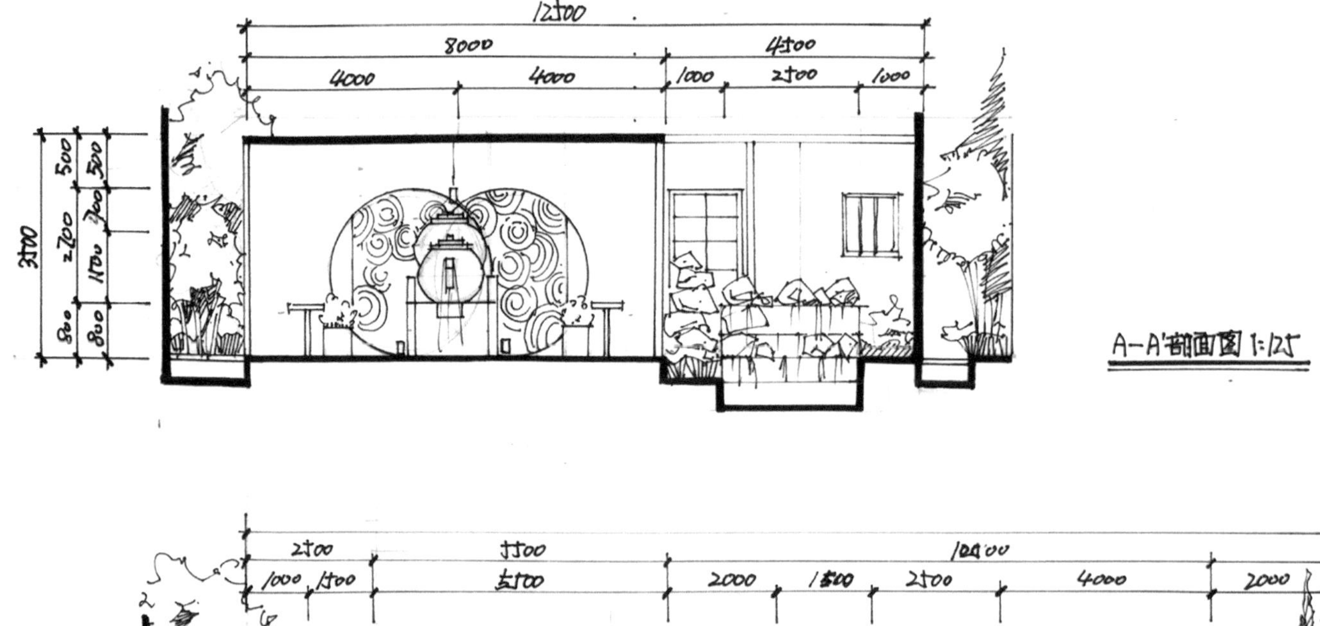

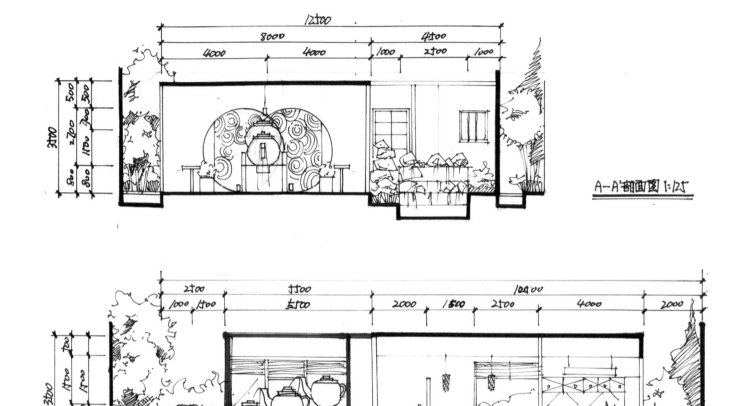

图6-4　茶室空间剖面图设计手绘表达

· 范例评析：L 学姐（北京林业大学硕士）

图6-4是茶室空间剖面图设计手绘，剖切位置合理，高差变化丰富，很好地表现出空间和结构的变化。制图规范严谨、线条肯定流畅，值得借鉴的是，剖面图不仅仅表达室内部分的内容，更是很好地展现出室内环境和室外景观的关系，丰富了室内空间的同时，室外景观更是室内环境的延伸。

整体而言，剖切位置表现充足，但室内立面装饰表达略显不足，缺少细节上的表达。

展示空间立面图、剖面图设计手绘表达如图6-5所示。

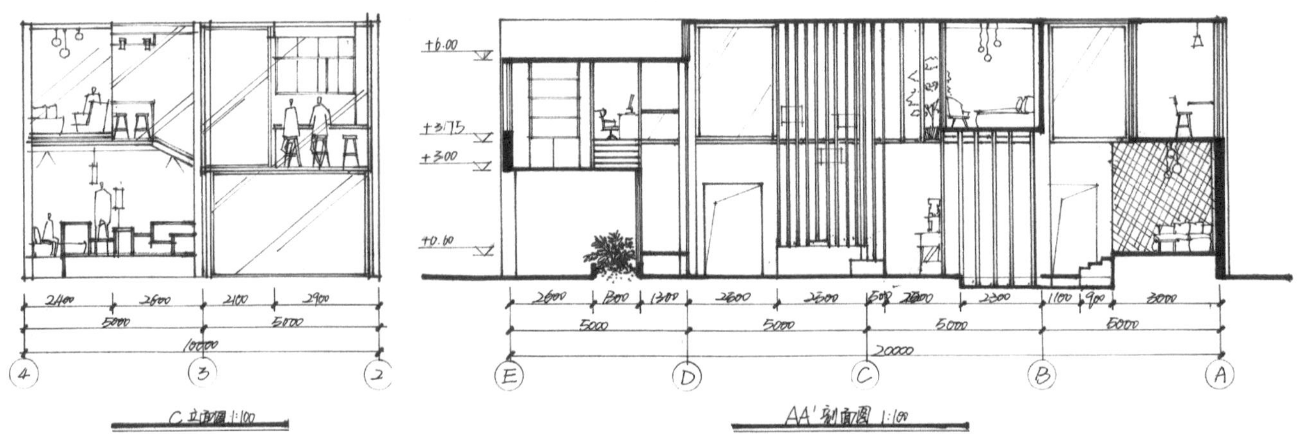

图6-5　展示空间立面图、剖面图设计手绘表达

餐饮空间立面图、剖面图设计手绘表达如图6-6所示。

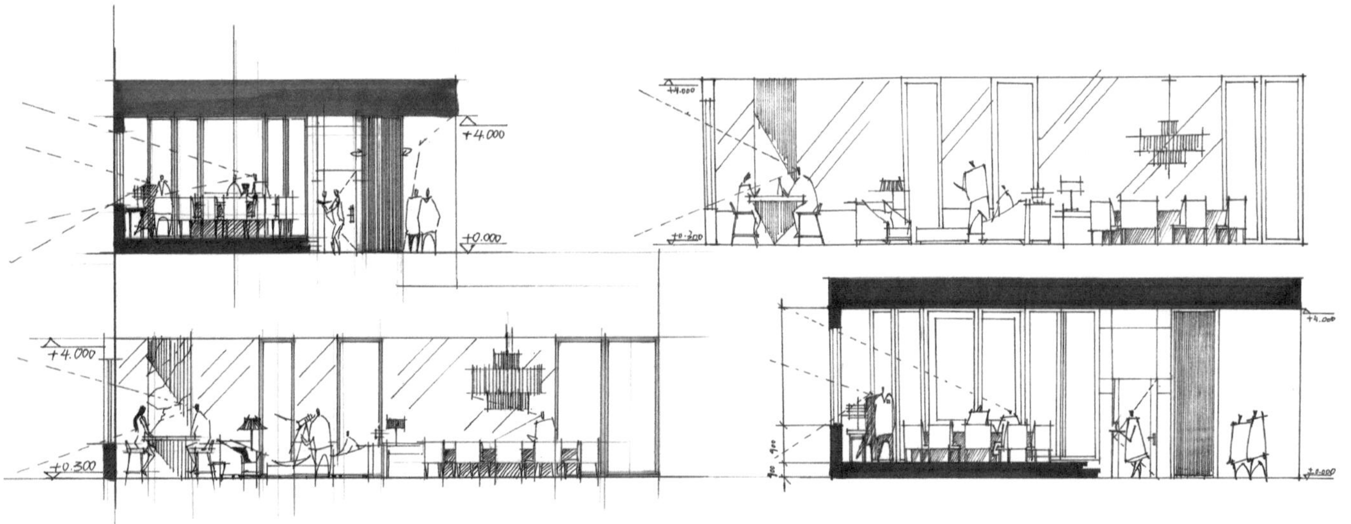

图6-6　餐饮空间立面图、剖面图设计手绘表达

· 范例评析：Y 学姐（中央美院硕士）

图6-5是展示空间立面图、剖面图的设计手绘表达，剖切位置关系明确，尺寸把握合理，垂直方向上设计内容丰富，立面的线型设计拉长了空间的视觉效果，富有层次变化，空间划分表现明确。

图6-6是餐饮空间立面图、剖面图的设计手绘表达，用线放松、准确，人物绘制得概括、灵动，空间疏密关系得当，将空间的功能性展示得清晰全面，明暗关系表现清晰，方便后期颜色的绘制。但缺少细节的标注索引，稍有不足。

室内快题设计中常见空间类型的立面图、剖面图设计手绘表达如图6-7~图6-11所示。

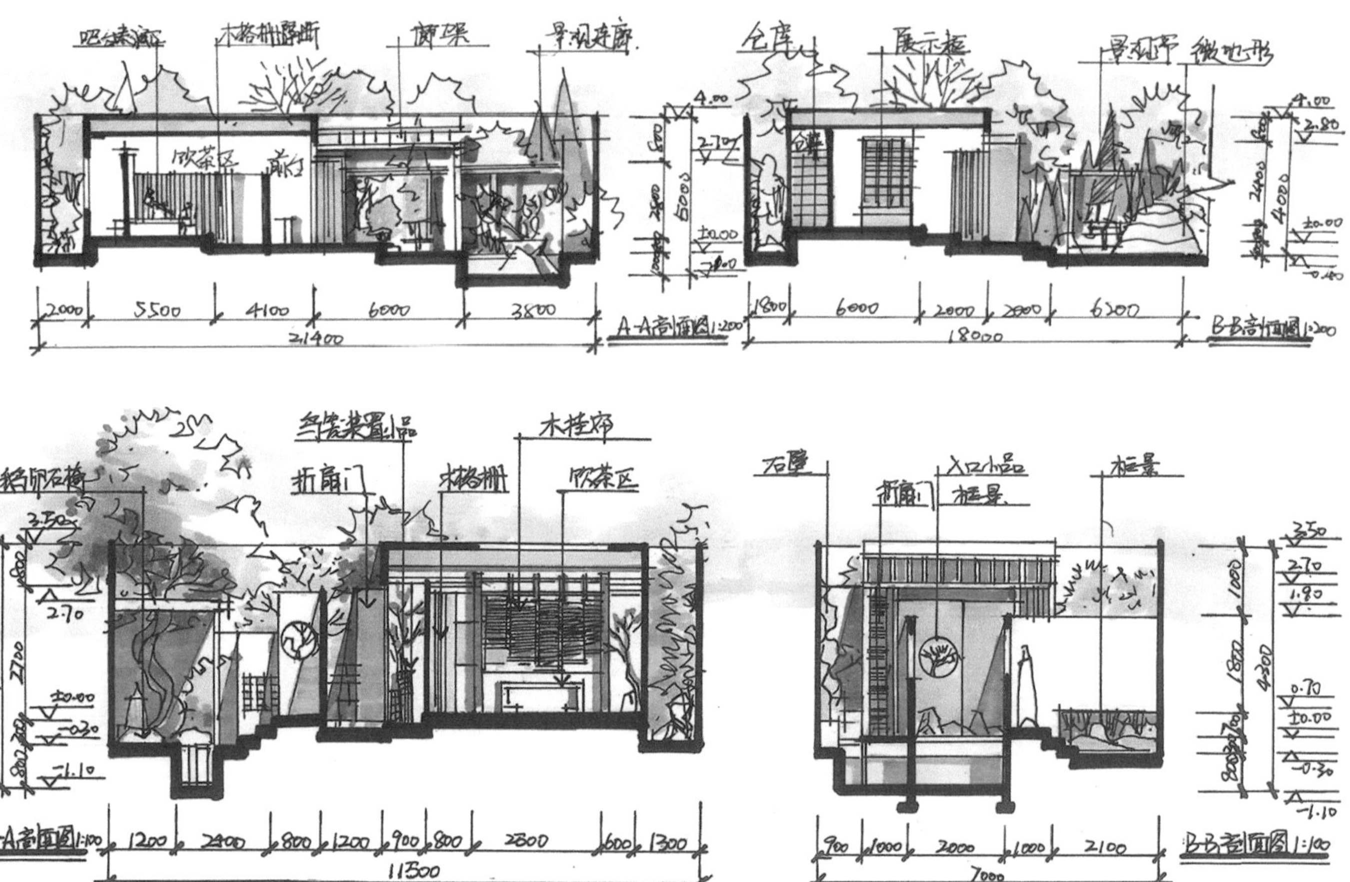

图6-7　茶室空间剖面图设计手绘表达

6.2

室内快题中立面图、剖面图设计手绘颜色稿范例及评析

良好的立面图、剖面图线稿手绘为上颜色打好基础，适当的颜色能够真实地表现出空间关系、光影变化和材质肌理效果，提升表现力和整体视觉效果。在颜色的选择上，要符合平面图、效果图的整体色调，与其协调统一，颜色不宜过多过杂。在用笔上，尽量使用大笔触，减少用笔的变化，局部细节可以是用小笔触，形成粗细对比。

图6-7~图6-11是室内快题设计中常见空间类型的立面图、剖面图设计手绘表达，室内空间关系明确、层次变化丰富，设计细节深入，尺寸标注规范，并且适当交代出景观环境的关系，与室内空间相互衬托，相辅相成。

图6-8　休闲空间剖面图设计手绘表达

图6-9　休闲空间剖面图设计手绘表达

图6-10　阅读空间立面图、剖面图设计手绘表达

图6-11　人居空间剖面图设计手绘表达

室内快题设计中常见空间类型如图6-12~图6-16所示。

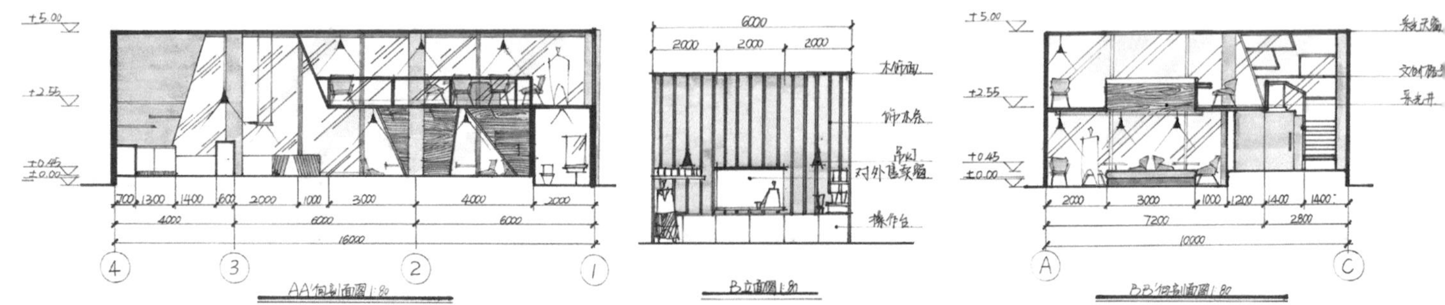

图6-12　咖啡厅简餐空间立面图、剖面图设计手绘表达

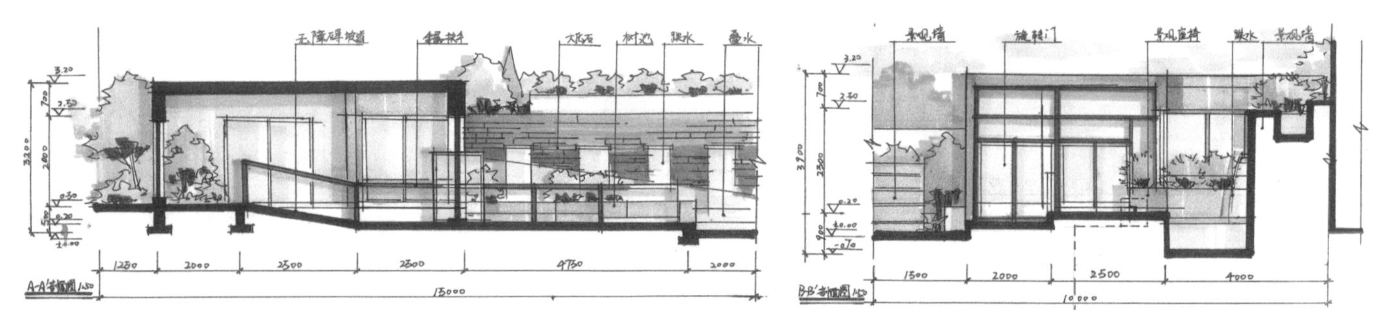

图6-13　入口空间剖面图设计手绘表达

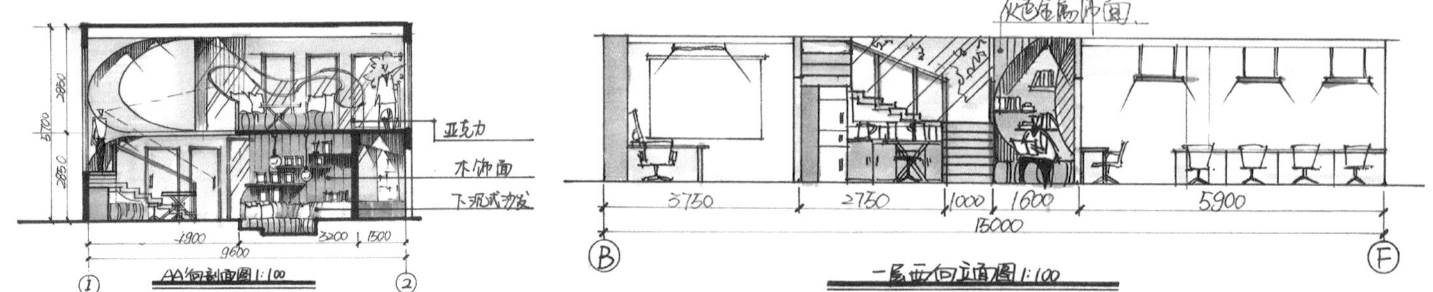

图6-14　工作室改造立面图、剖面图设计手绘表达

· 范例评析：Y 学长（清华美院硕士）

剖面图、立面图颜色稿的手绘表达是建立在良好的线稿基础之上，加上准确的比例尺度、规范的制度标准、流畅肯定的线条以及清晰明确的结构关系。以此为基础，协调统一的色彩搭配和具有节奏感的用笔便能够将剖面图、立面图表达得充分到位。

图6-12、图6-13以及图6-14是不同室内空间的剖面图、立面图设计手绘表达，色彩鲜灰搭配恰当，黑、白、灰对比明确，视觉效果强烈。

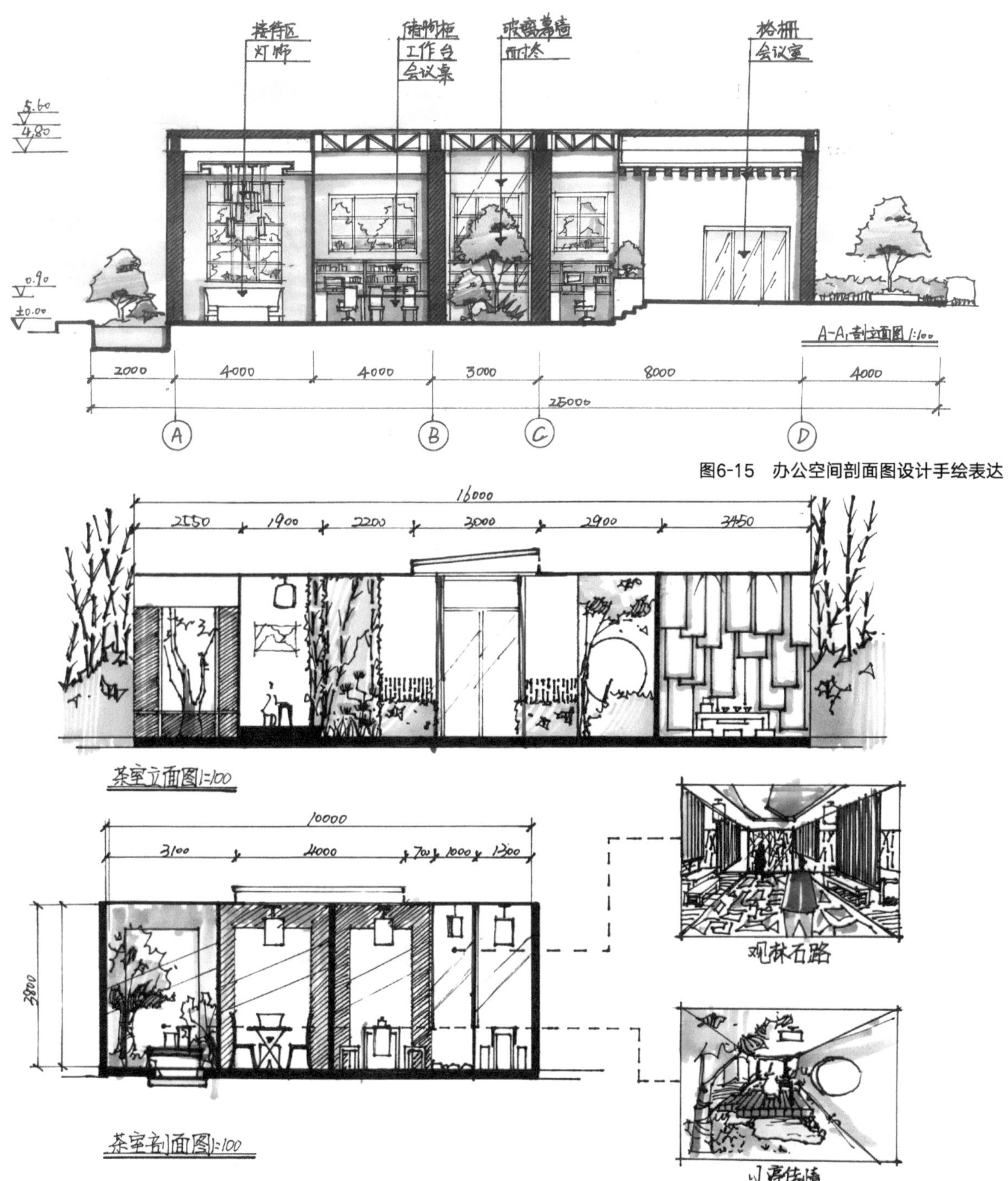

图6-15　办公空间剖面图设计手绘表达

图6-16　茶室空间立面图、剖面图设计手绘表达

室内快题设计中常见空间类型如图6-17、图6-18所示。

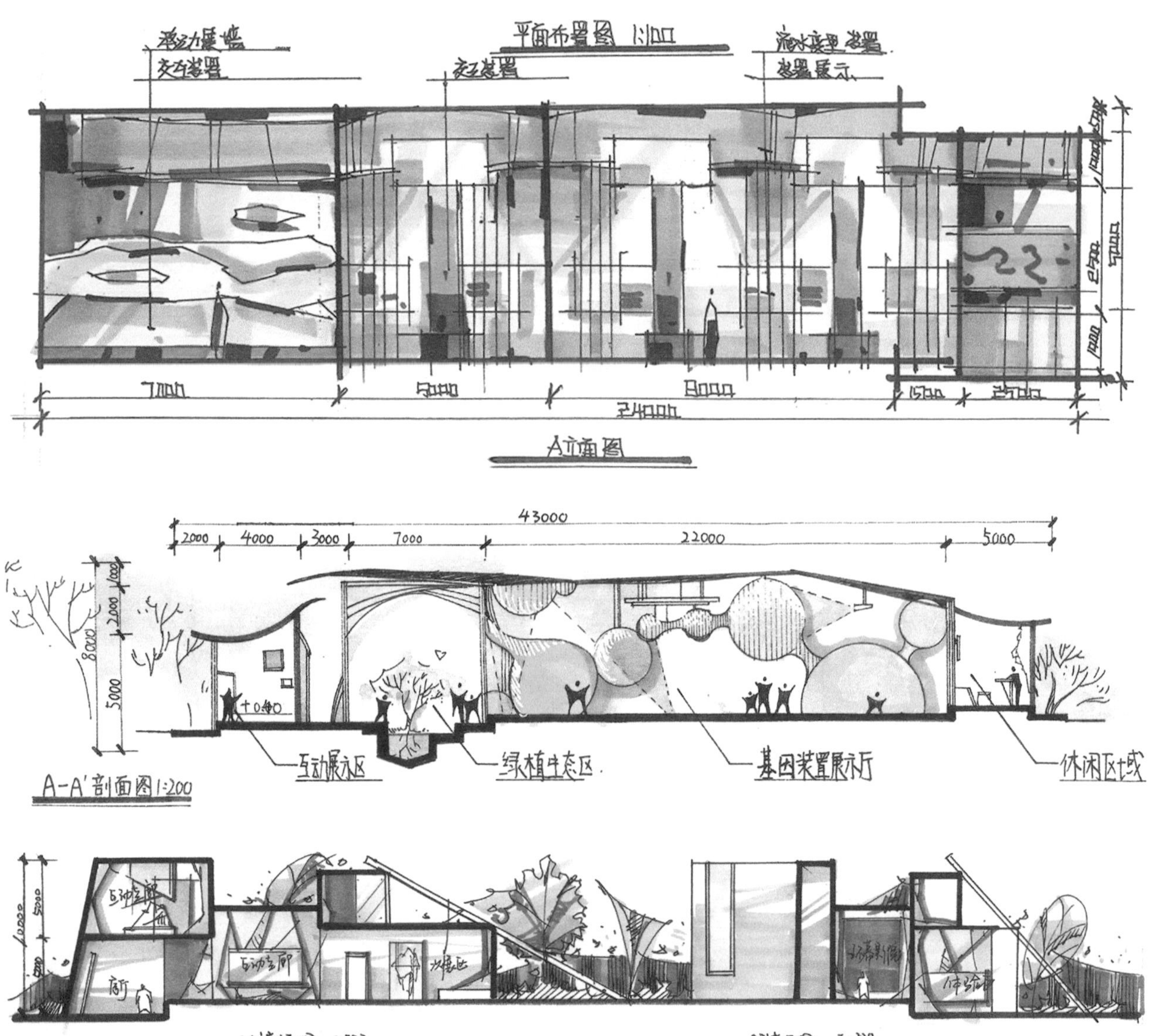

图6-17　科普展示空间立面图、剖面图设计手绘表达

· 范例评析：Y 学长（清华美院硕士）

图6-17是科普展示空间的立面图、剖面图设计手绘表达，空间变化丰富、主题元素鲜明，色彩统一协调，标注索引规范，室内、室外环境虚实处理得当。但在立面细节处理上略显不足，除了建筑空间本身的结构外，缺少装饰性的内容表达。

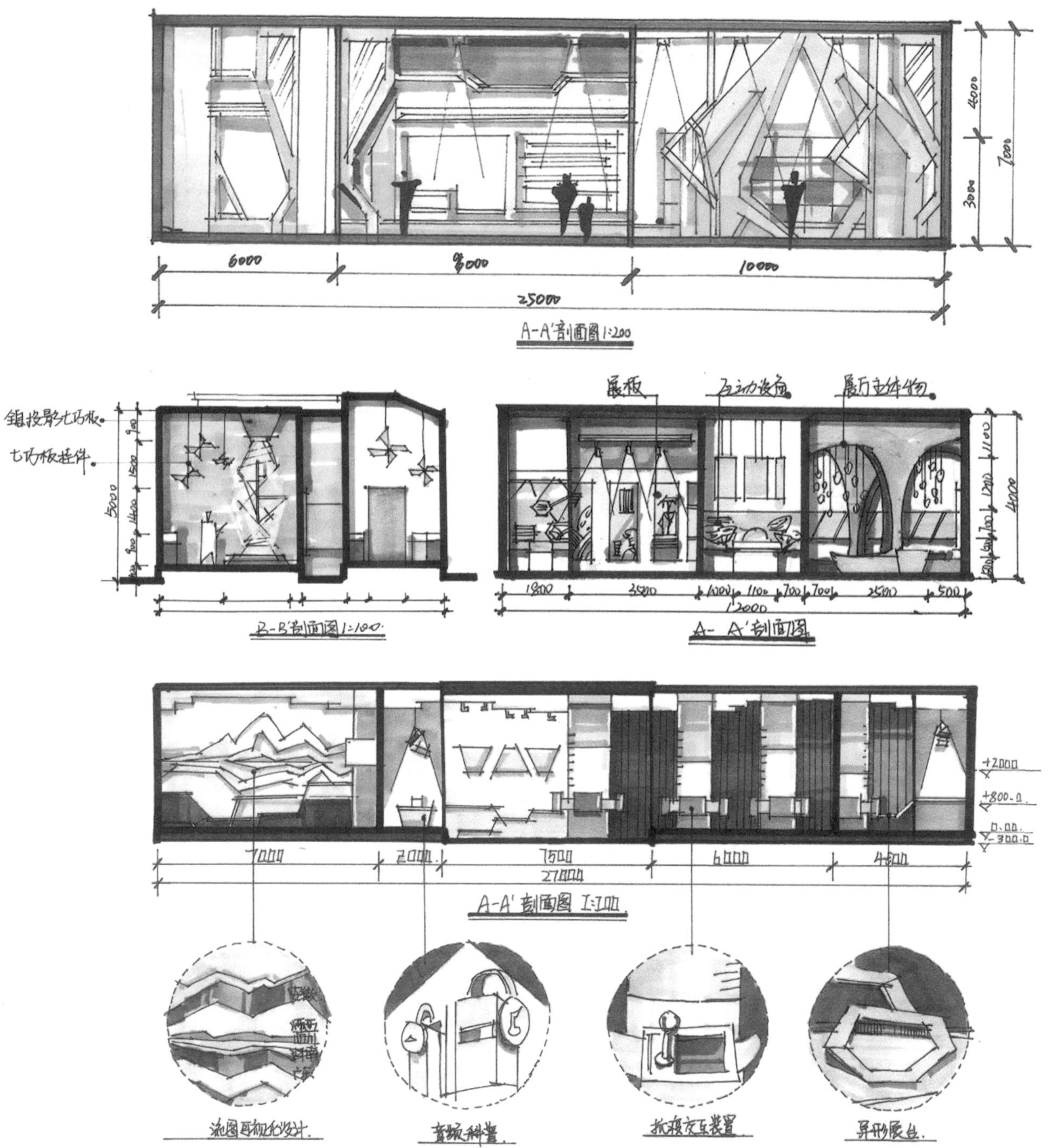

图6-18　科普展示空间立面图、剖面图设计手绘表达

办公空间和展示空间剖面图设计手绘表达如图6-19、图6-20所示。

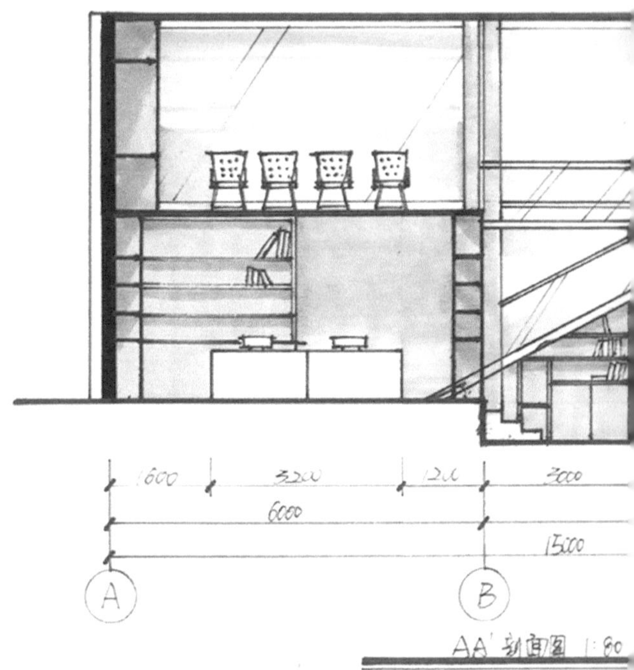

· **范例评析：S 学长（清华美院博士）**

图6-19是办公空间的剖面图设计手绘表达，剖面空间与平面布局对应准确，剖面图线稿制图规范严谨，粗线、细线区分明显，线条肯定有力，疏密得当。以冷灰色、木纹色作为主色调，简洁明快的颜色中有笔触上的细节变化，以少量的天蓝色、灰绿色为点缀色，和主色调搭配得恰到好处。

画面中室内环境和室外景观的虚实处理上值得学习和借鉴，弱化景观的植物和天空的细节，颜色上降低蓝和绿色的饱和度、对比度，以此来衬托室内部分的主体，人物的添加使得画面具有故事感。

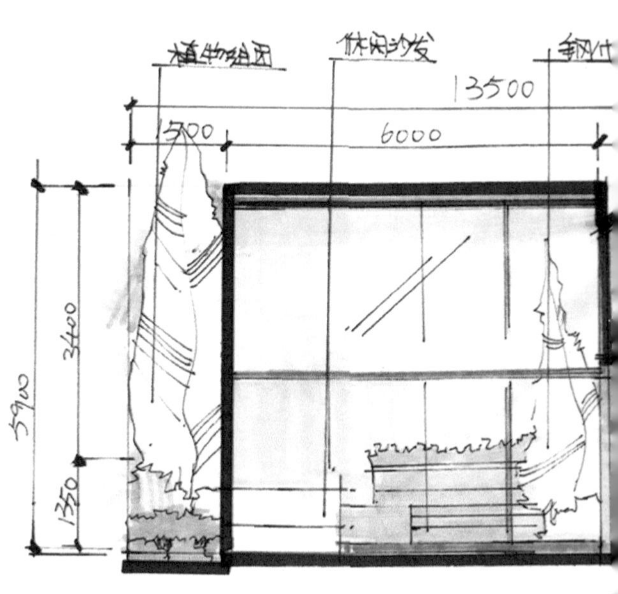

· **范例评析：Y 学长（清华美院硕士）**

图6-20为展示空间剖面图，剖切准确，空间尺寸符合展示空间的基本要求，在绘制技法上，用笔放松，制图规范，简洁、概括的用色将空间氛围快速营造出来，颜色运用稳重的高级灰色调，以冷色系为主，局部点缀暖色，对比强烈。

作为展示空间，空间中的竖向设计应该相对丰富，展板、展台或装置雕塑等能够直接表达设计主题的元素应在剖面图中有所展示，同时要体现出内部的结构和构造，以便更好地表达设计方案的全部内容，这是该方案需要完善的地方。

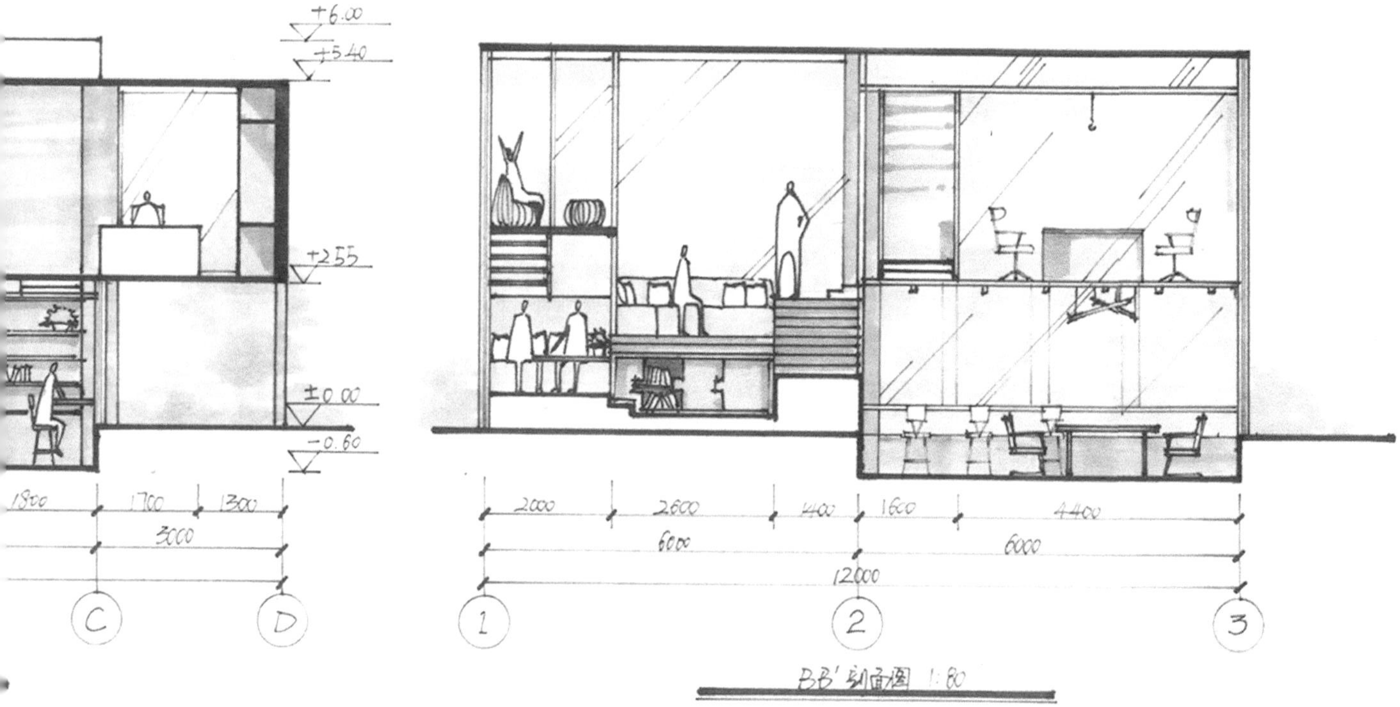

图6-19 办公空间剖面图设计手绘表达

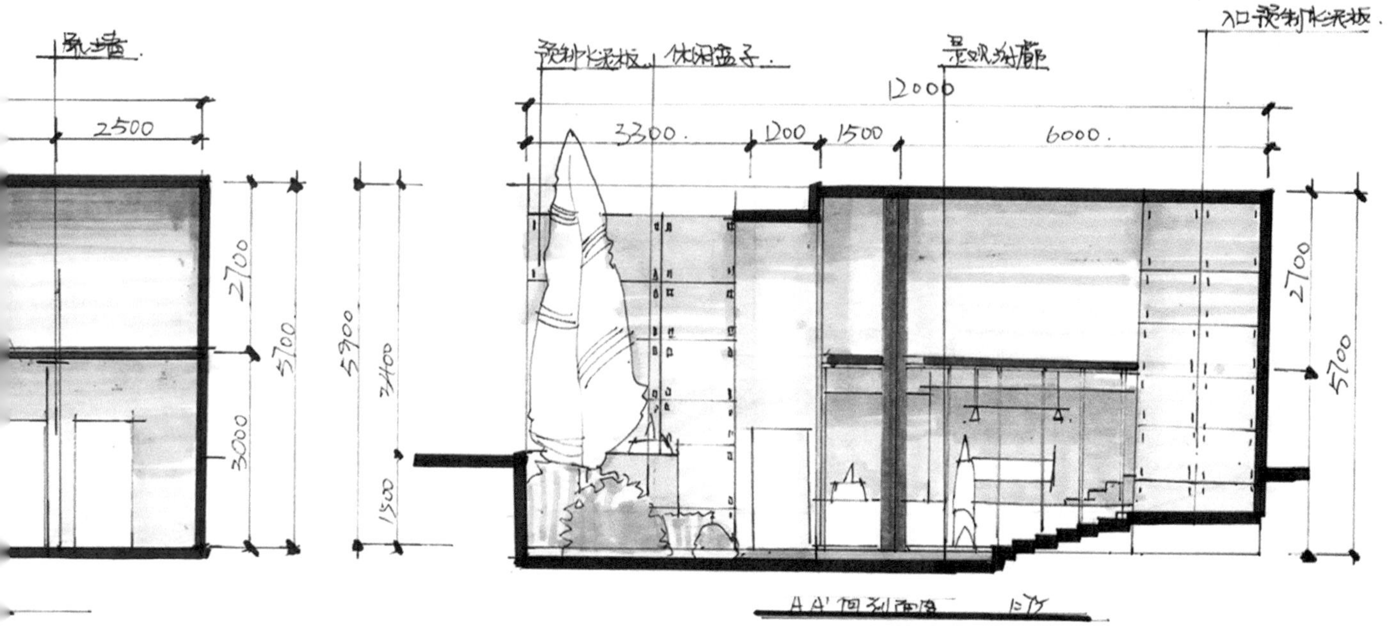

图6-20 展示空间剖面图设计手绘表达

工作室改造剖面图设计手绘表达如图6-21所示。

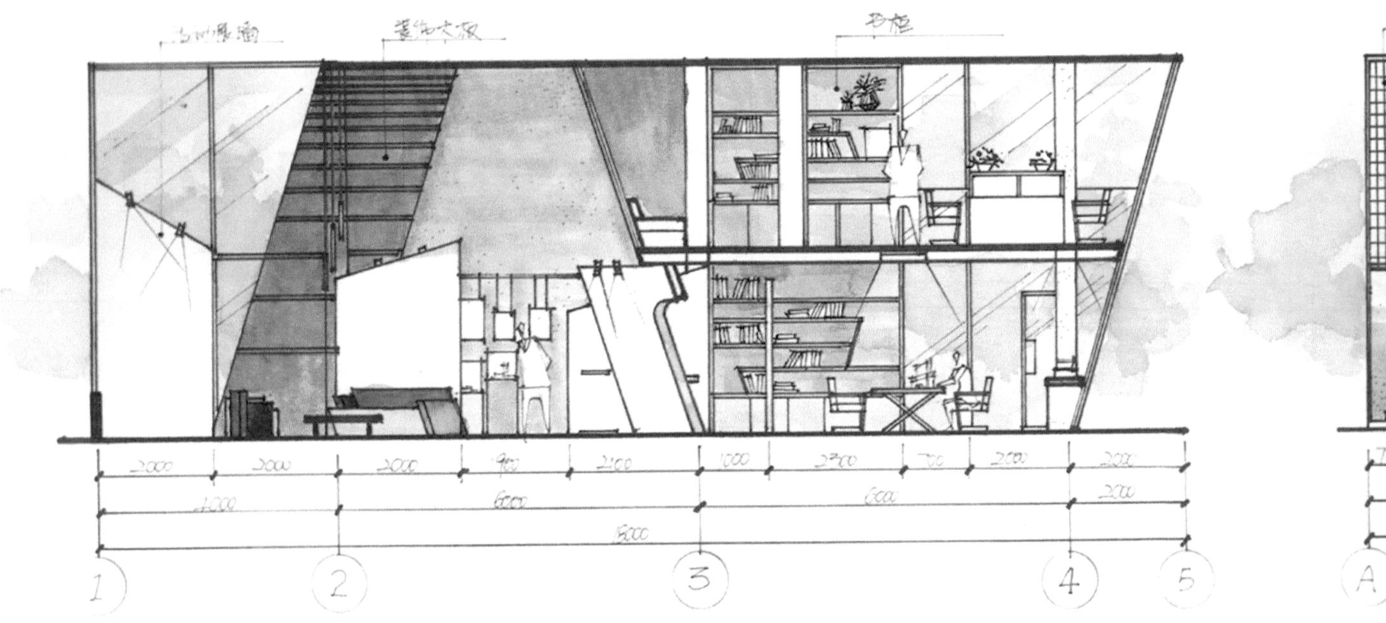

阅读空间剖面图设计手绘表达如图6-22所示。

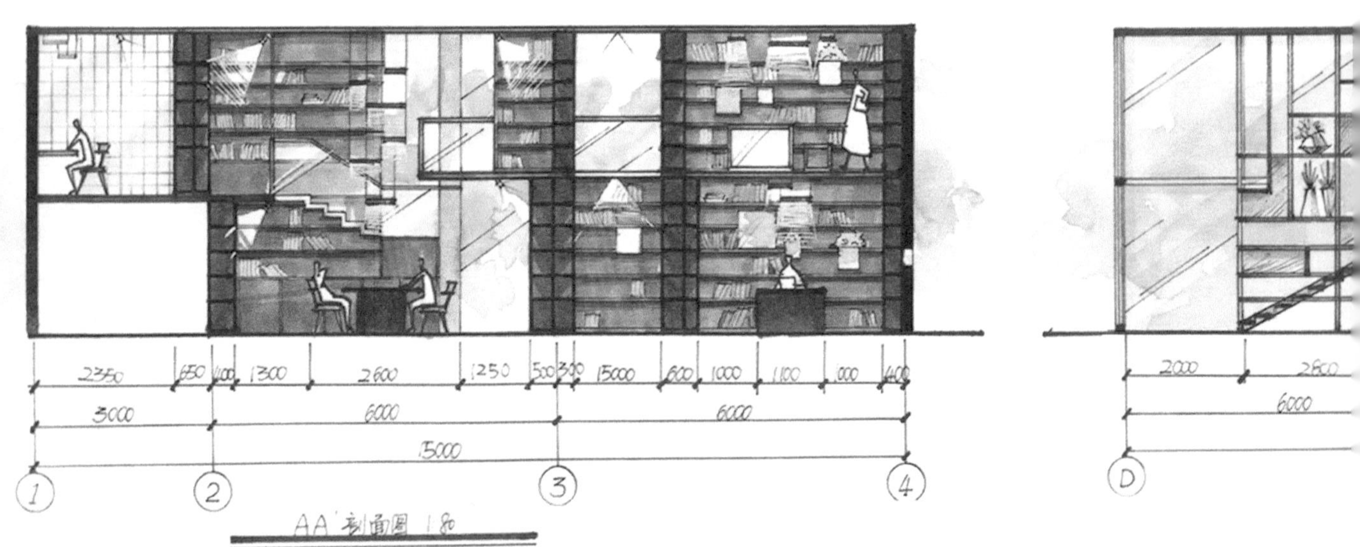

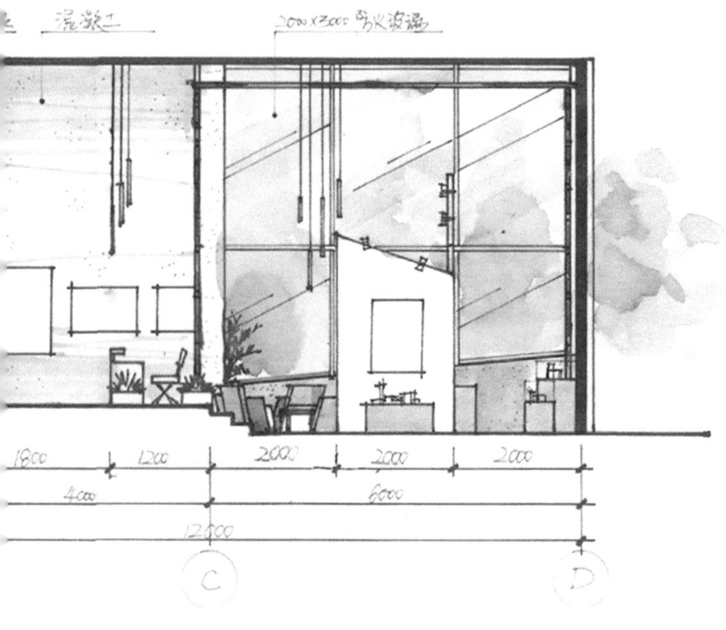

图6-21　工作室改造剖面图设计手绘表达

· 范例评析：S 学长（清华美院博士）

图6-21是工作室改造的剖面图设计，斜线的墙体、具有构成感的空间划分使得剖面图极具张力和表现力，为优秀的手绘表达奠定了设计层面上的基础。规范严谨的制图标准、肯定流畅的线条和疏密得当的画面组织确定了良好的线稿条件。红绿互补色的运用是点睛之笔，红色和绿色的色彩关系恰到好处，搭配大面积的冷灰色和少面积的留白处理，没有显得艳俗，反而是更加高级的色彩表达。室内部分是马克笔上色，块面感强，笔触明显。背景以水彩抽象的表达景观意向，虚实相生，主次突出，是快题设计手绘中剖面图的范例作品。

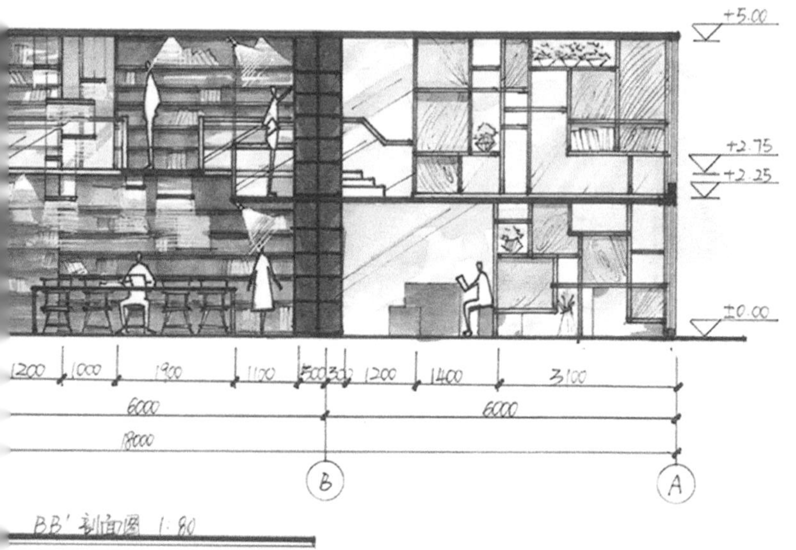

图6-22　阅读空间剖面图设计手绘表达

· 范例评析：Y 学姐（中央美院硕士）

图6-22为阅读空间剖面图设计，制图规范、剖切位置准确，在空间垂直方向的设计丰富、饱满。书架是其设计的中心内容，位置摆放疏密有序且细节丰富，隔断的设计使空间具有构成感，适当交代了景观环境关系，与室内空间相互衬托，可见作者对于空间关系的把握非常到位，主次关系明确、层次变化丰富。人物的绘制概括、灵动，将空间功能展现得比较全面。在绘制技法上，用笔概括、放松，材质表现准确，颜色搭配和谐，以冷色背景衬托暖色主体物，对比鲜明，整体是个不错的剖面图设计。

室内不同空间类型的立面图、剖面图设计手绘表达如图6-23~图6-27所示。

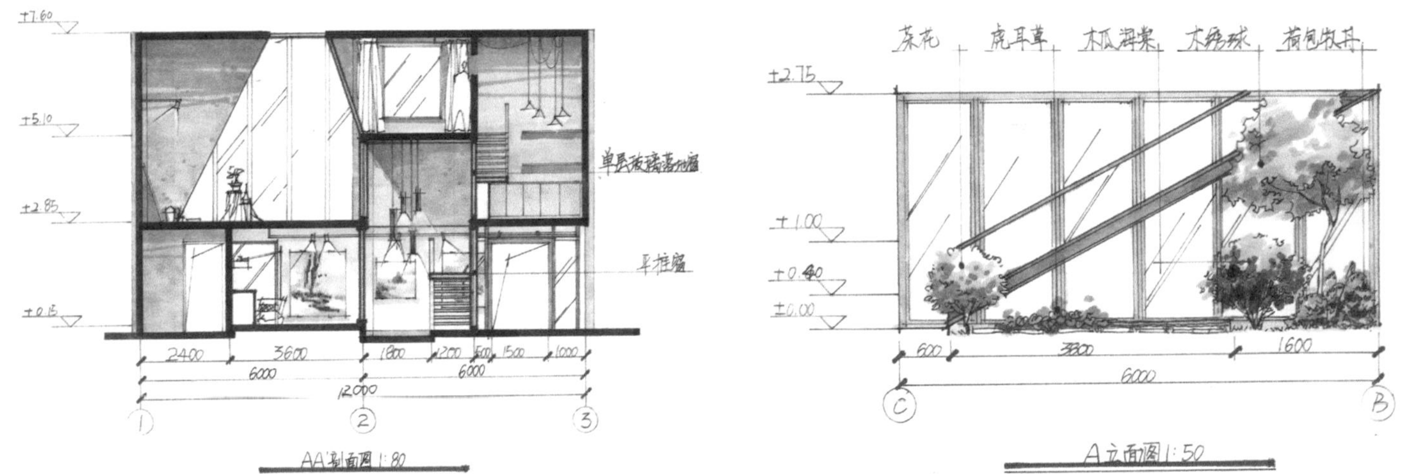

图6-23 工作室改造立面图、剖面图设计手绘表达

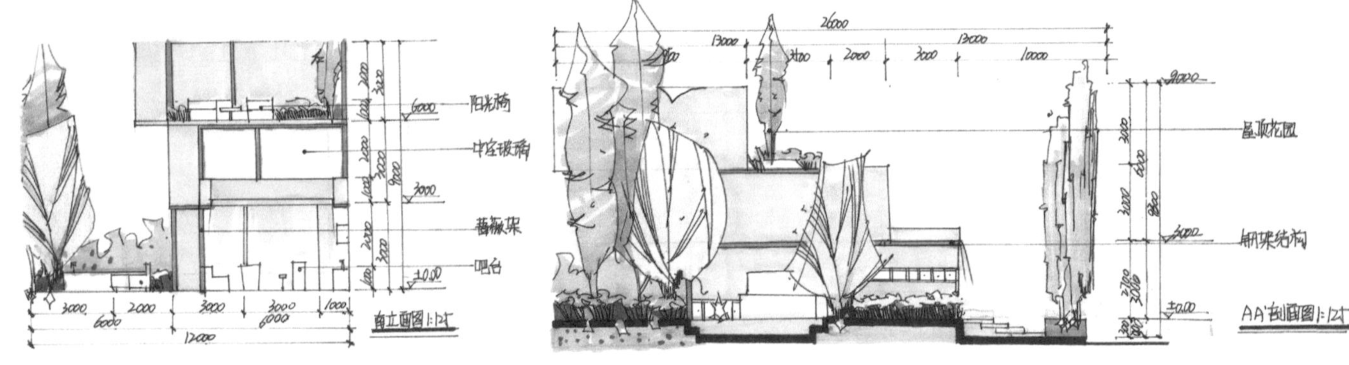

图6-24 人居空间立面图、剖面图设计手绘表达

图6-25 人居空间立面图、剖面图设计手绘表达

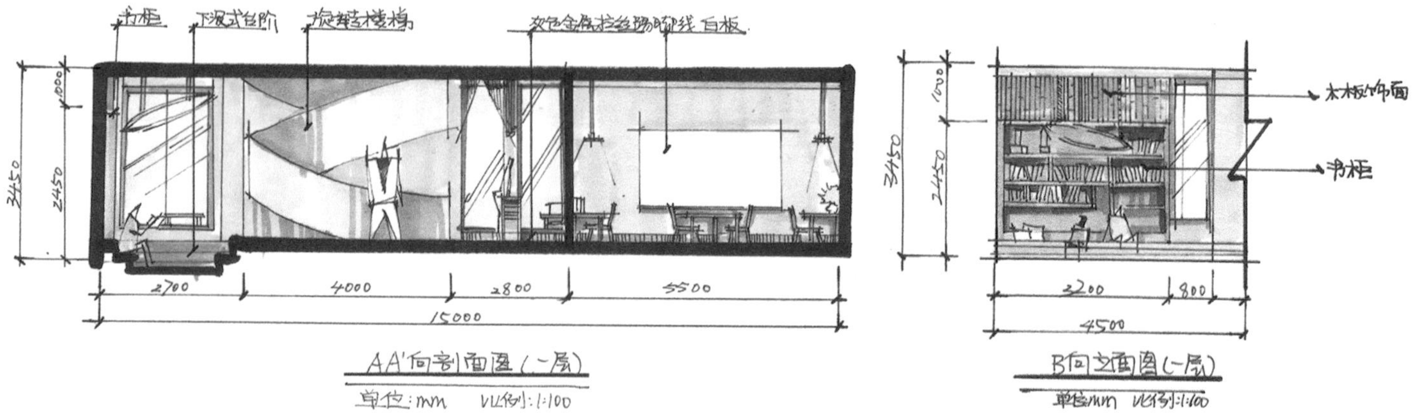

图6-26　工作室改造立面图、剖面图设计手绘表达

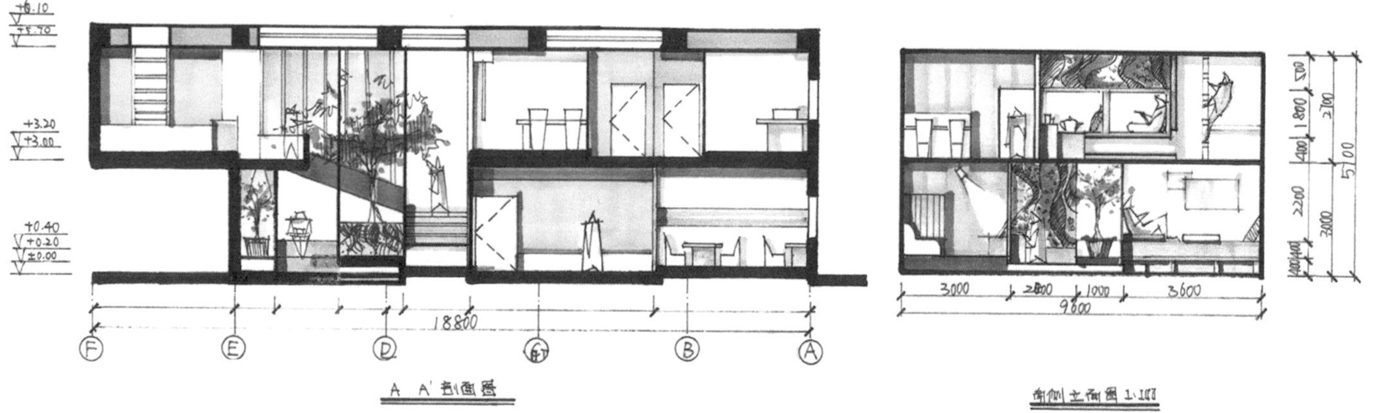

图6-27　工作室改造立面图、剖面图设计手绘表达

· 范例评析：Y 学长（清华美院硕士）

优秀的剖面图、立面图设计手绘表达应该具备以下几点共性：首先方案设计合理，符合题目要求，规范之中有创意；其次，制图标准，标注索引、图例等使用规范；线条流畅、层次丰富、疏密组织理想；最后，色调统一、色彩简洁但不简单，鲜灰颜色搭配协调；用笔得当，平涂之中有变化。

图6-23~图6-27是室内不同空间类型的立面图、剖面图设计手绘，是快题设计中手绘表达的优秀范例。

公共空间剖面图设计手绘表达如图6-28所示。

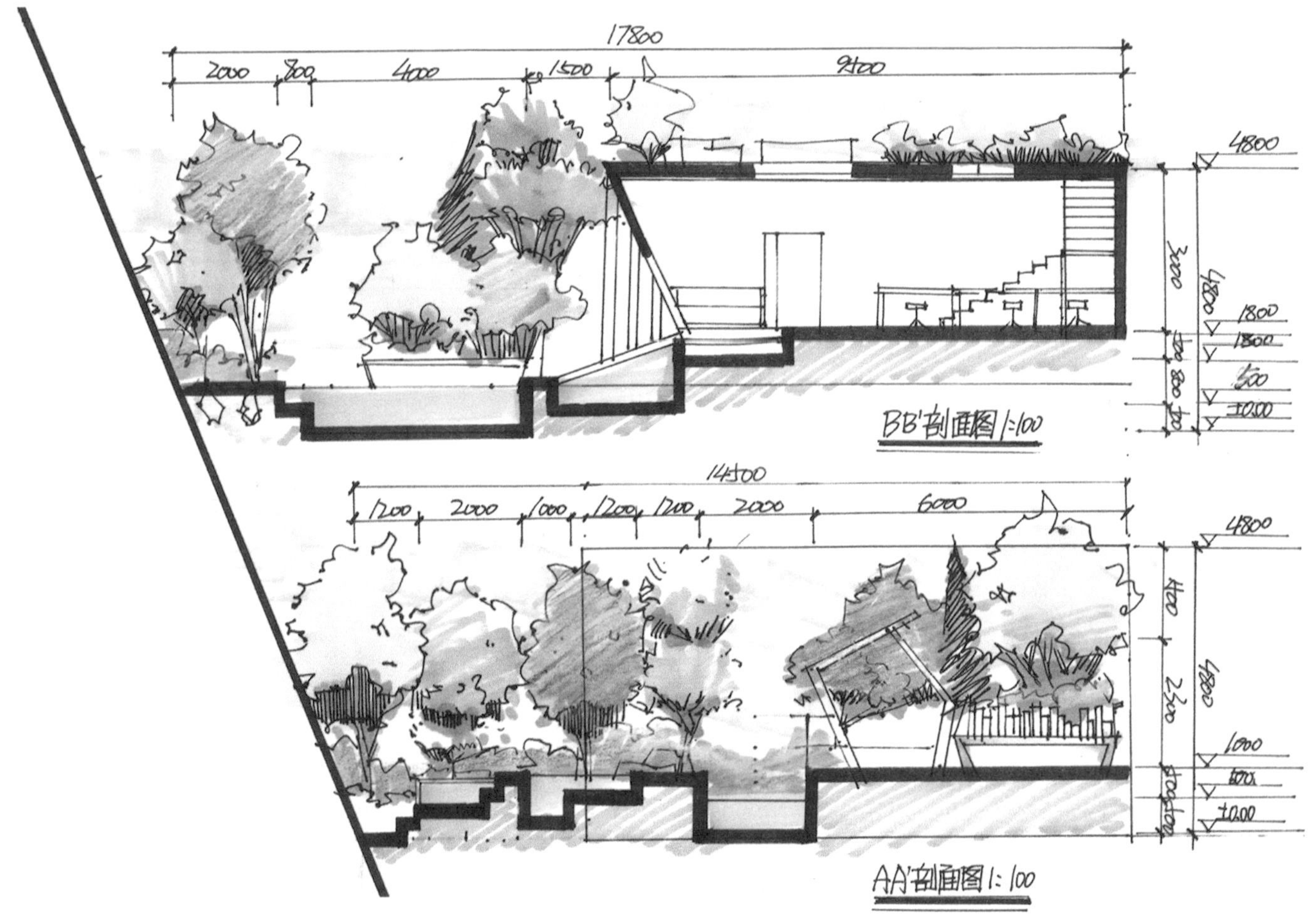

图6-28　公共空间剖面图设计手绘表达

· 范例评析：Y 学长（清华美院硕士）

图6-28是公共空间剖面图的设计手绘表达，与其他剖面图和立面图手绘不同，此张剖面图以室外景观部分为手绘表达的重点，突出展示室外景观的剖切关系和层次变化，准确表达出建筑、室内与景观水体、植物的关系。丰富的植物手绘表达是剖面图的亮点。但可能是由于时间紧张关系，对于室内部分的信息展示的过于潦草和简单，导致室内外的表达脱节，缺乏过度和衔接。

茶室空间剖面图设计手绘表达如图6-29所示。

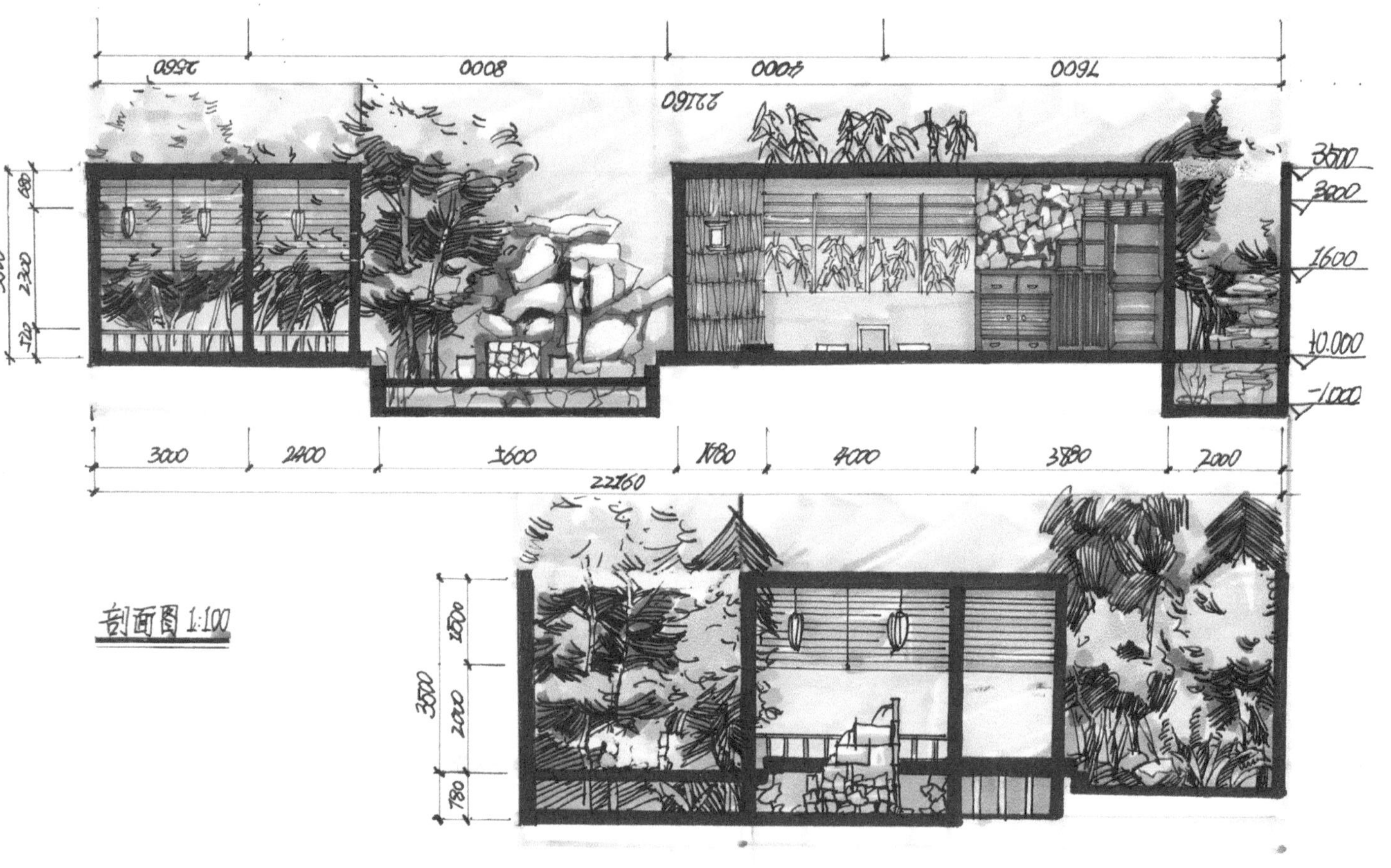

图6-29　茶室空间剖面图设计手绘表达

· 范例评析：S 学姐（清华美院博士）

图6-29是茶室空间剖面图设计，竖向设计的细节与空间运用的材质非常丰富，木纹、地板、石材、方砖、大理石等铺装都刻画得清晰准确，材质的表现将亲临自然、惬意的茶室氛围空间充分营造出来，空间的高差错落、内外关系也得到充分的表现，整个剖面图的视觉效果强烈，完整度很高。上色过满过杂是画面中存在的问题，适量的空白可以增加画面的对比度，同时突出主次关系；远处的植被可以简化处理，突出室内空间的细节，节省绘制时间和难度；剖面图的标注应更加规范。

Chapter 07 室内快题手绘线稿范例与快题绘制的一般步骤和方法

室内快题手绘线稿的重要性

快题设计中的线稿手绘是绘制过程中重要一步，线稿手绘决定了整张快题的版式布局、位置、大小关系，线条的疏密组织，以及分析图、平面图、剖面图和立面图、效果图的细节内容，在快题中所占比重很大，所谓七分线稿三分颜色，便是这个道理。良好的线稿手绘本身就具有表现力和观赏性，快题考试为了视觉效果强烈，适当的上色能够更加全面直观展示设计方案的意图和效果，优秀的线稿能够为后期上色减少大量工作，减少颜色的反复叠加和修改，即使是简单的平涂颜色也会带来很好的视觉效果。

快题中的线稿手绘要满足制图基础规范，尺寸标注清晰、线型使用得当，线条肯定流畅、表现有力，疏密有致、黑白灰富有节奏变化等基本标准。在快题手绘练习过程中，要拿出大部分时间和精力用于线稿手绘的练习，手绘线稿不达标不要急于上颜色。

正确的快题绘制步骤是关键

快题绘制的正确步骤就是快题提高的有效方法，正确合理的绘制步骤能够养成良好的绘图习惯，以便提升快题手绘的速度和效率，这对于考研的学生而言，至关重要。快题考试的时间、具体要求因学校而异，整体而言，快题的绘制步骤可以分为以下五个大的步骤：第一步，方案设计阶段，用草图的形式在最短的时间内完成题目要求的初步设计；第二步，铅笔起稿阶段，用铅笔在纸上确定各部分图纸的位置布局、大小以及轮廓关系、结构关系；第三步，线稿阶段，用墨线画出快题中各部分内容的墨线稿，为下一步上颜色做好准备；第四步，上色阶段，在良好线稿的基础上，用马克笔进行适当上色，表现出物体的体积关系、材质色彩关系、光影效果等；第五步，调整阶段，根据画面调整黑白灰关系，增加重色，活跃画面的颜色，丰富完善细节。

茶室空间室内快题设计线稿手绘如图7-1所示。

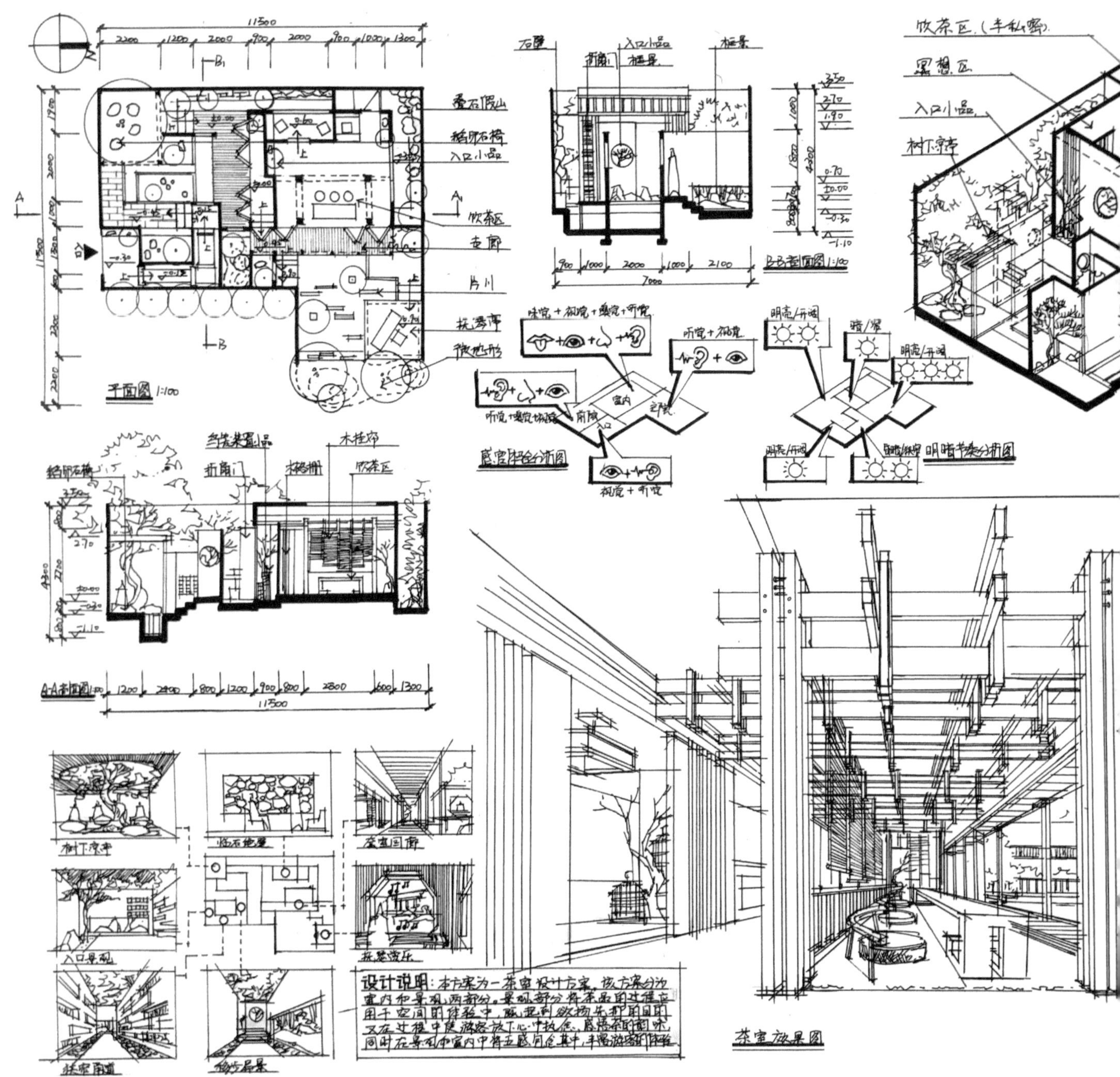

图7-1　茶室空间室内快题设计线稿手绘

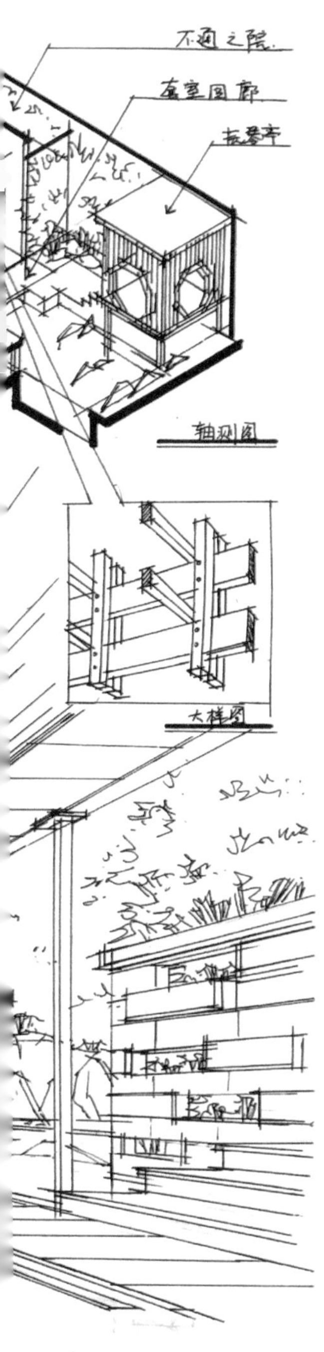

· 快题设计题目要求：茶室空间室内设计
（清华美院环艺 2015 年考研初试真题）

· 案例评析：S 学长（清华美院博士）

图7-1所示快题设计线稿为茶室空间设计，从线稿可以看出该作品的作者对钢架结构的了解比较充分，钢结构的搭接，给人一种非常稳定的感觉，同时又增加了设计的现代感。整个方案设计的线稿非常完整、丰富，细节交代得都具体清晰，但过于细致的线稿所花费的时间较多，可以选择概括性的黑白灰关系处理，同时也会大量节省上色的思考时间。在构图排版上，中规中矩但有所创新，制图规范清晰，总体来说是比较完整、成功的设计线稿。

· 案例评析：Y 学长（清华美院硕士）

本张快题设计线稿为茶室空间设计，线稿细致、完整，制图严谨规范，对结构的绘制清晰，整体方案构思展示得非常全面，单从线稿就可以基本了解方案设计思路；每个分析图的黑白关系明确，疏密有序，但相比之下效果图的视觉效果较弱，可以通过后期颜色的绘制再次强调主次关系。

· 案例评析：Z 学姐（北京理工大学硕士）

该方案的风格是新中式与工业风的结合，空间结构丰富，布局合理，方案的绘制非常细致，完整度极高。效果图的绘制整齐，后期颜色的绘制可以更加细化，但整体需要长时间的练习才能在规定时间内达到较高的完整度。多种风格结合的构思可以学习和借鉴。

7.1

室内快题手绘线稿范例及评析

室内快题设计手绘线稿是后期马克笔上色的基础，对于整张快题来说，良好的线稿基础便成功了一半，甚至所占比重更大，七分线稿三分颜色，可见线稿手绘对于快题设计的重要性。优秀的线稿手绘要求制图标准规范、线条肯定流畅、线型区分明确、疏密有致、画面干净整洁、视觉效果强烈。因此，对于初学者而言，不要急于上颜色，线稿手绘必须达到基本要求和标准。

几种空间室内快题设计线稿手绘如图7-2~图7-5所示。

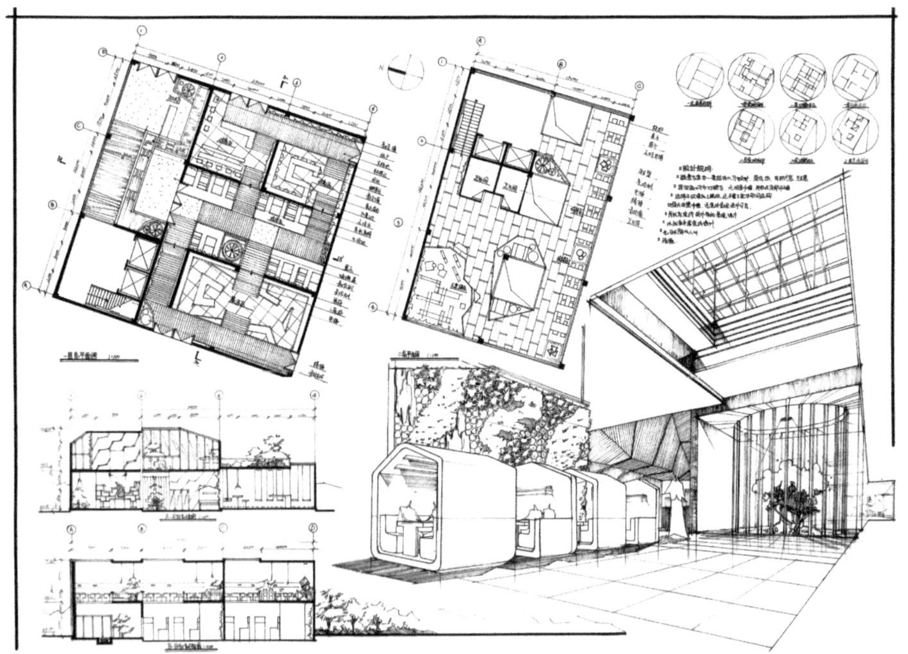

图7-2　公共空间室内快题设计线稿手绘

· 快题设计题目要求：
接待大厅快题设计
· 案例评析：
S 学长（清华美院博士）

如图7-2所示快题设计线稿为公共空间设计，制图细致，空间结构表达明确，适量的空白加强了黑白灰的对比度。需要注意的是构图有些零散，联系感弱，可以增加一些元素进行调整。

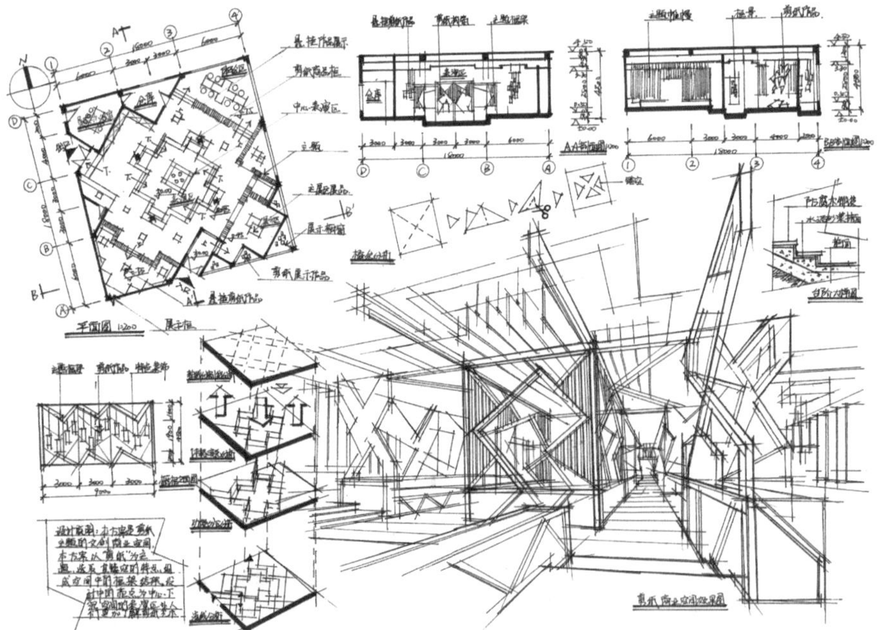

图7-3　商业空间室内快题设计线稿手绘

· 快题设计题目要求：
文创空间快题设计
· 案例评析：
Y 学姐（中央美院硕士）

如图7-3所示快题设计线稿为商业空间设计，方案表达完整，用线有力，但线型穿插有些草率，效果图的空间关系交代不够明确，排版上也有些散乱，可通过后期上色调整画面视觉效果。

· 快题设计题目要求：
接待大厅快题设计

· 案例评析：
Y 学长（清华美院硕士）

如图7-4所示快题设计的线稿排版整洁有序，方案设计得表达完整、清晰，线稿细节丰富，空间延伸感到位，主次分明，是比较优秀的设计线稿，从制图到排版都适合初学者的借鉴学习。

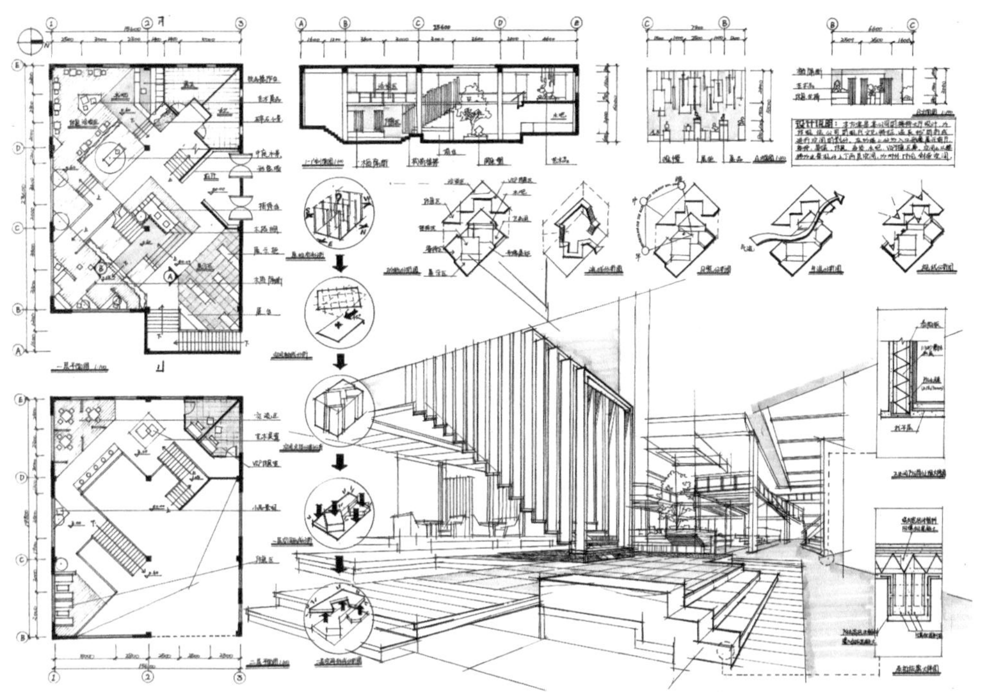

图7-4　公共空间室内快题设计线稿手绘

· 快题设计题目要求：
设计师自宅快题设计

· 案例评析：
Z 学姐（清华美院博士）

如图7-5所示快题设计线稿整体制图规范，画面整洁，空间关系交代的合理准确；平立面的绘制非常清晰，但在画面中占的面积较大，使效果图周围显得拥挤，张力较弱，上色时需将重点放在主效果图上。

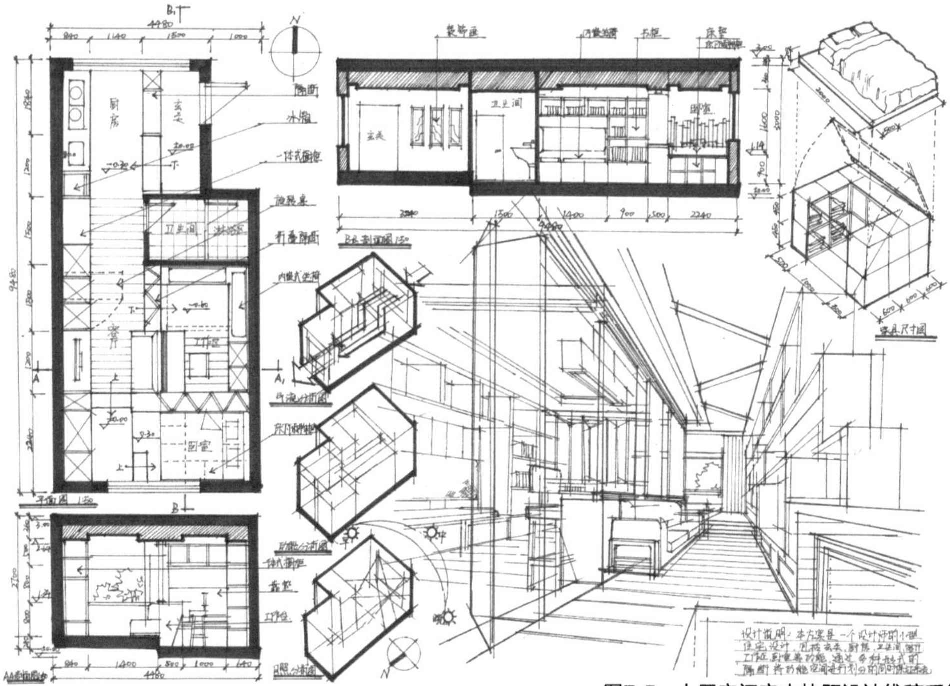

图7-5　人居空间室内快题设计线稿手绘

展示空间室内快题设计线稿手绘如图7-6所示。

·快题设计题目要求：售楼处展示空间设计（设计实践项目选题）

·案例评析：S 学长（清华美院博士）

图7-6为展示空间设计线稿，该方案空间功能划分清晰，主次分明，动线流畅。空间中所需的洽谈、展示的空间功能较多，方案充分考虑到了空间需求，功能布局合理。但在主体物的细节刻画上稍有不足，可通过后期颜色的绘制对材质进行表现。整体制图规范，标注合理规范，无论是方案设计还是手绘表达，都值得借鉴学习。

·案例评析：Z 学姐（清华美院博士）

本快题设计线稿为展示空间设计，排版布局比较常规，但主次分明，用线准确。效果图采用两点透视，空间得到解放，展示空间的高阔尺度得以展现，可以在画面中增加适量的明暗关系，简单处理效果图的黑白灰，为后期上色节省更多的思考时间。整体用线准确，线型使用得当，制图规范清晰。

·案例评析：Y 学长（清华美院硕士）

空间采用两点透视进行绘制，比较自由、活泼。立方体的悬挂设计增强了空间的秩序感，同时空间层次上升。主题元素表现得直观易懂，立面设计细节饱满，但主体物的刻画缺少细节，可增加虚实结合的纹理，丰富细节设计。效果图张力十足，平面图制图规范合理，空间动线流畅，立面图细节丰富，值得借鉴。

·案例评析：W 学长（中央美院硕士）

这是一个相对规范的快题设计线稿，从排版设计到制图都严谨、清晰，作者对于空间透视、尺度的把握非常到位，主题元素的应用也比较直观。考虑到方案展示的完整度，可以继续深入效果图主体物的细节刻画，在展台、装置上增加细节功能的体现，同时在排版中适当添加相应的功能展示分析。

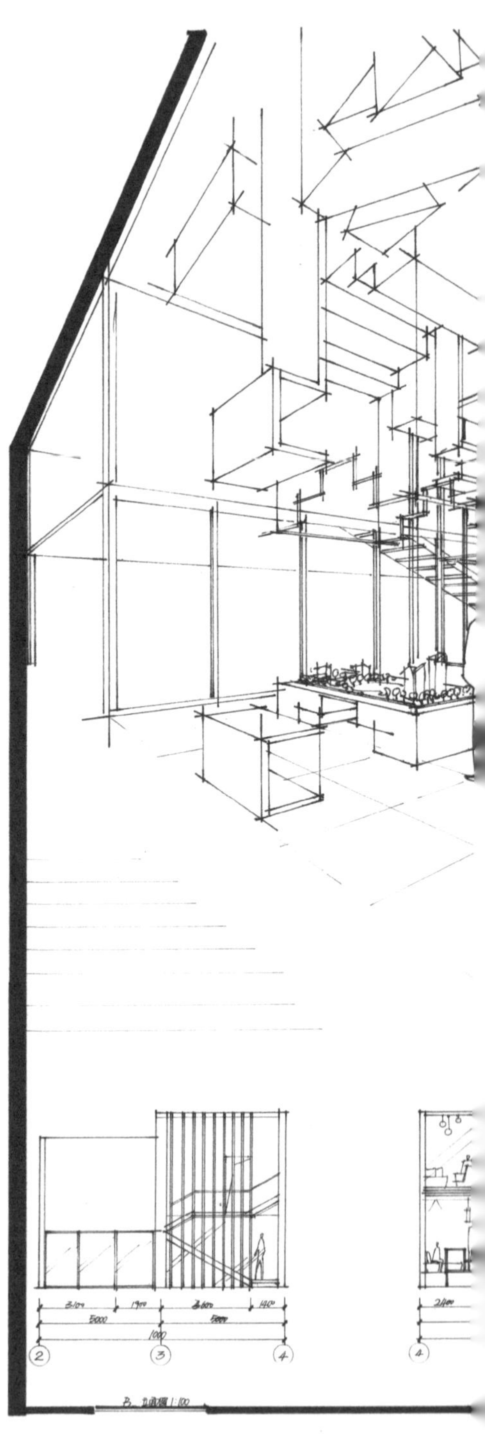

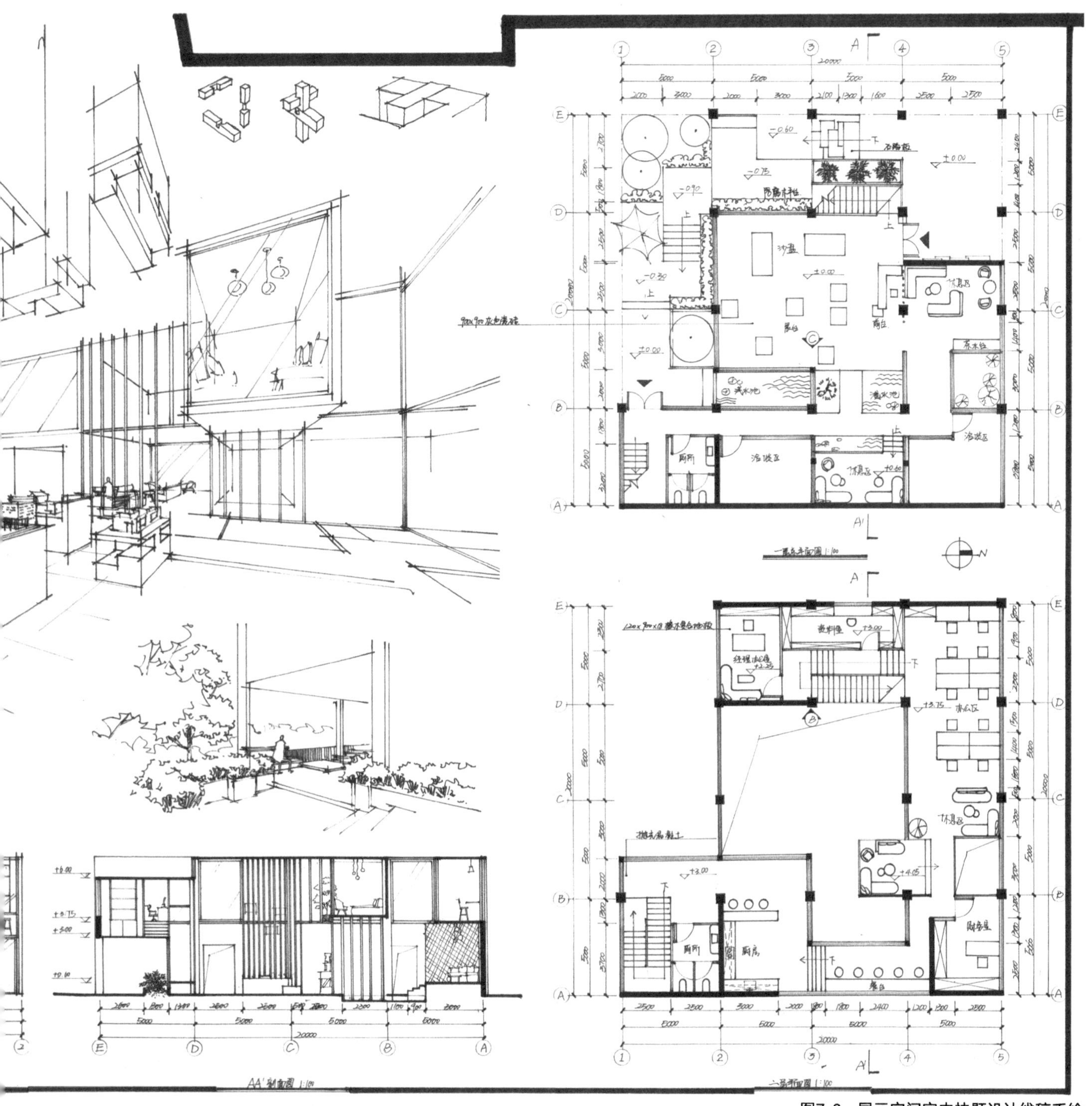

图7-6　展示空间室内快题设计线稿手绘

几种空间室内快题设计线稿手绘如图7-7~图7-10所示。

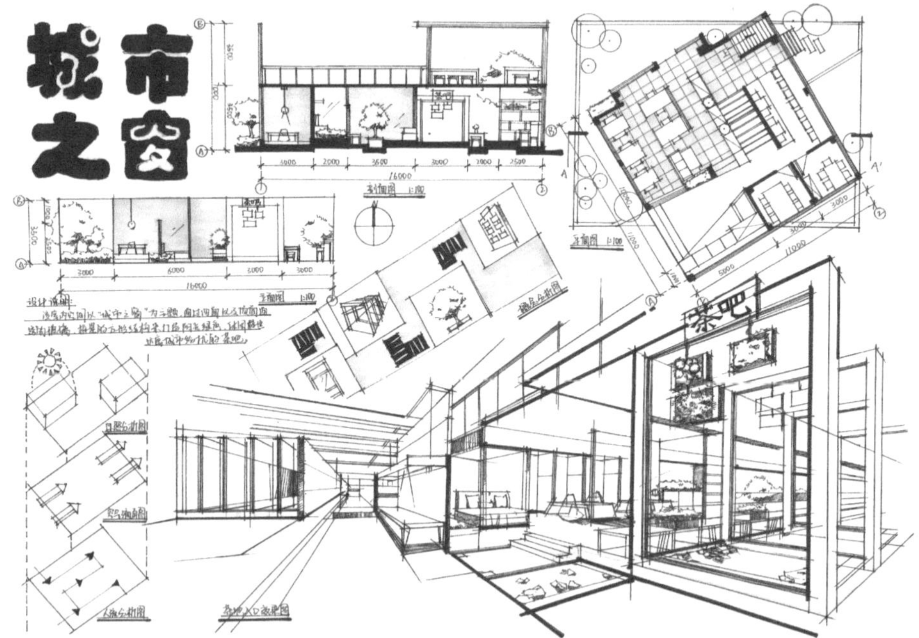

图7-7 简餐空间（茶吧）室内快题设计线稿手绘

· 快题设计题目要求：
茶吧室内快题设计
· 案例评析：
Y 学姐（中央美院硕士）

线稿效果图采用两点透视，画面富有张力，隔断廊道设计增加了空间的延伸感，是很好的设计构思。立面绘制有些草率，应加入更多细节设计，使方案整体画面更精致。

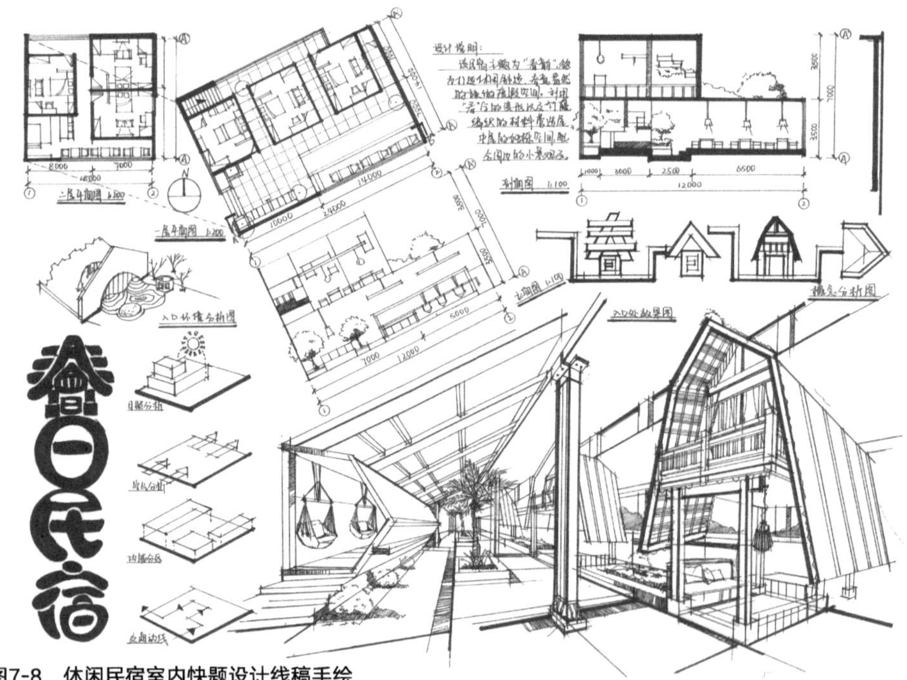

图7-8 休闲民宿室内快题设计线稿手绘

· 快题设计题目要求：
民宿空间快题设计
· 案例评析：
S 学姐（中央美院硕士）

本快题设计线稿的排版在规矩中有所创新，字体设计新颖，方案内容的展现基本完整，主体物细节丰富，但整体用线有些生硬，尽量减少实黑线的应用，制图也需更加规范。

· 快题设计题目要求：
咖啡厅室内快题设计

· 案例评析：

L 学姐（中央美院硕士）

本快题设计线稿的细节表现非常丰富，方案展示的具体详细，但需注意方案构图时的疏密关系，避免信息过满过密，可通过后期上色强调信息的主次关系。空间透视还需多加练习。

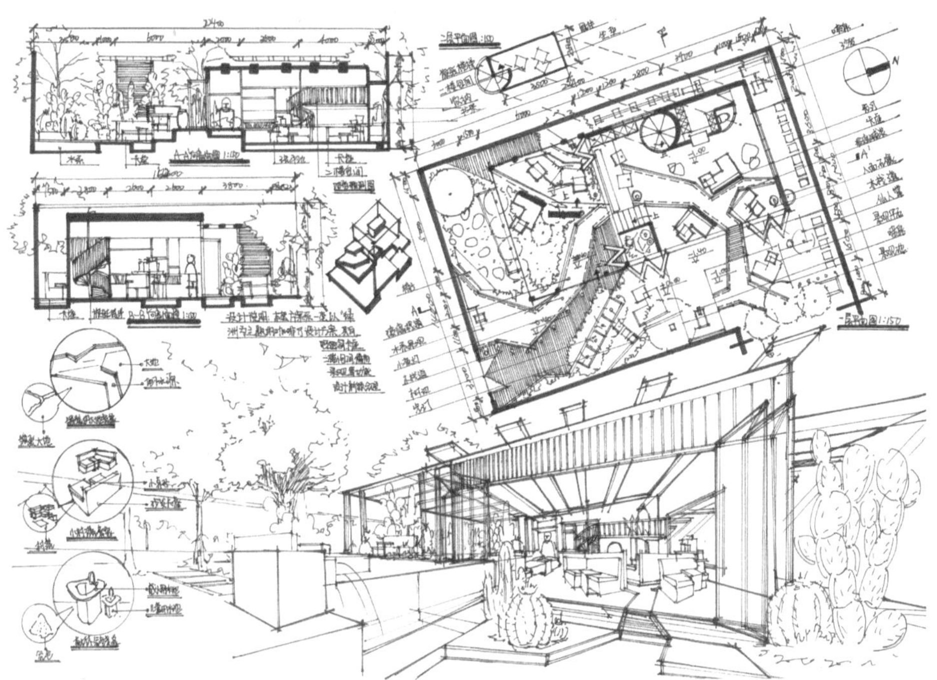

图7-9　简餐空间（咖啡厅）室内快题设计线稿手绘

· 快题设计题目要求：
连廊空间快题设计

· 案例评析：

Z 学姐（清华美院硕士）

本快题设计采用低视点的两点构图，空间张力大、延伸感强，画面视觉效果强烈，将方案的优势巧妙的展示出来，结构穿插的分析让方案更加完善。整体线稿构图合理，主次分明。

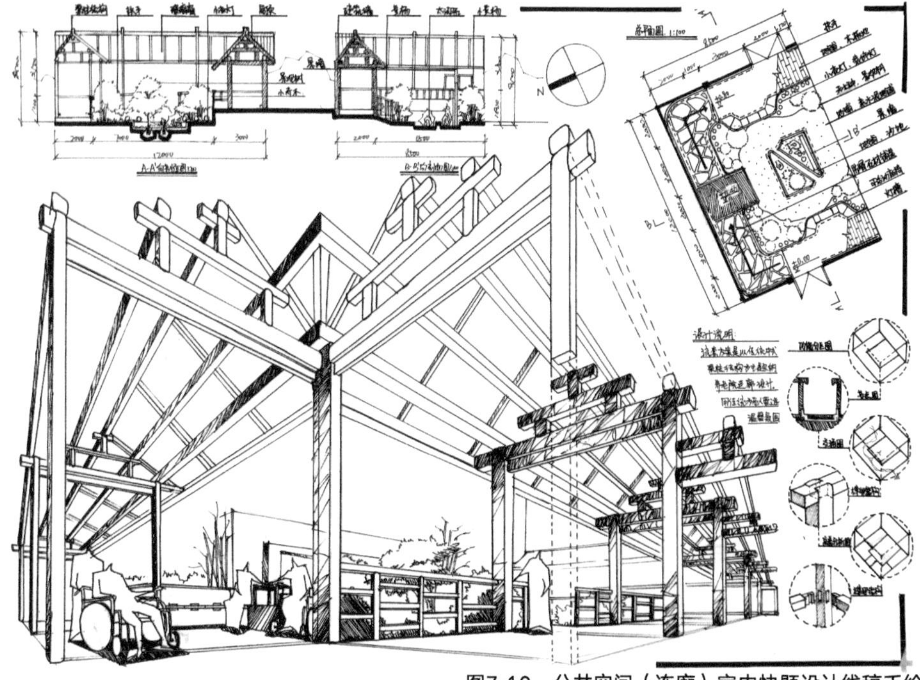

图7-10　公共空间（连廊）室内快题设计线稿手绘

茶饮空间室内快题设计线稿手绘如图7-11所示。

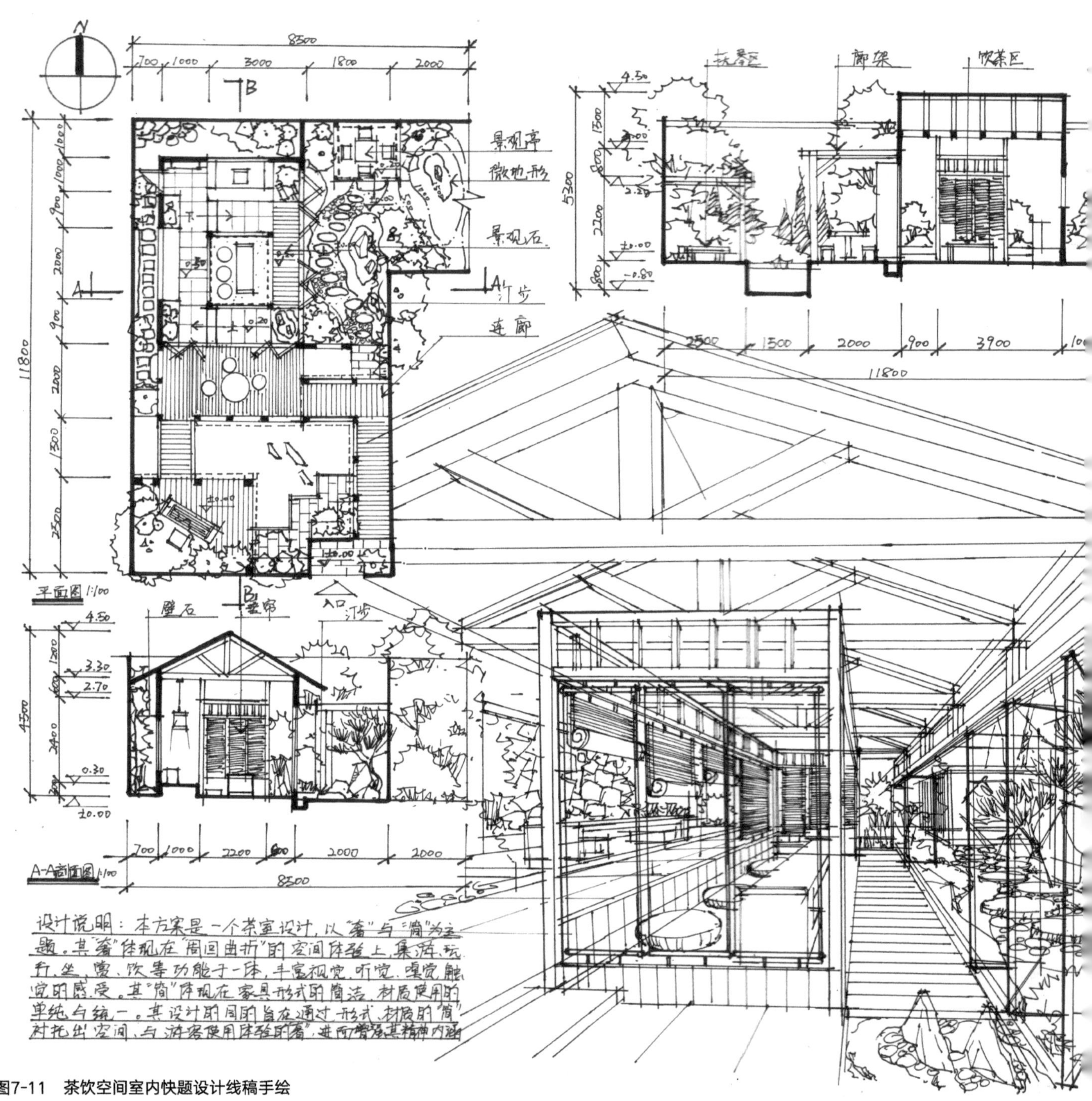

图7-11　茶饮空间室内快题设计线稿手绘

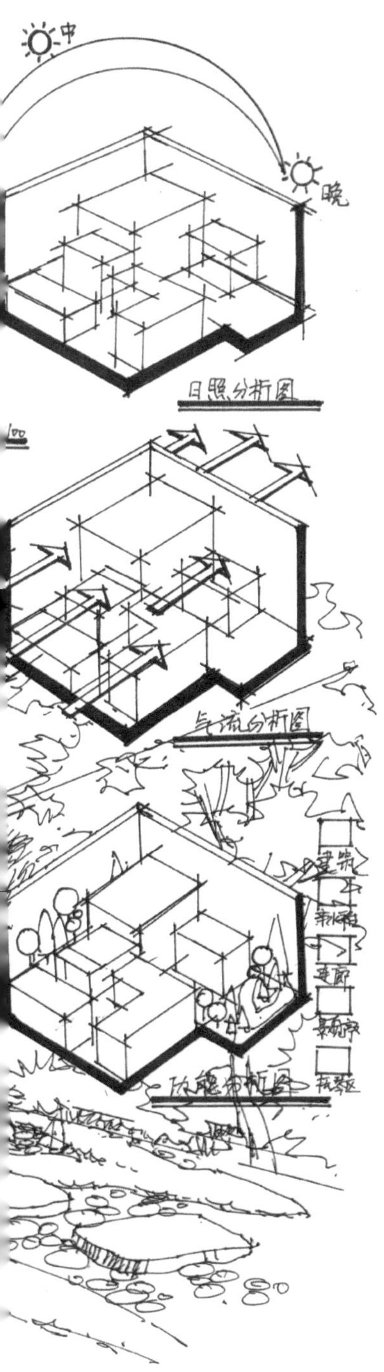

· 快题设计题目要求：茶室空间室内设计（清华美院环艺 2015 年考研初试真题）

· 案例评析：S 学长（清华美院博士）

在“茶吧”主题的设计中，多数方案会在空间中结合大量的景观设计，以突显茶室的空间氛围，因此景观布局的设计就非常重要了，但设计的主体还是基于空间结构的思考，切勿让环境细节在室内设计中抢了重点，注意植被在空间中的合理搭配，适当的环境设计才能起到衬托空间氛围、强化视觉效果的作用。这是本快题设计需要注意的问题。

· 案例评析：H 学姐（清华美院博士）

本快题设计线稿为茶饮空间设计，设计细节丰富，空间结构表达明确。但注意在排版构图时，不要让画面过多叠加，效果图的张力会被削弱，同时画面会由于满密而导致信息冗余，画面效果适得其反。在主次关系的处理上，周围环境细节可以更加概括，突出空间主体。效果图主体物的前方应留出更多的空间，可以增加空间的延伸感。

· 案例评析：L 学长（清华美院博士）

一个规范的快题设计线稿取决于方案信息展示的准确性、排版构图的合理性以及制图的规范性，有序工整的画面才会激起阅读下去的欲望。本快题在整体方案的疏密关系处理上稍有不足，环境细节过多，在绘制中会花费不必要的时间，但在平立面的绘制中，细节设计丰富，方案构思展示全面，在后期的上色中要注意主次关系的调整。

· 案例评析：L 学姐（北京林业大学硕士）

本快题设计线稿的信息量丰富，平、立面图标注规范、细致，分析图将空间的功能状态展示得更加全面。整体用线工整，但图案间需要留有适当的距离，注意排版的疏密关系，紧密连接的关系会使效果图有遮盖感，影响画面视觉效果。

几种空间室内快题设计线稿手绘如图7-12~图7-15所示。

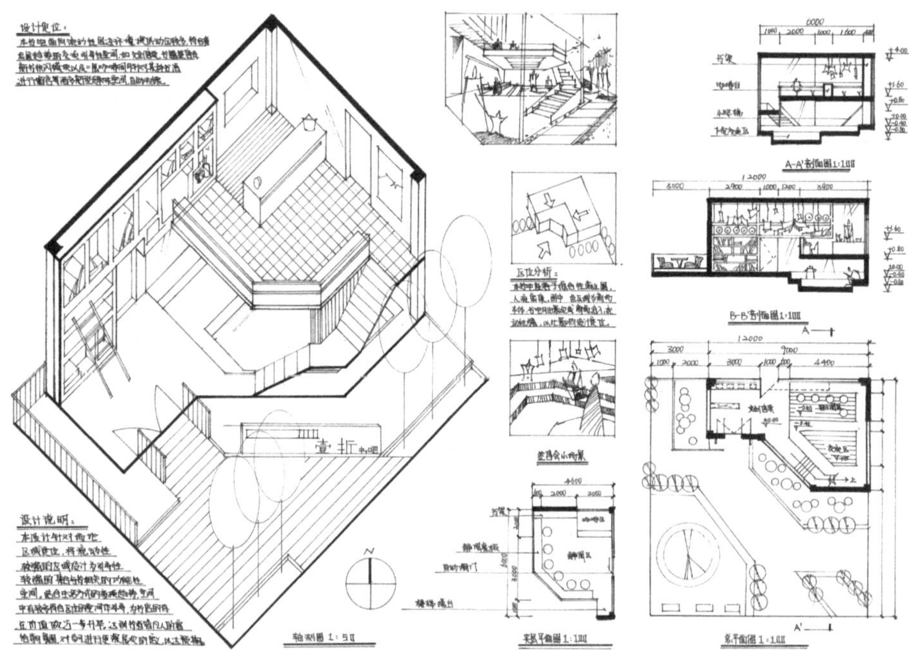

图7-12　阅读空间室内快题设计线稿手绘

· 快题设计题目要求：
书吧室内快题设计

· 案例评析：
S 学长（清华美院博士）

图7-12所示快题设计线稿为阅读空间设计，效果图采用轴测图，空间信息交代明确，画面效果较强，线稿可增加适量的黑白灰关系。不过平面图的绘制细节过少，整体绘制需更加规范。

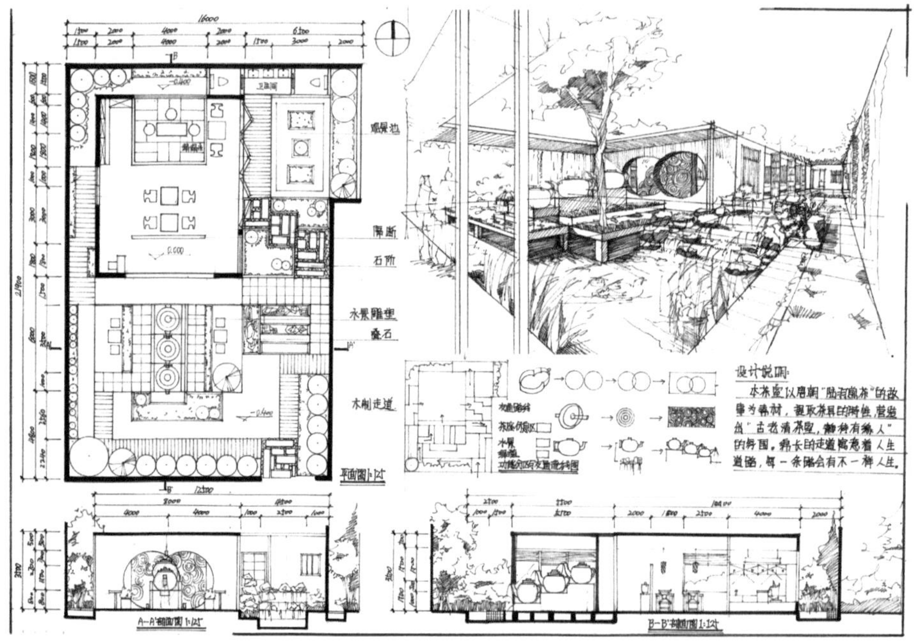

图7-13　茶室空间室内快题设计线稿手绘

· 快题设计题目要求：
茶室空间快题设计

· 案例评析：
L 学长（清华美院博士）

图7-13所示快题设计的线稿绘制得非常精细，效果图的黑白灰关系明确，已经是完整的线性效果图了，可见作者的表现技法熟练，但过于完整的线稿反而会花费过多的时间，需适当概括。

· 快题设计题目要求：
茶室室内快题设计

· 案例评析：

Z 学姐（清华美院博士）

图7-14所示茶室空间设计的线稿完整，整体制图规范，用线轻松，空间透视把握准确，排版构图工整舒适。空间的明暗关系明确，减少了上色的思考时间。效果图布局面积较小，需适当调整。

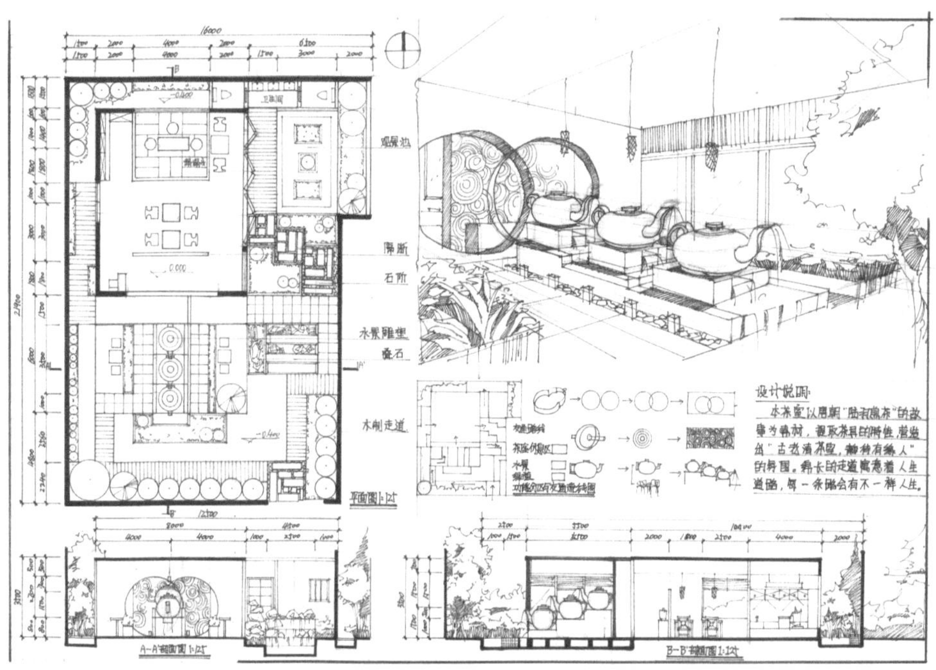

图7-14　茶室空间室内快题设计线稿手绘

· 快题设计题目要求：
办公空间快题设计

· 案例评析：

W 学姐（中央美院硕士）

图7-15所示方案的线稿明暗关系明确，主体物的细节丰富，但其位置有些遮挡视野，使空间延伸感较弱，可稍微挪动视角，扩大空间延伸范围，增强空间感。立面设计细节需更加丰富。

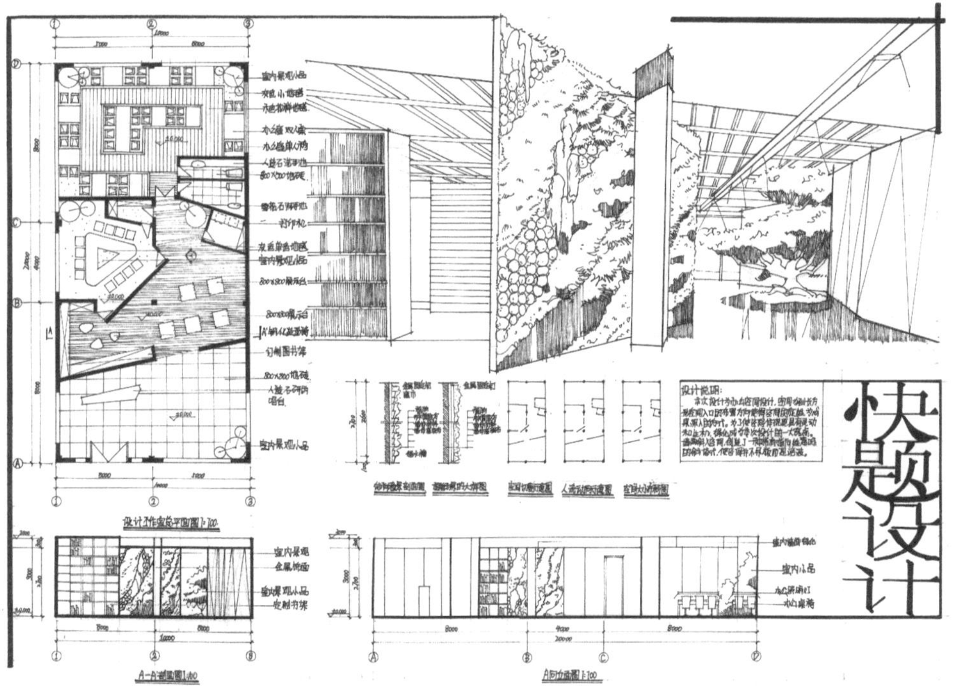

图7-15　办公空间室内快题设计线稿手绘

几种快题设计线稿手绘如图7-16~图7-18所示。

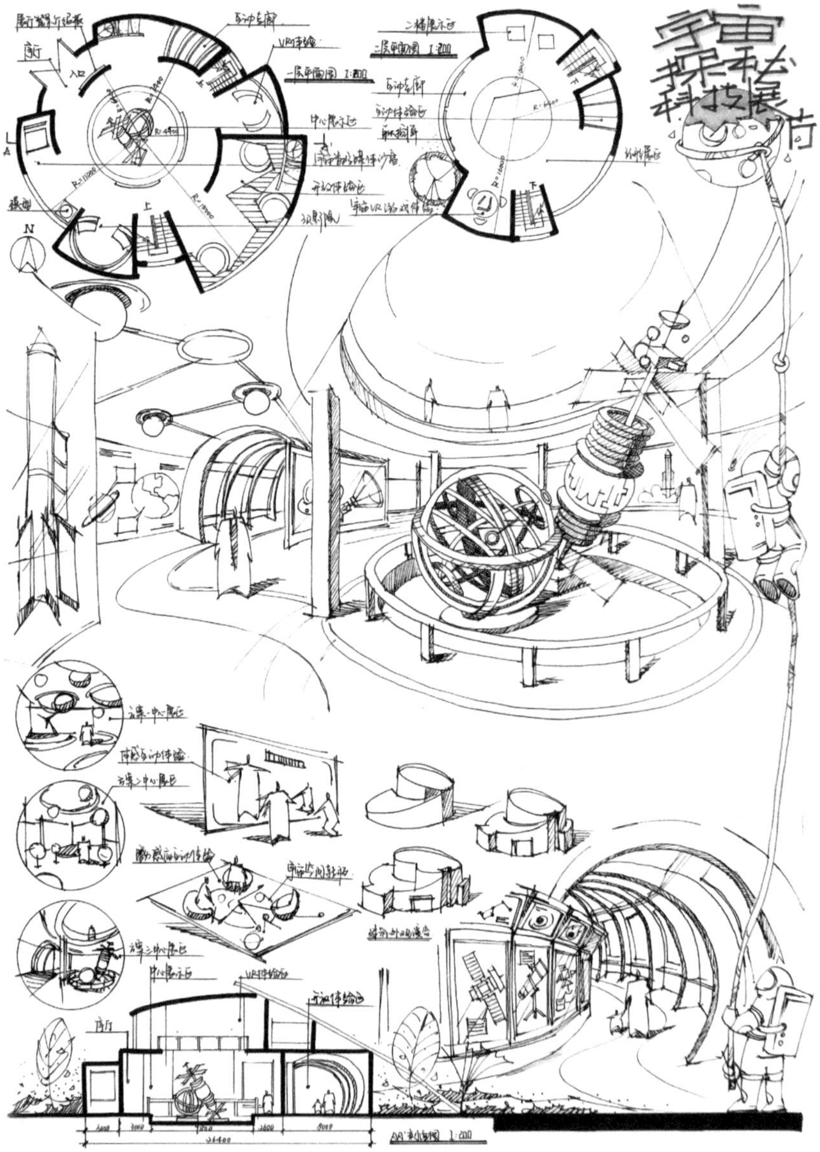

图7-16　展示空间室内快题设计线稿手绘

· 案例评析：

D 学姐（北京服装学院硕士）

图7-16所示快题的设计构思新颖，排版巧妙，信息展示连贯又丰富，细节刻画明确，曲线绘制流畅，是比较优秀的展示空间设计线稿，值得学习借鉴。

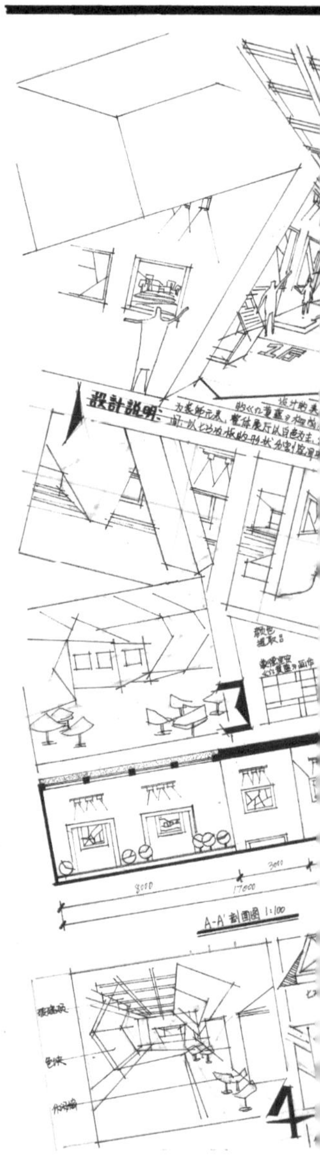

图7-17　展示空间室内快题设计线稿

· 案例评析：

Z 学姐（北京理工大学硕

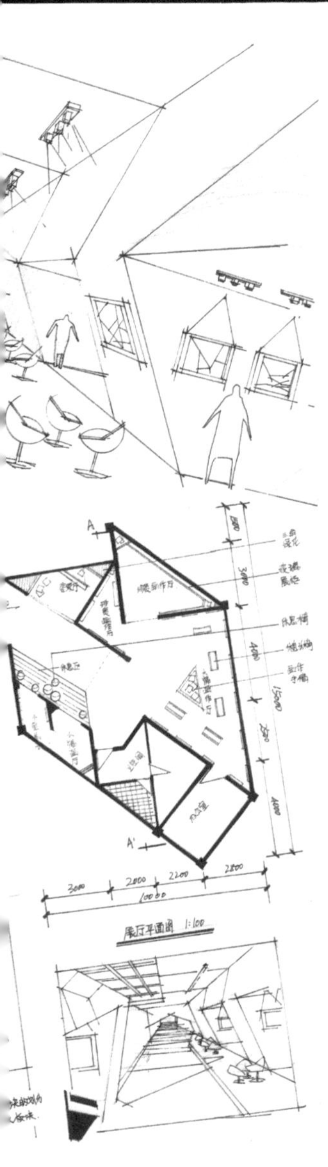

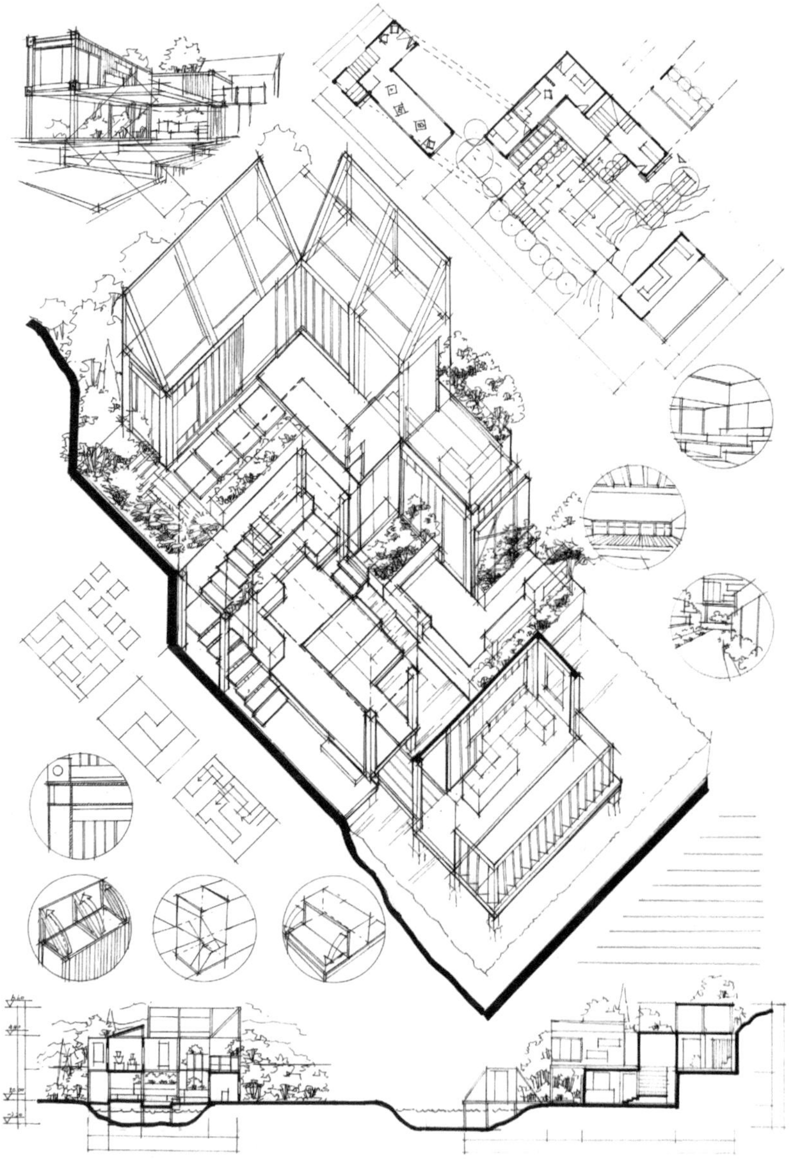

图7-18 人居空间室内快题设计线稿手绘

图7-17所示快题的构图比较独特，但线容的错位较频繁，与本身就是不规则图效果图、平面图产生冲撞，因此画面整得凌乱。制图也需更加规范。

· 案例评析：

L学姐（北京林业大学硕士）

图7-18所示方案采用轴测图绘制，画面张力十足，主次关系明确，制图规范、有力，空间层次感强，后期上色可更加明确空间主体关系，同时完善其他分析图。

·快题设计题目要求：接待大厅室内设计（设计实践项目选题）

·案例评析：S 学长（清华美院博士）

接待大厅属于面积较大的公共空间，宽敞明亮是其常有的空间氛围，该方案便抓住了这一特点进行设计。从平面图来看，空间的布局规划是颇有创意的，空间中的主体装置紧抓方案主题，功能划分在对称中有所变化，整个画面有序又有趣。在效果图上，作者用线放松，画面设计感很强。整体排版工整，主次分明，是个不错的设计线稿。

·案例评析：H 学姐（清华美院博士）

本快题设计线稿为公共空间设计，采用多点透视，空间得到解放，将公共空间宽敞透亮的环境充分展示出来，大广角的应用巧妙地体现了方案的优势亮点。主体雕塑的刻画明确，画面黑白灰处理清晰，为后期上色节省了思考时间。整体空间设计布局有序，条理清晰，效果图左侧的人物表达非常精到，虽轻描淡写但很显效果。

·案例评析：Y 学长（清华美院硕士）

方案在布局排版上活用板式，采用平铺的大广角构图，避免单调。尺寸标注清晰、线型使用得当，线条肯定流畅、表现有力。作者对空间结构、透视关系表现非常准确、细致，但疏密关系的处理略显均匀，可以在上色时进行空间的虚实处理，突出主体物的刻画，增加画面视觉效果。

·案例评析：K 学姐（北京服装学院硕士）

本快题设计线稿为公共空间设计，将景观大胆地引入室内，使画面生动鲜活，同时也衬托出了高阔的空间尺度。在排版布局上，整体线稿中规中矩，但疏密有序、完整清晰。线型的绘制严谨、有力，制图与标注规范。线稿的表现力已经做得非常到位了，加上合理的颜色绘制后画面会更具观赏性。

公共空间室内快题设计线稿手绘如图7-19所示。

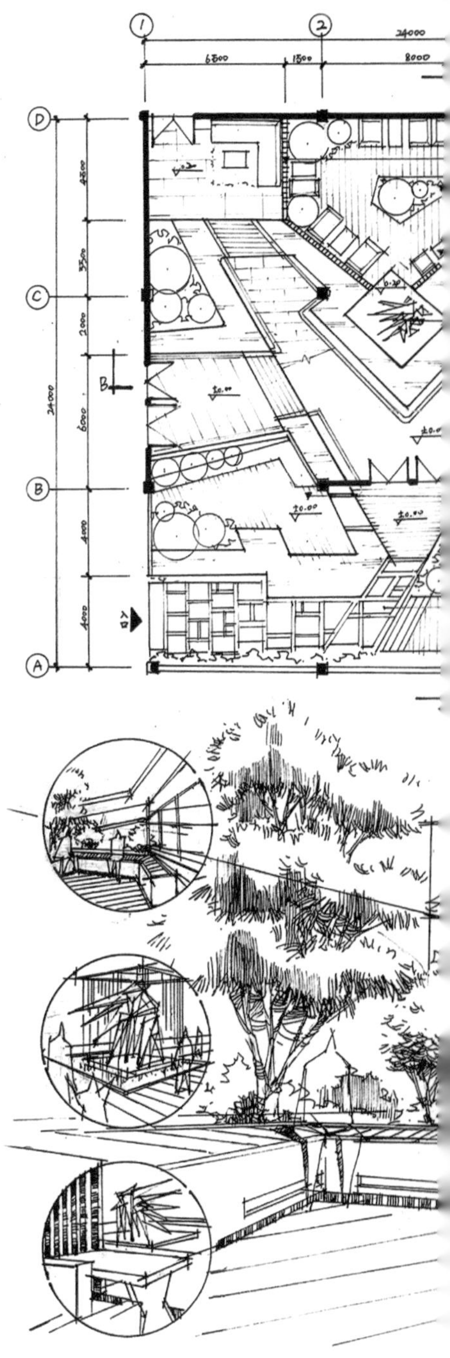

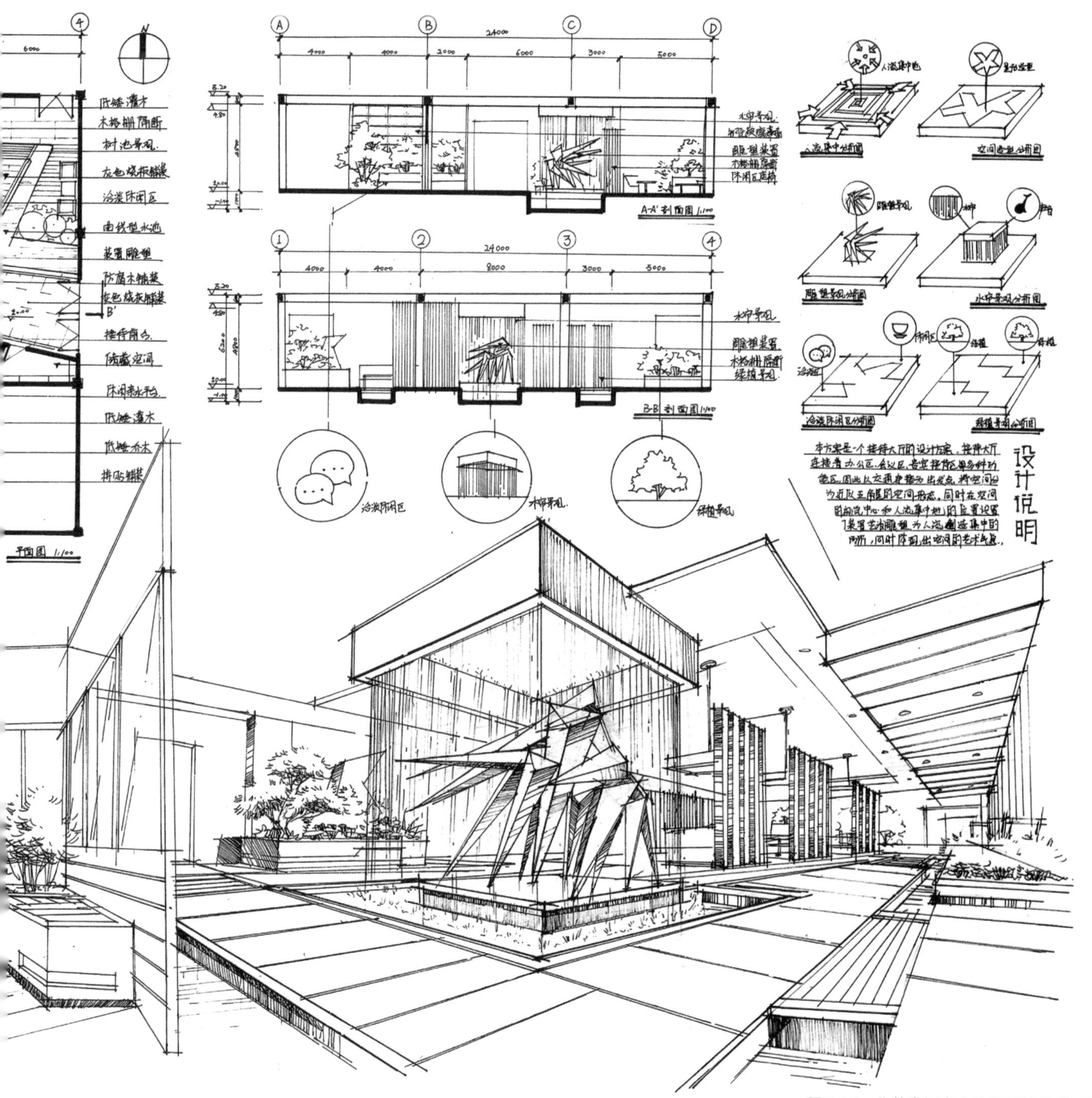

图7-19　公共空间室内快题设计线稿手绘

科普展示空间室内快题设计线稿手绘如图7-20~图7-23所示。

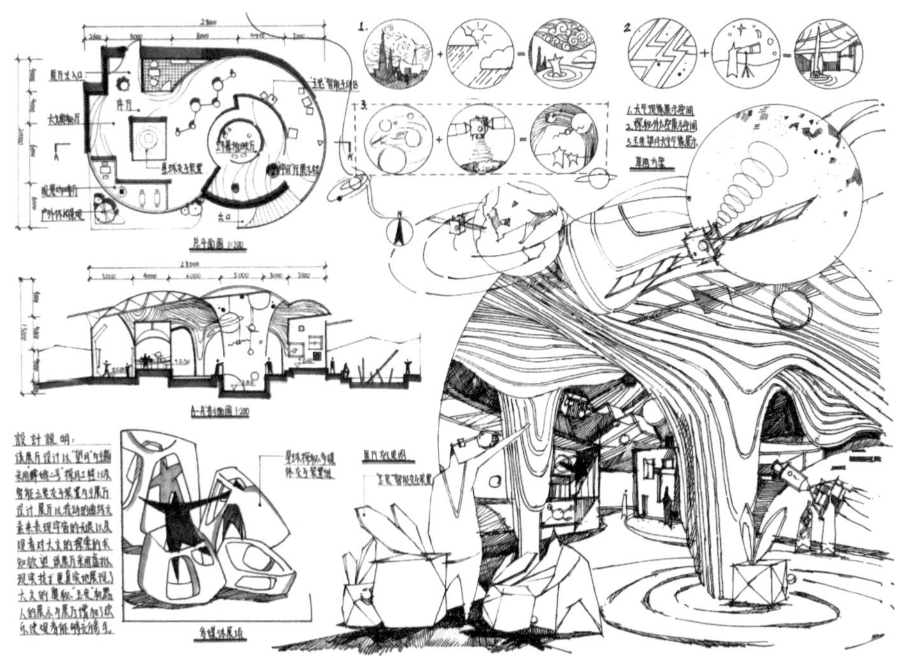

图7-20　科普展示空间室内快题设计线稿手绘（一）

· 快题设计题目要求：展示空间快题设计

· 案例评析：

M 学姐（清华美院硕士）

如图7-20所示快题设计作者的手绘表达能力很强，线稿从方案构图到空间结构的表达都新颖、清晰。主题元素的运用直观、切题，构图有破有立，画面效果十分的灵动轻松，值得学习借鉴。

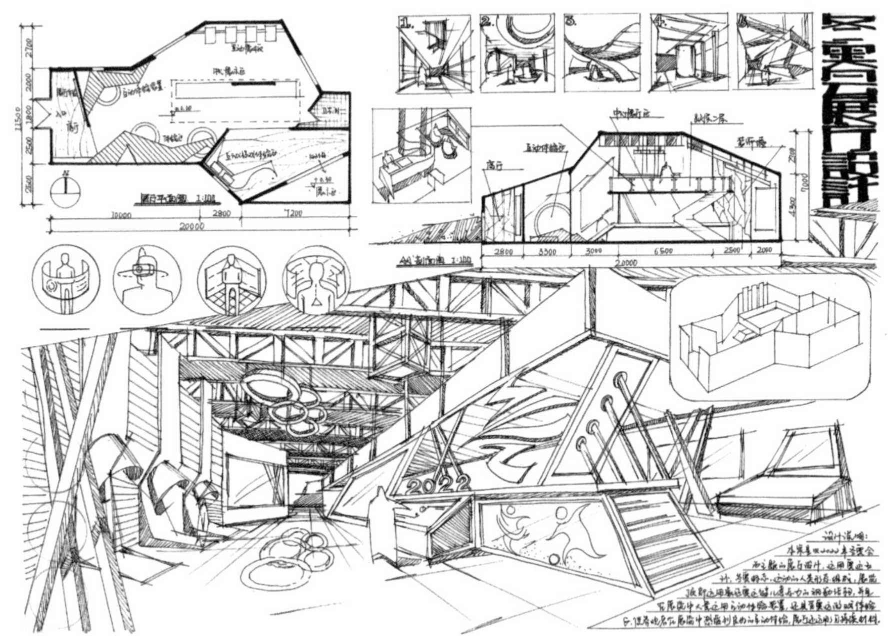

图7-21　科普展示空间室内快题设计线稿手绘（二）

· 快题设计题目要求：冬奥会展厅快题设计

· 案例评析：

H 学姐（清华美院硕士）

如图7-21所示快题设计线稿为冬奥会主题的展厅设计，制图规范清晰，展陈结构绘制明确，细节丰富，排版合理，画面的完整度较高；主题元素也可运用在空间形态、展陈形式等方面。

· **快题设计题目要求：**
展示空间快题设计
· 案例评析：
L 学长（清华美院硕士）

如图7-22所示效果图使用平铺画面的一点透视，解放了空间，增加了画面张力，适合方案亮点的表现，平面图的空间结构也非常新颖，构图中的线型设计与效果图的空间形成呼应，契合主题。

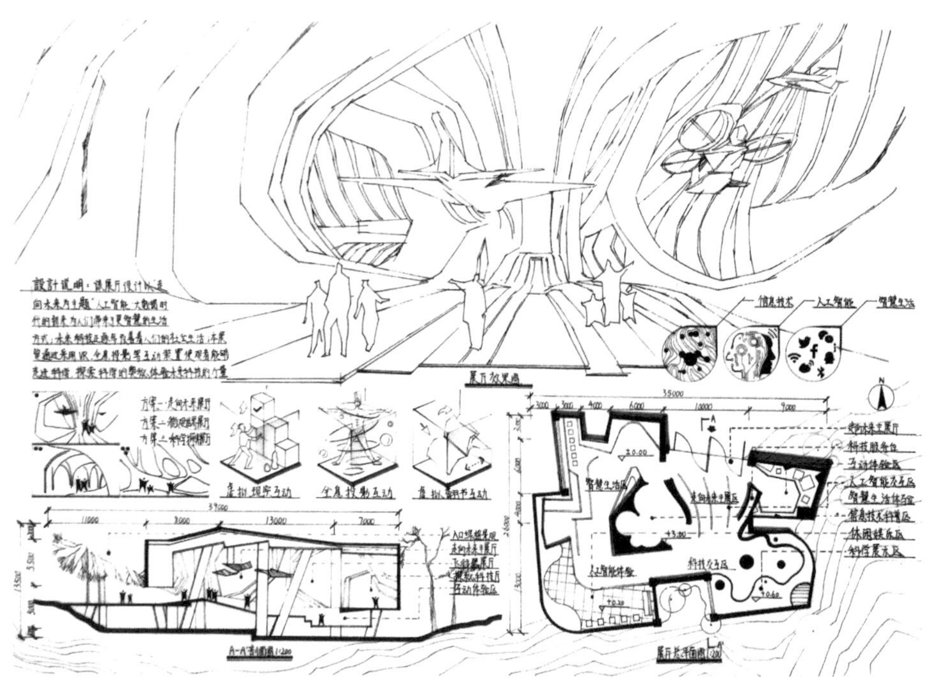

图7-22 科普展示空间室内快题设计线稿手绘（三）

· **快题设计题目要求：**
展示空间快题设计
· 案例评析：
Z 学长（清华美院硕士）

如图7-23所示展厅空间设计运用了难度较大的曲线造型，效果图结构很有张力，平面图设计流线清晰合理，曲线的绘制流畅、造型饱满，空间层次明确，但主效果图的布局面积较小，稍有不足。

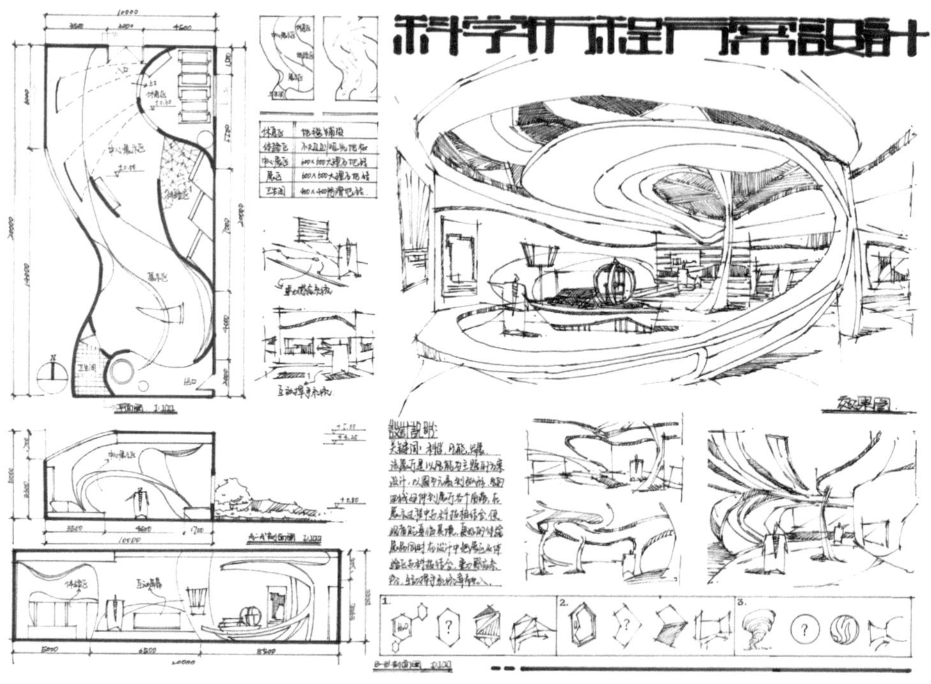

图7-23 科普展示空间室内快题设计线稿手绘（四）

展示空间室内快题设计线稿手绘如图7-24~图7-26所示。

图7-24　展示空间室内快题设计线稿手绘（五）

图7-25　展示空间室内快题设计线稿手绘

·案例评析：

L 学长（清华美院硕士）

图7-24所示快题方案在主题上表现准确清晰，元素演变合理，但在平面、立面的设计上缺少细节，展示形式的分析过少，没有突出设计方案的亮点，需再调整。

·案例评析：

W 学姐（清华美院硕

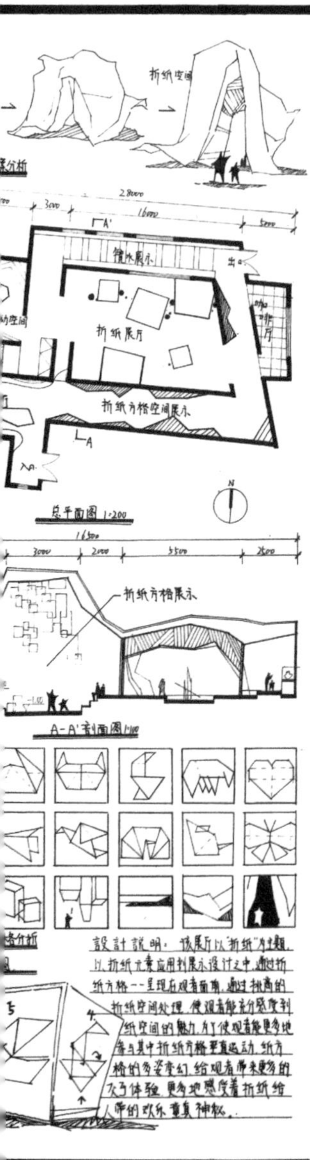

图7-25所示快题设计的排版构图大胆、新
且和谐有序，画面张力十足，视觉效果强
用线大胆，黑白灰处理明确，细节刻画充
是比较完整的设计线稿。

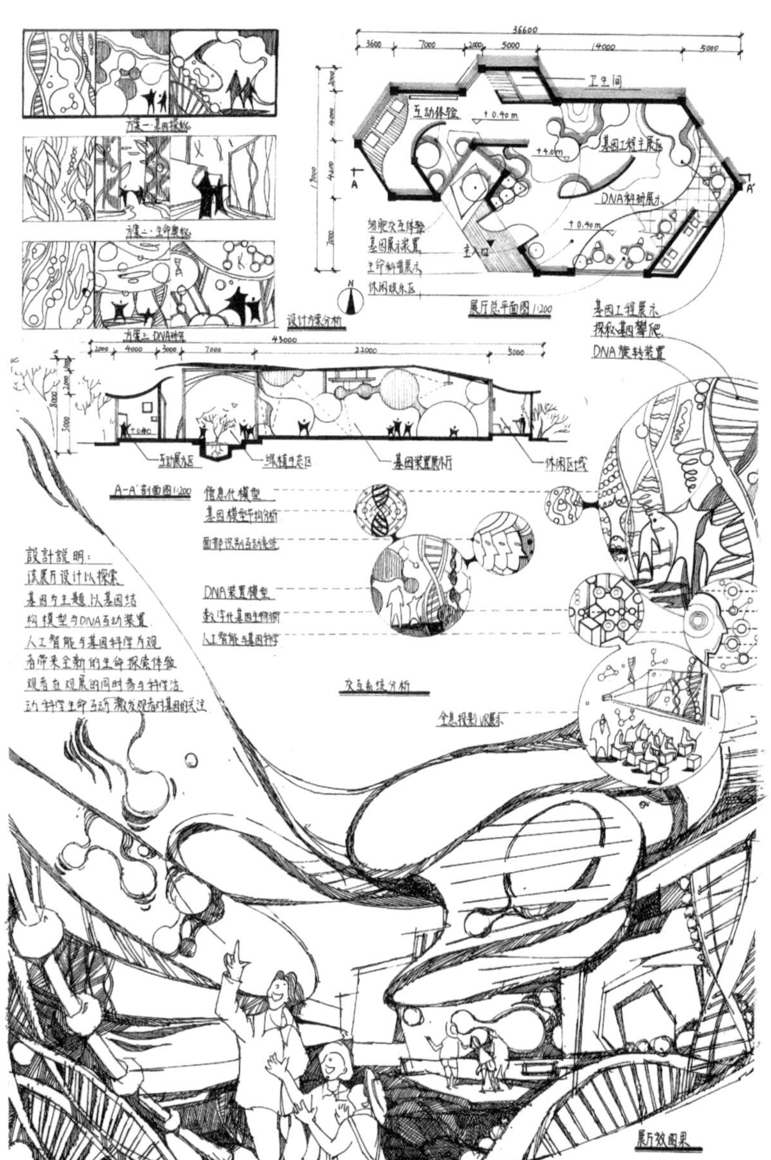

图7-26　展示空间室内快题设计线稿手绘（七）

· 案例评析：

Z 学姐（清华美院硕士）

图7-26所示方案的构图巧妙，画面的趣味性很强，从线稿便可以感受到空间的主题氛围，人物的绘制可以更加概括，把重点放在空间结构的表达上。

艺术之家室内快题设计线稿手绘如图7-27所示。

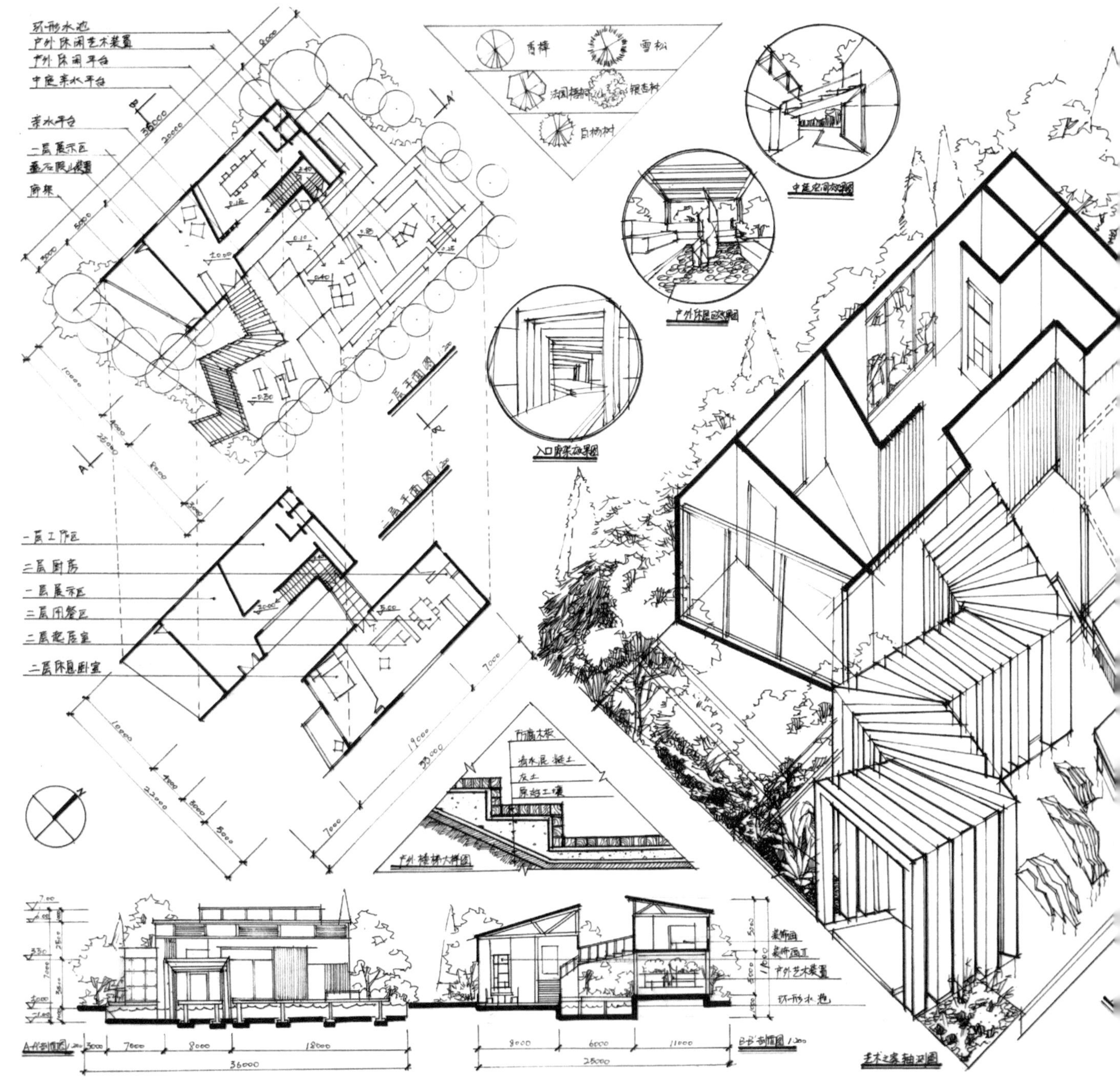

图7-27　艺术之家室内快题设计线稿手绘

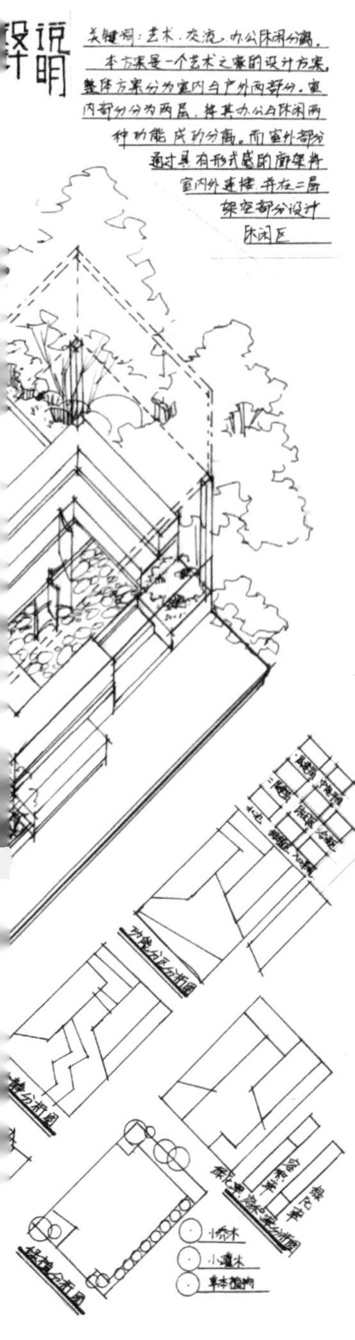

关键词：艺术.交流.办公休闲分离。
本方案是一个艺术之家的设计方案，
整体方案分为室内与户外两部分。室
内部分分为两层，将其办公与休闲两
种功能成功分离。而室外部分
通过具有形式感的廊架将
室内外连接 并在二层
架空部分设计
休闲区

・快题设计题目要求：艺术之家设计（设计实践项目选题）

・案例评析：S 学长（清华美院博士）

本快题设计线稿为艺术工作室设计，整张图从效果图层面另辟蹊径，从立意、排版、设计、制图、视觉效果这几个方面来说，是一张值得肯定的方案线稿。线稿手绘基本满足了制图基础规范，尺寸标注清晰、线型使用得当，线条肯定流畅、表现有力，疏密有致、黑白灰富有节奏变化。但同时要注意适当的取舍隔断墙面，露出重点内容。

・案例评析：H 学姐（清华美院博士）

本快题设计线稿制图规范，排版构图完整丰富，主次分明。效果图采用轴测图的形式表达，具有张力，空间结构关系也表达到位。入口的折形走廊增强了空间的节奏感，在空间的细节处理上较为详细。线稿的线型使用得当，用线严谨，本身就具有了充足的表现力和观赏性，为后期上色减少了大量工作，合理的用色后会使画面视觉效果更加强烈。

・优秀案例评析：Y 学长（清华美院硕士）

良好的线稿手绘本身就具有表现力和观赏性，该快题设计线稿的视觉效果强烈，适当的上色能够更加全面直观展示设计方案的意图和效果。但需注意轴测图中的空间尺寸是否合理，若增加些空间的明暗关系，则能够为后期上色减少大量工作，减少颜色的反复叠加和修改，即使是简单的平涂颜色也会带来很好的视觉效果。

・案例评析：W 学姐（中央美院硕士）

本快题线稿的用线有力，制图规范清晰，对空间透视把握准确，建筑外立面造型设计得错落有序。后期适当的上色能够更加全面直观地展示设计方案的意图和效果。主效果图的表现主要集中在室外景观，若在保留室外创意的同时在室内范围多加表现，会让方案更完整、更细致。

几种空间室内快题设计线稿手绘如图7-28~图7-31所示。

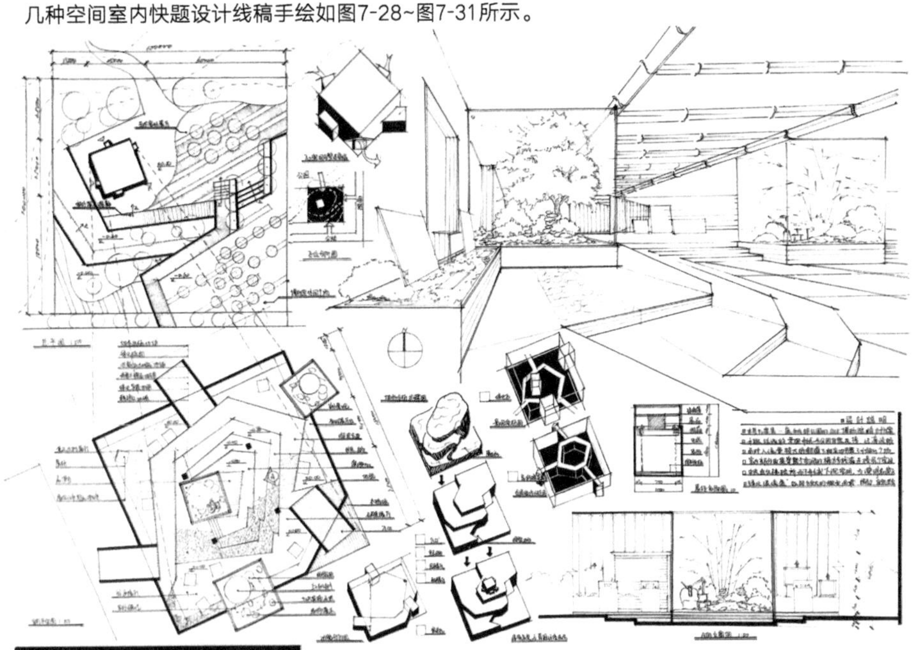

图7-28 展示空间（博物馆）室内快题设计线稿手绘

· 快题设计题目要求：博物馆展示快题设计

· 案例评析：

Z 学姐（清华美院博士）

如图7-28所示，室内设计快题表现要求在比较短的时间内用一系列专业的图示和文字的形式来表达，本快题布局巧妙，层次丰富。分析图是亮点特色，注意效果图表达要突出设计特色。

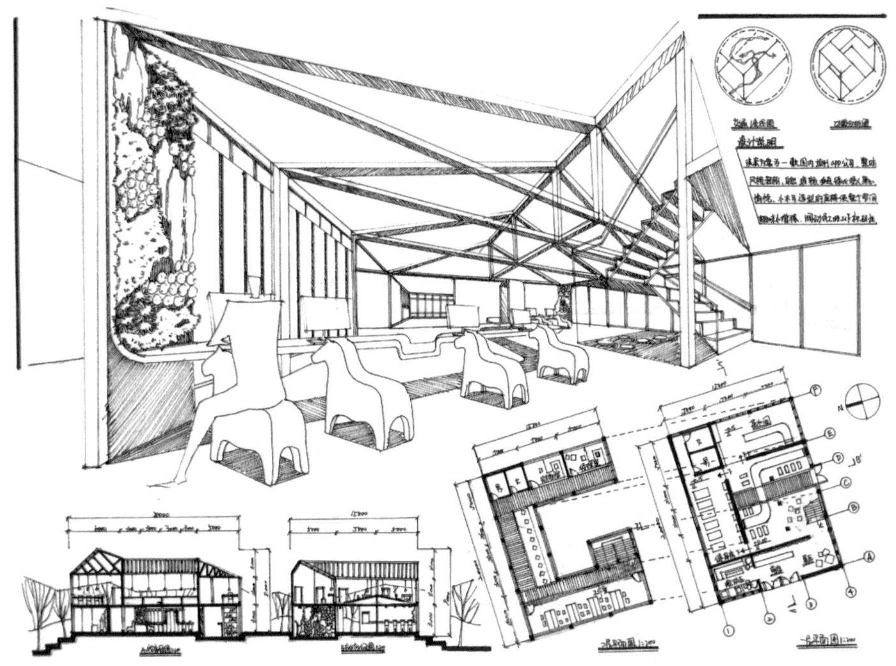

图7-29 办公空间室内快题设计线稿手绘

· 快题设计题目要求：办公空间快题设计

· 案例评析：

W 学姐（清华美院硕士）

图7-29所示快题设计线稿的黑白灰关系明确，为后期上色节省了大量思考时间；排版布局需适当调整，平面图在方案的展示中也是非常重要的，制图的尺寸关系不够合理，需更加规范。

· 快题设计题目要求：
售楼处室内快题设计

· 案例评析：

S 学长（清华美院博士）

图7-30所示快题设计的构思富有创新，大胆地将景观设计引入室内，使用大广角的效果图，有限的空间得到延伸，整体构图也比较饱满，制图严谨，用线放松，黑白灰关系清晰，值得学习。

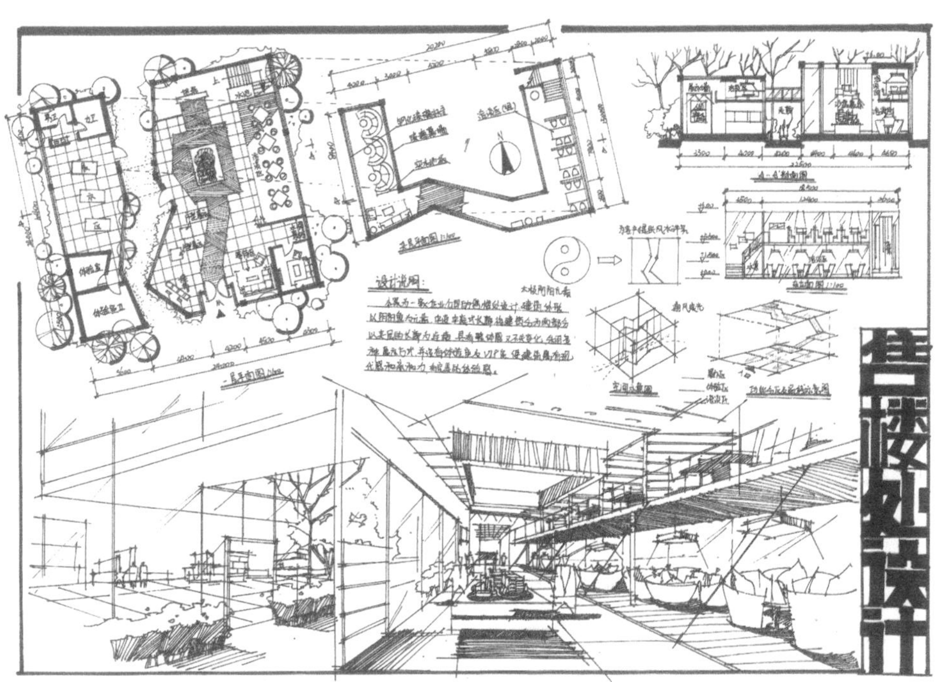

图7-30　展示空间（售楼处）室内快题设计线稿手绘

· 快题设计题目要求：
餐饮空间快题设计

· 案例评析：

Z 学姐（清华美院硕士）

图7-31所示快题为餐饮空间设计线稿，作者对空间及家具的结构、透视关系表现非常准确、细致，“平、立、剖”的绘制严谨规范，排版构图也非常巧妙，方与圆的结合对比舒适，是一个优秀的设计线稿。

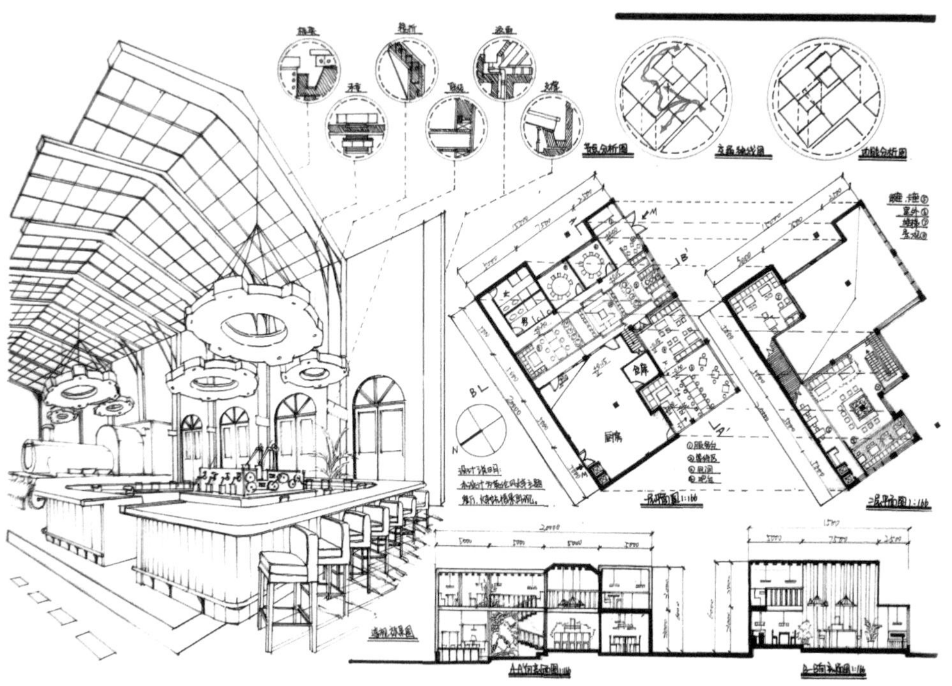

图7-31　餐饮空间室内快题设计线稿手绘

几种快题设计线稿手绘如图7-32~图7-34所示。

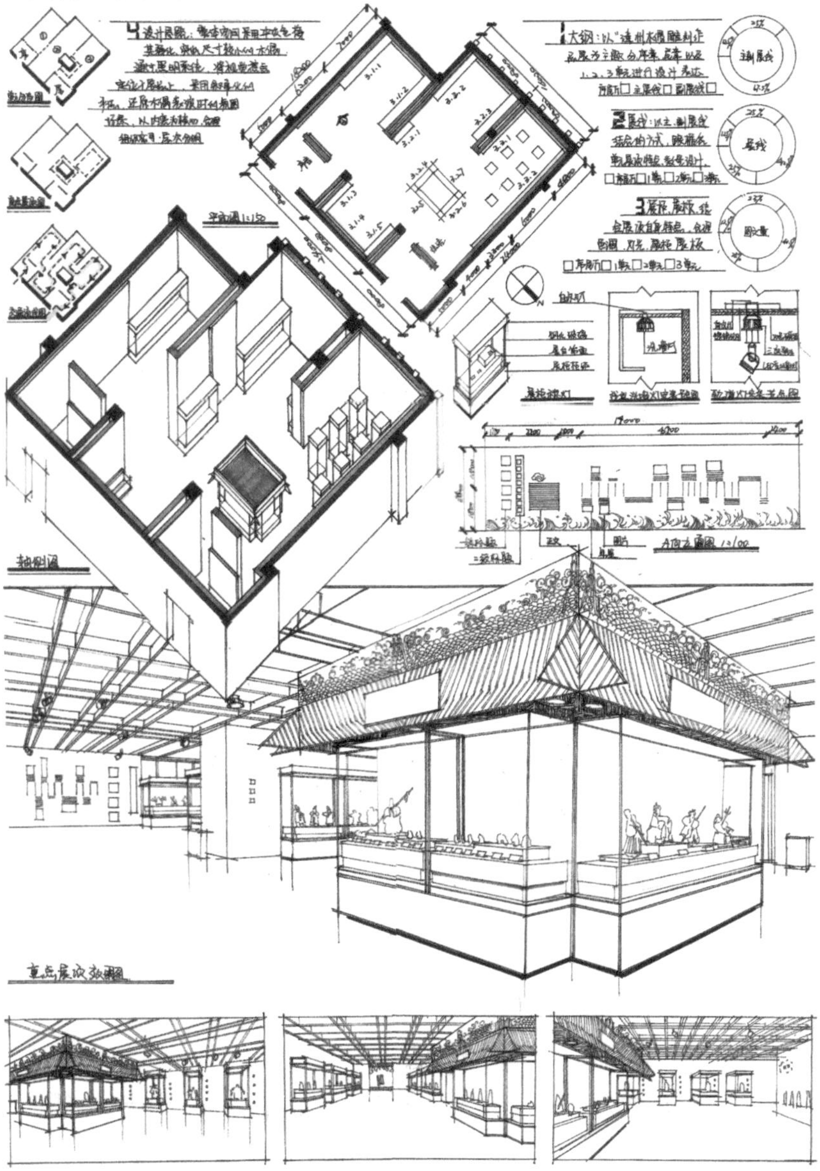

图7-32　博物馆展示空间室内快题设计线稿手绘

· 案例评析：

W 学姐（北京服装学院硕士）

图7-32所示方案从排版到内容设计都有很高的完整度，材质及细节刻画非常精细，其构图工整但“有破有立”，对方案的分析比较详尽，是优秀的设计线稿。

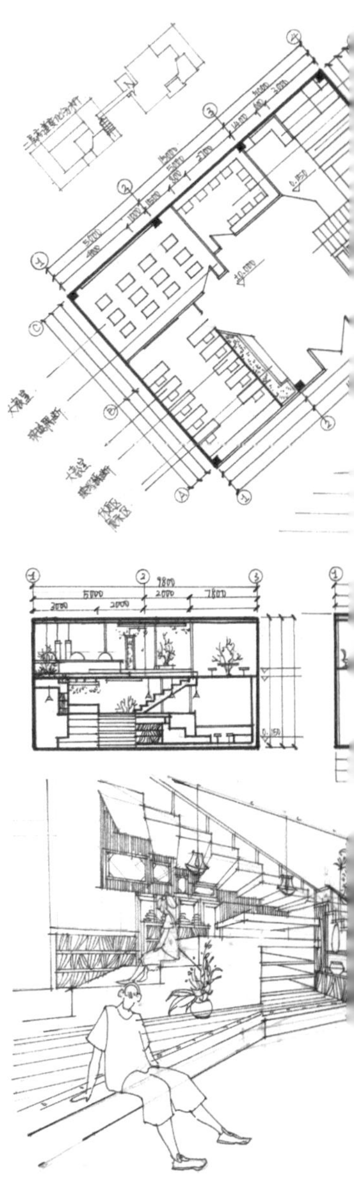

图7-33　工作室改造快题设计线稿手

· 案例评析：

S 学姐（北京理工大学硕

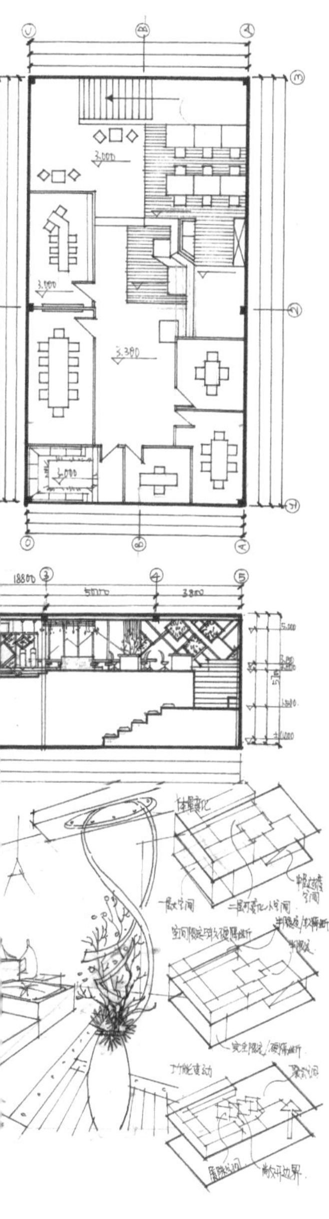

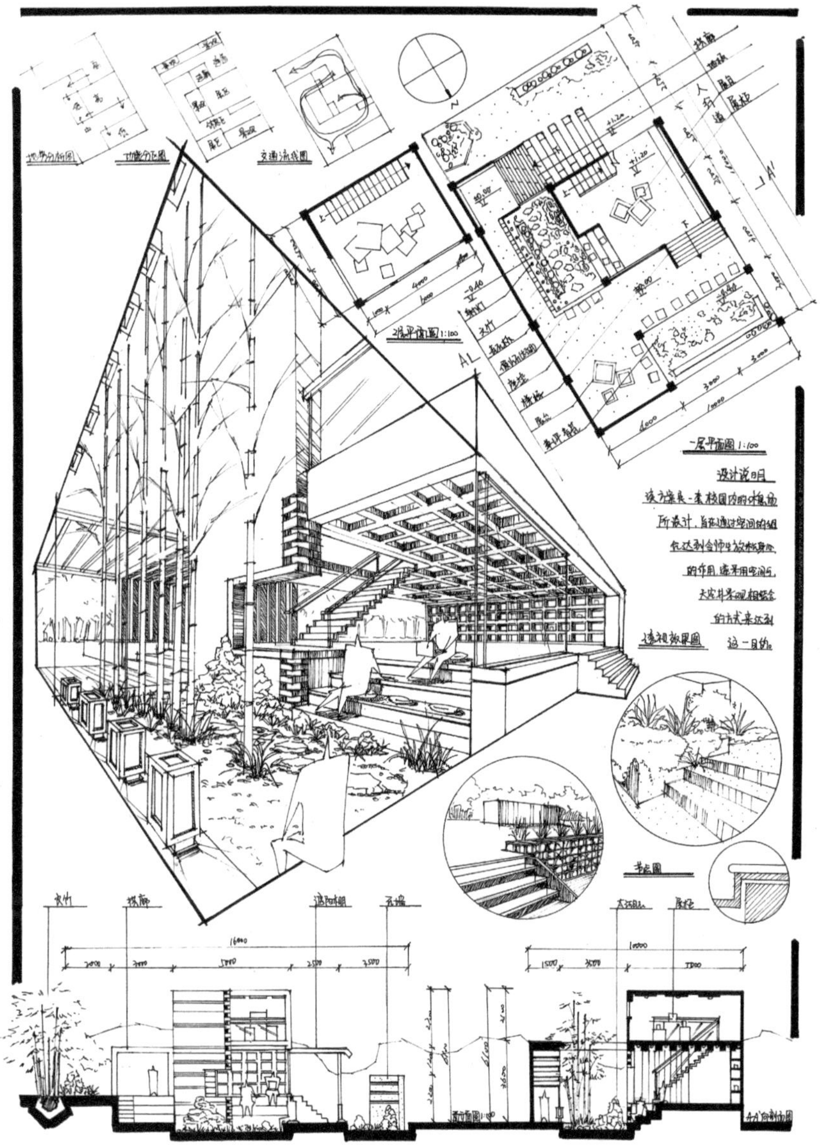

图7-34　公共空间室内快题设计线稿手绘

图7-33所示快题设计线稿绘制工整，但布局需适当调整，线稿之间的联系感弱，图的疏密关系稍有不足，中间细节过于密制图需更加详细、规范。

· 案例评析：

L学姐（北京林业大学硕士）

图7-34所示快题设计的构图比较大胆，效果图的轮廓分割使画面富有张力，同时也增加了方案的表现力，空间结构清晰，制图规范，节省了后期上色的思考时间。

· 快题设计题目要求：书吧设计（设计实践项目选题）

· 案例评析：S 学长（清华美院博士）

阅读空间的氛围是安静舒适、宽敞明亮的，本快题设计的亮点在于通过对空间层次的丰富化来表现环境氛围。同时作者在立面设计上下了很大的功夫，考虑到画面的疏密关系，将细节绘制集中在书柜、书架，通过适量的空白强化画面对比关系。在元素的应用上，作者做了清晰合理的分析，切合主题，制图严谨，是一个相对规范的设计线稿。

· 案例评析：H 学姐（清华美院博士）

本快题设计线稿为阅读空间设计，效果图空间角度选择得非常好，采用两点透视，将空间层次变化展示到最大化，突出了设计中的亮点，可见作者对于空间透视的把握比较到位，同时对于细节的表现也非常丰富，单从线稿中就可以看到空间的明暗关系变化；画面适量留白，疏密关系合理，主次分明，线稿已经是完整的空间线性效果图了，后期的上色便是锦上添花。

· 案例评析：L 学姐（中央美院硕士）

该方案的平面图是比较规范清晰的。空间功能布局合理，动线流畅，设计方案规矩中有所创新，充分满足了阅读空间的功能需求，从公共空间到私密空间的过渡非常恰当；平面图绘制中留有适量空白，疏密得当，可以增加一些地面铺装细节，让线稿更加丰富；整体制图标准严谨，标注规范清晰，加入合理的颜色绘制后应该会有不错的效果。

· 案例评析：S 学姐（清华美院硕士）

本快题设计的线稿绘制的具体、完整，对方案设计亮点的展示非常清晰，从效果图到分析图再到排版布局，整个画面的主次分明，疏密关系把握到位；空间中人物的绘制用线概括、放松，使画面更加灵动；整体制图严谨规范，线型使用得当，值得借鉴学习。

阅读空间室内快题设计线稿手绘如图7-35所示。

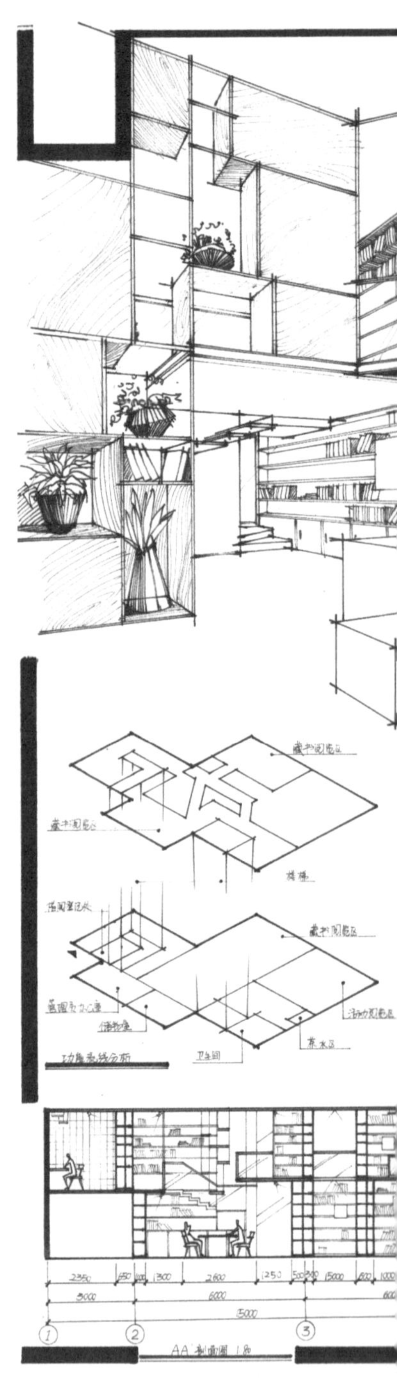

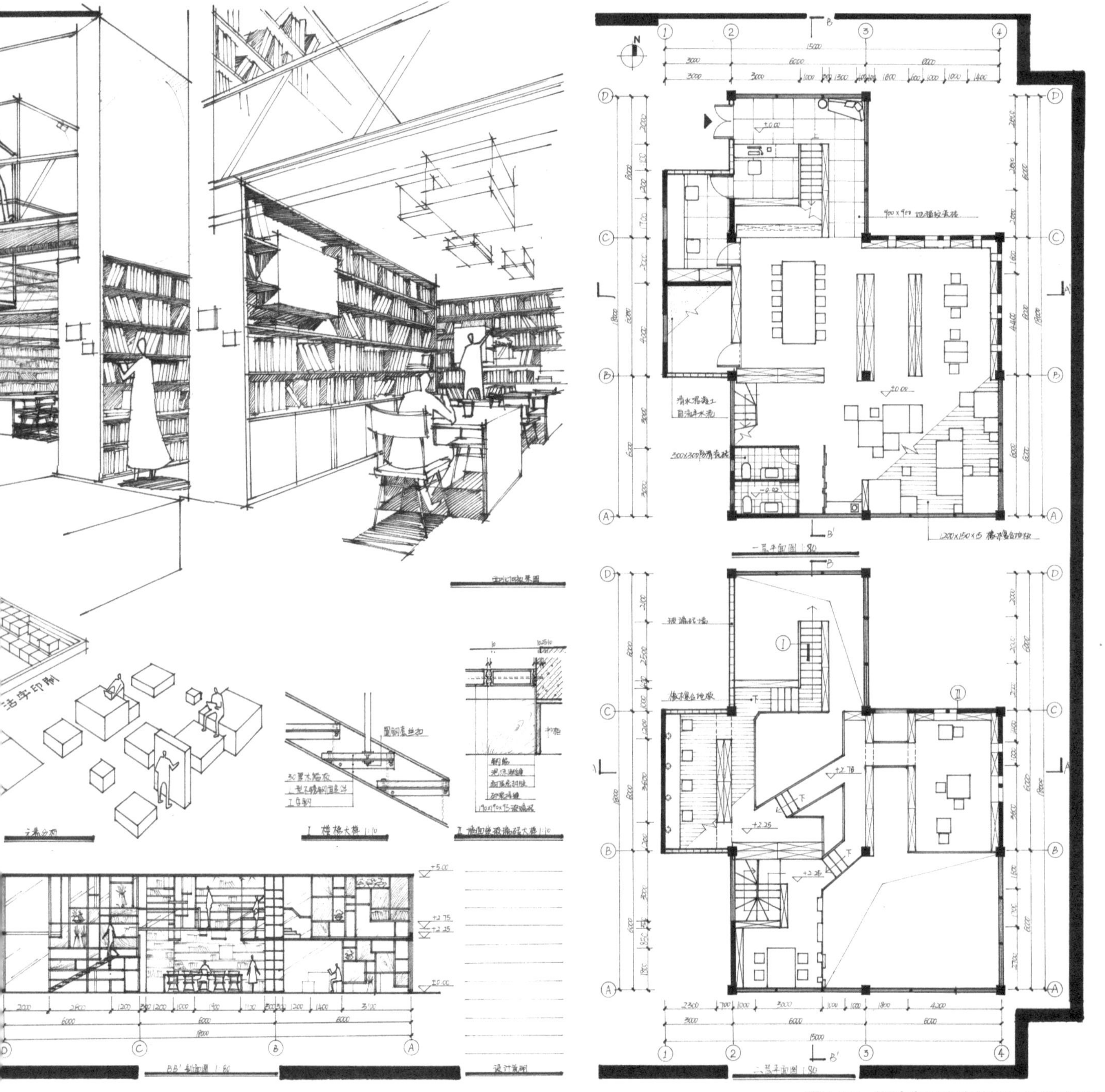

图7-35 阅读空间室内快题设计线稿手绘

几种室内快题设计线稿手绘如图7-36~图7-39所示。

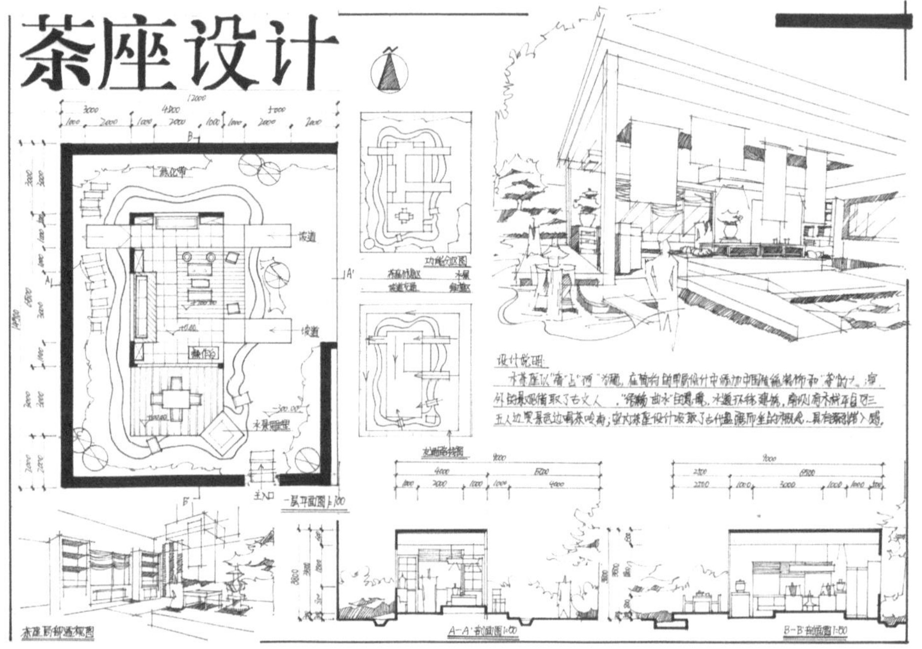

图7-36　茶室空间室内快题设计线稿手绘

· 快题设计题目要求：
茶室空间快题设计

· 案例评析：
S 学长（清华美院博士）

图7-36所示快题设计线稿为茶室空间设计，效果图的构图面积略小，故茶室内的细节展示受到限制，后期上色的精细度也会下降，需再调整方案整体构图，突出主次关系。

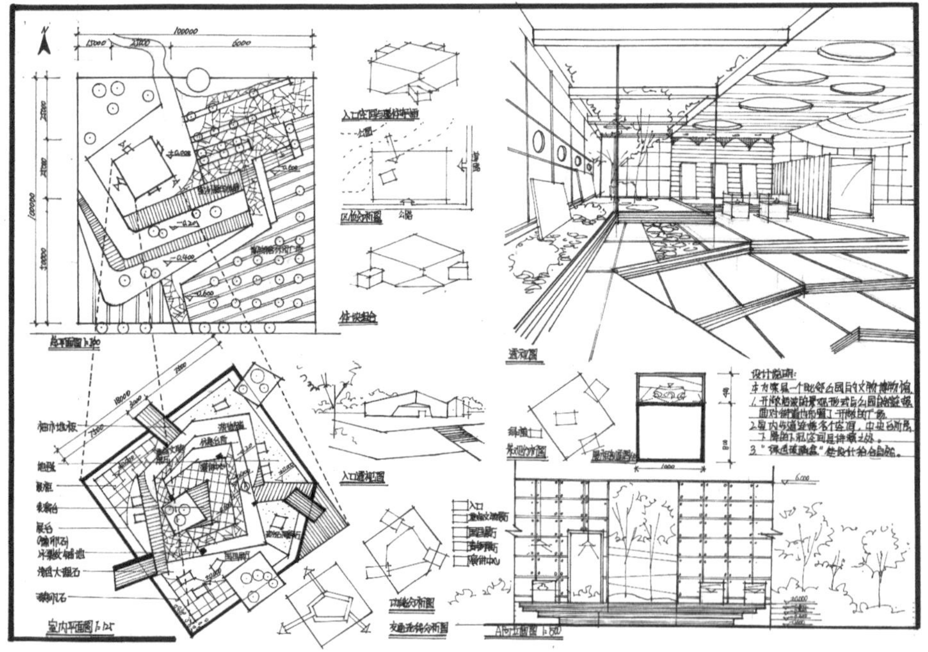

图7-37　博物馆展示空间室内快题设计线稿手绘

· 快题设计题目要求：
展示空间快题设计

· 案例评析：
Y 学长（清华美院硕士）

图7-37所示快题设计线稿是博物馆展示空间设计，平面图的设计新颖、细致，整体方案分析得清晰完整，空间层次变化丰富，排版布局合理，用线放松，线型使用得当，是不错的设计线稿。

· **快题设计题目要求：**
办公空间快题设计

· 案例评析：

W 学姐（中央美院硕士）

图7-38所示快题设计的构图工整但过于疏松，图之间的大小相似，关系过于独立；效果图的透视关系掌握不够合理，疏密关系弱；画面效果的表现力不足，还需多加进行方案的构思训练。

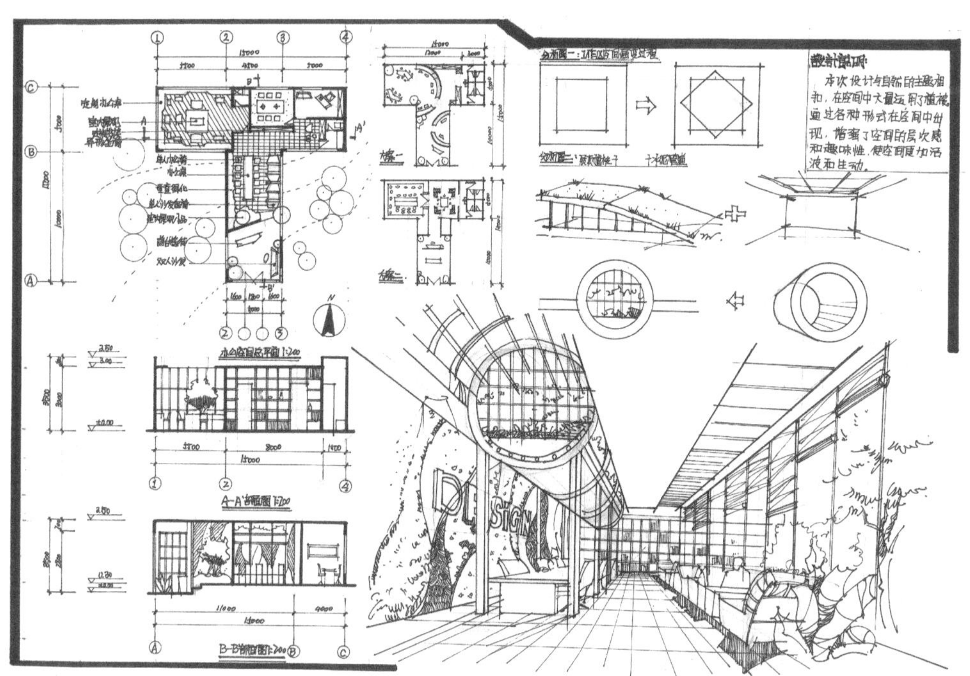

图7-38　办公空间室内快题设计线稿手绘

· **快题设计题目要求：**
民宿空间快题设计

· 案例评析：

L 学姐（中央美院硕士）

图7-39所示方案为民宿空间设计，空间结构的表现细致，对空间功能布局做了明确的划分，减少了后期上色的难度；整体用线有些生硬，效果图左侧空间应再松动延伸一些，以增加画面张力。

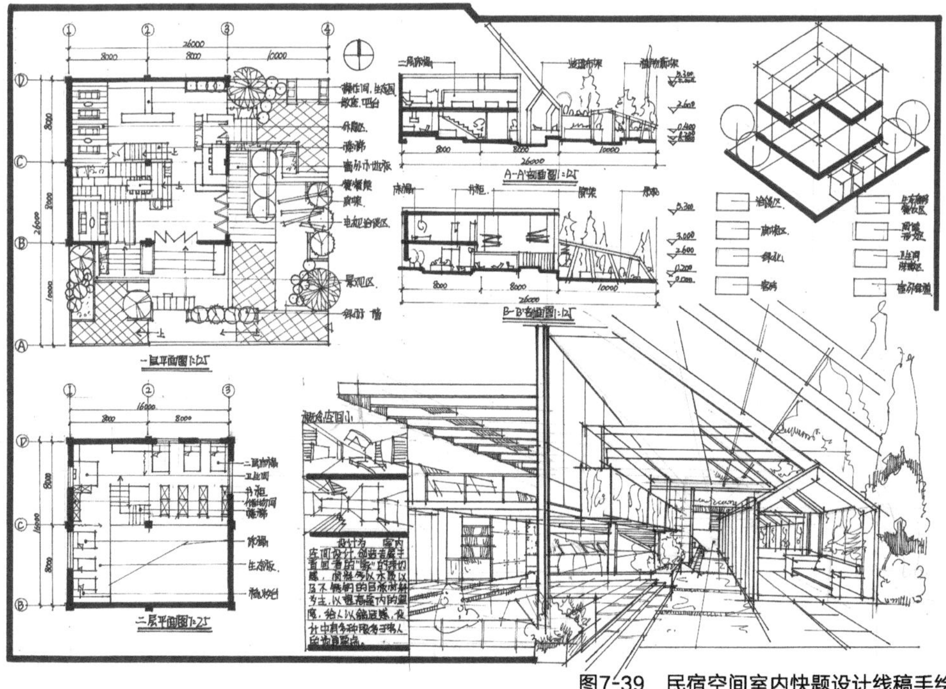

图7-39　民宿空间室内快题设计线稿手绘

几种室内快题设计线稿手绘如图7-40~图7-42所示。

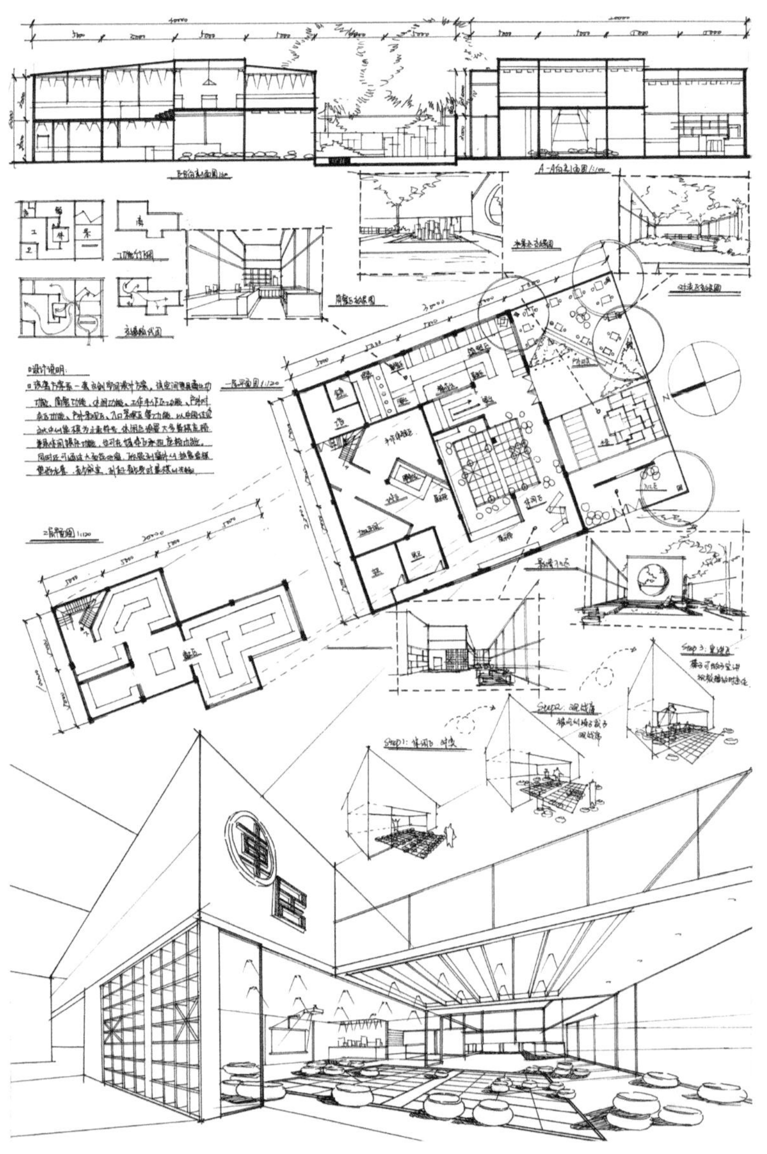

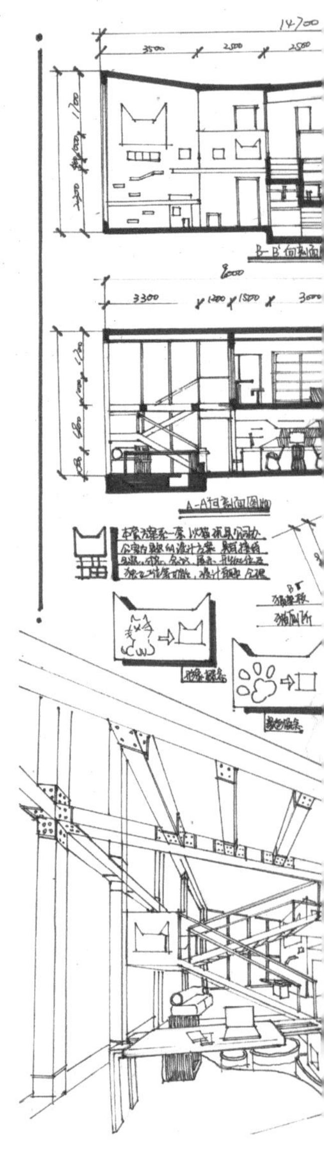

图7-40　文创空间室内快题设计线稿手绘

· 案例评析：

K 学姐（北京服装学院硕士）

图7-40所示效果图将空间张力表现了出来，空间细节与分析丰富，但平面图的构图方向有些突兀，图案出现叠加，显得有些凌乱，需再调整方案的整体构图。

· 案例评析：

Z 学姐（北京理工大学硕

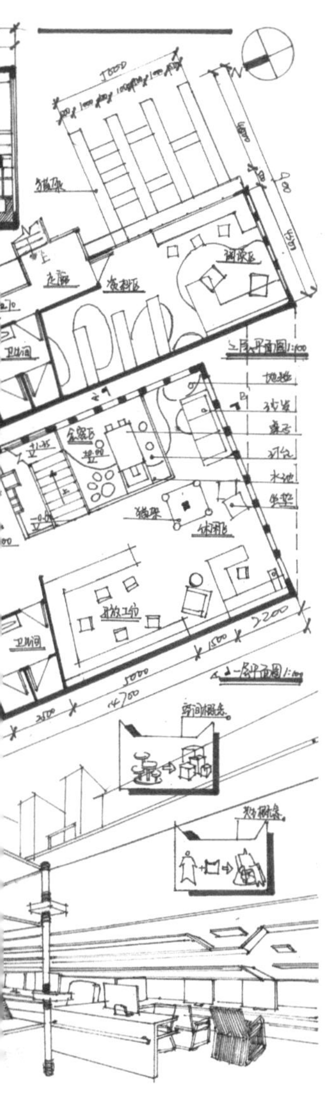

图7-41　办公空间室内快题设计线稿手绘

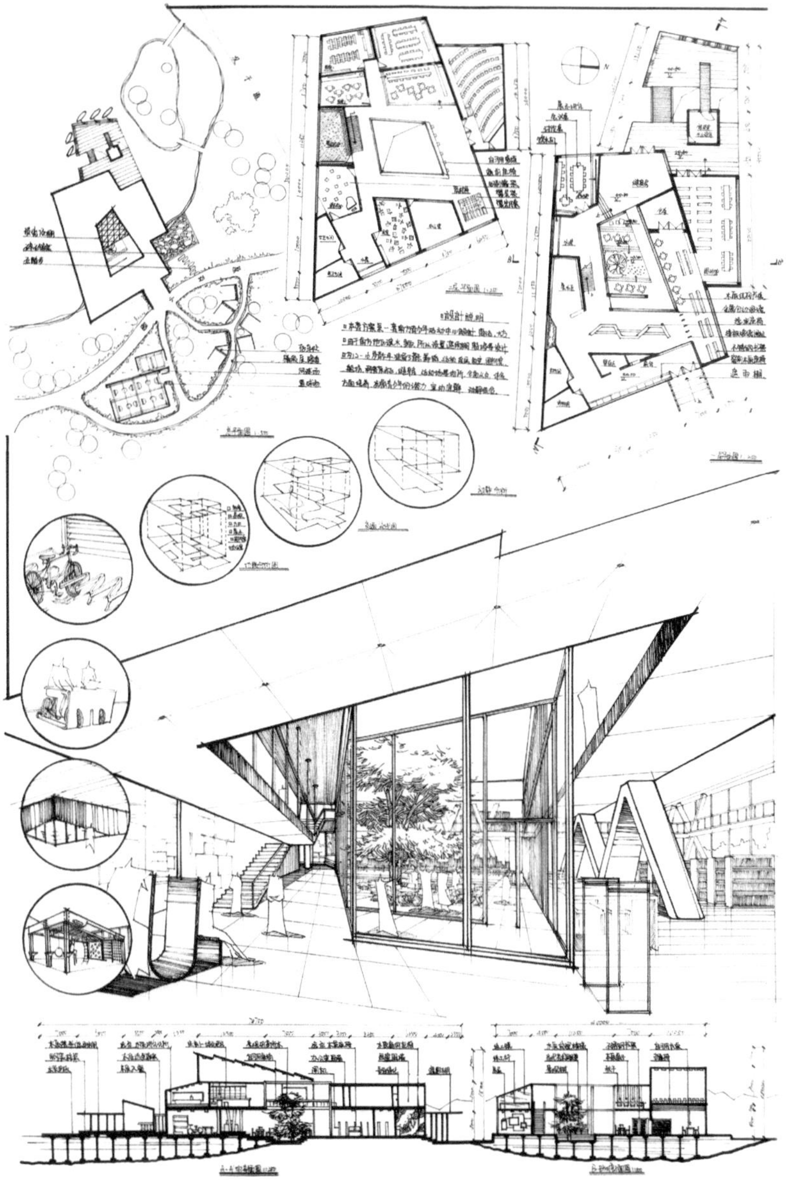

图7-42　青少年活动中心室内快题设计线稿手绘

图7-41所示快题设计线稿的结构表现丰完整度高，但排版构图的秩序感较弱，画种堆积感，需进行适当调整，平立面制图更加规范。

· 案例评析：

L 学姐（北京林业大学硕士）

图7-42所示，方案的构图比较灵活巧妙，平面图的设计很有创意，制图熟练准确，作者对于画面的疏密关系把握非常到位，是优秀的方案设计线稿。

7.2 室内快题手绘绘制的步骤和方法

室内快题设计手绘是在规定的时间内按照考试要求进行方案的概念设计和手绘表达，考查学生的解题能力、手绘表达能力以及专业知识的掌握情况。没有经过系统的学习与合理的步骤安排，很难在有限的时间内出色地完成设计方案和手绘表达，因此规范合理的绘制步骤显得至关重要。

1）书吧室内设计快题手绘步骤及成品图如图7-43~图7-53所示。

图7-43　书吧室内设计快题手绘步骤1

快题手绘绘制步骤（一）：铅笔起稿阶段，用5H的铅笔起稿，把各部分图的位置关系、轮廓关系轻轻确定下来。

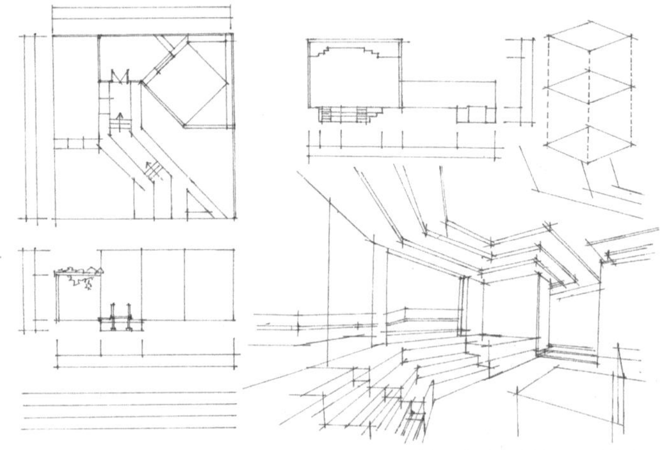

图7-44　书吧室内设计快题手绘步骤2

快题手绘绘制步骤（二）：绘制定位轴线，用尺规画线把各部分图的位置、大小、轮廓线绘制出来。

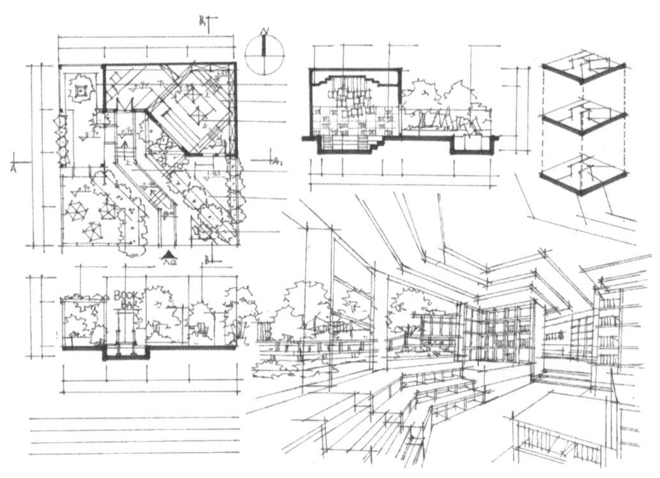

图7-45　书吧室内设计快题手绘步骤3

快题手绘绘制步骤（三）：在确保构图、位置、比例、大小关系正确的前提下，绘制各部分图的主要轮廓线、结构线。

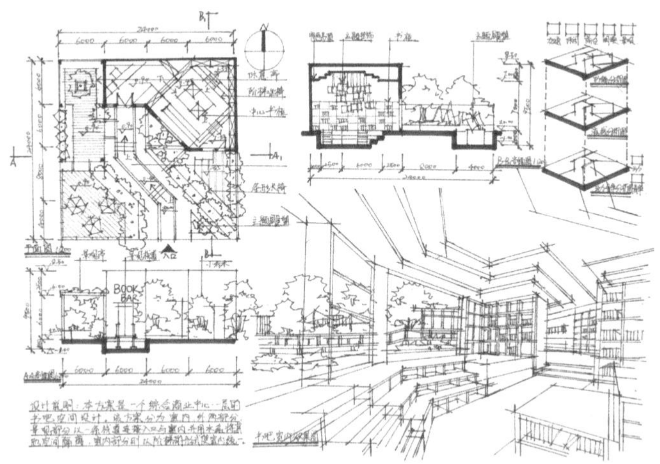

图7-46　书吧室内设计快题手绘步骤4

快题手绘绘制步骤（四）：完善细节，丰富各部分图的细节和文字说明、标注，注意线条的粗细变化，疏密节奏变化。

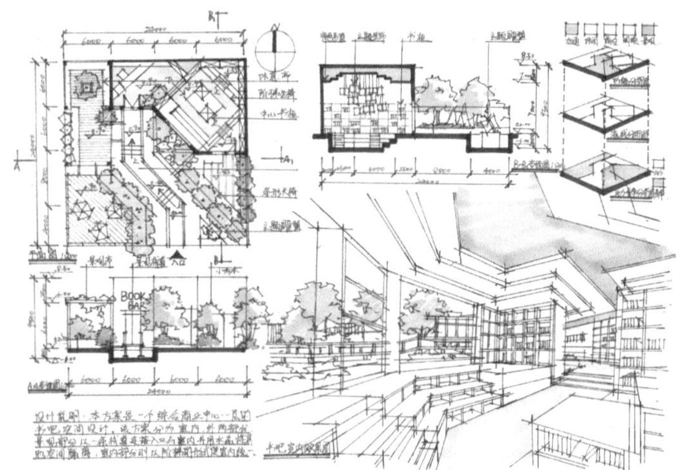

图7-47　书吧室内设计快题手绘步骤5

快题手绘绘制步骤（五）：确定基本色调，用灰色马克笔铺大面积的区域，用灰绿色马克笔画出植物的主体颜色。

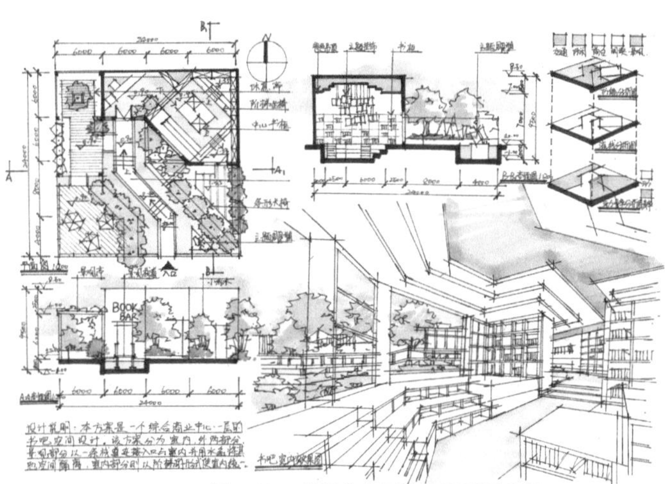

图7-48　书吧室内设计快题手绘步骤6

快题手绘绘制步骤（六）：用天蓝色马克笔画出水体和天空的基本颜色，注意水体和天空的用笔变化。

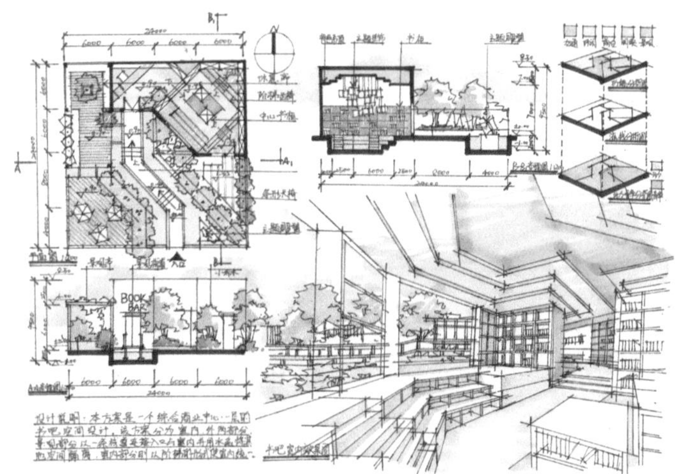

图7-49　书吧室内设计快题手绘步骤7

快题手绘绘制步骤（七）：选择合适的木纹颜色，注意与其他颜色的协调搭配，大面积画出画面中木质的颜色。

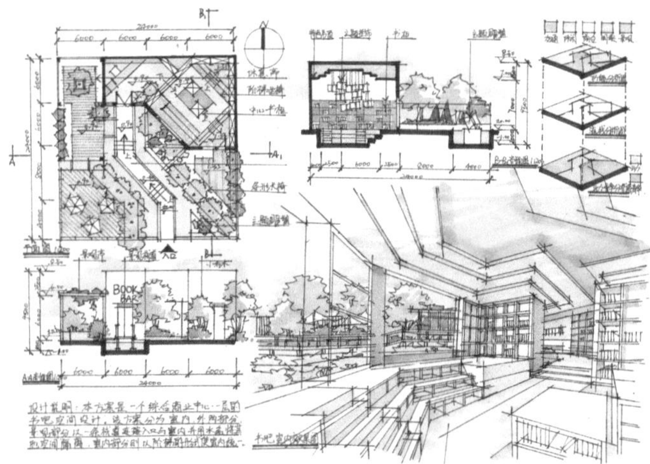

图7-50　书吧室内设计快题手绘步骤8

快题手绘绘制步骤（八）：局部适当补充深绿颜色，使其具有层次变化，协调统一中找变化，画面完成整体铺色，形成色调。

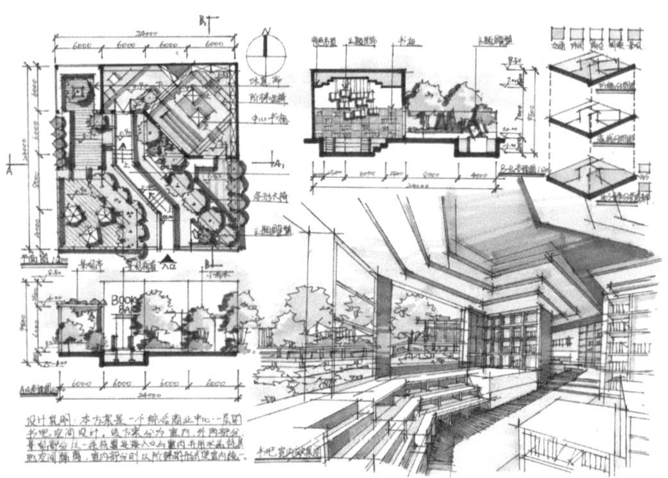

图7-51　书吧室内设计快题手绘步骤9

快题手绘绘制步骤（九）：增加重色，表达光影变化。在原有色调基础上，加重局部颜色，增加层次变化，拉开对比。

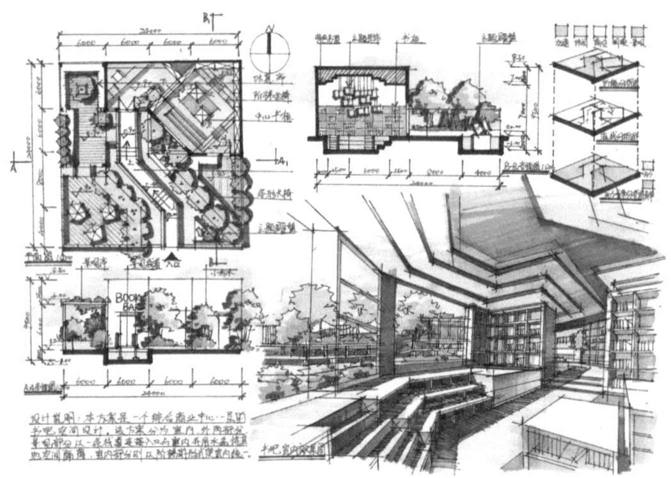

图7-52　书吧室内设计快题手绘步骤10

快题手绘绘制步骤（十）：丰富分析图和局部细节，增加暗部颜色，拉开对比度，使画面的黑白灰关系强烈。

· 案例评析：S 学长（清华美院博士）

整张快题室内外环境兼顾，很好地处理了室内空间与景观环境的关系，反映出设计者良好的环境意识。手绘表达娴熟，效果图层次丰富，空间感强，适当添加场景中的人物会使画面更加完整。

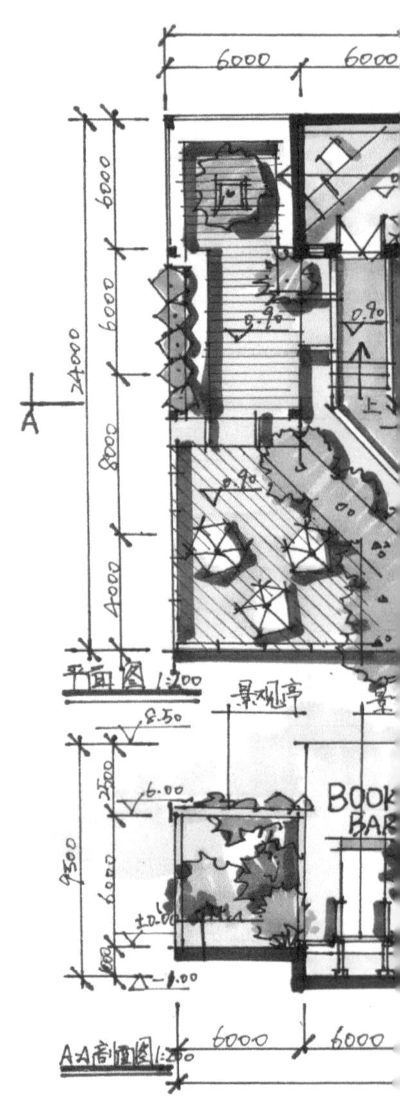

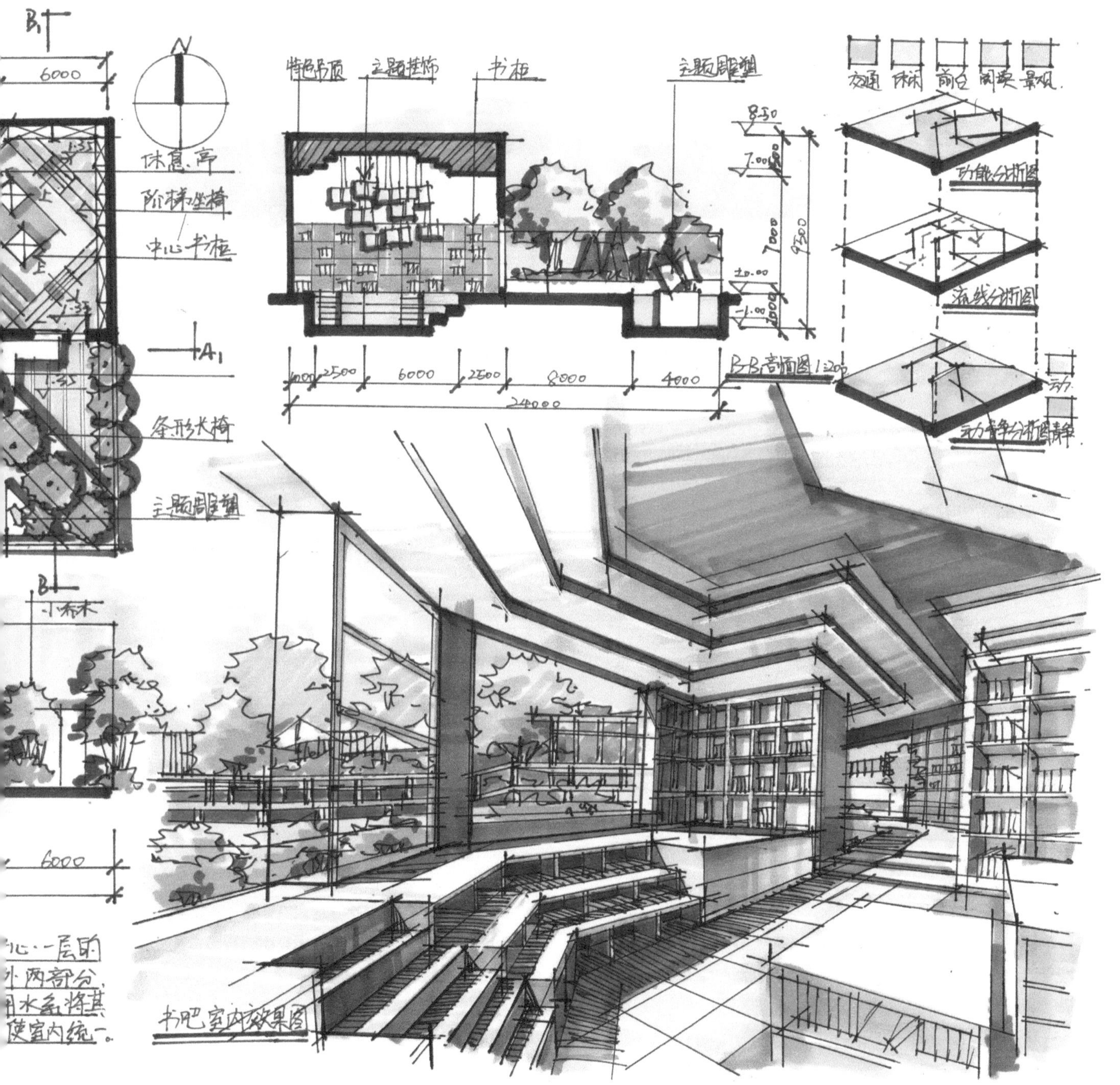

图7-53　书吧室内设计快题手绘成品图

2）茶吧室内设计快题手绘步骤及成品图如图7-54~图7-64所示。

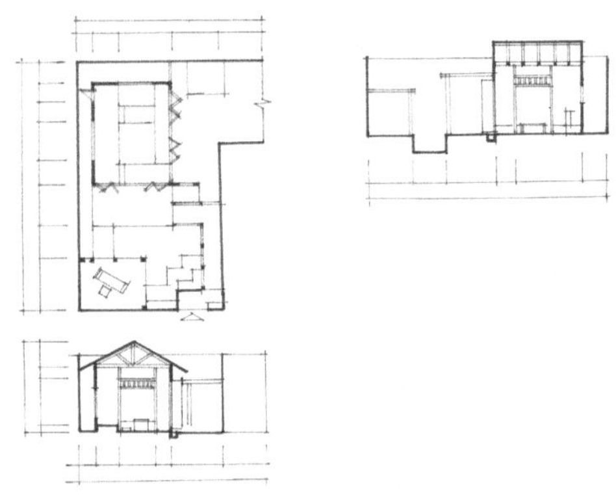

图7-54　茶吧室内设计快题手绘步骤1

快题手绘绘制步骤（一）：在铅笔定位稿的基础上，用尺规画出各部分图的轮廓线和尺寸标注线。

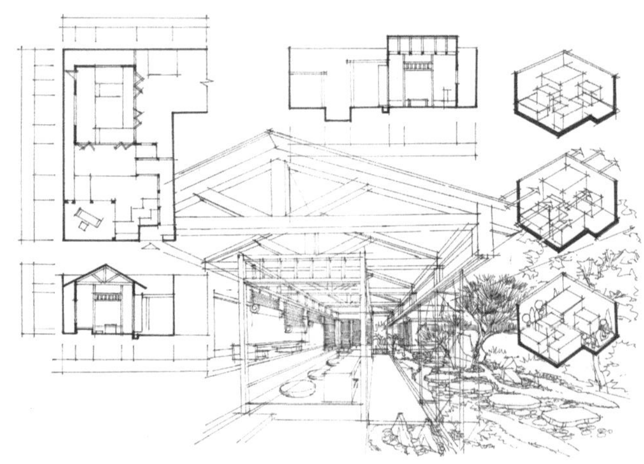

图7-55　茶吧室内设计快题手绘步骤2

快题手绘绘制步骤（二）：继续完善效果图和分析图的线稿手绘，注意线条的疏密节奏变化。

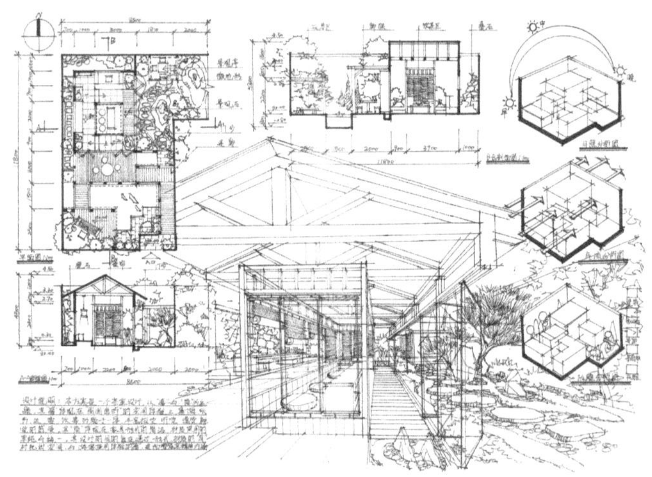

图7-56　茶吧室内设计快题手绘步骤3

快题手绘绘制步骤（三）：绘制平面图、剖面图的线稿细节，增加尺寸标注和文字说明，完成线稿手绘。

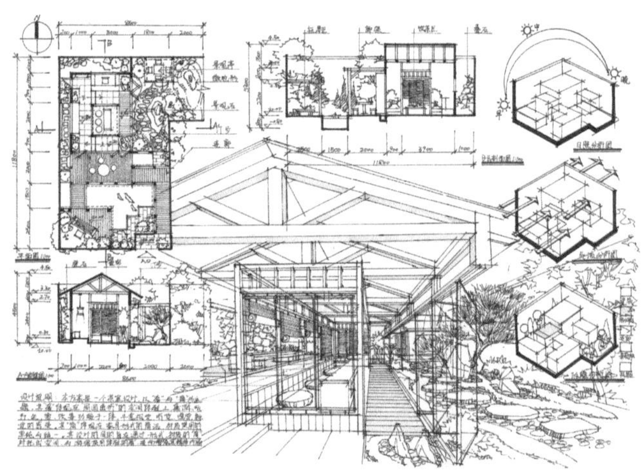

图7-57　茶吧室内设计快题手绘步骤4

快题手绘绘制步骤（四）：选择合适的浅木纹颜色马克笔，尝试性画出快题设计中全部木纹的颜色。

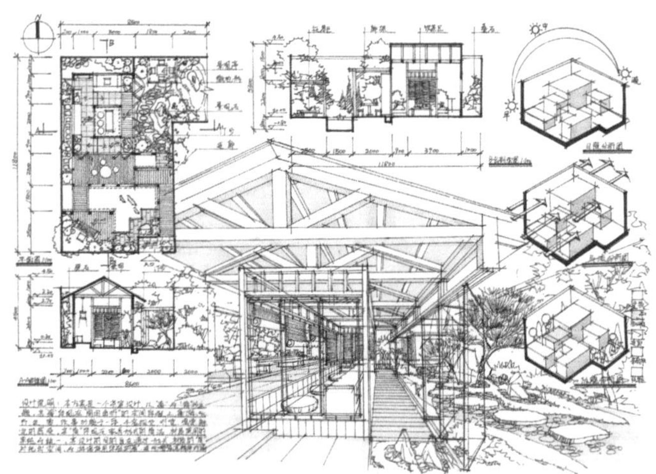

图7-58　茶吧室内设计快题手绘步骤5

快题手绘绘制步骤（五）：选取中性的冷灰色马克笔，画出大面积的灰色，明确快题的基本色调。

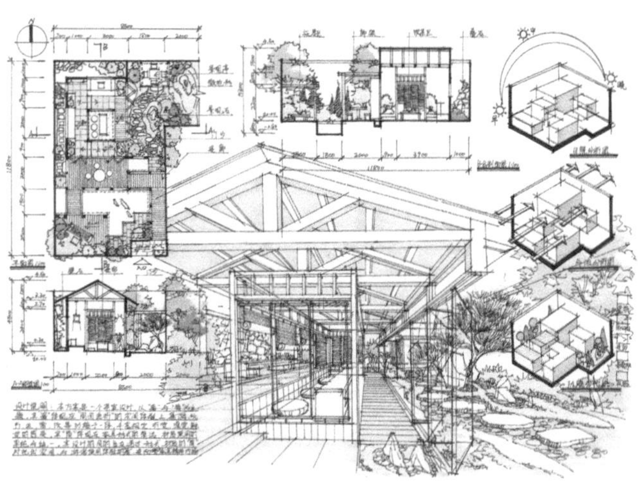

图7-59　茶吧室内设计快题手绘步骤6

快题手绘绘制步骤（六）：增加植物的绿色系，选择不同深浅、不同饱和度的绿色系，画出快题中的植物颜色。

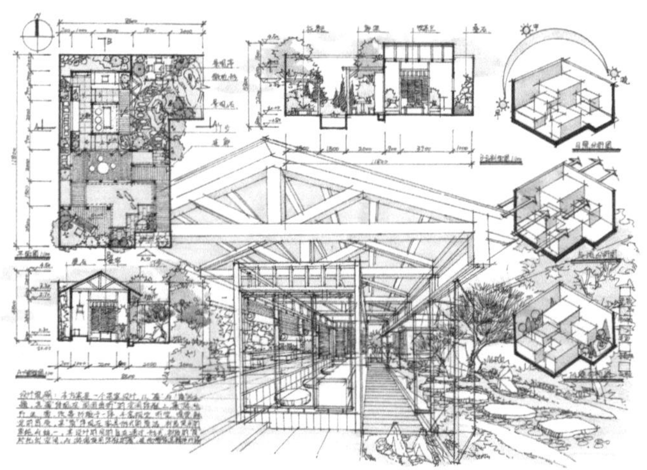

图7-60　茶吧室内设计快题手绘步骤7

快题手绘绘制步骤（七）：选择天蓝色马克笔画出平面图中水体的颜色，以及剖面图中天空的颜色。

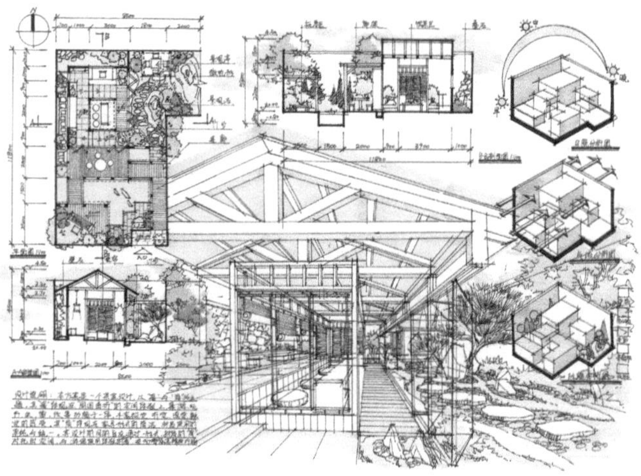

图7-61　茶吧室内设计快题手绘步骤8

快题手绘绘制步骤（八）：继续用天蓝色马克笔强调出建筑的轮廓，突出建筑主体。

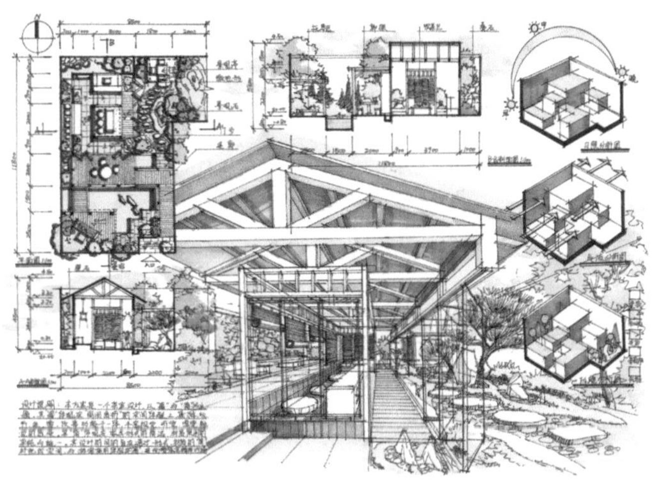

图7-62　茶吧室内设计快题手绘步骤9

快题手绘绘制步骤（九）：用棕色马克笔画出屋顶结构和部分木纹材质，使颜色丰富，对比强烈。

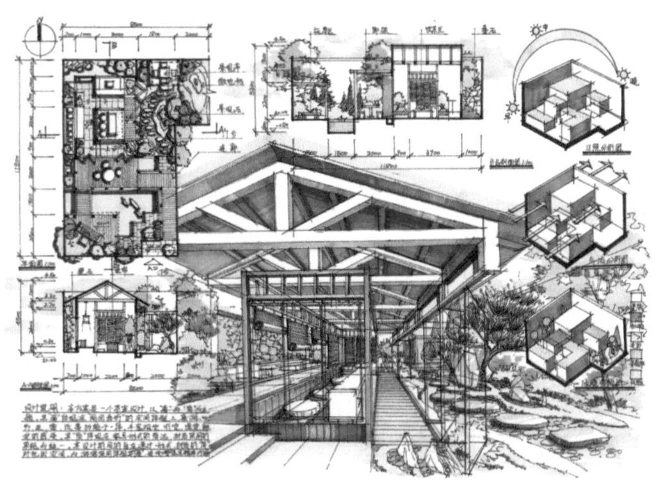

图7-63　茶吧室内设计快题手绘步骤10

快题手绘绘制步骤（十）：增加重色，加深投影和暗部的颜色，使得画面拉开对比，黑白灰关系明确，视觉效果强烈。

· 案例评析：S 学长（清华美院博士）

优秀的设计方案是手绘表达的根本和基础，茶吧设计方案巧妙，空间通透，与景观环境融为一体。设计分析全面、表达到位，效果图透视感、空间感处理到位，是难得的快题设计手绘作品。

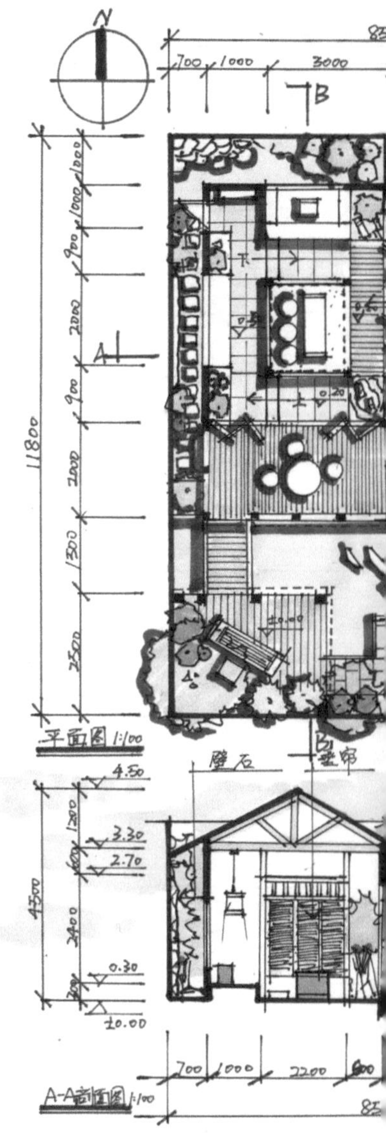

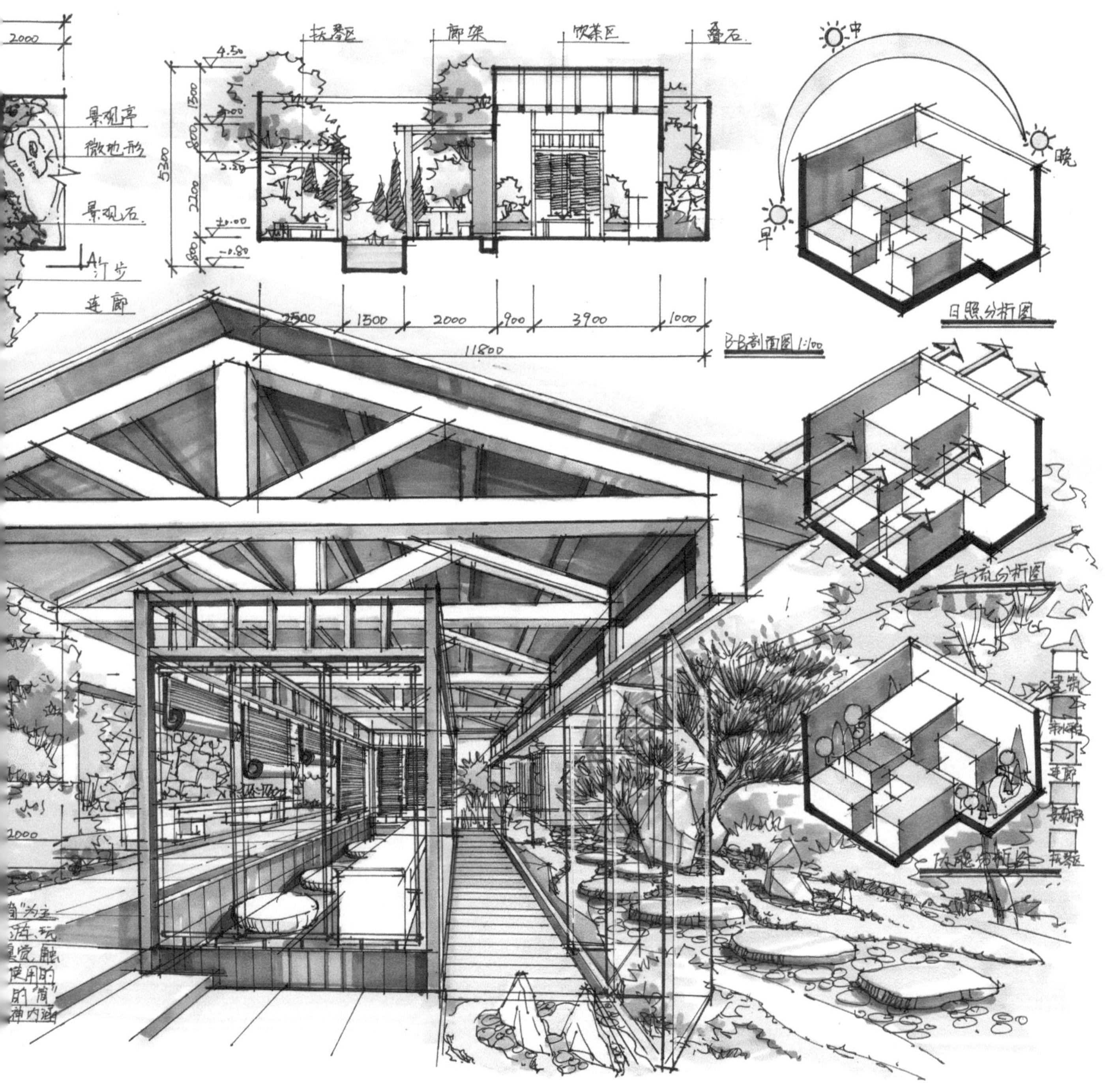

图7-64 茶吧室内设计快题手绘成品图

Chapter 08

室内设计快题手绘表达优秀范例及评析

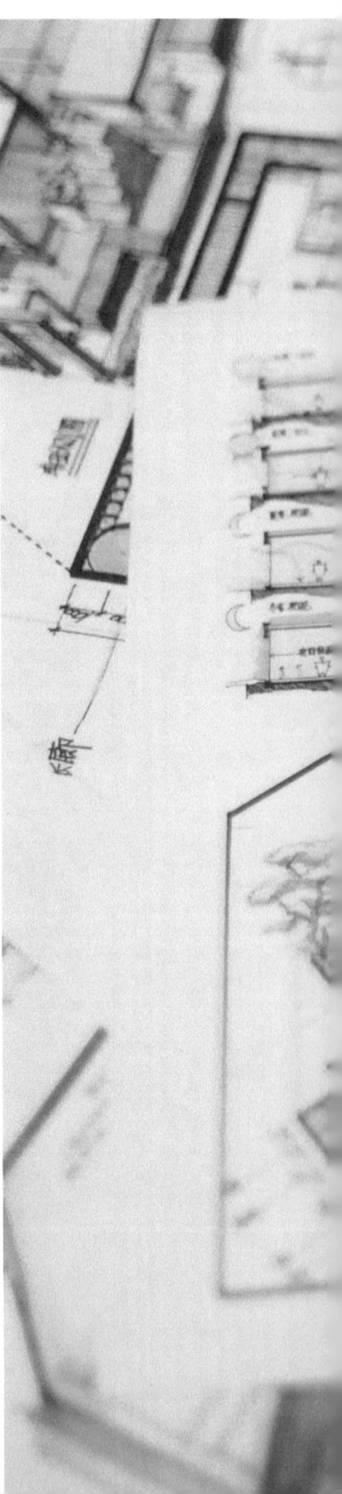

数字时代和信息时代的今天，网络上室内快题设计手绘的作品随处可见，各种手绘学习资料也唾手可得，风格样式不一、高低水平良莠不齐，对于初学者或者手绘爱好者，很难判断作品的质量和水平，很容易被快题手绘表面的技法所吸引。加之部分机构、老师所倡导的“手绘表现观”，使得很大一部分学生走上弯路、走向误区，以至于有学生一直认为，快题手绘的学习是手绘技法、效果图手绘、应试技巧的学习，这是“可悲可气”的。制约和影响快题设计手绘分数的绝不是手绘熟练度和技法的展示，而是设计能力本身。

从长远来看，画不好快题是小事情，错误的方向和引导对于学生来说是致命的，这种影响是长期的，将导致学生学习的用功点和着力点都放到了如何画好快题上，而不是设计本身上。试想如果高等设计教育培养的人才不是设计师，而是画图匠，这将是设计教育的悲哀，这正是院校和导师所发现的端倪，也是考试变革的根本原因所在。通过快题手绘来考查学生的基本知识和能力是有道理的，这就要求学生在学习快题的过程中，要注重设计思维的培养、专业基础知识的掌握和理解以及基本的图示手绘表达能力。

北京地区院校除文化课分数要求很高外，专业基础的考试题目变化大、要求多、标准高，考试难度和评分标准相对较高，这也是很多学生不敢考的原因。地方院校考题相对简单，考试的难度相对容易，因此重点院校的快题设计代表了高质量和高水平，一直是专业方向、专业标准的风向标，也是地方院校和机构学习、借鉴的方向。

这一章系统全面展示了新蕾艺术学院学生在环艺教研组各位老师的指导下完成的作品，并邀请20余位一类艺术设计院校硕士、博士研究生从专业的不同角度对每一张快题进行评析。这些作品和专业评析是学生学习临摹的范例，能够帮助学生了解、理解快题设计手绘的主要内容和质量标准，所提出的问题也值得思考，对于学生的设计思维和手绘表达能力的提升有很大帮助。

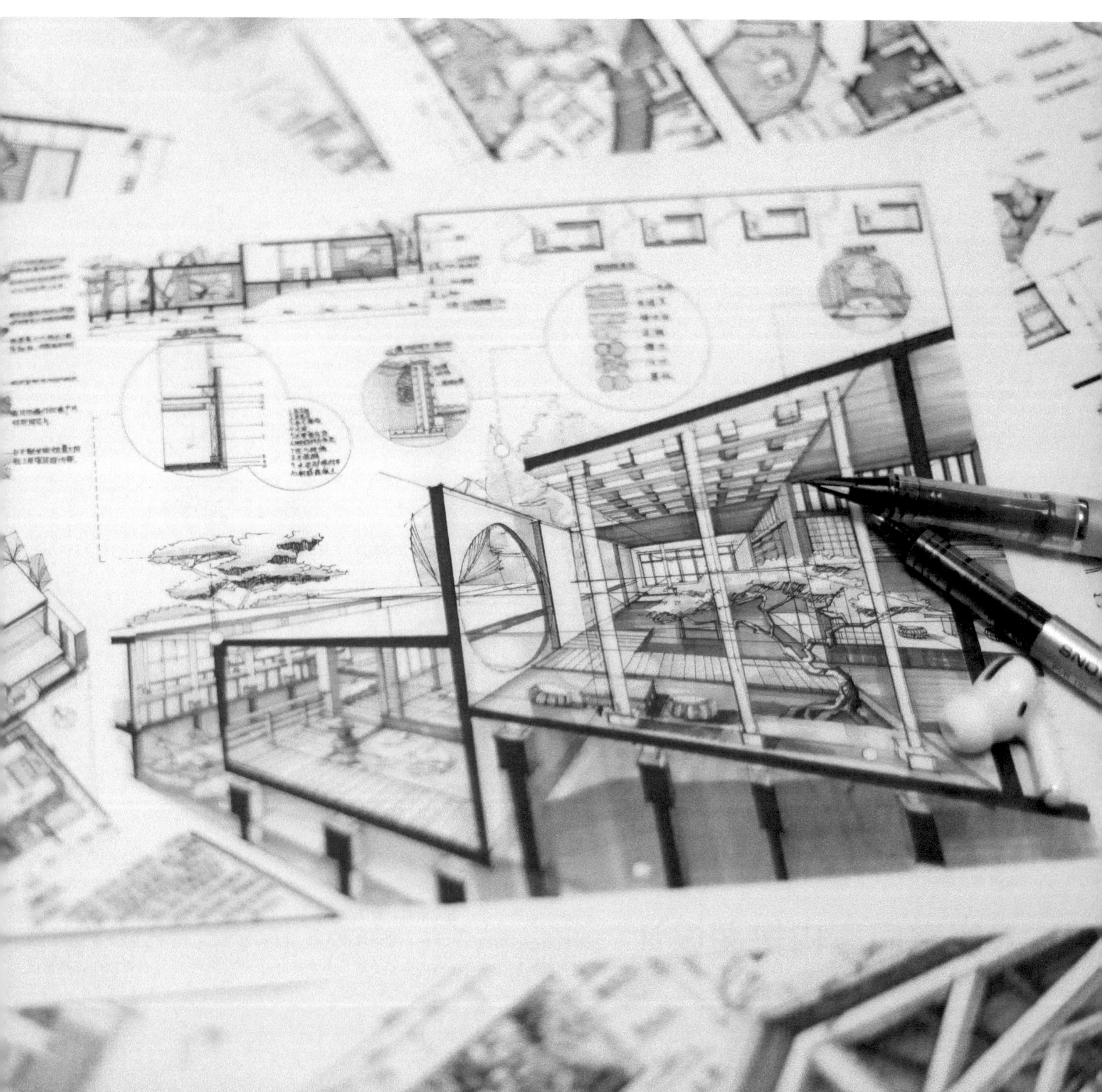

人居空间室内设计快题手绘如图8-1、图8-2所示。

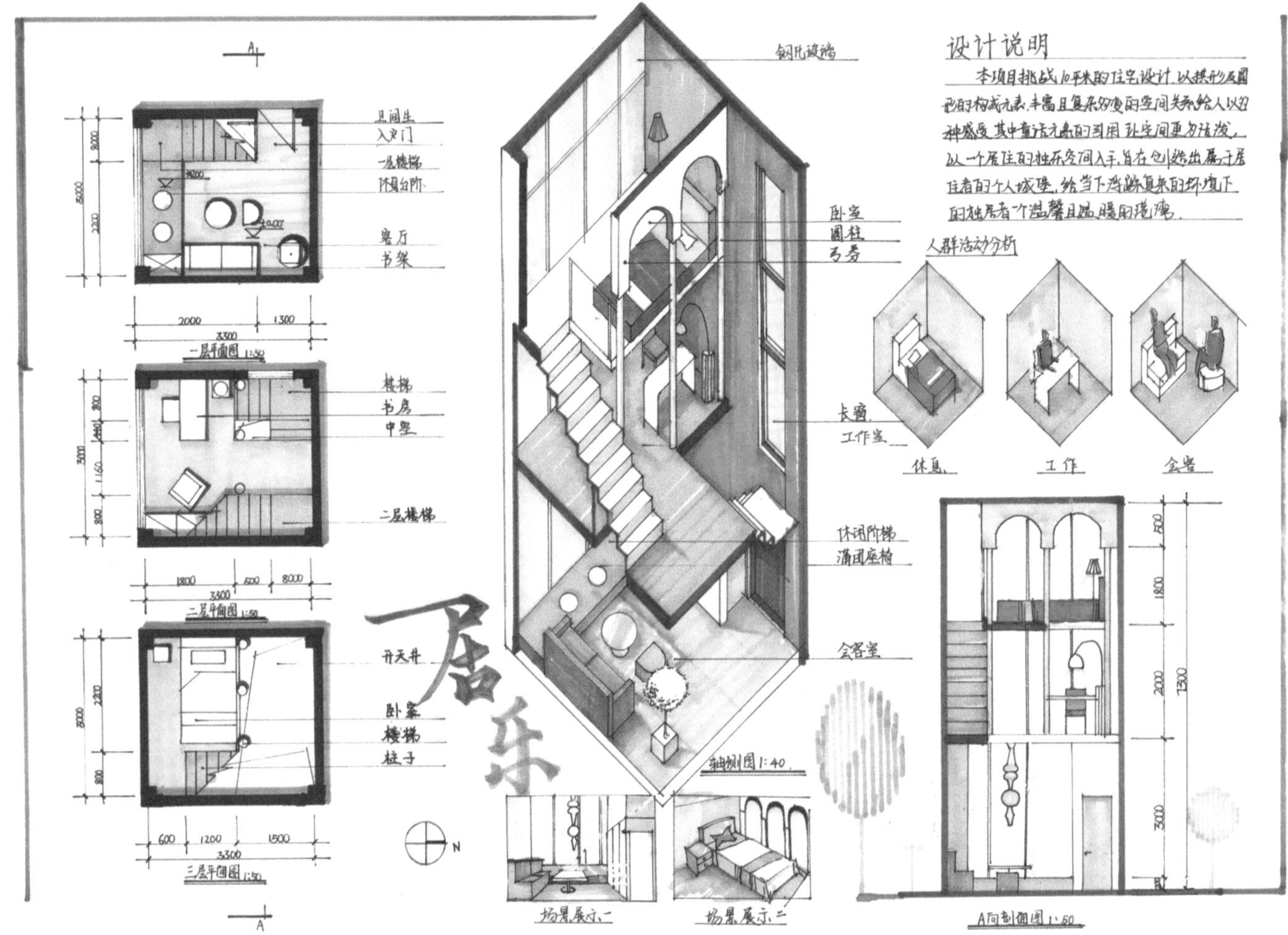

图8-1　人居空间室内设计快题手绘（一）/ 新蕾艺术学院学员

8.1 人居空间室内快题设计手绘范例及评析

人居空间也叫居住空间，是家庭和个人日常起居的空间，人居空间设计是室内设计最常见的类型，也是快题设计手绘中最基本的考查类型。人居空间是对室内环境进行功能布局、空间布置、软装饰品设计，以及灯光采光等多方面的设计。因其面积较小、功能相对单一，能够体现人机工程学和细节设计因素，因此是很多院校专业设计基础重点考查的空间类型，艺术家自宅、三口之家、设计师居所等是常见考题类型。

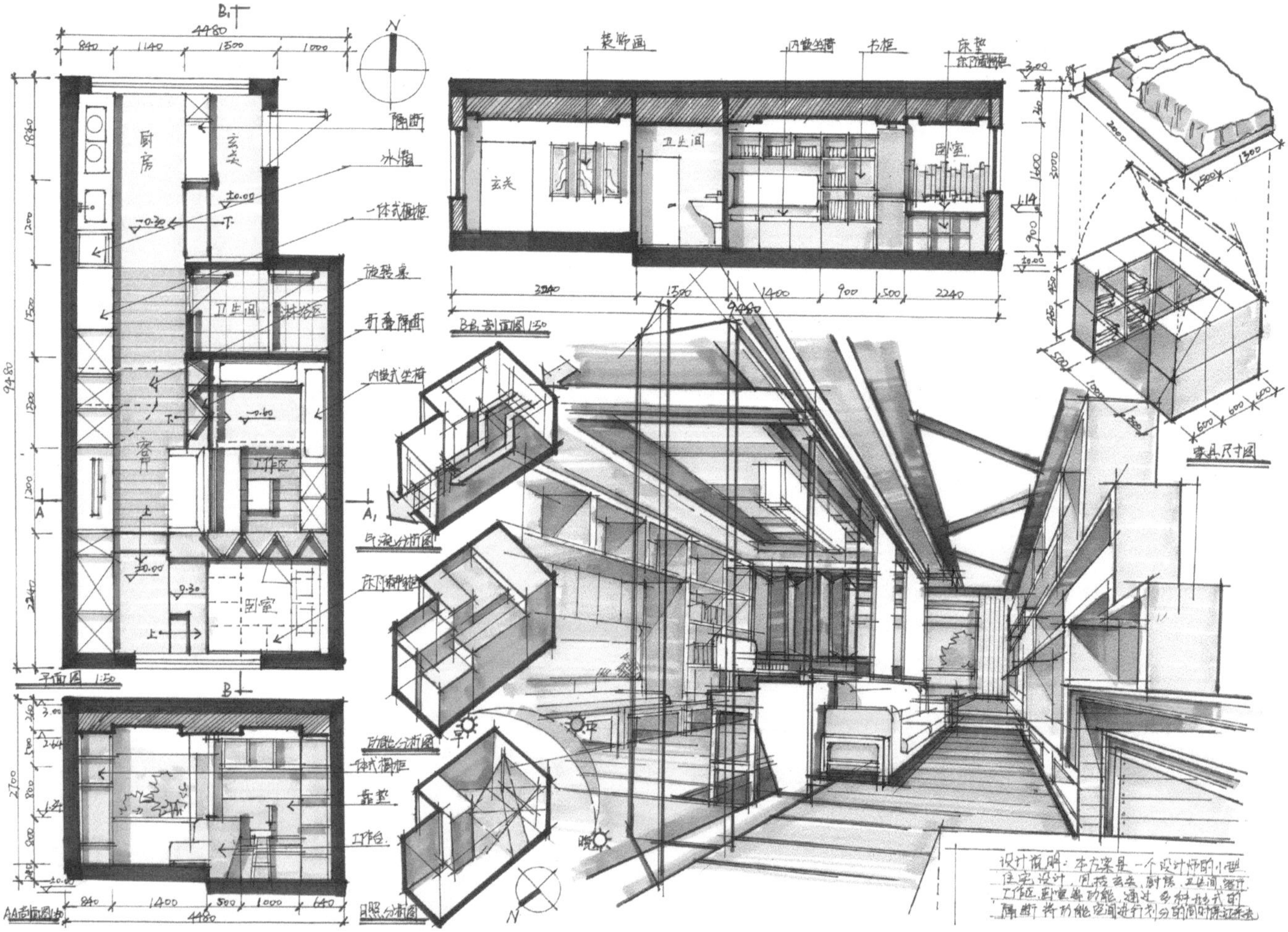

图8-2　人居空间室内设计快题手绘（二）/ 新蕾艺术学院学员

L 学姐
硕士研究生
北京林业大学

本套快题制图工整、严谨、翔实。绘图者要善于运用模板制图工具，这样省时省力，事倍功半。色彩统一和谐，明暗对比处理得当，对主体细节进行细致刻画，巧用留白，并以重色衬托。分析图自然地融入排版，值得注意的是，绘图者在图中留下许多参考线和作图痕迹，增强图纸专业性的同时丰富细节。

G 学姐
硕士研究生
北京工业大学

该方案平面设计功能布局合理，流线清晰。平立面的绘制非常规范且细致、全面，功能分析也表达得清晰明确。方案的手绘表达熟练，颜色搭配和谐。

整体方案构图略显紧凑，主效果图张力不够，与选择的视角和大小有关；效果图右侧的柜架可再增加些细节来展示其功能。

人居空间室内设计快题手绘如图8-3所示。

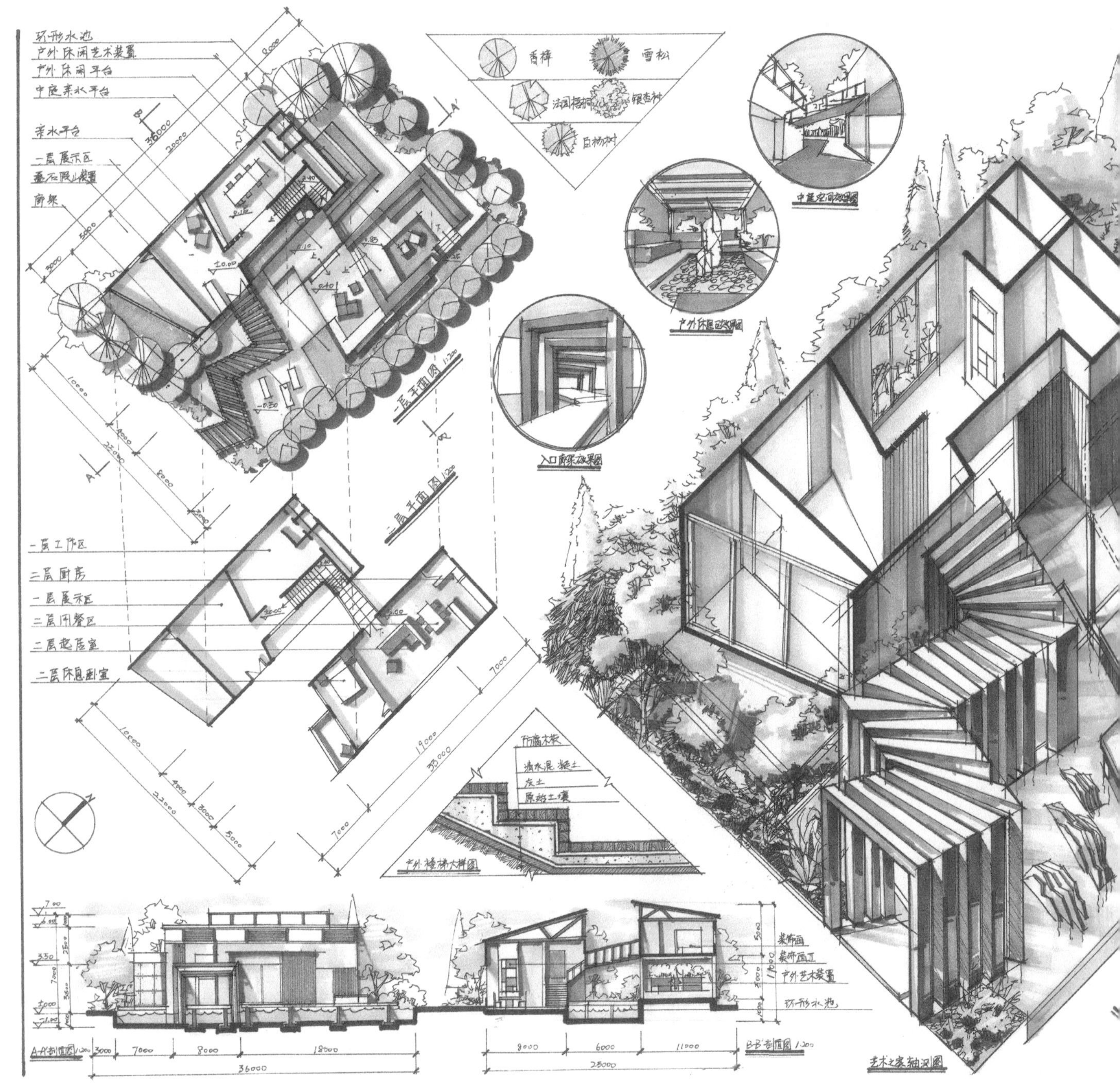

图8-3 人居空间室内设计快题手绘（三）/ 新蕾艺术学院学员

设计说明
关键词：艺术、交流、办公休闲分离。
本方案是一个艺术之家的设计方案。整体方案分为室内与户外两部分。室内部分分为两层，将其办公与休闲两种功能成功分离。而室外部分通过具有形式感的廊架将室内外连接，并在二层架空部分设计休闲区
功能分区分析图
小乔木
小灌木
草本植物

· 快题设计题目要求：人居空间设计（设计实践项目选题）

S 学长
博士研究生
清华美院

本套快题的作者十分注重主次划分，从很多不同方面着手进行主次区别，举例来说：在效果图层面上，绘图者将前景色彩的饱和度提高和降低远景的饱和度，在明度上也进行了区分；细节刻画上，前景也尽量补充更多细节，而远景则几笔带过，不多做设色与刻画；同时在整张快题设计中，绘图者对轴测、平面图、剖面图、分析图等也通过设色进行了主次区分。

Y 学长
硕士研究生
清华美院

该方案设计规范，内容完整，排版大胆，主次分明。效果图表达得合理清晰，具有张力，视觉冲击力很强，紧抓人眼球。方案的创新点也展现得全面、具体合理。入口的折形走廊，红色景观构筑装置增强了空间的节奏感，水系的处理活跃了空间，在空间的细节处理上较为详细到位。植物分析、节点构造分析使得方案更加全面完整。

H 学姐
硕士研究生
清华美院

快题整体色调统一和谐，富有张力。鲜灰对比得当、主次鲜明。排版自然、活泼，张弛有度。选用轴测图作为主要效果图，配合局部节点透视效果图进行补充说明，内容翔实、丰富；效果图与制图对照严谨。方案也采用大量折线来“破形”，打破整体空间“规矩感”，使得整个空间生动、活泼起来，富有动感与活力。

Y 学姐
硕士研究生
中央美院

效果图表现技法熟练，颜色搭配和谐，排版内容也清晰合理。空间氛围表现得比较到位，建筑外立面造型设计得错落有序、体块穿插合理，层次丰富，节奏变化富有韵律。

主效果图的表现主要集中在室外景观，若在保留室外创意的同时在室内范围多加表现，会让方案更完整、更细致。

人居空间室内设计快题手绘如图8-4、图8-5所示。

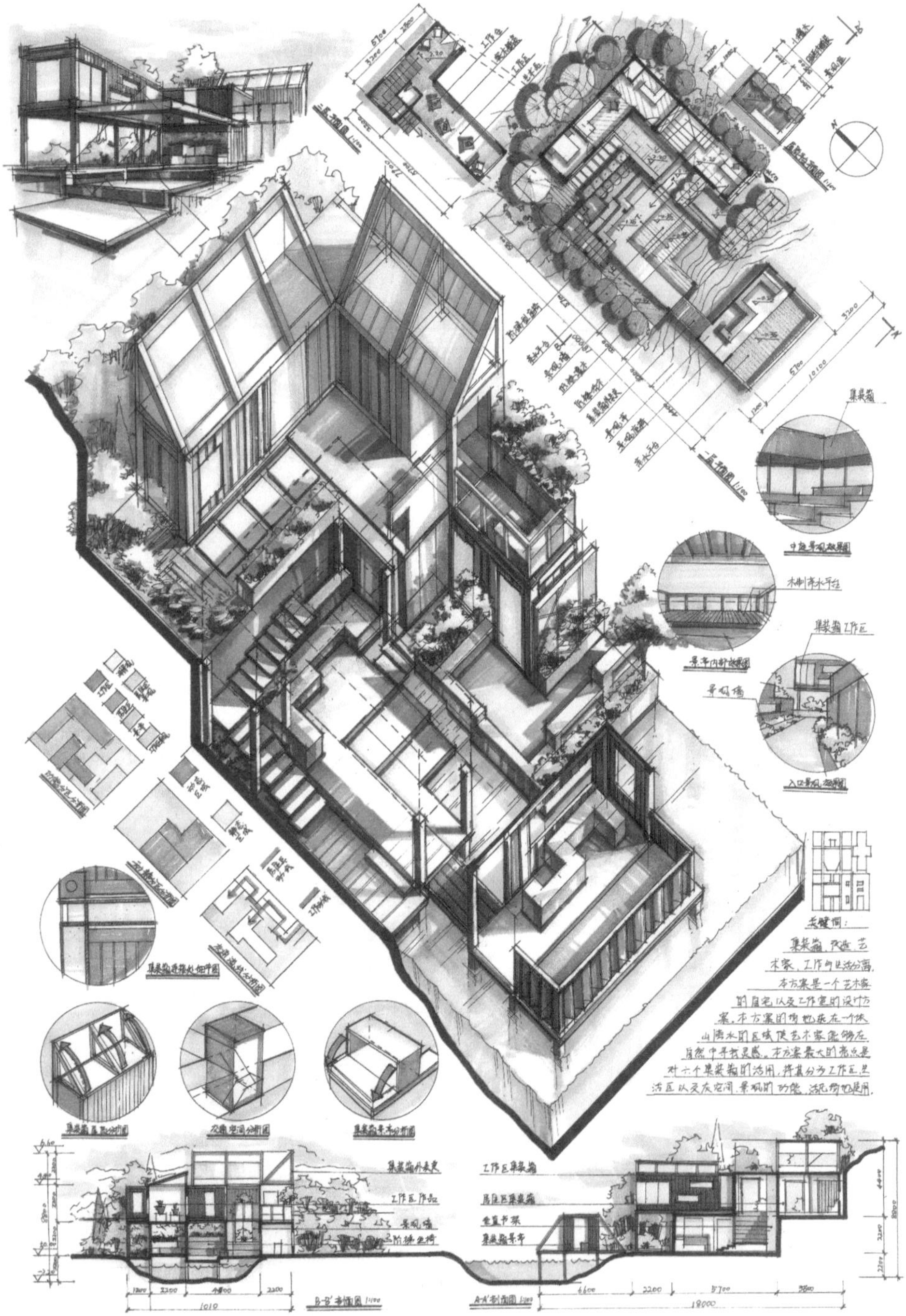

图8-4　人居空间室内设计快题手绘（四）/ 新蕾艺术学院学员

S 学长
博士研究生
清华美院

本套设计方案是一套拥有局部地形的快题设计方案，绘图者充分利用其地形特点进行设计，对集装箱这一素材进行多种解构、重置；版式活泼自然；画面设色主题明确；明暗对比张弛有度。

L 学长
硕士研究生
清华美院

集装箱建筑改造，设计巧妙，构图新颖，排版大胆且合理有序，主效果图很有张力。展示空间功能划分的构思新颖，功能分析清晰合理。整体用色跳跃丰富，但不同色系的颜色出现较多，画面稍显花乱。

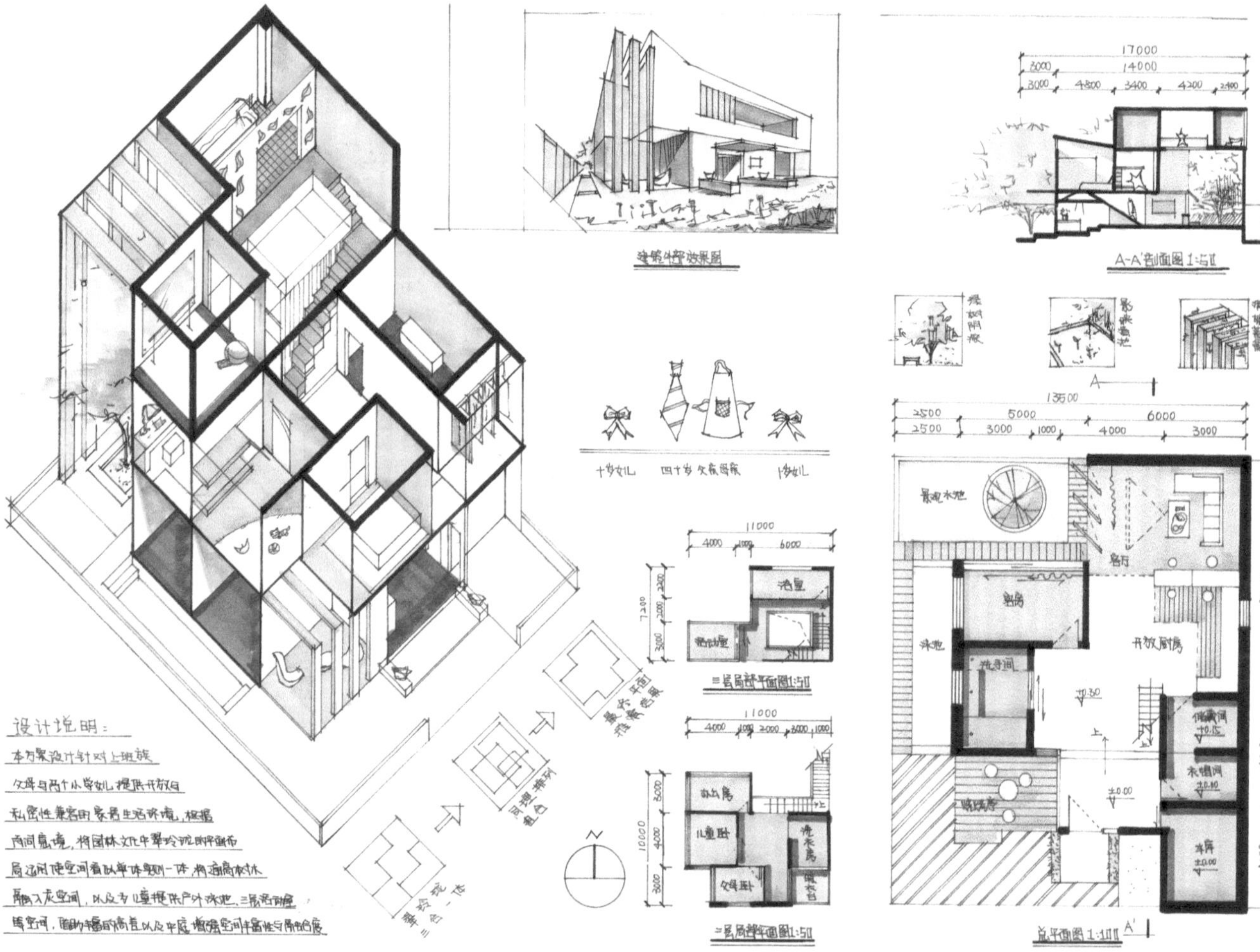

图8-5　人居空间室内设计快题手绘（五）/ 新蕾艺术学院学员

K 学姐
硕士研究生
北京服装学院

本张快题采用轴测图的方式表达隔断较多的空间，是一种十分可取的方式，需要注意的是，快题分析图画得过于潦草，有未完成之感，同时在排版上也需要下更多心思，有散乱之嫌；最为简单的提升办法就是将每部分的制图都进行放大处理，使得排版更为紧密、丰富。

L 学姐
硕士研究生
北京林业大学

整体设计简洁又丰富，流线清晰合理，制图也严谨规范，空间分布合理有序。外庭灰色空间的设计新颖，使空间节奏感增强。

轴测图作为主效果图，留白部分稍多，上色不够统一整体；分析图绘制得较小，排版显得不够紧凑丰富，建筑外立面效果图可再大些，以表达更多细节。

人居空间室内设计快题手绘如图8-6、图8-7所示。

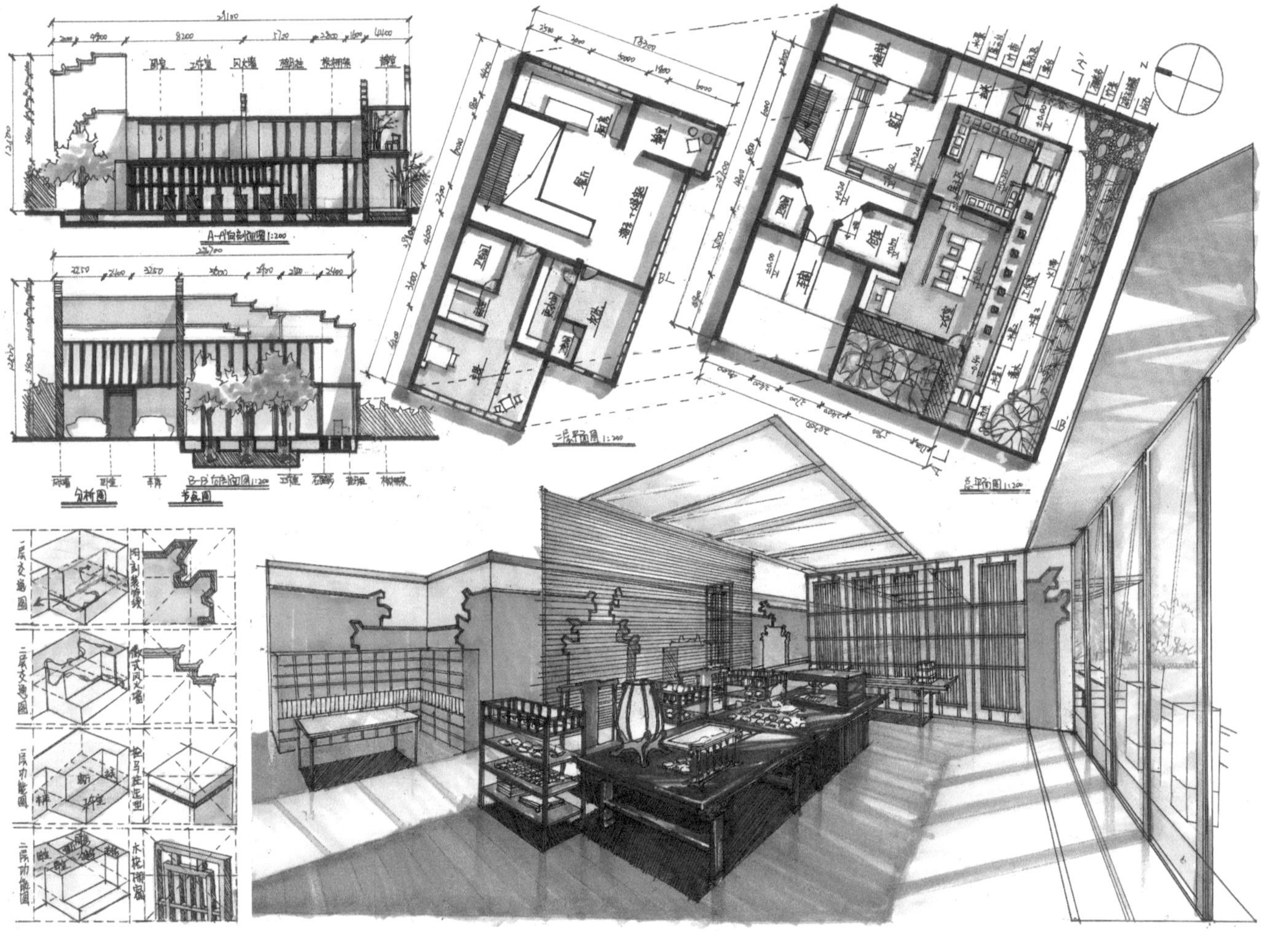

图8-6 人居空间室内设计快题手绘（六）/ 新蕾艺术学院学员

W 学姐
硕士研究生
清华美院

本套快题是一间艺术家工作室设计方案，绘图者细化设计要求，将需求设定为徽州某非遗传承人的工作室设计，通过细化需求，找到其方案的独立性与创新性，以徽式建筑的独特造型轮廓为设计元素进行设计，同时活用版式，使得版式富有张力，对细节进行深入刻画的同时张弛有度，形成对比。

G 学姐
硕士研究生
北京工业大学

本快题表现技法熟练，右侧光影效果表达较好，主体物的刻画细节丰富。平面布局功能合理，流线清晰。主题为展示空间，方案中对展示形式及功能分析图较少，加入一些细节功能的展示可使方案更完整、切题。快题左下角分析图部分形式新颖、分析思路清晰且全面，是整张快题手绘的亮点。

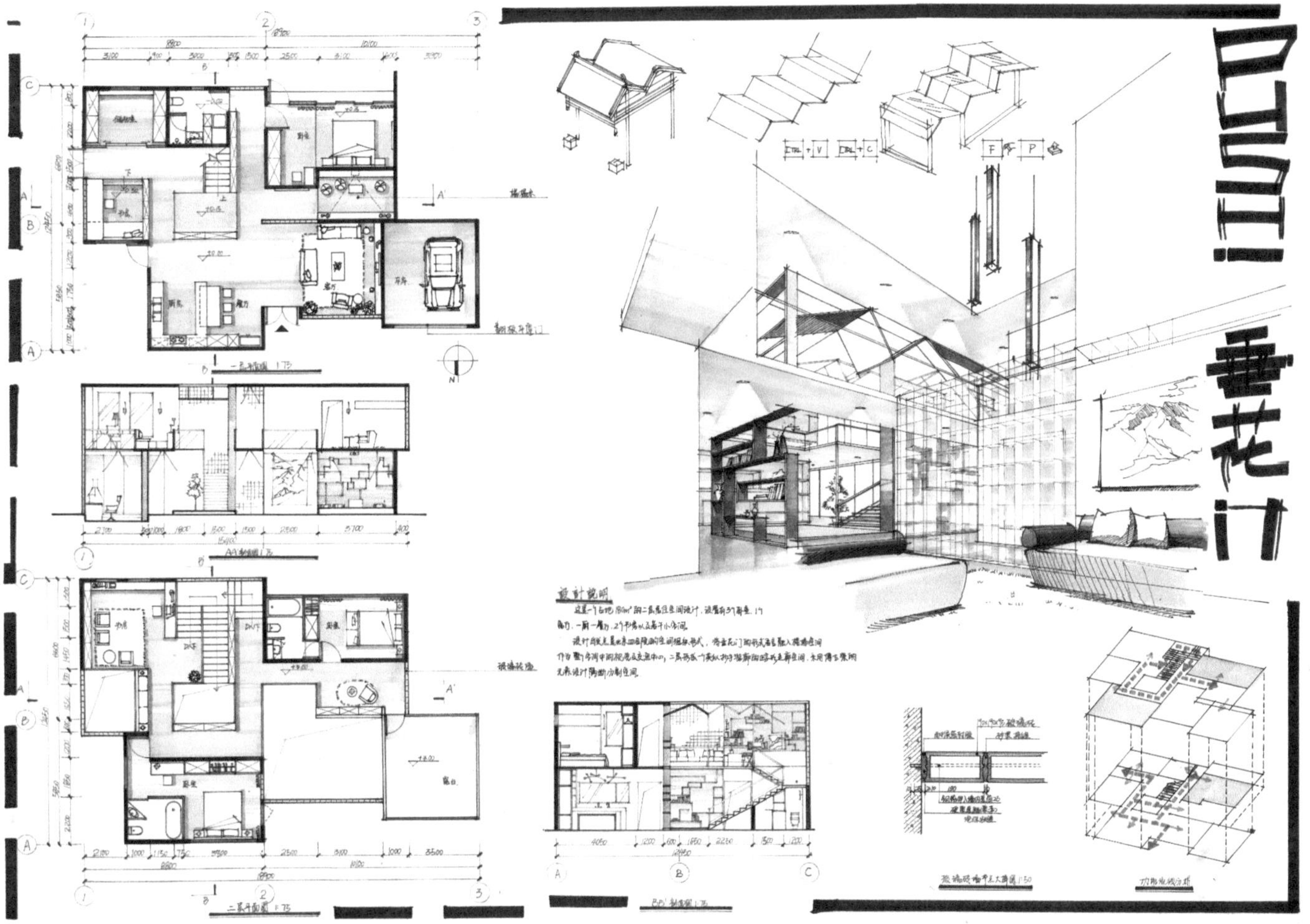

图8-7　人居空间室内设计快题手绘（七）/ 新蕾艺术学院学员

Y 学姐
硕士研究生
北京理工大学

本套快题的制图部分完成度高，显示出快题设计的专业性与严谨性；效果图部分简洁明了，明暗对比清晰，后期在对其进行升级时，可以进行更多细节刻画，同时也需要对分析图进行升级替换，合理重置版式，避免出现大面积留白的情况，否则有块体整体未完成的嫌疑。

K 学姐
硕士研究生
北京服装学院

整体方案设计简洁大方，完整统一。简洁的灰色系色调搭配把空间氛围表现得很到位。平面图、剖面图制图规范，功能设计合理，分析图较全面，方案的完整性较强。功能分析图及节点图可以画得很细致；效果图留白区域略显大，内容可向左边再延伸一些，使整体排版看起来更完整、紧凑。

人居空间室内设计快题手绘如图8-8所示。

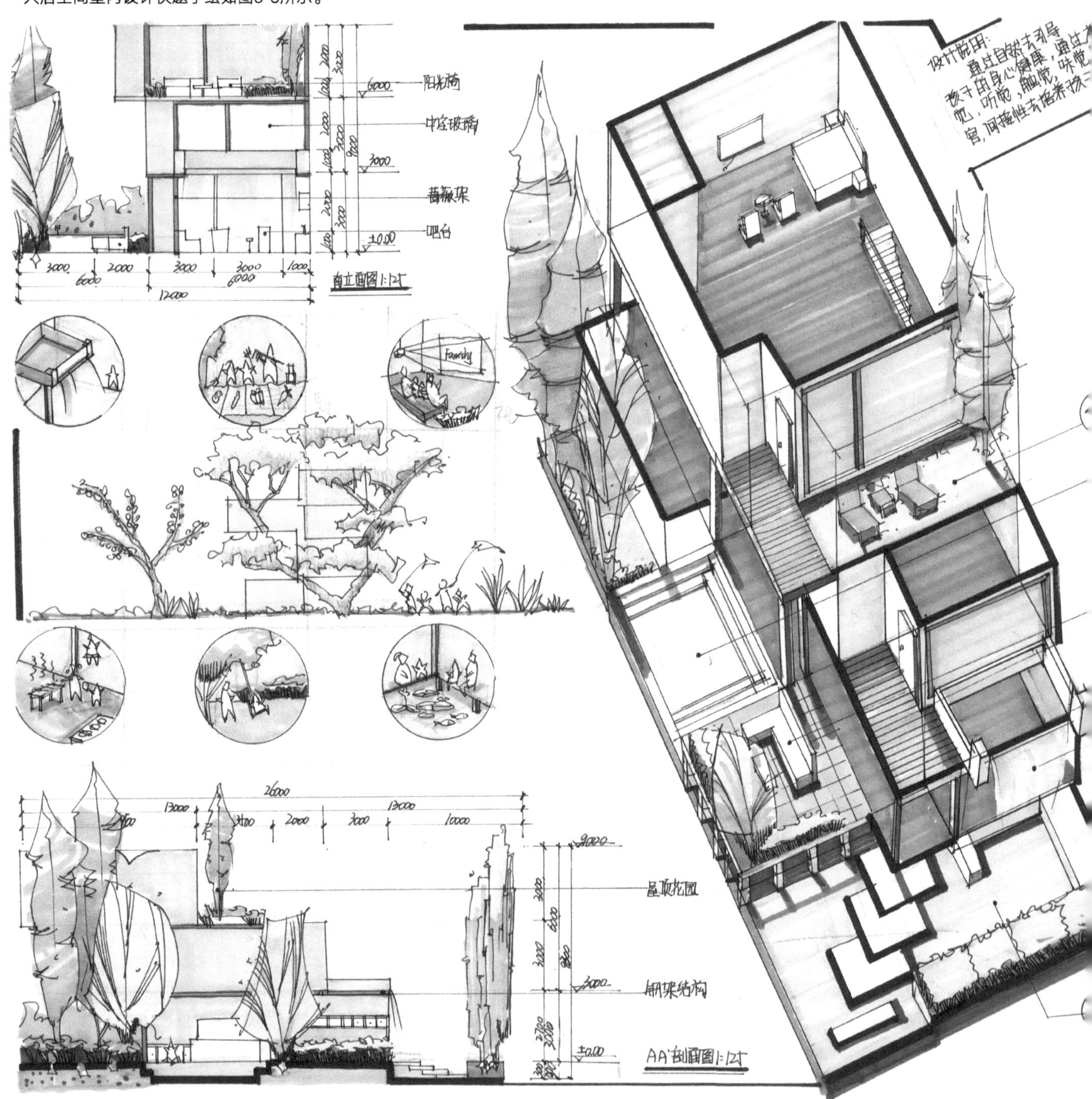

图8-8　人居空间室内设计快题手绘（八）/ 新蕾艺术学院学员

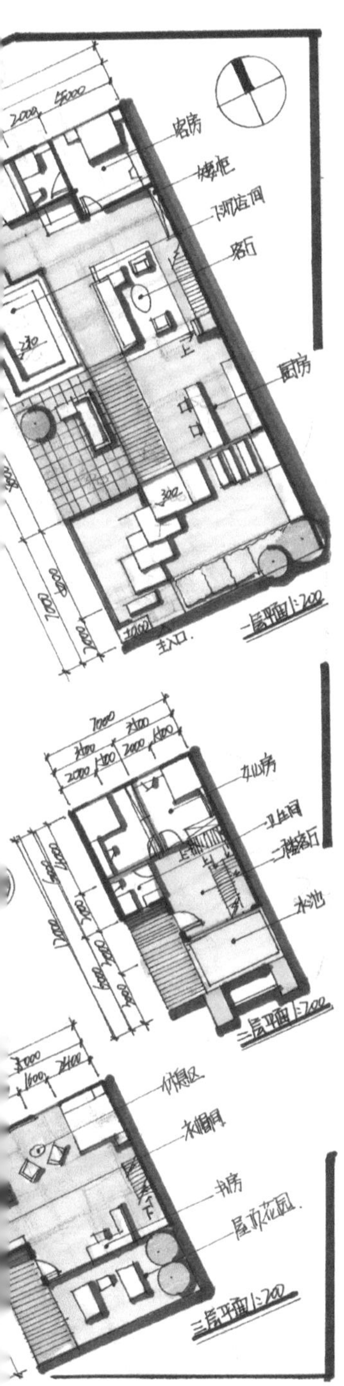

·快题设计题目要求：人居空间设计（设计实践项目选题）

S 学长
博士研究生
清华美院

画面整体设色清新，统一和谐，需要注意的是对明度的调节，过于同质化的明度处理使得画面整体偏灰，可适当添加重色进行调节。此外，制图部分设色过多，一来会分散观者注意力；二来制图部分的主次划分不甚明了。建议首先减少对制图的设色，降低其饱和度；其次可对分析节点图增加更多的文字说明，提高严谨性。

Y 学长
硕士研究生
清华美院

这一方案的效果图采用轴测构图，以此作为视觉中心，视觉效果强烈、表现力强。空间布局划分清晰，空间层次错落丰富，从室外到室内的过渡柔和；色彩运用清新，以冷色调为主，搭配部分暖色调材质及植被，画面和谐统一，颜色层次丰富。平面图按照一定角度绘制，版式新颖。景观植物的画法风格明显，值得学习。

H 学姐
硕士研究生
清华美院

不论是整张快题，还是快题每个部分，都应该注意主次划分，主次可以通过明暗对比进行表达；可以通过细节的丰富程度进行表达；可以通过色彩的鲜灰对比进行表达；细节过多或者全无细节都会使得画面“平板”，需要引起注意；需要对分析图的细节进行处理，使得图像化语言更清晰、简单、易懂，文字也要进行对齐排版。

Y 学姐
硕士研究生
中央美院

画面完整、构图饱满、颜色搭配是这一方案的亮点，多种色调的植被为冷色调的空间注入了活力；以灰颜色作为主色调搭配少量纯色，既简单又出效果，是快题设计手绘色彩搭配的好方法。排版整齐，主次分明。在表现技法上，用线轻松，上色工整，用笔平涂，即使没有“帅气”的笔触，也不会显得简单，整体画面干净整洁。

商业空间室内设计快题手绘如图8-9、图8-10所示。

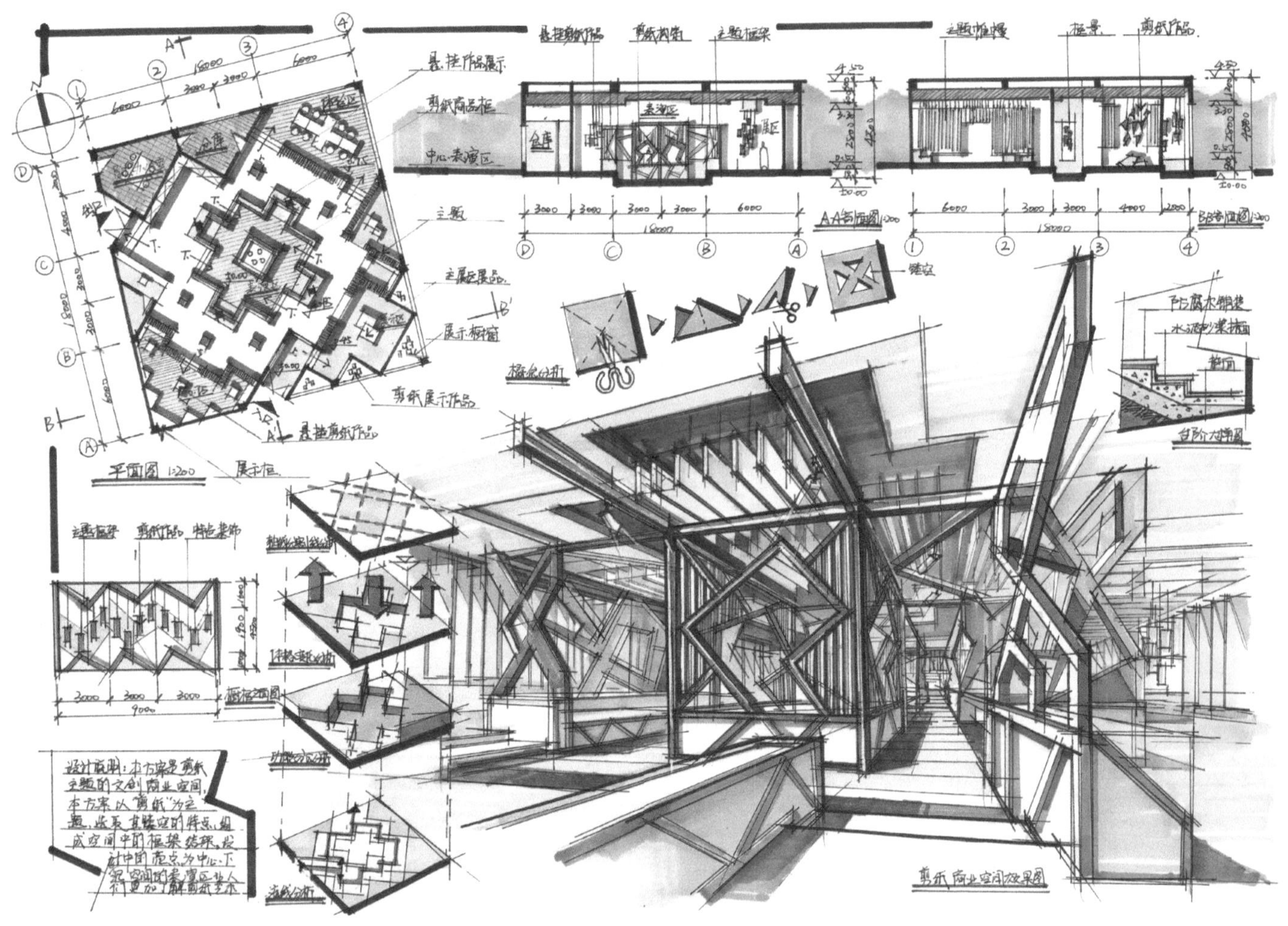

图8-9　商业空间室内设计快题手绘（一）/ 新蕾艺术学院学员

8.2 商业空间室内快题设计手绘及范例评析

商业空间作为室内设计的一个类型，内涵丰富、形式多样、功能复杂，通常面积较大、设计内容多，除具备商业空间一切功能外，同时还兼具展示功能。在原有商业展示的基础上，当前多媒体、数字化的展示更加受到青睐，大面积的广告屏幕、交互体验装置被应用到各种各样的商业空间中，因此也常作为快题设计手绘的出题方向。室内快题设计中常见的商业空间有：文创商店、专卖店、餐厅等。

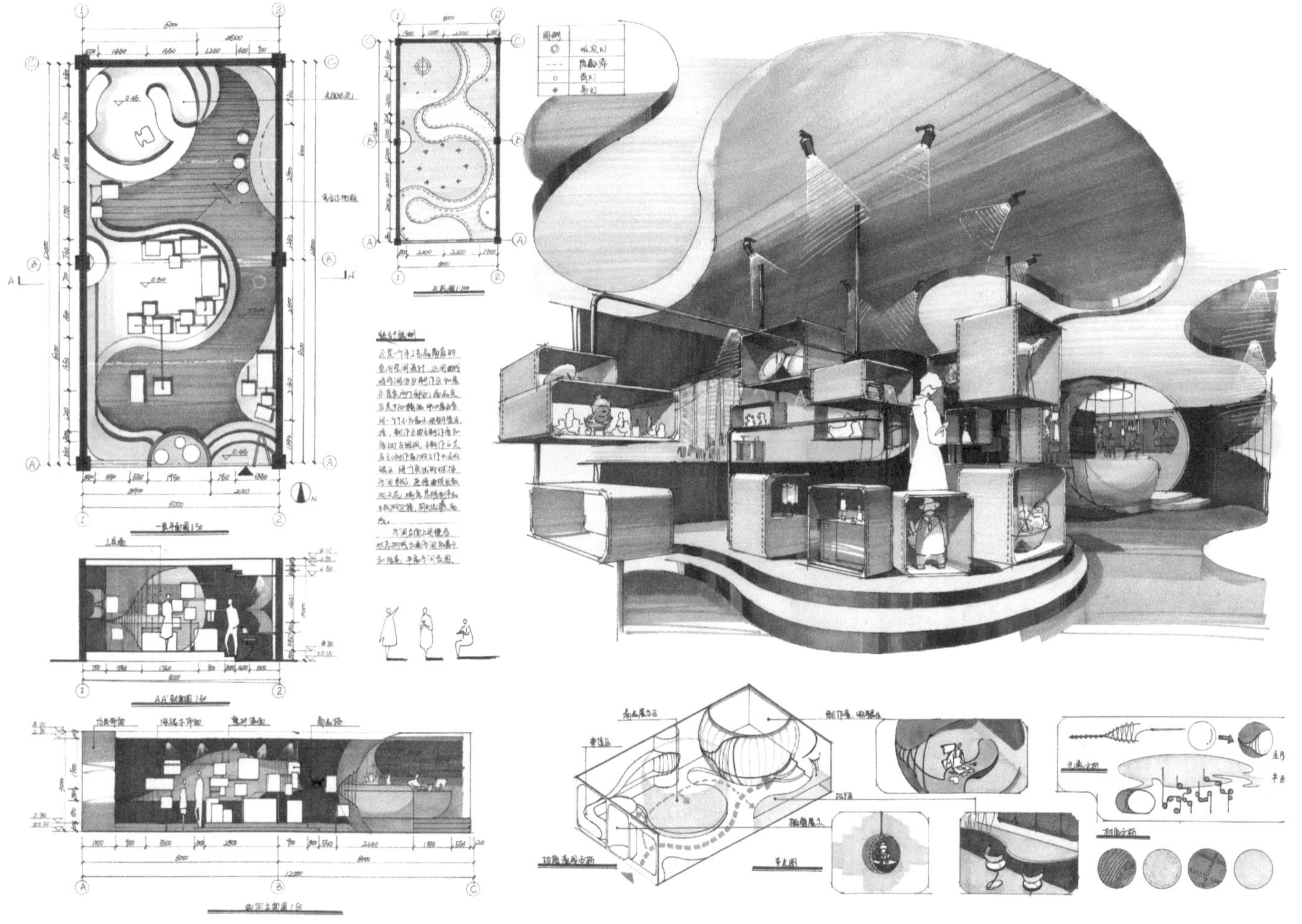

图8-10　商业空间室内设计快题手绘（二）/ 新蕾艺术学院学员

L 学姐
硕士研究生
北京林业大学

如图8-10所示快题整体线条语言统一，均为随形曲线，但需注意曲线空间的透视问题，切勿画出不符合透视规则的空间结构；快题整体设色较为统一，但需注意局部设色过重的问题，会造成主次混淆，尤其是在平面图、立面图部分。可适当添加灰调空间作为背景色；添加更多文字注释可以提高快题专业性。

K 学姐
硕士研究生
北京服装学院

如图8-10所示方案为商业空间设计，空间的曲线形态非常流畅，透视合理舒适；主体物细节丰富，主次分明，值得借鉴。展厅形态演变可再放大细化，提高方案设计的“切题”度；可增加展示功能分析图，使方案更加完整。平面图、剖面图和立面图颜色过多，上色的度没有把握好，覆盖了原有线稿的表现力。

商业空间室内设计快题手绘如图8-11、图8-12所示。

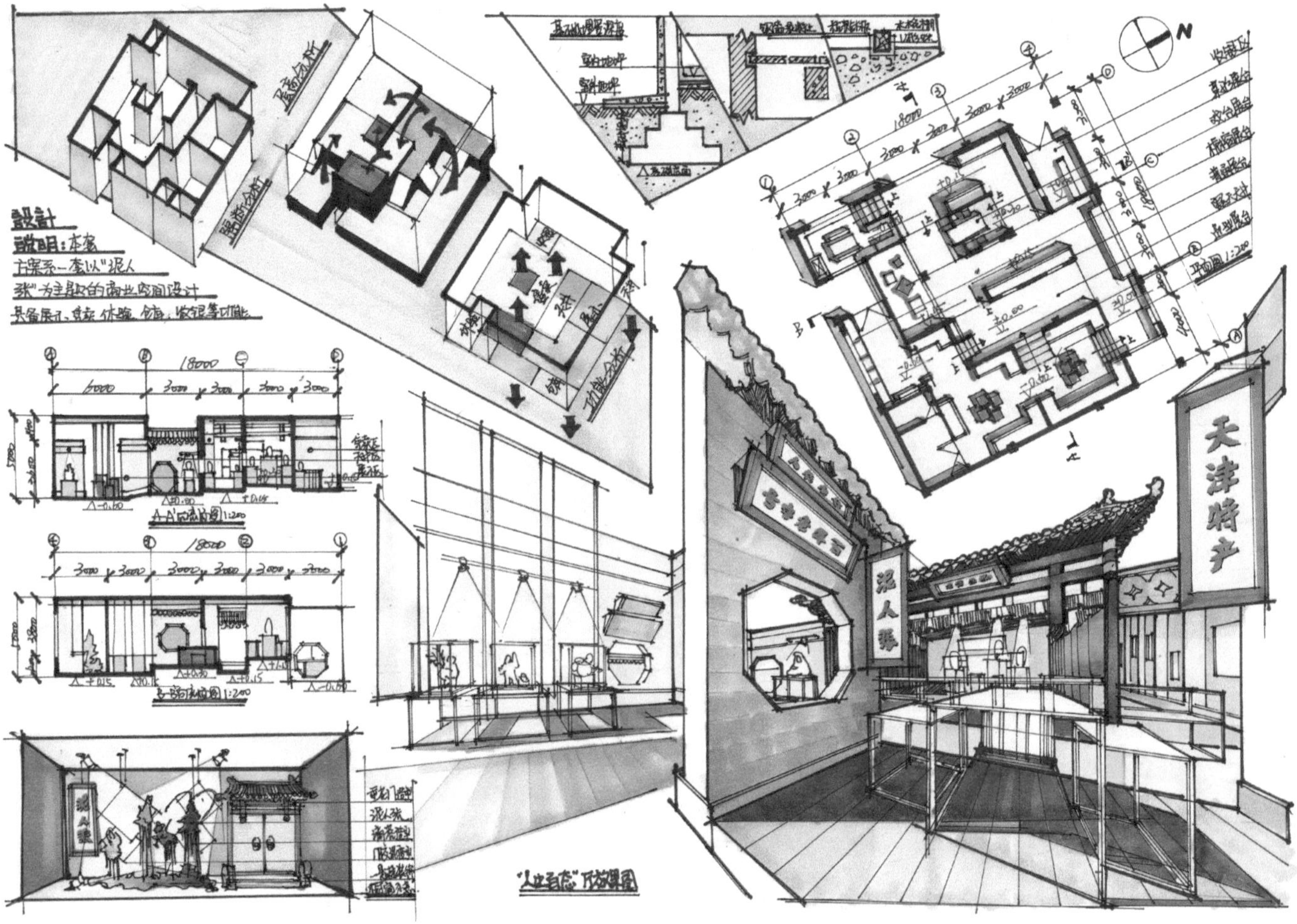

图8-11 商业空间室内设计快题手绘（三）/ 新蕾艺术学院学员

W 学姐
硕士研究生
清华美院

如图8-11所示快题是一套展销空间设计方案，绘图者再次深化细节需求，将空间定义为天津特产展销空间，有了具体定位，可为空间提供丰富的细节支持；同时作图者善于运用镂空隔断、软隔断等，为空间提供丰富层次；整体设色统一和谐，符合主题定位。同时本作品也为平面图、分析图等提供了丰富的文字说明。

L 学姐
硕士研究生
北京林业大学

如图8-11所示方案从排版设计到内容设计都具有很高的完整性，表现技巧熟练，画面整洁，将具有天津特色的商业空间氛围表现得很好。平立面制图合理规范，分析图清晰明了，整体方案值得借鉴。局部的节点构造分析使得设计方案更加全面、完善。整体而言，快题中缺少细致刻画的区域，精细度不够。

图8-12　商业空间室内设计快题手绘（四）/ 新蕾艺术学院学员

H 学姐
硕士研究生
清华美院

如图8-12所示快题的主体物刻画丰富细节，使得主体十分突出，周围环境的灰调很好地衬托了主体物，平面图、立面图以及分析图的绘制都有一定细节处理，需要注意的是空间层次太过于单一可进行深入思考，丰富效果图层次，也可以通过增加分析图来丰富内容。

K 学姐
硕士研究生
北京服装学院

如图8-12所示商业空间主题明确，以“白色”设计元素为主题，整体以冰窖的空间形态进行设计。空间动线合理，主体展示物刻画丰富，直抓主题。以冷灰色调作为主色调，视觉中心橙色人物和雪人与背景对比强烈，主次突出。但平面图、剖面图略显简单，需增加展示信息的细节，让商业空间层次更丰富。

休闲交流空间室内设计快题手绘如图8-13、图8-14所示。

图8-13　休闲交流空间室内设计快题手绘（一）/ 新蕾艺术学院学员

8.3 休闲交流空间室内快题设计手绘及范例评析

休闲交流空间是以休闲功能为主，兼具交流、讨论、洽谈等功能的空间类型，空间组织灵活，功能完备，可根据实际需求进行自由组合、随意切换，因此在设计过程中就要考虑空间的多样性、灵活性，以此满足不同的使用需求。

在室内快题设计手绘中常见的空间如艺术沙龙、品牌活动、人物访谈、课程讲座、小型聚会、公共空间休闲中庭、校园休闲空间等休闲交流空间设计。

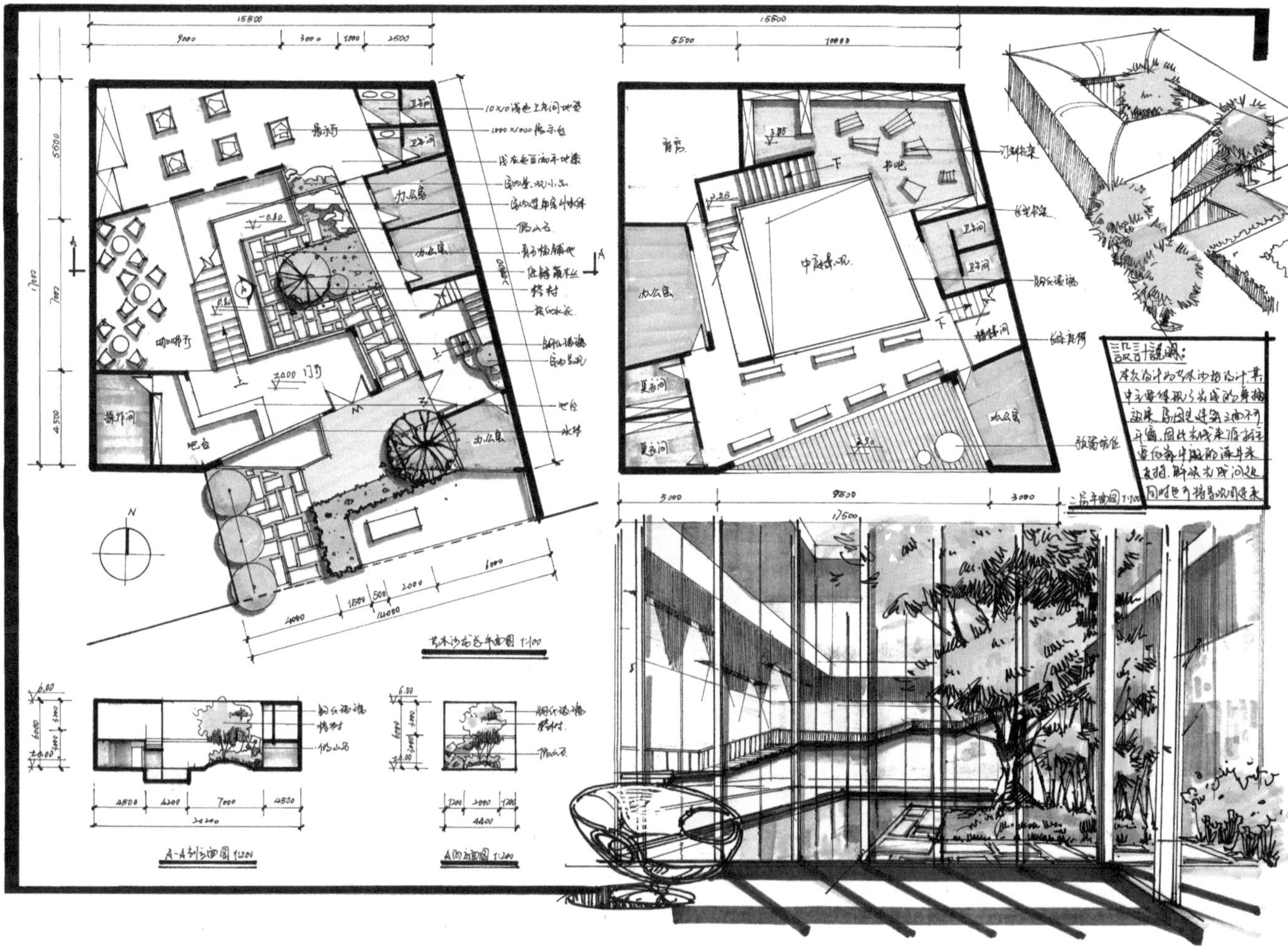

图8-14　休闲交流空间室内设计快题手绘（二）/ 新蕾艺术学院学员

H 学姐
硕士研究生
清华美院

如图8-14所示快题效果图区分出三个层次，近景为前置的家具；中景为庭院景观；远景为建筑结构，效果图构思十分讨巧，大量留白与强烈的明暗变化使中景的景观部分突出，做到层次分明，鲜灰对比与明暗对比都十分精彩，配色也是和谐统一，明媚且富有生命力，在排版上可适当放大剖面图与立面图。

K 学姐
硕士研究生
北京服装学院

如图8-14所示效果图表现技法熟练，颜色运用准确、丰富，玻璃隔断的投影增加了空间的设计感，对比强烈，同时作品的线条活泼、轻松，具有设计感；制图严谨规范，方案的平面图功能布局也合理清晰，整个方案的色彩、用笔和设计都值得学习。不过立面图、剖面图比例错误，略显小气，设计的内容没有很好地展示出来。

休闲交流空间室内设计快题手绘如图8-15所示。

·快题设计题目要求：休闲交流空间设计（设计实践项目选题）

S 学长
博士研究生
清华美院

本套快题的绘图者经验老到，笔法纯熟，善于进行尺规制图，画面工整，秩序感极强，空间结构细节丰富，层次分明，善于运用留白，与结构细节进行对比，整体设色不多却没有未完成之感，实则是设色之处皆是对空间结构的表达；平面图和立面图部分制图十分工整、规范、大量文字注释使得快题更加严谨、专业。

Y 学长
硕士研究生
清华美院

该方案的完整度很高，简洁又丰富，平面图绘制细致，立面结构设计合理。效果图的空间层次感强，细节丰富，但承重柱的位置在效果图的正中间有些遮挡视野，使用一点斜透视的效果可能会更好，或者做虚化处理。整张快题手绘着色不多，颜色选择清淡素雅，整体色调统一。与众多强对比的快题相比，又是另外一种风格。

H 学姐
硕士研究生
清华美院

本套快题虽为几年前的作品，但今日拿出来做分析，仍有很好的借鉴意义，可以看出图中有很大的工作量，在制图层面的严谨和分析图层面的工作使得方案的逻辑性大大增强，立面中的平面构成也处理得十分干净利落，简练大气。效果图中巧用场地原本柱网结构与软隔断为空间增添结构细节，不同类型铺装也为画面增添了细节。

Y 学姐
硕士研究生
中央美院

该方案的颜色搭配简洁、和谐，同时它的整体结构清晰、明了，整个画面看起来整洁大方又充满细节，完整性强。平面图绘制得很细致，但主次感较弱，室内设计需比室外设计更加丰富完整，突出室内设计部分，从而强调主次关系。快题中多个效果图的手绘，“一主两次”，展示信息全面。平面图的表达、丰富的索引和标注使该方案层次丰富，值得借鉴。

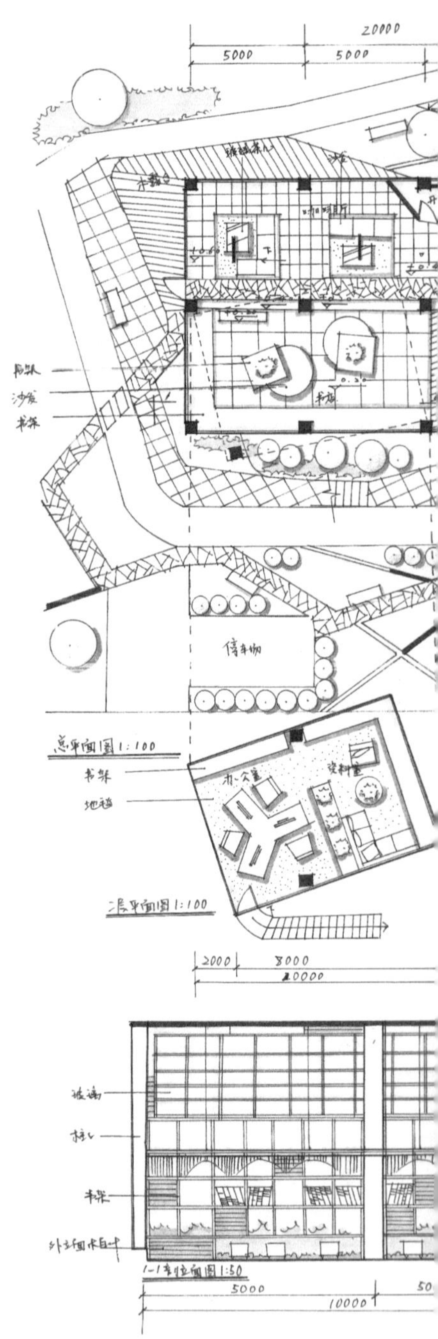

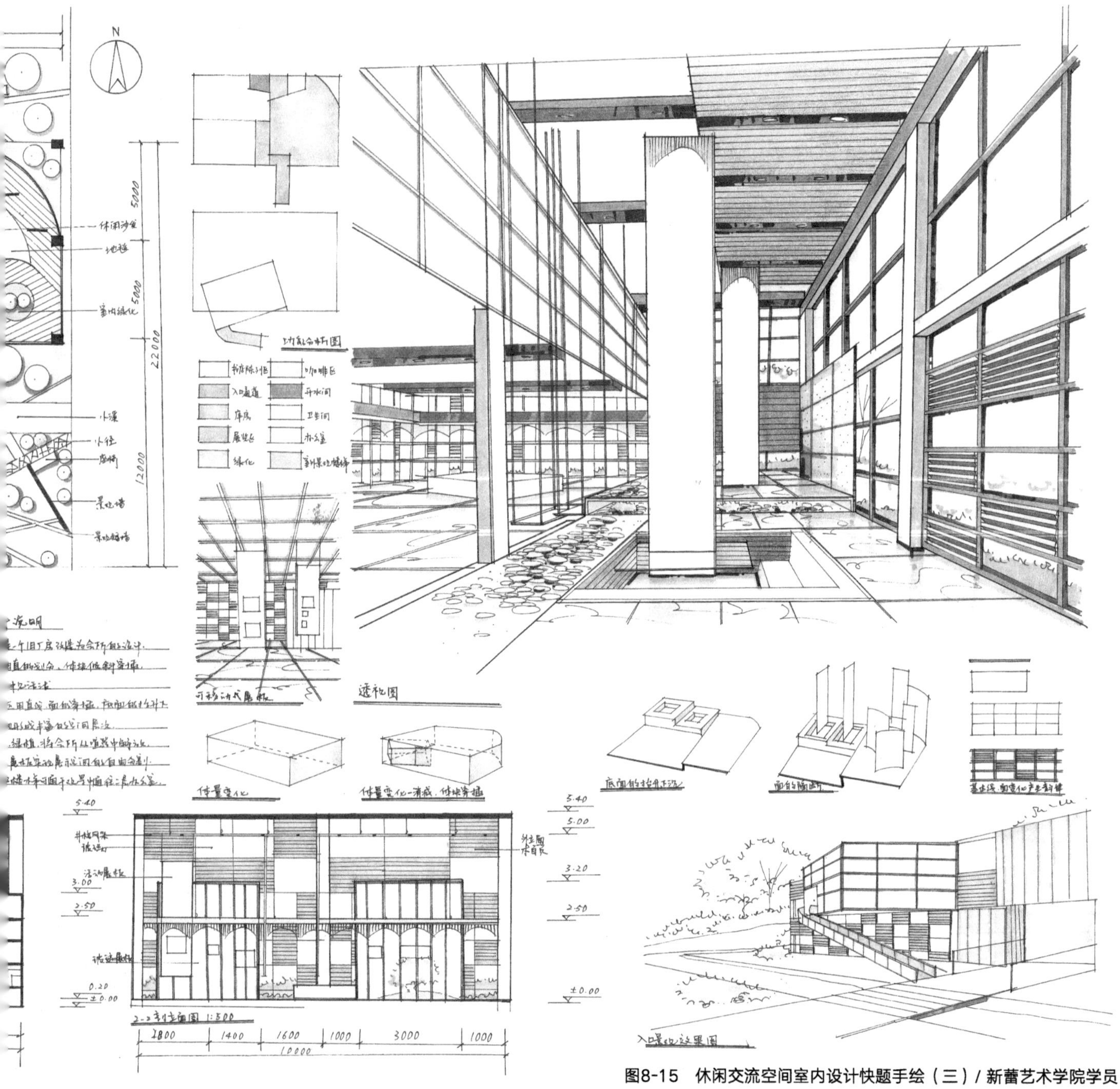

图8-15　休闲交流空间室内设计快题手绘（三）/ 新蕾艺术学院学员

休闲交流空间室内设计快题手绘如图8-16、图8-17所示。

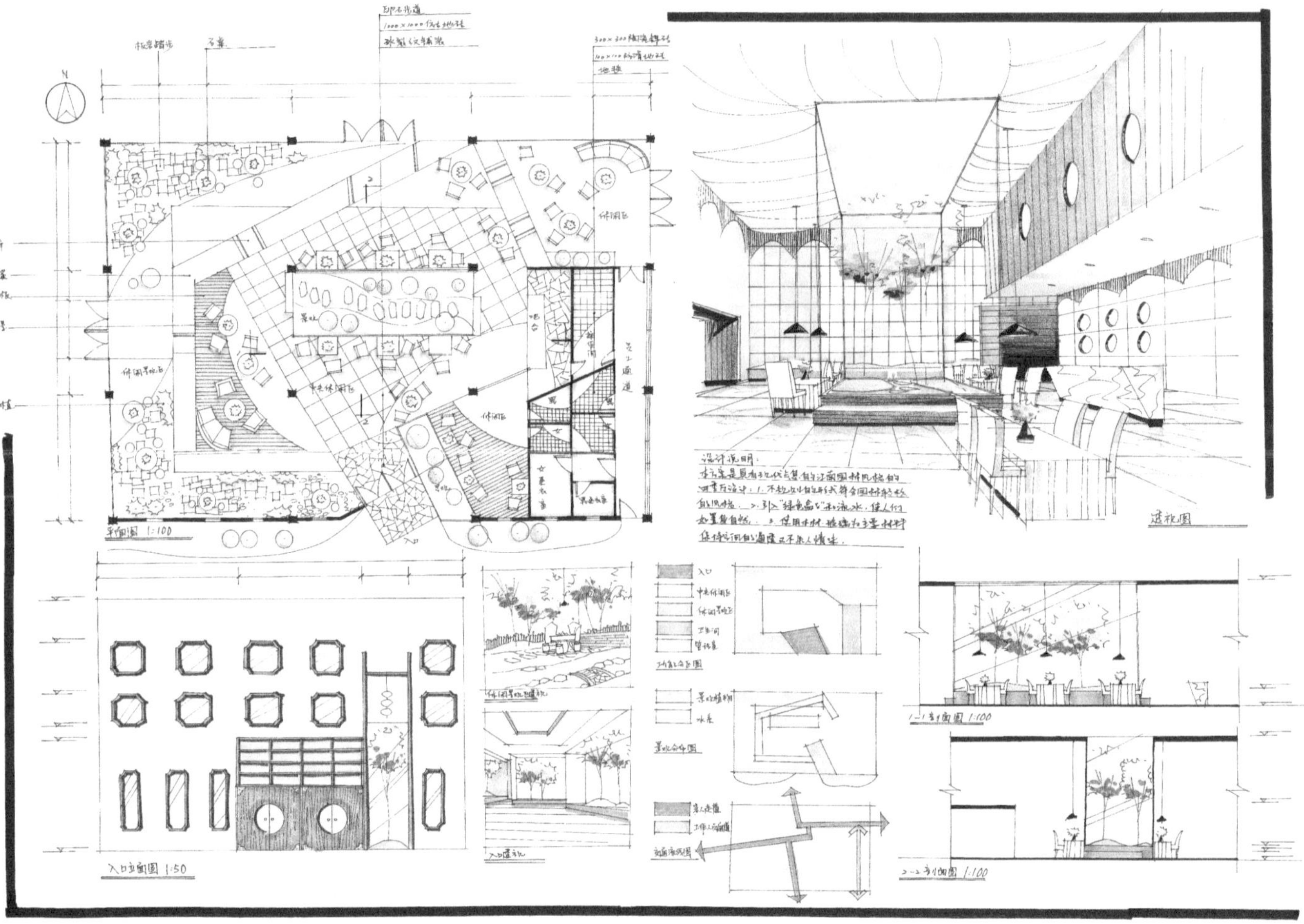

图8-16　休闲交流空间室内设计快题手绘（四）/ 新蕾艺术学院学员

S 学姐
硕士研究生
中央美院

如图8-16所示快题整体保持着高明度的设色风格，清新自然。效果图的局部重色使得重点十分突出。需要注意的是，制图部分虽不用强调设色，却也需要进行主次划分，可以使用不同线型对墙体、柱网、家具、门窗、铺装、标注文字、标注线等进行区分。大体上分为三个层次即可。可适当减小平面图放大效果图。

L 学姐
硕士研究生
北京林业大学

如图8-16所示方案的平面图构思新颖，室内景观相结合，绘制细致，材质区分明确，用色清爽，整体完整度也较高，值得学习。露天中庭的设计很巧妙，增加了空间的设计感，但视点较高，透视感偏弱，缺少张力。立面设计可再丰富些，表达更多的设计思考。功能分析、流线分析图画法简单，效果理想。

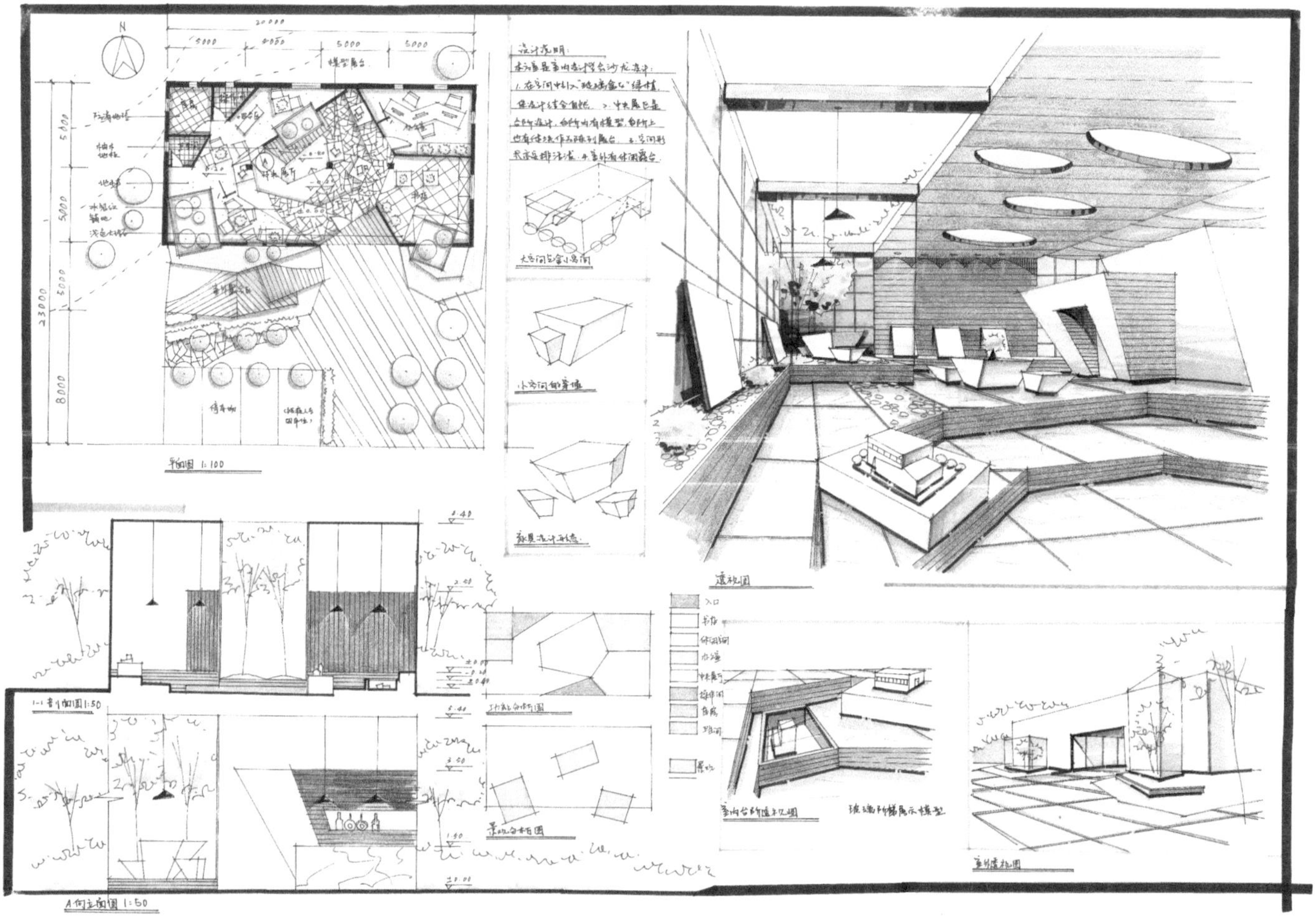

图8-17　休闲交流空间室内设计快题手绘（五）/ 新蕾艺术学院学员

H 学姐
硕士研究生
清华美院

如图8-17所示快题为局部有高差的室内空间提供是绘图视角参考，若是将视点放置在台阶之上从上向下看，则很难达到现有效果图的效果。效果图的明暗对比也十分出彩，整体画风，清澈、透亮、整洁大气。此外，该空间的适用范围也非常强，只需要将家具部分陈设更改就可适用于其他题目。

K 学姐
硕士研究生
北京服装学院

如图8-17所示方案设计合理、构思巧妙，从排版到用色都很舒适，材质表现也准确丰富。平面图绘制细致，但比例尺选择的不恰当，导致室内空间部分绘制较小，细节不够突出且略显拥挤，可简略外部设计，放大室内设计细节，从而调整平面图主次关系。效果图需注意物体透视的大小关系。

休闲交流空间室内设计快题手绘如图8-18、图8-19所示。

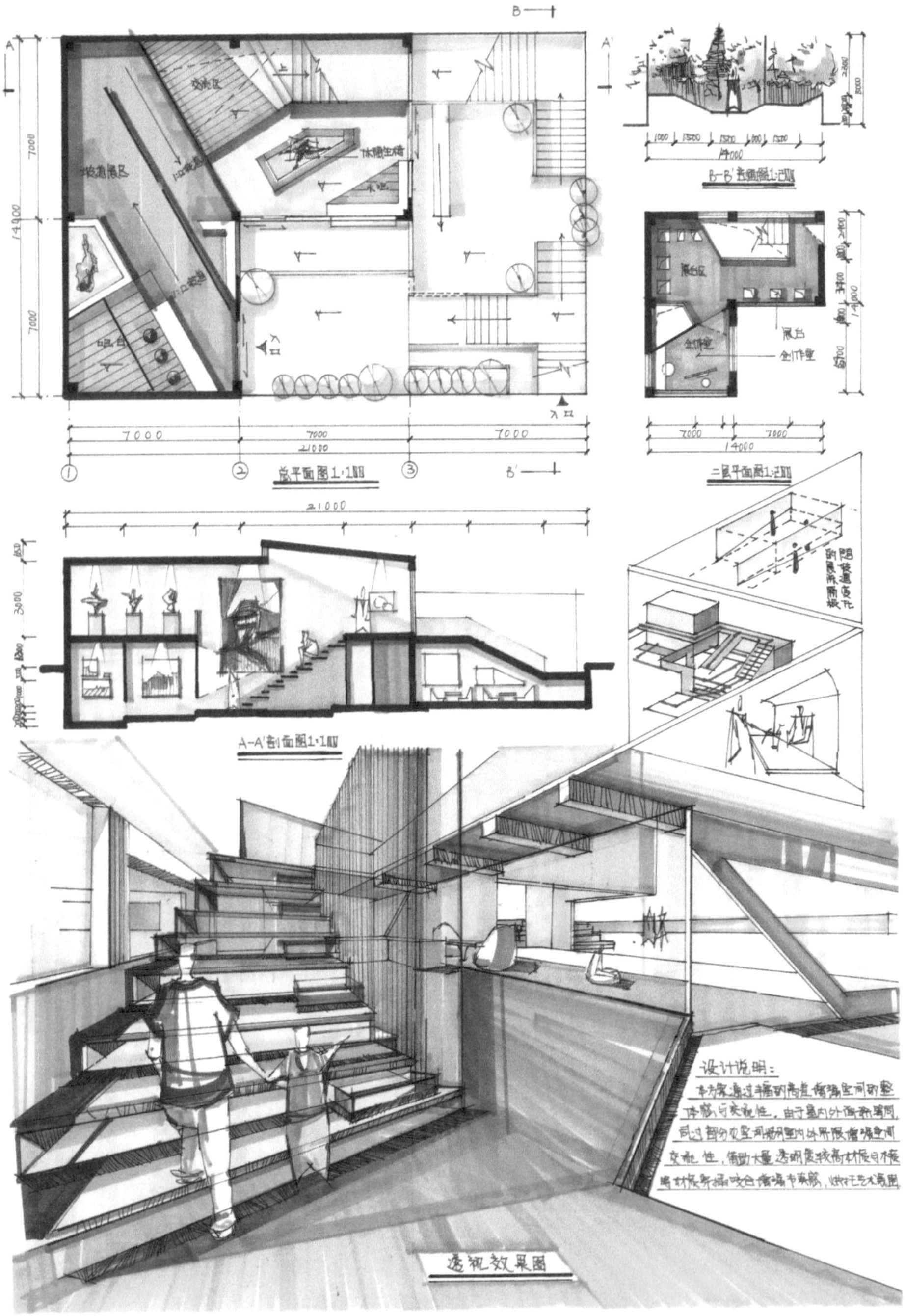

图8-18　休闲交流空间室内设计快题手绘（六）/ 新蕾艺术学院学员

S 学长
博士研究生
清华美院

如图8-18所示快题着重表现空间结构的刻画，在视觉上有很强的冲击力，需要注意的是远景空间缺少功能，细节不足，并且在效果图中置入人物，则需特别留意比例问题。平面图、立面图都很好地做到了区分主次。

L 学长
硕士研究生
清华美院

如图8-18所示展示空间动线设计合理，立面设计丰富，主题色调清冷，搭配木质和灯光的暖调显得和谐舒适。效果图绘制的技法熟练，但缺少主体物的刻画和展示功能的体现，细节不够，灰色层次没拉开。

Y 学姐
硕士研究生
中央美院

如图8-19所示快题中效果图使用两点透视，但将其中一个透视点置于画面内，使画面的纵深感得到加强，绘图者的问题在于将结构理解得过于简单，将空间隔断理解成了简单的面域，而忽略了细节。

S 学姐
硕士研究生
中央美院

如图8-19所示方案构思巧妙，空间层次感丰富，作品将上升空间、下降空间及悬吊空间结合在一起，并通过材质变化进一步增加空间层次感，使整个画面的冷暖、疏密、错落有序，是值得学习的方案设计。

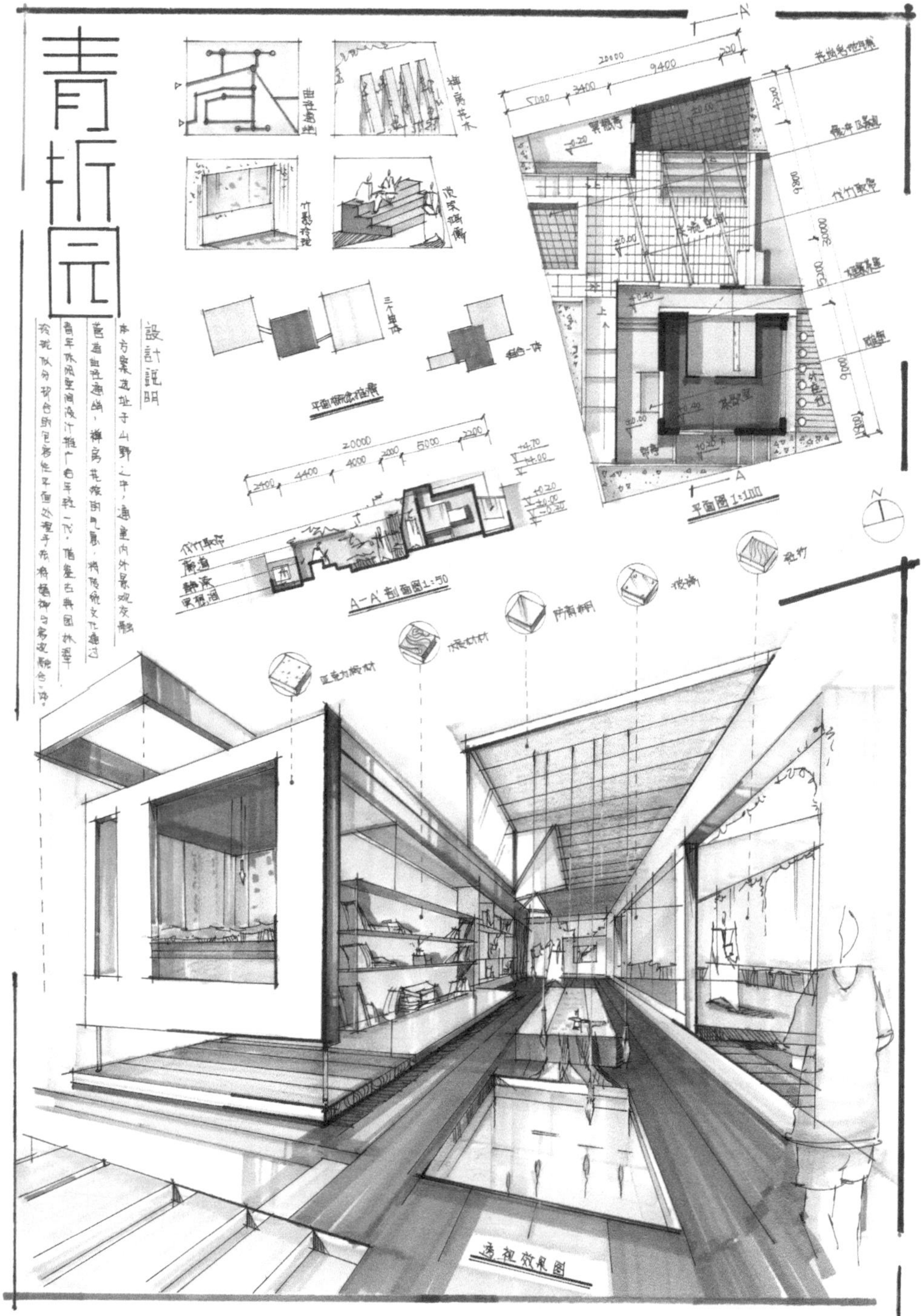

图8-19　休闲交流空间室内设计快题手绘（七）/ 新蕾艺术学院学员

休闲交流空间室内设计快题手绘如图8-20~图8-22所示。

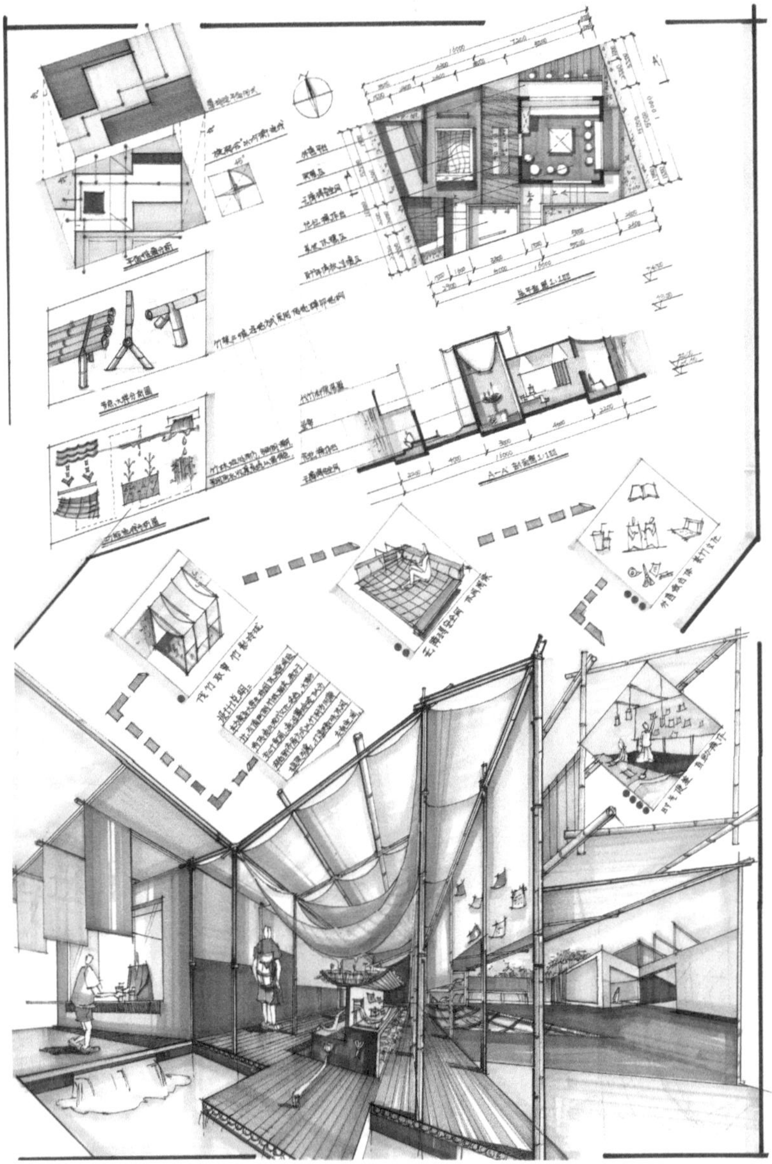

图8-20　休闲交流空间室内设计快题手绘（八）/ 新蕾艺术学院学员

Z 学姐
博士研究生
清华美院

如图8-20所示快题整体设色统一，不过注意大量使用暖灰色会使画面有些脏，可适当对排版进行调整，放大分析图与平立面图。

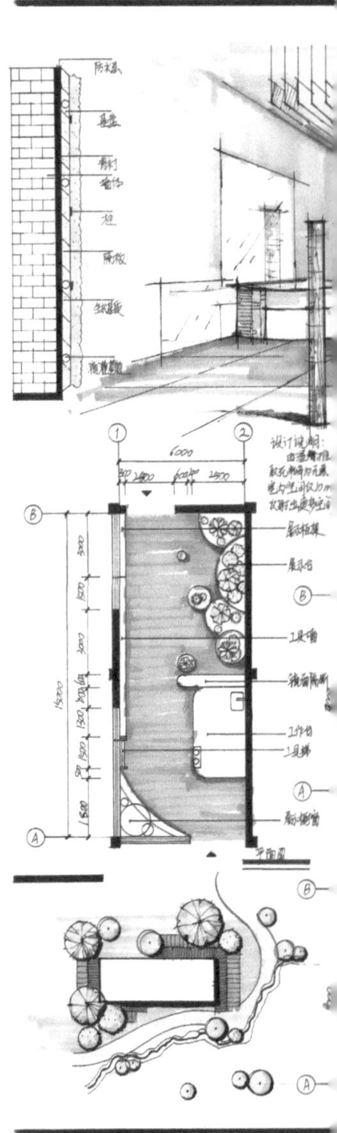

S 学姐
硕士研究
中央美院

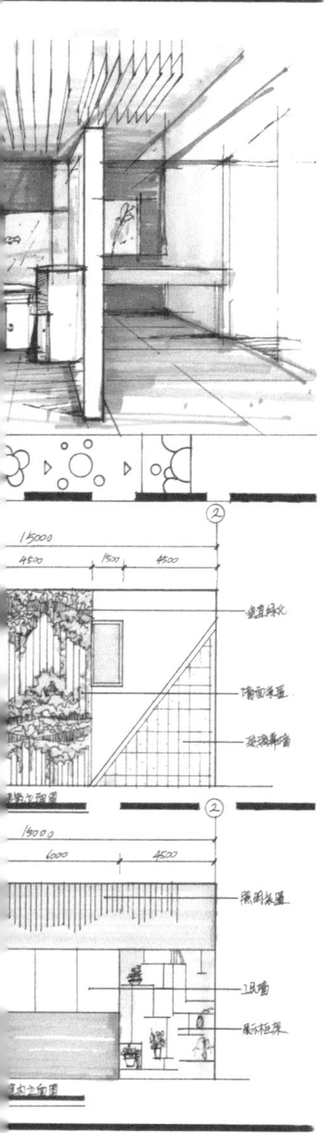

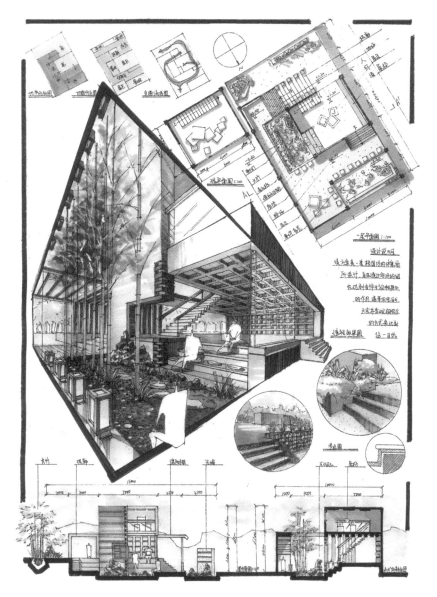

21　休闲交流空间室内设计快题手绘（九）/ 新蕾艺术学院学员

图8-22　休闲交流空间室内设计快题手绘（十）/ 新蕾艺术学院学员

如图8-21所示快题整体设计简洁又丰
展台通过简洁的几何体块成组呈现，并
高级灰色调，有一种简约又不失个性的
，同时用线轻松熟练，笔触潇洒。

K 学姐
硕士研究生
北京服装学院

如图8-22所示快题采用景窗边缘轮廓的方式效果图构图，新颖独特，需要注意的是效果图重色过多画面层次不够清晰的问题。

休闲交流空间室内设计快题手绘如图8-23~图8-25所示。

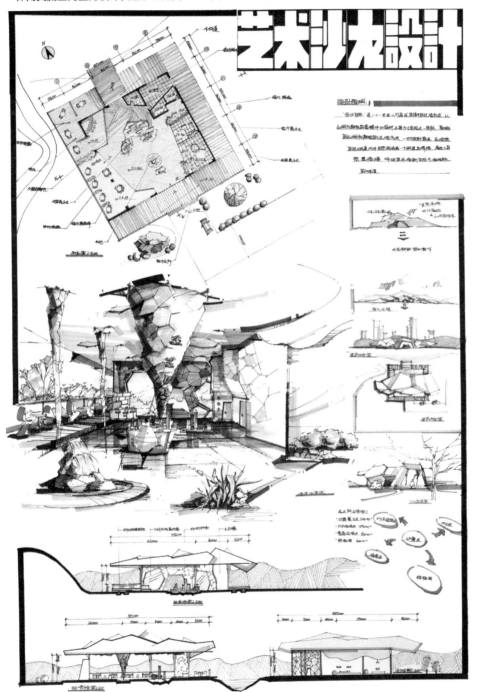

图8-23　休闲交流空间室内设计快题手绘（十一）/ 新蕾艺术学院学员

Z 学姐
硕士研究生
清华美院

如图8-23所示快题设计的效果图，情景感很强，巧用自然造物置入空间营造氛围，石材其天生的肌理无形中增强细节，整体设色明亮清新，干净利落，明暗对比处理得当。在快题排版上主次安排也十分合理。

Y 学长
硕士研究生
清华美院

如图8-23所示方案的构图新颖，画面连贯统一。其构图和用色是最大的亮点。立面图、剖面图及分析图的用色清冷，错落有序，与效果图拉开层次关系，主次分明，同时作品的细节绘制也非常丰富，值得学习。

Y 学姐
硕士研究生
中央美院

如图8-24所示快题将艺术沙龙的需求更加细化，使其成为具有异域风格的艺术沙龙，鲜明的设计元素赋予了画面生机与活力，使其在众多快题中脱颖而出，笔触色设也很是老练，明暗对比张弛有度。

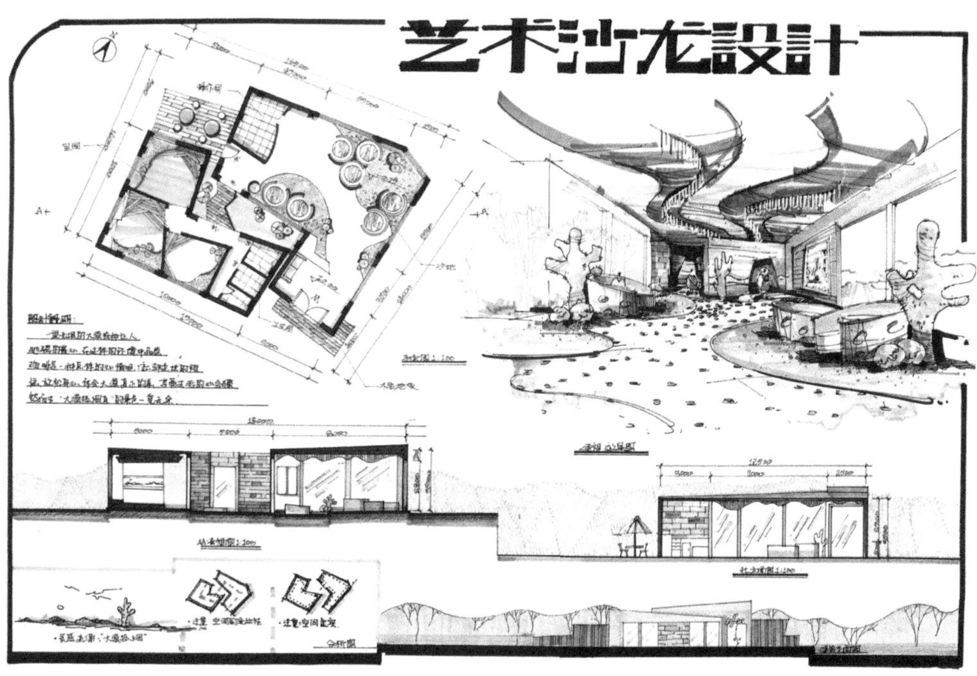

图8-24 休闲交流空间室内设计快题手绘（十二）/ 新蕾艺术学院学员

S 学姐
硕士研究生
中央美院

如图8-25所示效果图采用轴侧构图，风格独特，上色细致，通过轴侧完整地展示了方案的新颖之处。运用多个立方体组成的植被平台，增加了空间的层次。空间立面设计内容较少，可添加墙面功能，丰富空间。

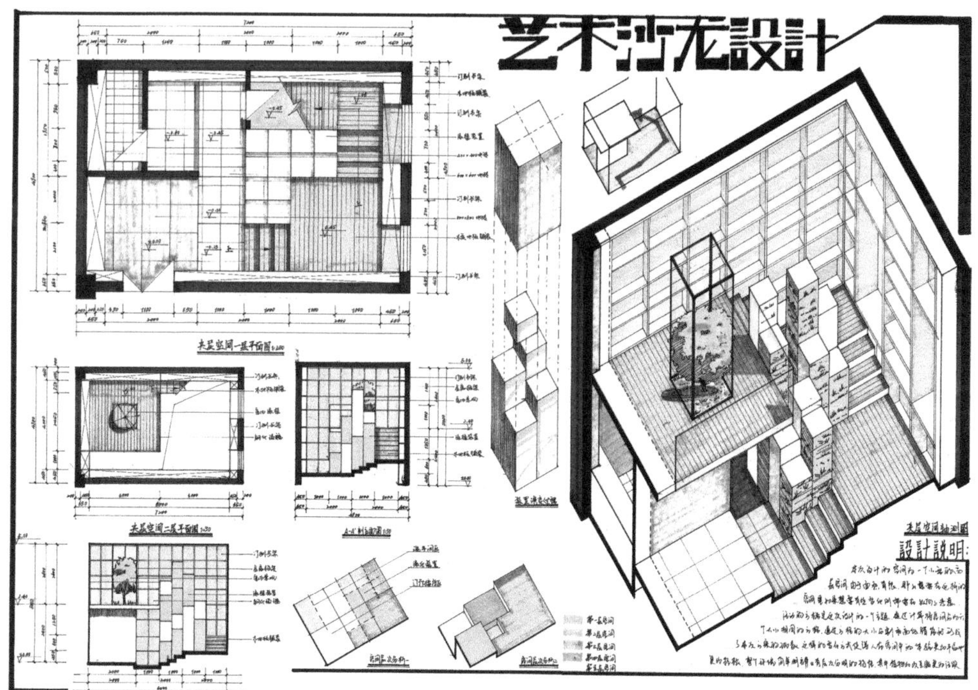

图8-25 休闲交流空间室内设计快题手绘（十三）/ 新蕾艺术学院学员

办公空间室内设计快题手绘如图8-26、图8-27所示。

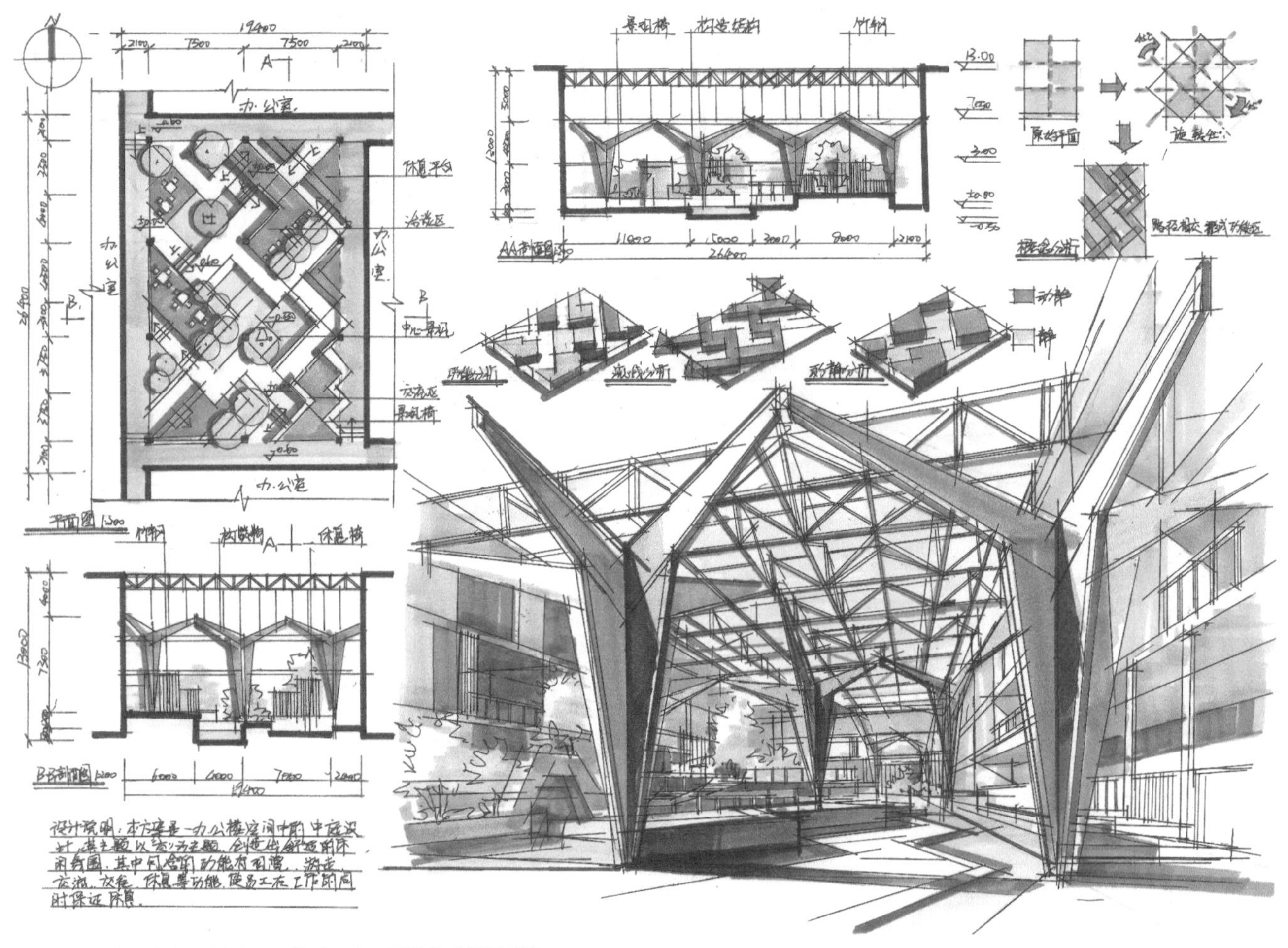

图8-26　办公空间室内设计快题手绘（一）/ 新蕾艺术学院学员

8.4
办公空间室内快题设计手绘范例及评析

办公空间是展示企业实力与品牌形象的有效途径，是集办公、共享与休闲功能为一体，包含会议、展示接待、独立休闲等功能。一个优质的办公空间，在稳定工作人员、保持高效办公的同时，还能在客户到访时辅助与推动合作达成。动静结合、张弛有度的办公空间，能够兼顾协同工作的开展与深度工作的独立。

联合办公空间是近几年发展起来的办公空间新模式，空间灵活、使用高效，互动氛围，是未来办公空间的发展趋势，在设计上也有很多值得学习和借鉴之处。开放、高效、趣味、人性化的设计方案能够令人眼前一亮，是快题设计手绘表达的基础和前提。

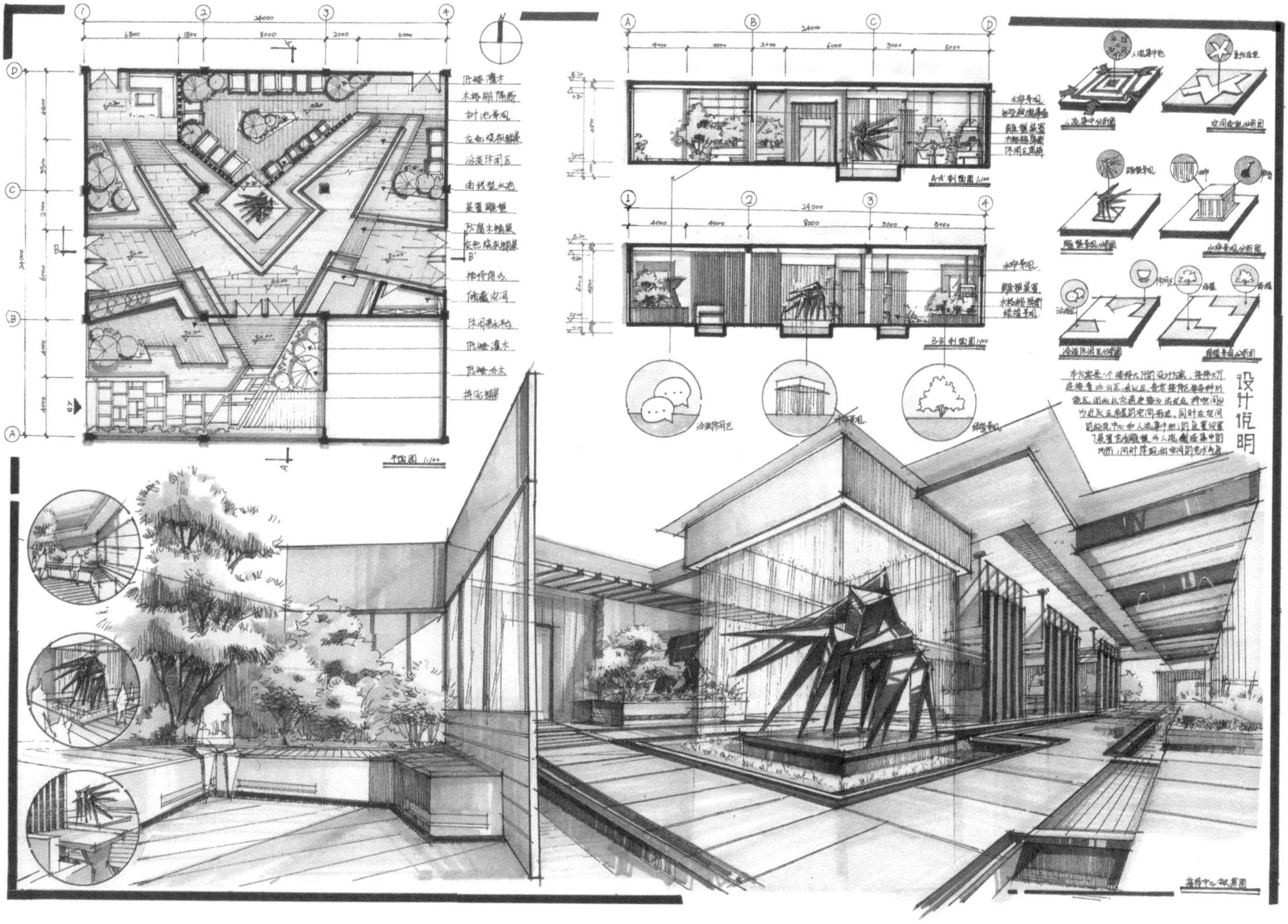

图8-27　办公空间室内设计快题手绘（二）/ 新蕾艺术学院学员

L 学姐
硕士研究生
北京林业大学

如图8-27所示快题中连贯场景的效果图表达使得效果图张力十足，景观设计与室内设计相结合，笔触细腻，肌理尽现。雕塑色彩、造型十分夺人眼球。通过对场景内构筑物饱和度的控制明确主体，层次分明，空间深邃，结构刻画细腻，同时分析图图示可读性强，简洁明了。制图严谨，文字说明严谨翔实。

K 学姐
硕士研究生
北京服装学院

如图8-27所示效果图中间的装置雕塑颜色亮丽，点明主题，形态奇特，同时与整体规矩的空间形态形成对比。方案设计所用的材质丰富，通过手绘很好地表现出来，可见作者的绘画技巧比较熟练。整体空间设计布局有序，条理清晰，画面效果强烈，效果图左侧的人物表达非常精到，虽轻描淡写但很显效果。

办公空间室内设计快题手绘如图8-28~图8-30所示。

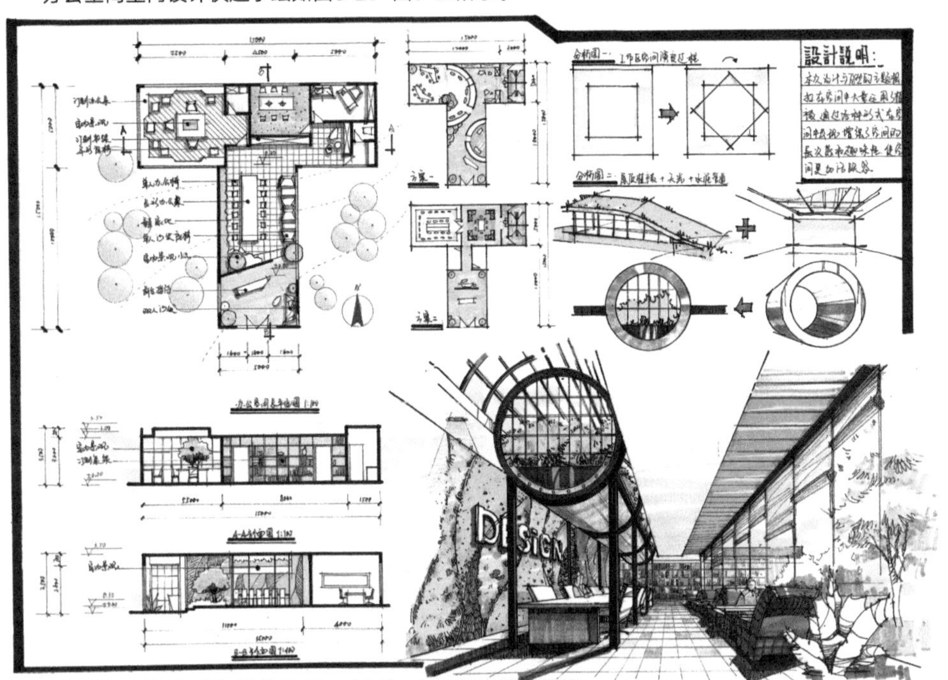

图8-28 办公空间室内设计快题手绘（三）/ 新蕾艺术学院学员

W 学姐
硕士研究生
清华美院

如图8-28所示快题设色和谐统一，生趣盎然。运用垂直绿化墙这种“万能”元素突出表现“logo”，视觉效果理想。采用一点透视，空间感强。可适当减少对平面图、立面图、剖面图的设色，使整张快题主次更鲜明。

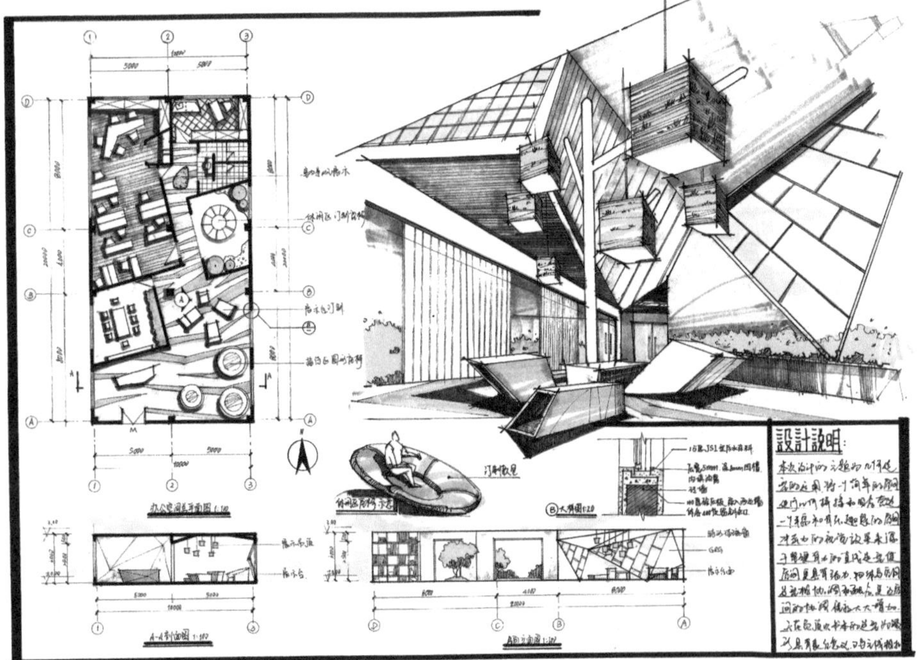

图8-29 办公空间室内设计快题手绘（四）/ 新蕾艺术学院学员

S 学姐
硕士研究生
中央美院

如图8-29所示方案为办公空间设计，通过不同几何造型的组合形成丰富的空间层次，悬吊的几何装置与下方的几何展台形成对比，颜色丰富明快。立面设计细节较少，表现得过于简单，可更加细化。

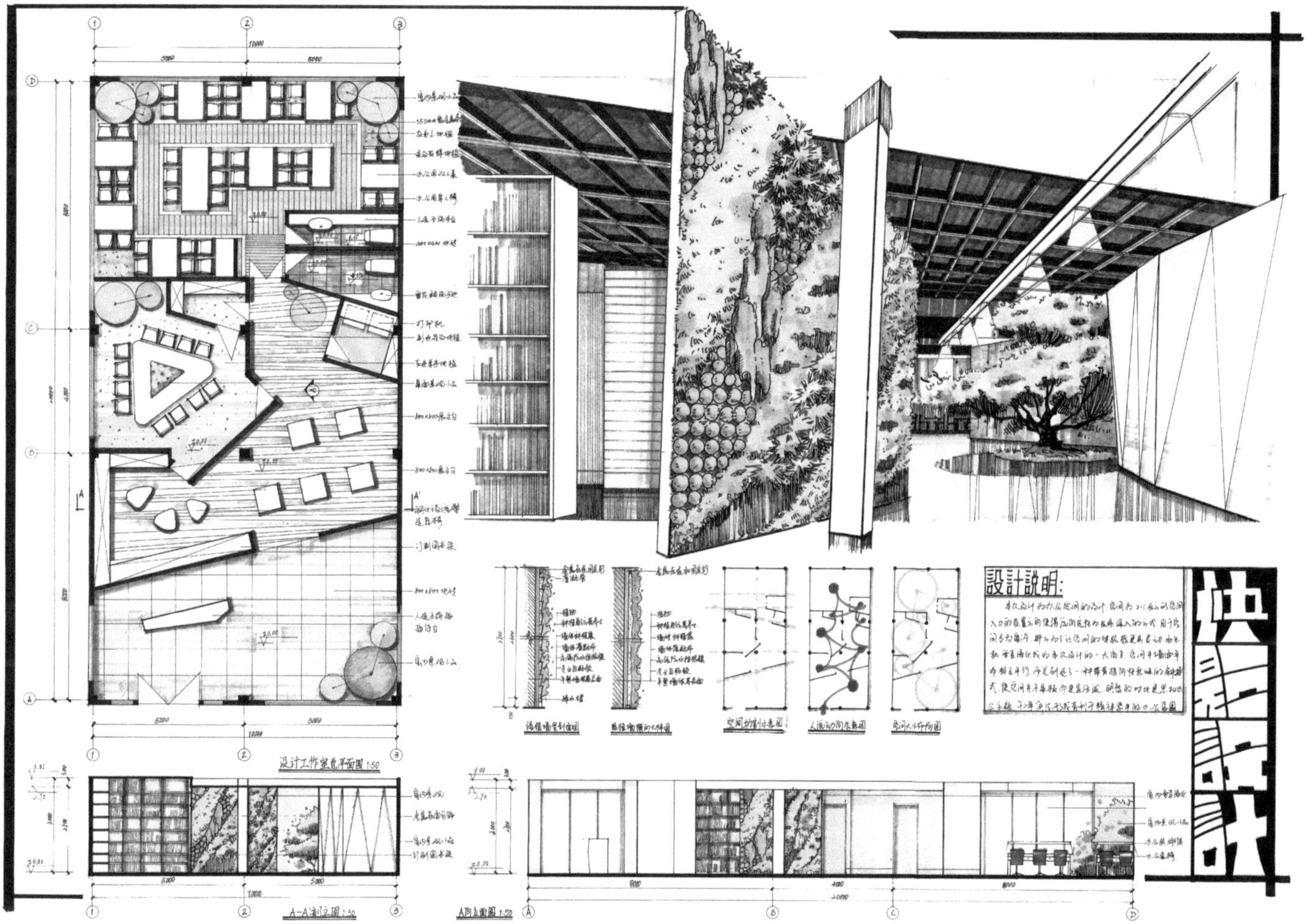

图8-30　办公空间室内设计快题手绘（五）/ 新蕾艺术学院学员

L 学姐
硕士研究生
北京林业大学

如图8-30所示快题是一套办公空间设计方案，效果图系办公空间的前台区域，以垂直绿化墙面作为主体构筑物，与此同时，垂直绿化背景墙前巧妙设置柱网结构进行留白处理，张力十足。制图部分规范、严谨，善于使用制图工具，省时省力。分析图简洁、明了、清晰。效果图“天花”处理过于简单，缺少空间变化。

K 学姐
硕士研究生
北京服装学院

如图8-30所示画面整洁清晰，平面图的布局设计巧妙，动线流畅且功能丰富，分析图的绘制也清晰合理。效果图主体物的刻画非常细致，尤其是前面垂直绿化墙，抓人眼球，垂直绿化墙节点大样图细节丰富，使得传达的信息更加全面。但其位置有些遮挡视野，使空间延伸感较弱，可稍微挪动视角，扩大延伸范围，增强空间感。

办公空间室内设计快题手绘如图8-31所示。

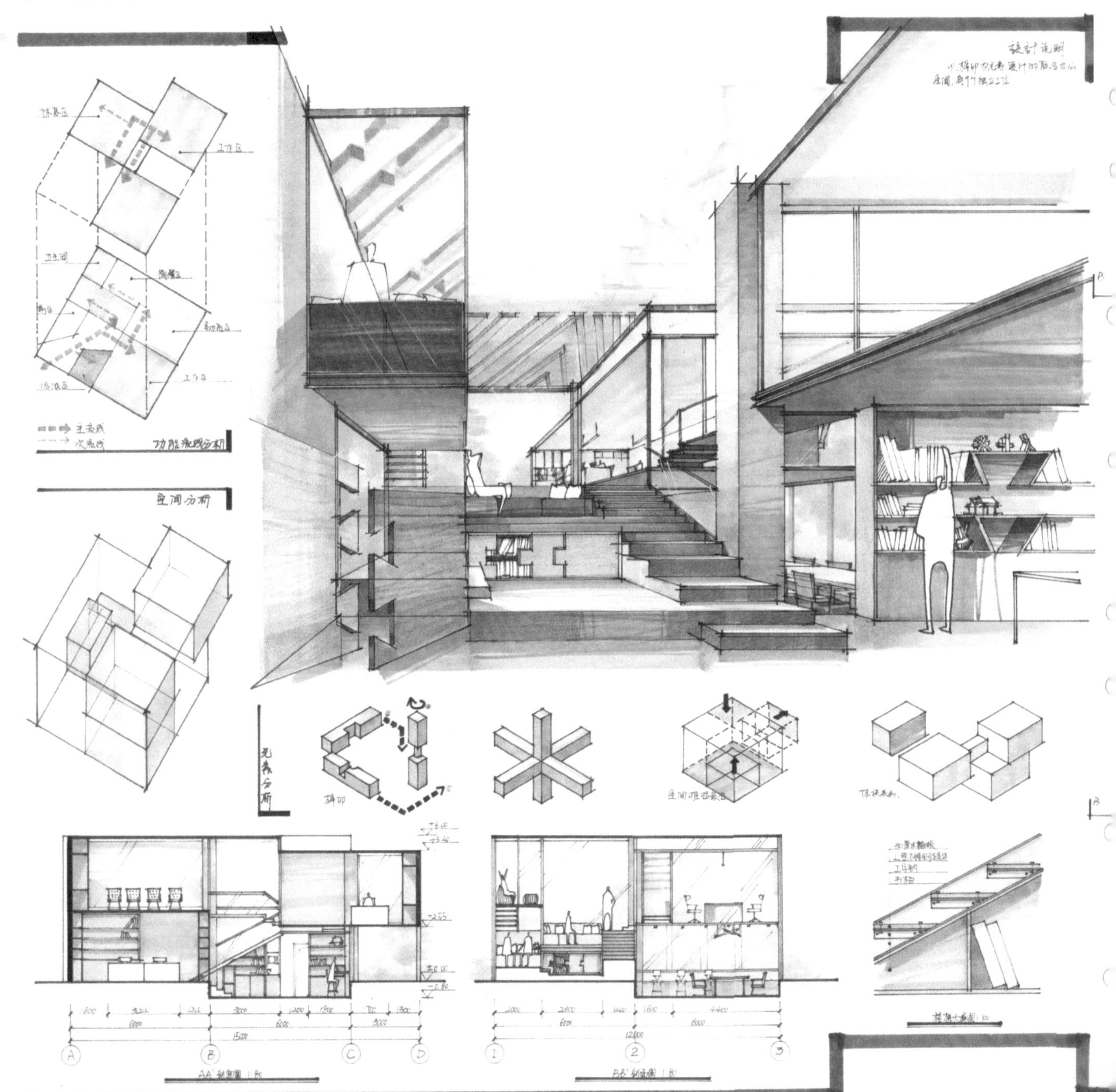

图8-31　办公空间室内设计快题手绘（六）/ 新蕾艺术学院学员

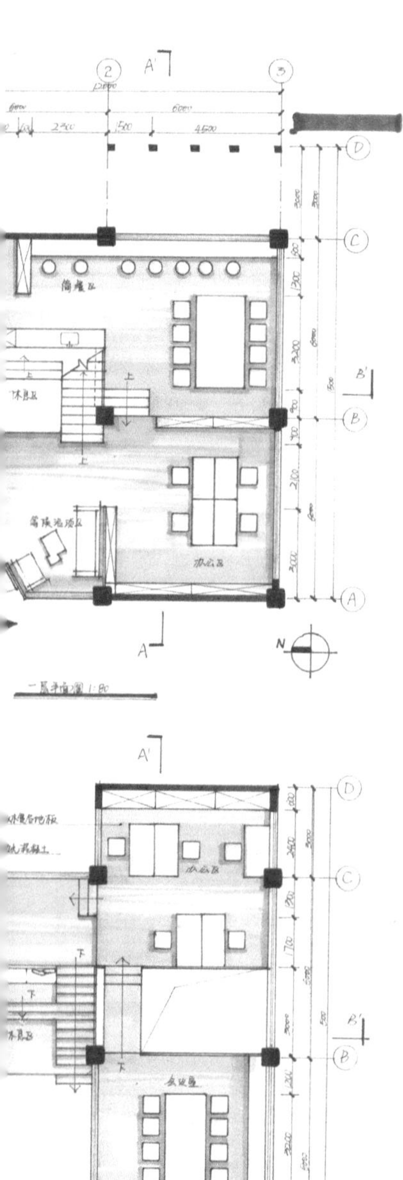

· 快题设计题目要求：办公室设计（设计实践项目选题）

S 学长
博士研究生
清华美院

本套快题方案的效果图以空间结构关系为主要表达内容，但需注意的是对空间结构的解析不要过于抽象化、概括化、体块化。可以对材质肌理、细部构造、材料与材料交接处的结构进行更加深入地刻画。整体设色虽和谐统一，依靠色相对体块进行区别，但在明度上却没有拉开差距，整体画面有些发灰。可适当添加一些重色。

Y 学长
硕士研究生
清华美院

该方案排版整洁，主次分明。效果图选择的视角较好，空间层次多，视觉感受舒适。整体设计采用木质和引入自然光，考虑到了空间的舒适性。颜色搭配简单又大气，将舒适的空间氛围营造得恰到好处。平面图、剖面图和立面图设计规范，制图标准严谨，是快题手绘制图基础的范例。两组分析图分析全面、表达到位，视觉效果强烈。

H 学姐
硕士研究生
清华美院

本套快题整体制图规范、翔实，分析图清晰简单明了。用版式、边缘线等将快题进行调整，置入人物、比例尺度较为合适，同时为空间增强氛围感与场景感使得生活气息浓郁。远处窗外景观没有做线稿处理，只是虚上色，与前景的室内空间形成有效的虚实对比，再作进一步提升的时候，可以尝试将右边二层空间内的功能进行“丰富”。

Y 学姐
硕士研究生
中央美院

该作品的设计构思巧妙，以木榫结构作为灵感进行设计，简单的材质搭配结合自然光线的表现，设计出了一个惬意的空间氛围。平面及立面的设计合理清晰又不失细节，是值得学习的空间方案。效果图的处理强调虚实、主次，主体刻画细致，层次丰富，背景虚化处理，很好地起到衬托的作用，可以说是一张非常优秀的室内快题手绘作品。

工作室改造室内设计快题手绘如图8-32、图8-33所示。

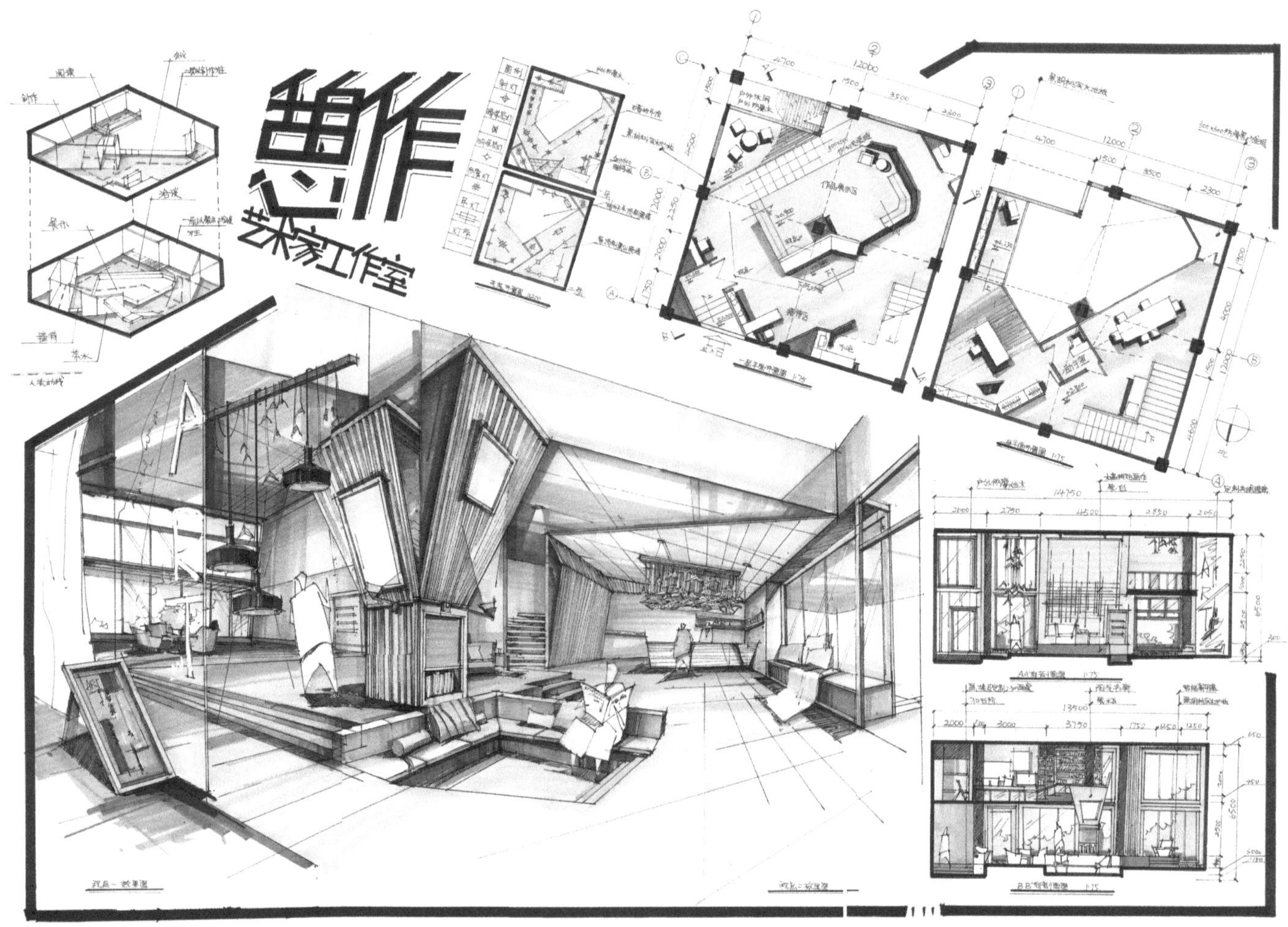

图8-32　工作室改造室内设计快题手绘（一）/ 新蕾艺术学院学员

8.5

工作室改造室内快题设计手绘范例及评析

工作室设计是集办公与创作、展示与交流、活动与休息为一体的综合性空间，是艺术家、设计师等人群日常办公、工作、会客、交流的场所。

艺术家工作室、设计工作室是室内快题设计手绘中常见的考试题目，贴近实际，体现艺术设计专业的特点。在满足工作室基本功能的前提下，具有艺术氛围和设计感的特色工作室能够在快题设计手绘中脱颖而出。

S 学姐
硕士研究生
中央美院

如图8-33所示快题版式工整，制图严谨、翔实，明暗对比、鲜灰对比强烈，主次分明，大量采用灰调进行铺陈，重点刻画中庭天井内植物，使得空间生趣盎然。不过效果图略显单薄，缺乏层次和细节变化。

Y 学长
硕士研究生
清华美院

如图8-33所示方案用笔放松，技巧熟练，对细节的刻画准确。整体方案非常完整，制图也比较严谨规范。室内植被的设计比较巧妙，多处植被的点缀让空间氛围更活泼，与规矩的建筑材料形成对比，同时又融合一体。

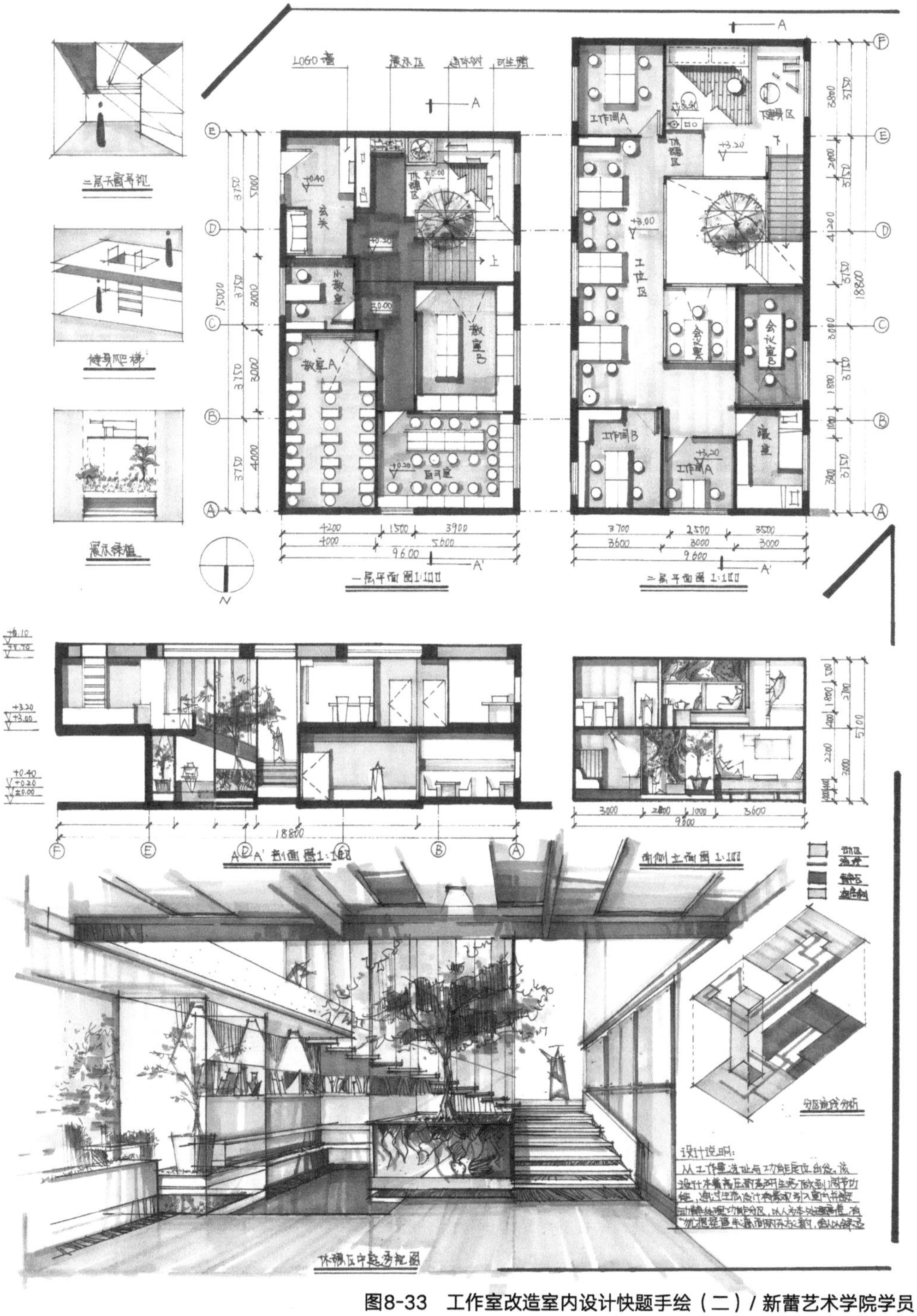

图8-33 工作室改造室内设计快题手绘（二）/ 新蕾艺术学院学员

· 快题设计题目要求：设计工作室设计（设计实践项目选题）

S 学长
博士研究生
清华美院

本套快题系一套工作室快题设计方案，整体设色清新、科技范十足。因为空间面积狭窄，采用轴测图进行表达可展示更多设计细节，从而规避因为一点透视与两点透视视线狭窄而造成的效果图视野不佳的问题。建议制图层面添加更多注释与细部节点，提升方案的专业性与严谨性。需要注意的是对空间的理解不要过于体块化。

Y 学长
硕士研究生
清华美院

方案配色清新，以冷色调为主，风格统一，整体排版丰富完整，表现技法采用平铺的方式上色，使画面比较工整，空间划分也较明确，是比较稳定的表现方式。立面细节有些简单，可以深入细节设计，提高画面丰富程度。设计方案以“鲤鱼跃龙门”为概念，寓意很好，符合题目设计要求，但设计的手法过于具象，有些牵强。

H 学姐
硕士研究生
清华美院

在小空间设计中，需要注意尽量避免过多硬隔断的置入，尽量使用透明隔断与软隔断进行区域划分；并且在置入硬隔断的时候，不要分散，尽量集中处理，获取更多的公共空间与开阔视野，本套快题中绘图者将家具体块理解得太过简单，缺乏细节，“有所看即所得”的嫌疑。在进一步深化过程中，可对需要着重表现的部分进行深度刻画。

Y 学姐
硕士研究生
中央美院

效果图采用轴测构图，空间结构表达清晰，立体感强，直观地展示整体方案，但空间中的细节较少，功能体现不够明确，可增加信息展示、座椅等细节，增加效果图的表现力。整体画面以冷灰作为主色调，色彩统一，但整体颜色没有拉开层次，地面、墙面、家具的颜色过于接近，对比度不够。在灰色调的基础上，添加蓝色、橙色作为互补色，效果并不明显。

工作室改造室内设计快题手绘如图8-34所示。

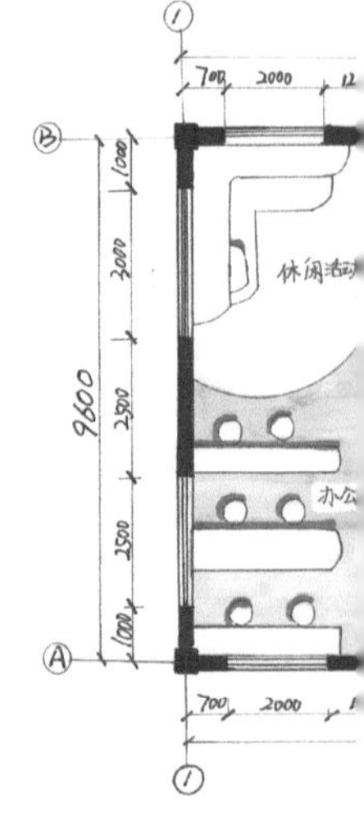

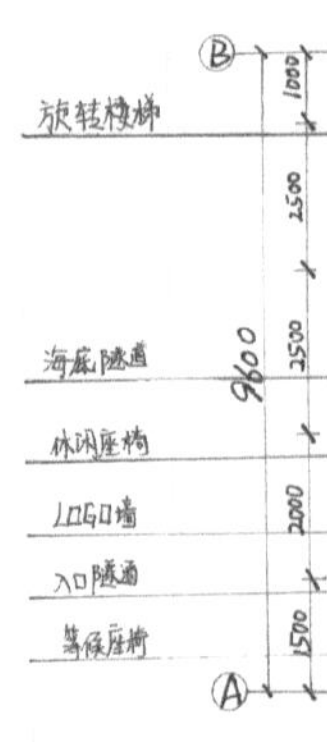

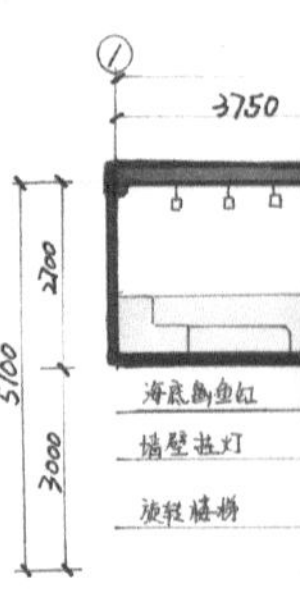

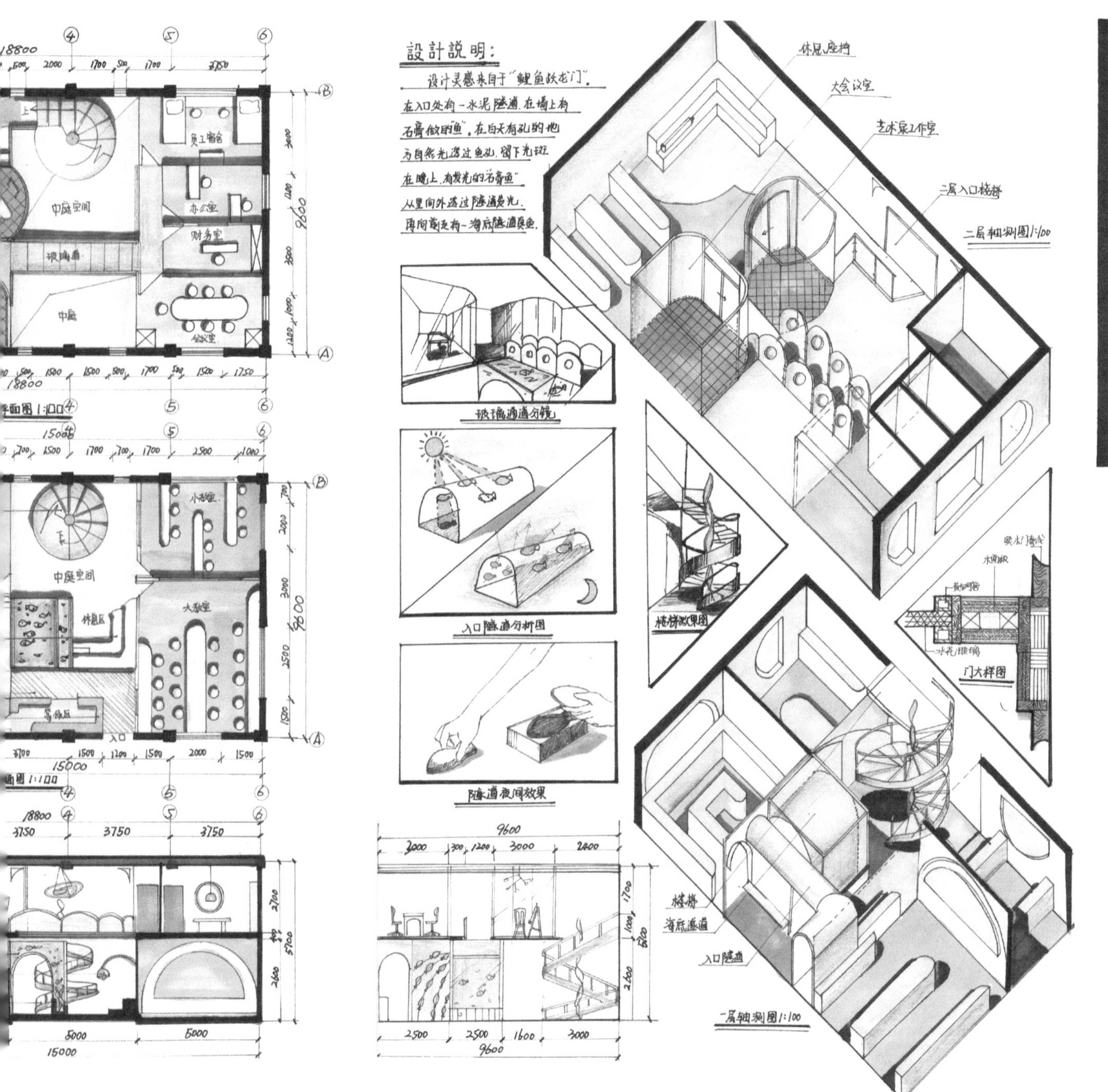

图8-34 工作室改造室内设计快题手绘（三）/ 新蕾艺术学院学员

工作室改造室内设计快题手绘如图8-35~图8-38所示。

图8-35　工作室改造室内设计快题手绘（四）/ 新蕾艺术学院学员

Z 学姐
硕士研究生
清华美院

如图8-35所示快题中首先需要注意的是灰色调与彩色调的叠加，要避免因叠加使画面变脏，如需叠加，尽量使用同明度的颜色。另外倾斜的空间设计也需注意对边角空间的利用。第三，标题可结合方案特色进行设计。

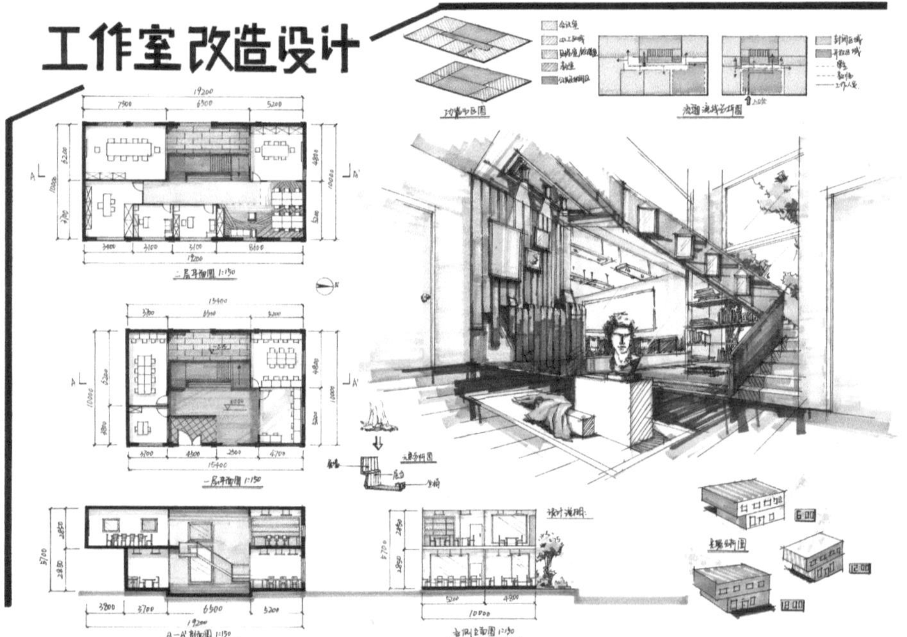

图8-36　工作室改造室内设计快题手绘（五）/ 新蕾艺术学院学员

Y 学长
硕士研究生
清华美院

如图8-36所示方案运用稳重的灰色系，用色准确、概括，笔触放松，将空间层次交代得明确、合理，细节刻画也比较饱满。主体物放置的石膏组合契合主题，留白处理与背景形成对比，突出细节，十分精致。

Y 学姐
硕士研究生
中央美院

如图8-37所示快题为工作室改造设计方案，可适当放大效果图，增强表现力，整体设色统一和谐。分析图中表达控件中可能出现的各类情景。制图层面的文字注释提升了快题的严谨性、专业性。

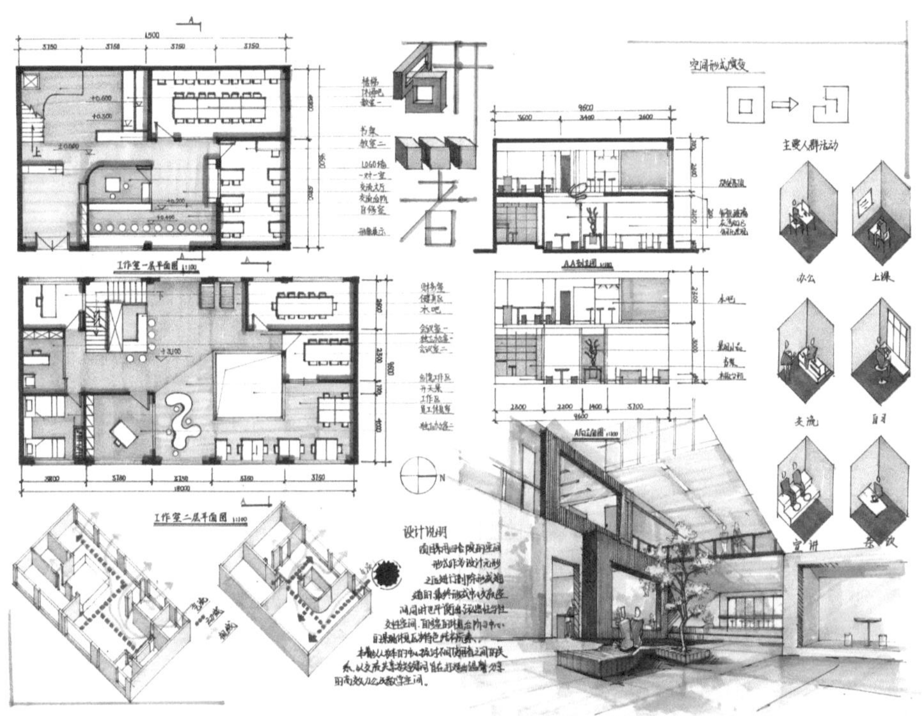

图8-37　工作室改造室内设计快题手绘（六）/ 新蕾艺术学院学员

S 学姐
硕士研究生
中央美院

如图8-38所示画面以独特的角度进行表现，视线穿过拱形结构，空间被划分为三部分，中间视野延伸两侧细节绘制丰富，整体空间有了节奏感，但拱形中右两部分大小面积有些相似，可再调整角度，扩大中部视野。

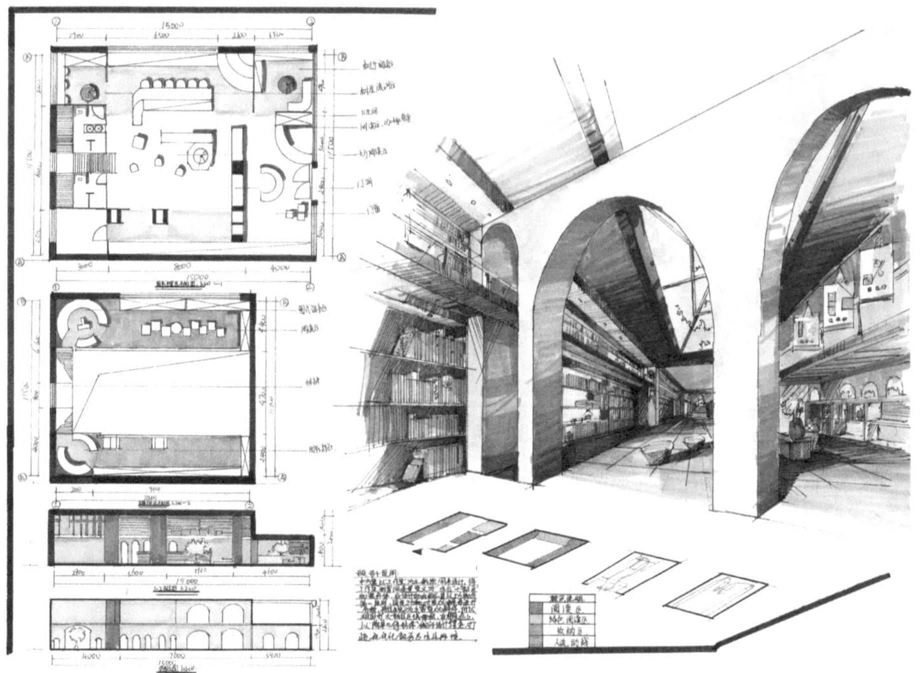

图8-38　工作室改造室内设计快题手绘（七）/ 新蕾艺术学院学员

工作室改造室内设计快题手绘如图8-39所示。

·快题设计题目要求：设计工作室设计（设计实践项目选题）

S 学长
博士研究生
清华美院

本套快题采用“破壳”这一概念，对空间进行布局，分析图用简洁明了的图像语言进行说明。采用轴测图来展示小空间，并辅以节点空间效果图，内容充实丰富。制图层面工整严谨，使用模板尺规工具省时省力。通过色彩与明度的变化，将轴测图墙面与地面进行区分，空间布局清晰明了。适量留白也恰到好处。

Y 学长
硕士研究生
清华美院

这是一个很有设计理念的方案，将主题中的裂缝转化为建筑中的廊道设计，廊道中的植被使其转化为建筑中的灰空间，人在整个空间中有了被自然过渡的舒适感受；平面布局划分比较有趣，动线也流畅合理，是个不错的方案。表达上，以轴测图作为视觉中心，效果强烈，抓人眼球，局部补充节点效果图，表现全面。可以说是快题设计手绘的高分作品。

H 学姐
硕士研究生
清华美院

设计者在为迎合设计灵感，在室内设计中，巧妙地置入室外景观设计，新颖独特，生趣盎然，自然活泼。在快题中使用大量参考线、辅助项，使得制图效果严谨，专业性强。异形空间需要注意对于边角空间的利用问题，尽量减少不可利用的死角与尖角，避免对空间的浪费，其次要考虑人体工程学的尺度问题。

Y 学姐
硕士研究生
中央美院

轴测图的绘制是此方案的一个亮点，它与平面图合理对应，清晰全面地展示了整个方案的细节；透视准确，取舍得当，整个画面的立体感很强，抓人眼球。分析图生动形象，从概念的产生到体块的推导，逻辑清晰，分析到位，形式鲜活。整个轴测图一层和二层的对比关系没有拉开，过于接近。不过立面图和剖面图的表达只铺了大色，缺少细节的刻画。

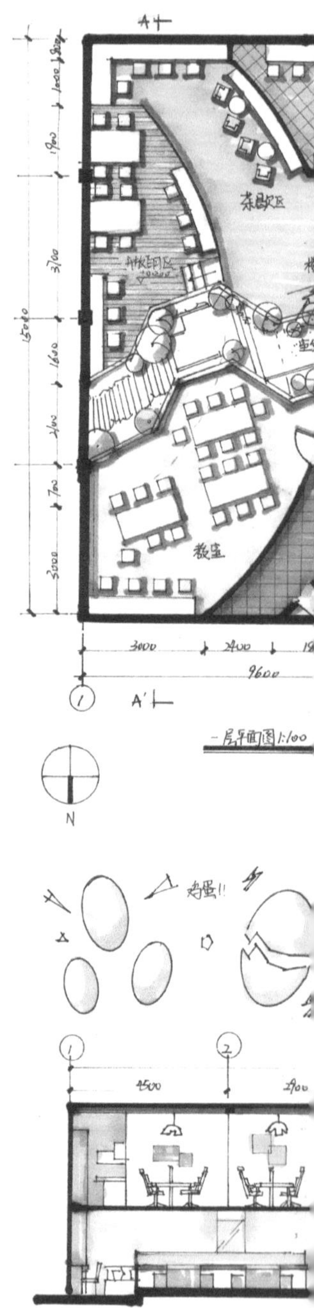

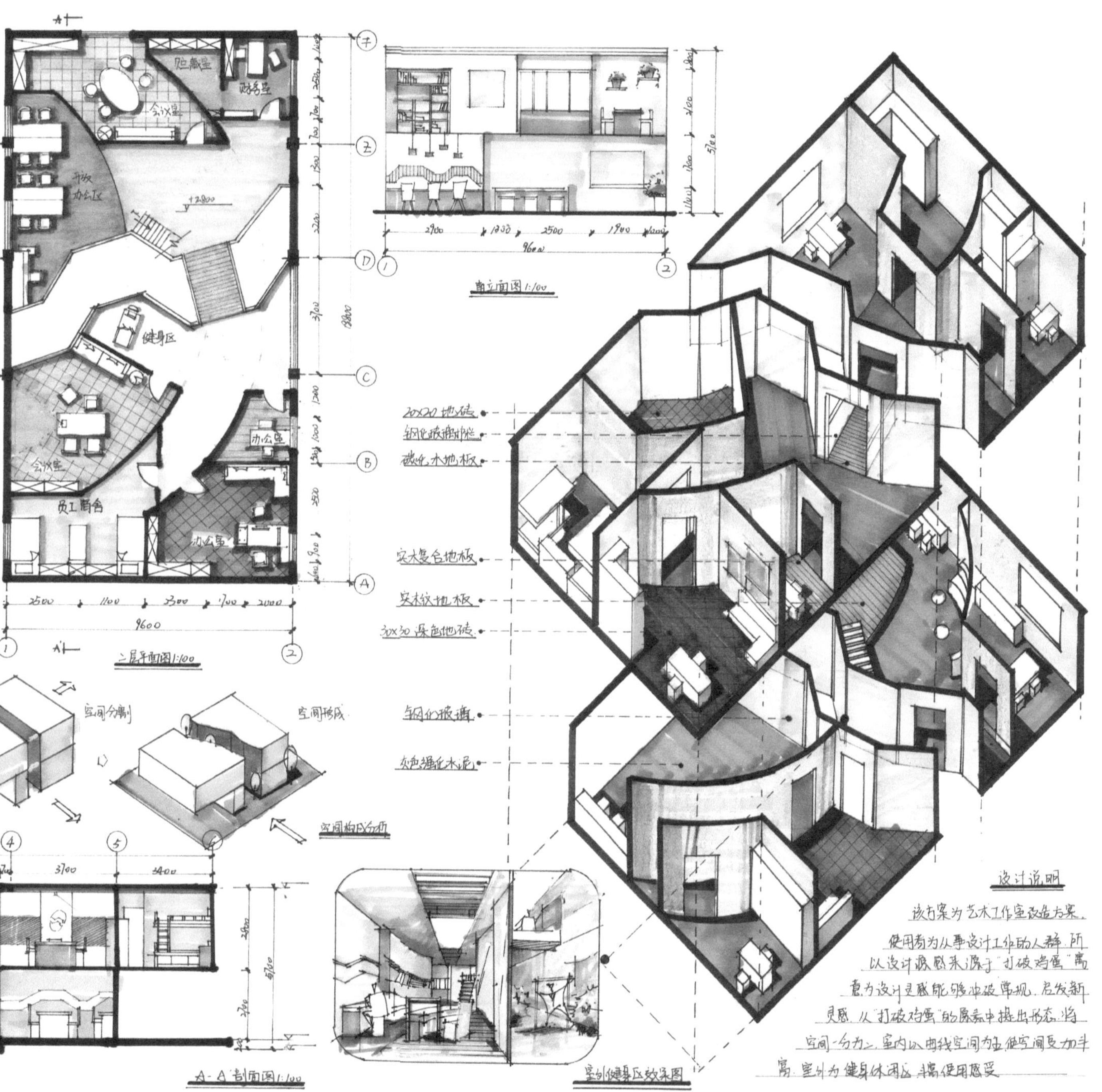

图8-39　工作室改造室内设计快题手绘（八）/ 新蕾艺术学院学员

工作室改造室内设计快题手绘如图8-40所示。

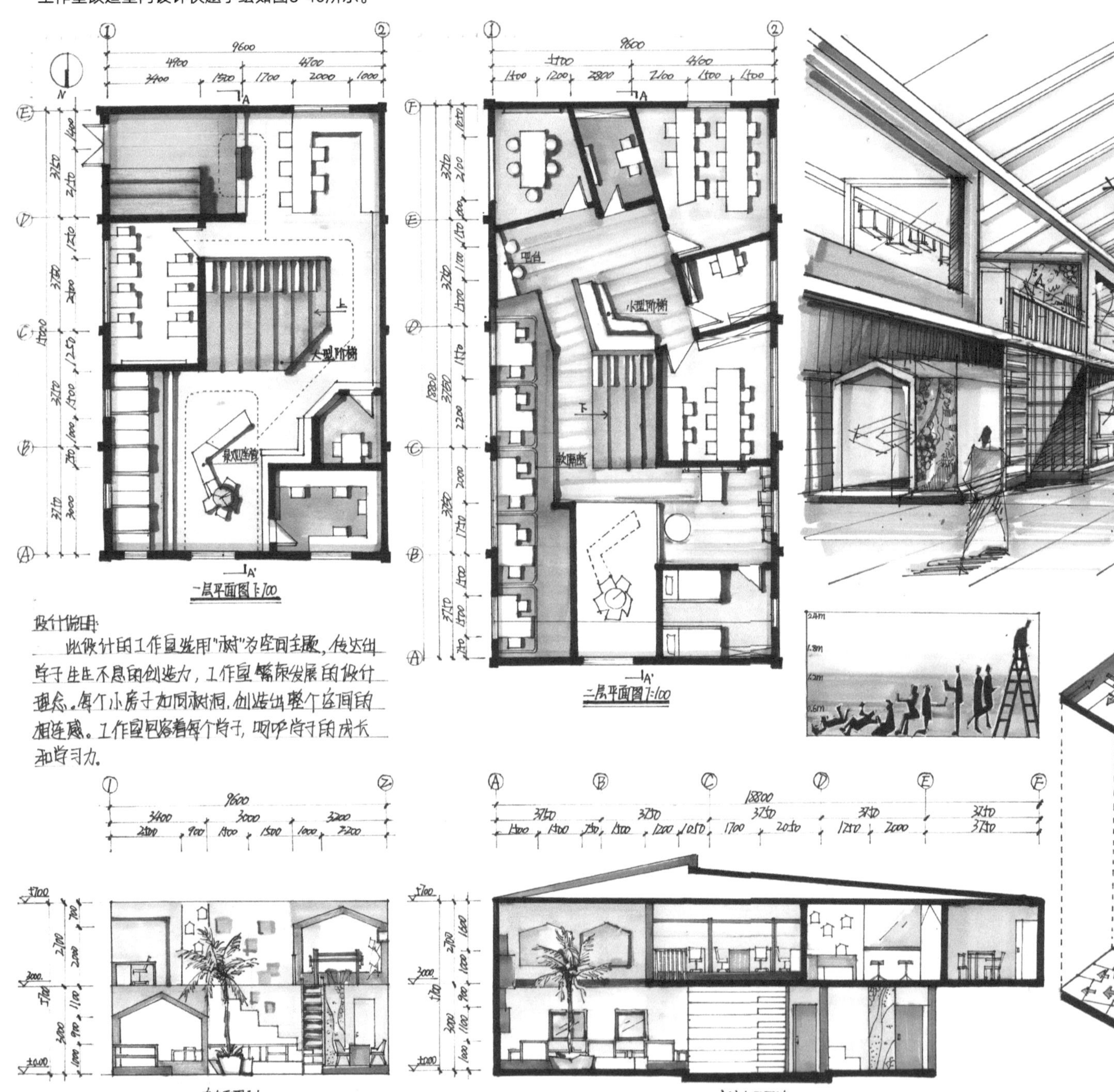

图8-40　工作室改造室内设计快题手绘（九）/ 新蕾艺术学院学员

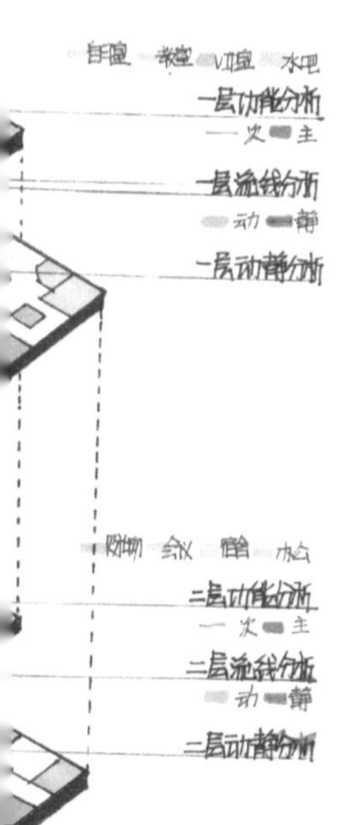

· 快题设计题目要求：设计工作室设计（设计实践项目选题）

S 学长
博士研究生
清华美院

本套快题为一套设计工作室快题方案，整体设色统一和谐，在制图层面，需要注意主次区分，适当减少剖面图与立面图的设色，增强制图的专业性。可对功能分析图的形式进行进一步的调整。本快题分析图中的高差行为分析图十分新颖独特。不过在效果图层面，绘图者对空间的理解稍显抽象，过于概括化而显得缺乏细节。

Y 学长
硕士研究生
清华美院

本套快题设计合理，有一定的新意，表达完整、表现充分，总体来说是较好的快题设计手绘作品。人物高度分析和立体式的功能流线分析图是整个快题的亮点，分析全面、表现方式新颖，值得学习借鉴。快题下半部分较好，立面图和剖面图表现到位；上半部分略有不足，平面图颜色过多，掩盖了制图基础的展示，效果图整体应适当放大。

H 学姐
硕士研究生
清华美院

以冷灰色调作为整套快题的主色调，色彩统一，色调与工作室空间氛围相符。在灰颜色的基调下，加上木纹颜色和灰绿颜色的点缀，在画面统一的基础上有变化。不过效果图透视和视角的选择不理想，空间简单，缺乏层次变化，削弱了快题的视觉冲击力。平面图、立面图以及剖面图制图严谨规范，颜色使用得恰到好处，是临摹学习的良好范例。

Y 学姐
硕士研究生
中央美院

本套快题的斜面天窗设计增加了空间的延伸感，空间关系变化丰富，整体空间展示得清晰明了，空间结构表现得合理通畅。空间透视不够准确，且效果图部分有点小，表现技法也有些拘谨，需多加练习。平面图颜色上得过多，影响了整体效果，在立面图和剖面图的表达上作图者制图规范，标注索引准确，颜色使用恰到好处，本套快题可以说是值得临摹学习的优秀作品。

工作室改造室内设计快题手绘如图8-41、图8-42所示。

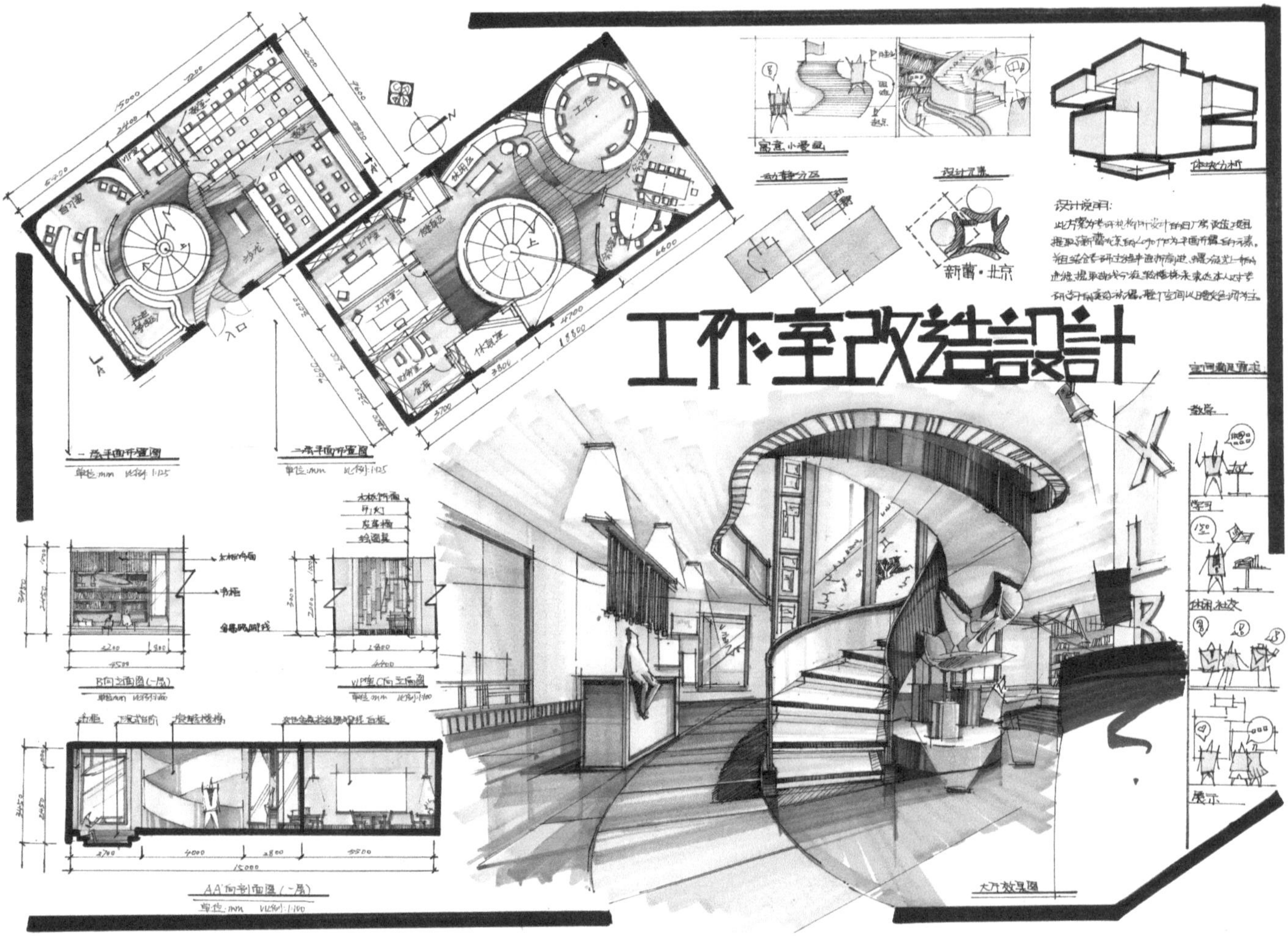

图8-41　工作室改造室内设计快题手绘（十）/ 新蕾艺术学院学员

S 学姐
硕士研究生
中央美院

本套快题为工作室改造设计方案，绘图者以旋转楼梯作为视觉中心的主体物来绘制效果图，需要注意旋转楼梯的透视问题，切勿出现不符合透视原理的物体。整体画面设色统一和谐，明暗对比得当、层次分明。可对分析图进行升级改造与重新排布，分析图不用过多设色，简洁明了即可。

L 学姐
硕士研究生
北京林业大学

旋转楼梯在画面中的表现很有张力，透视合理，使画面富有动感，其细节的绘制也比较精细；平面图以物体留白的形式展示布局划分，方案排版透气、舒适。平面图以角度的形式出现，虽给人以新奇之感，但势必给制图和手绘表达增加难度。两处立面图的设计手绘表达略显简单，过于局部，展示信息不够完整。

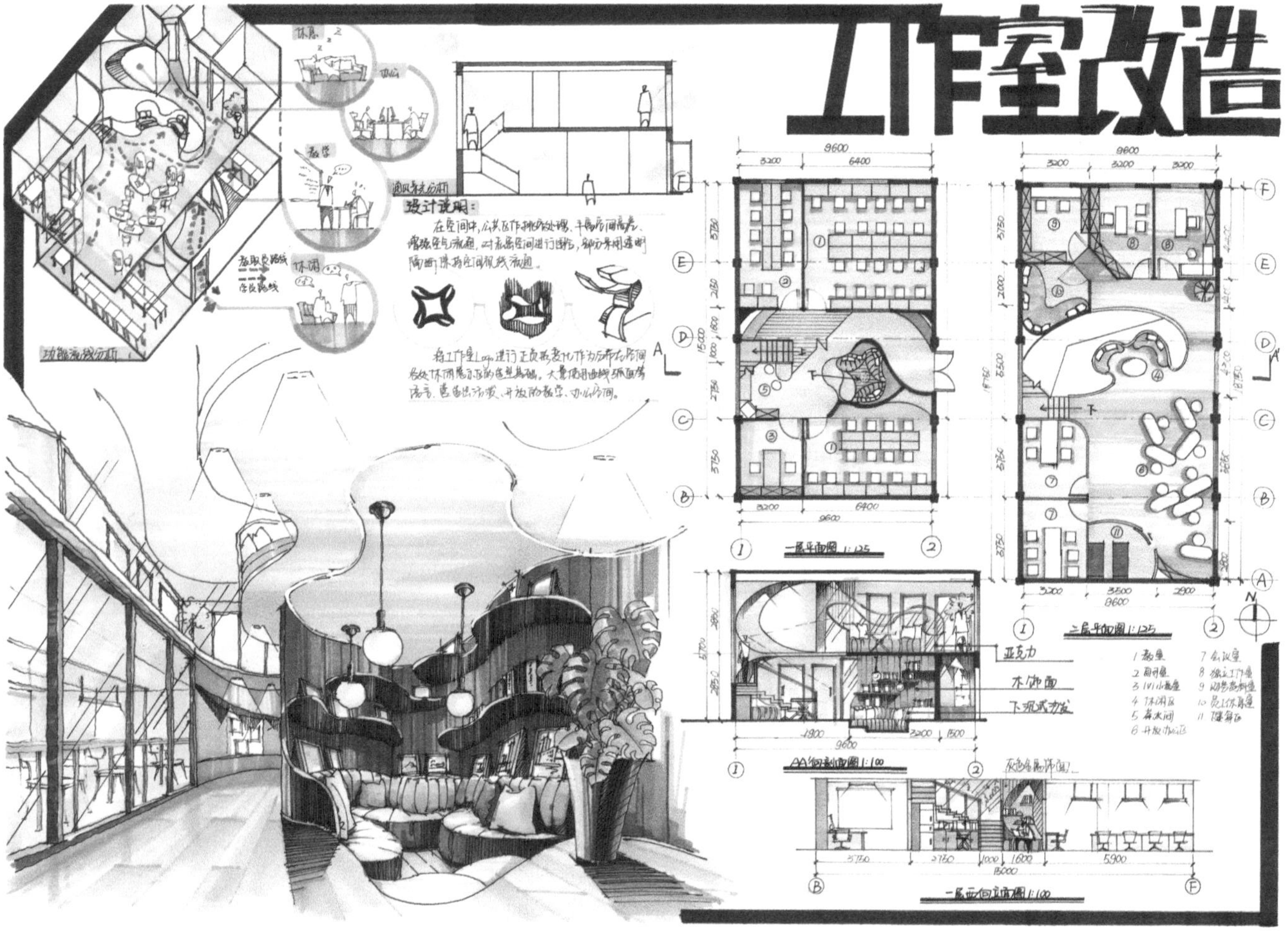

图8-42　工作室改造室内设计快题手绘（十一）/ 新蕾艺术学院学员

H 学姐
硕士研究生
清华美院

本套工作室改造设计方案的效果图采用大量曲线线型，需要注意曲线的透视形态的准确性。在制图层面可适当减少平面图、立面图、剖面图的设色，省时省力。建议提升其余部分分析图的精细程度，可以适当增加线稿，调整排版。分析图适当增加留白，使其层次更加分明。

K 学姐
硕士研究生
北京服装学院

曲线结构在空间中形成了动态感，可以缓解办公空间中的严肃氛围。该方案在设计中运用了不少曲线结构，动静结合，增加了办公空间的舒适感。快题中以左上角的分析图是整张快题设计亮点和加分点，分析逻辑清晰，分析内容全面，形式变化多样，为快题增色不少，整体来说是一张优秀的快题作品。

· 快题设计题目要求：设计工作室设计（设计实践项目选题）

S 学长
博士研究生
清华美院

本套快题各部分占比十分恰当适宜，主次分明。制图工整、严谨，图示准确，文字说明翔实，显示出专业性与大量的工作量。虽无过多设色，却并不会给人未完成感，其原因在于，绘图者将图纸中结构进行分类分析，而后主要刻画其区别与界限，用十分简便的方式拉空间的层次。对空间的分析部分简单明了地阐述设计逻辑即可。

Y 学长
硕士研究生
清华美院

轴测图竖向的纵深感很强，再搭配上材质综合结构的交替，画面的秩序感强烈；作品的用线放松、大胆，画面构图饱满，很有设计感。几组分析图，虽形式简单，但分析到位，使得整张快题逻辑性更强。两张节点的局部效果图是轴测图的补充和完善，对设计方案的各个角度进行了全面的展示。平面图的尺寸略显小气，细节不足。

H 学姐
硕士研究生
清华美院

通过效果图我们可以看出，绘图者善于通过不同铺装丰富空间细节，增加肌理质感，善于运用多种线型绘制快题、墙线、隔断线、楼板线为第一种线形；家具线、结构线为第二种（次一级）线形；窗内线、铺装线、标注线为第三种线形，三种线形将空间层次拉开。快题设计的首要职能在于对方案的说明，绘图者对这一点理解得很到位。

Y 学姐
硕士研究生
中央美院

方案设计构思新颖，轴测图展示的内容直观、丰富，通过少面积的大色块来展示空间构思，直观、明确地表达空间关系，突出重点又具有完整度。这种上色技巧可以使画面感更轻松，可较快完成设计。有选择性地进行上色，这种巧妙留白的方法尤其适合快题考试。整张快题虽着色不多，但每一处颜色都画在重点位置，整体色调协调统一。

工作室改造室内设计快题手绘如图8-43所示。

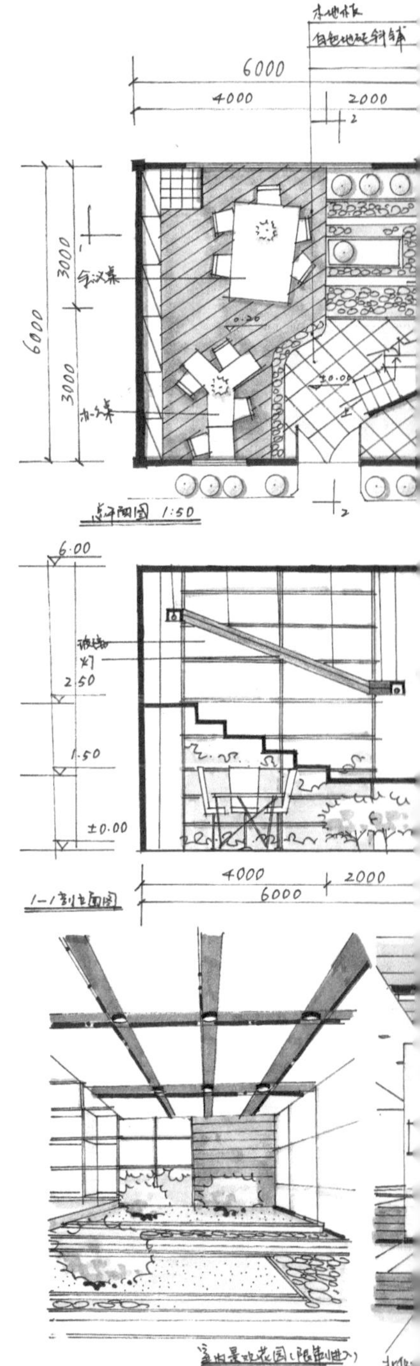

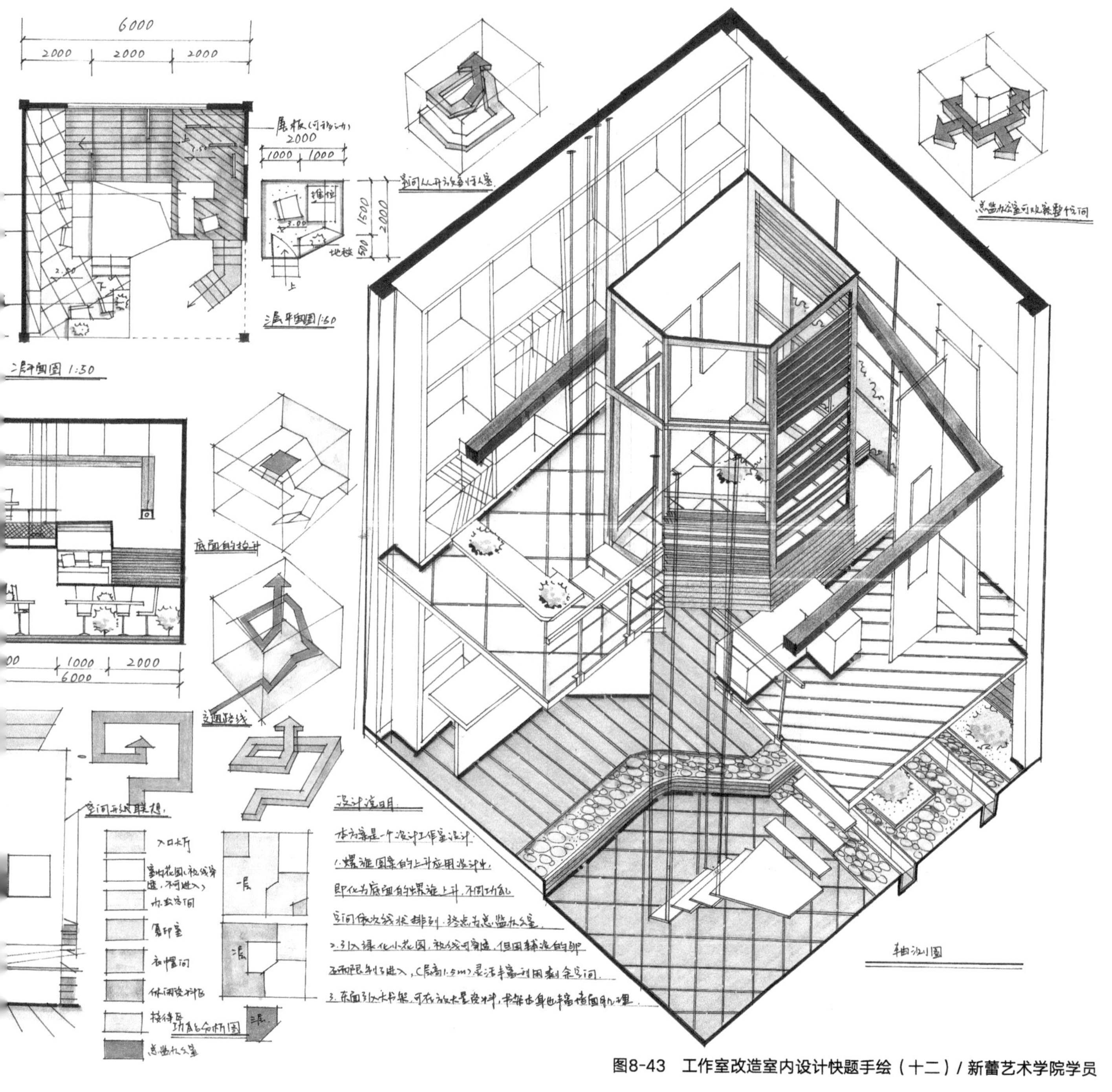

图8-43 工作室改造室内设计快题手绘（十二）/ 新蕾艺术学院学员

工作室改造室内设计快题手绘如图8-44、图8-45所示。

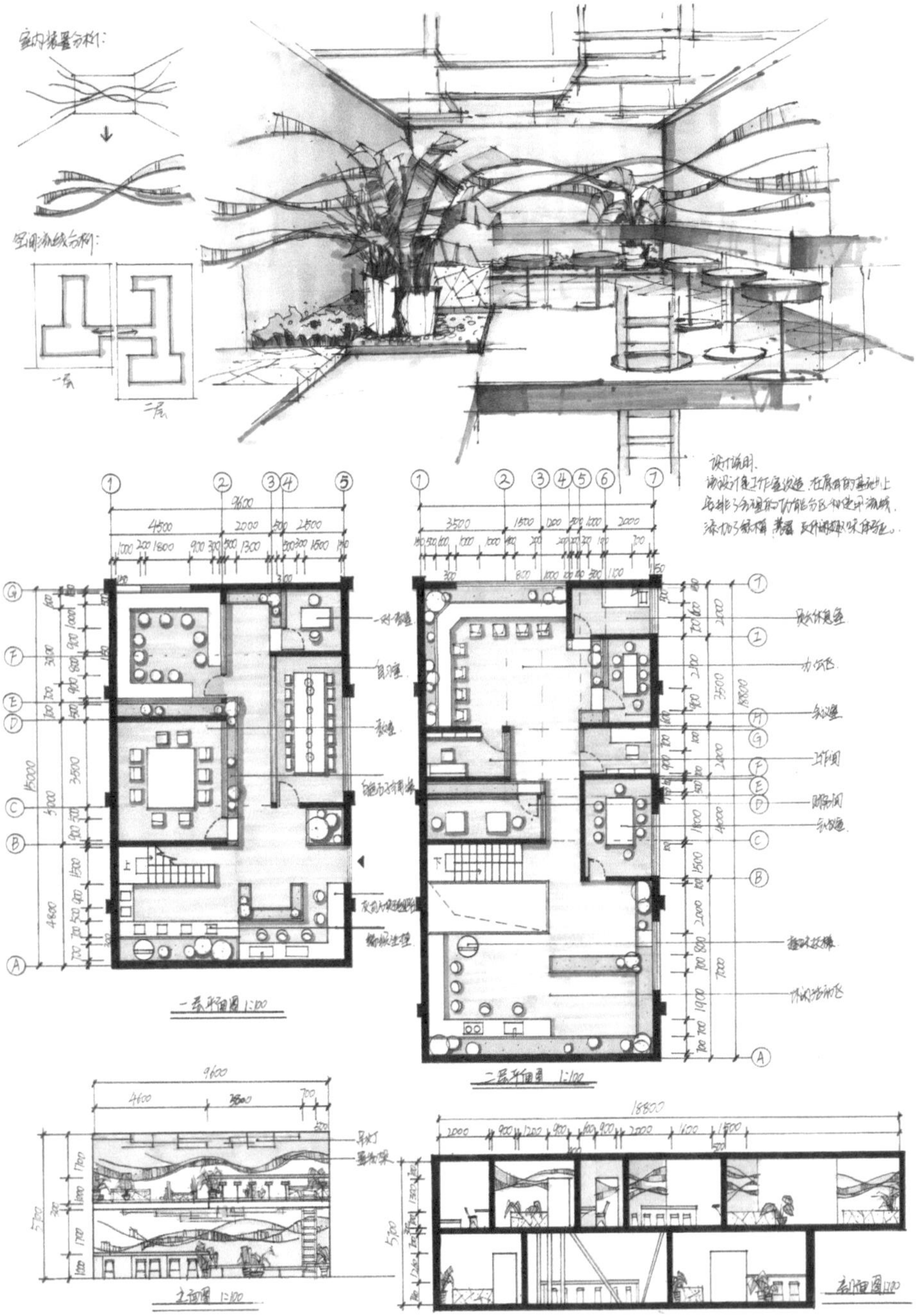

图8-44　工作室改造室内设计快题手绘（十三）

S 学姐
硕士研究生
中央美院

图8-44快题整体设色清新淡雅、和谐统一；制图层面标注详尽、主次分明；效果图部分手法老练，线条流畅，透视准确，笔触随形自然。明暗对比舒适，唯一不足是空间感不足，视野狭窄。

Y 学长
硕士研究生
清华美院

如图8-44所示，清冷的色调与空间中曲线的应用是这一方案最大的特点。以主题元素演变的曲线造型贯穿整个空间，与方正的空间形态形成对比，同时起到引导作用，动静结合；笔触潇洒，用线轻松。

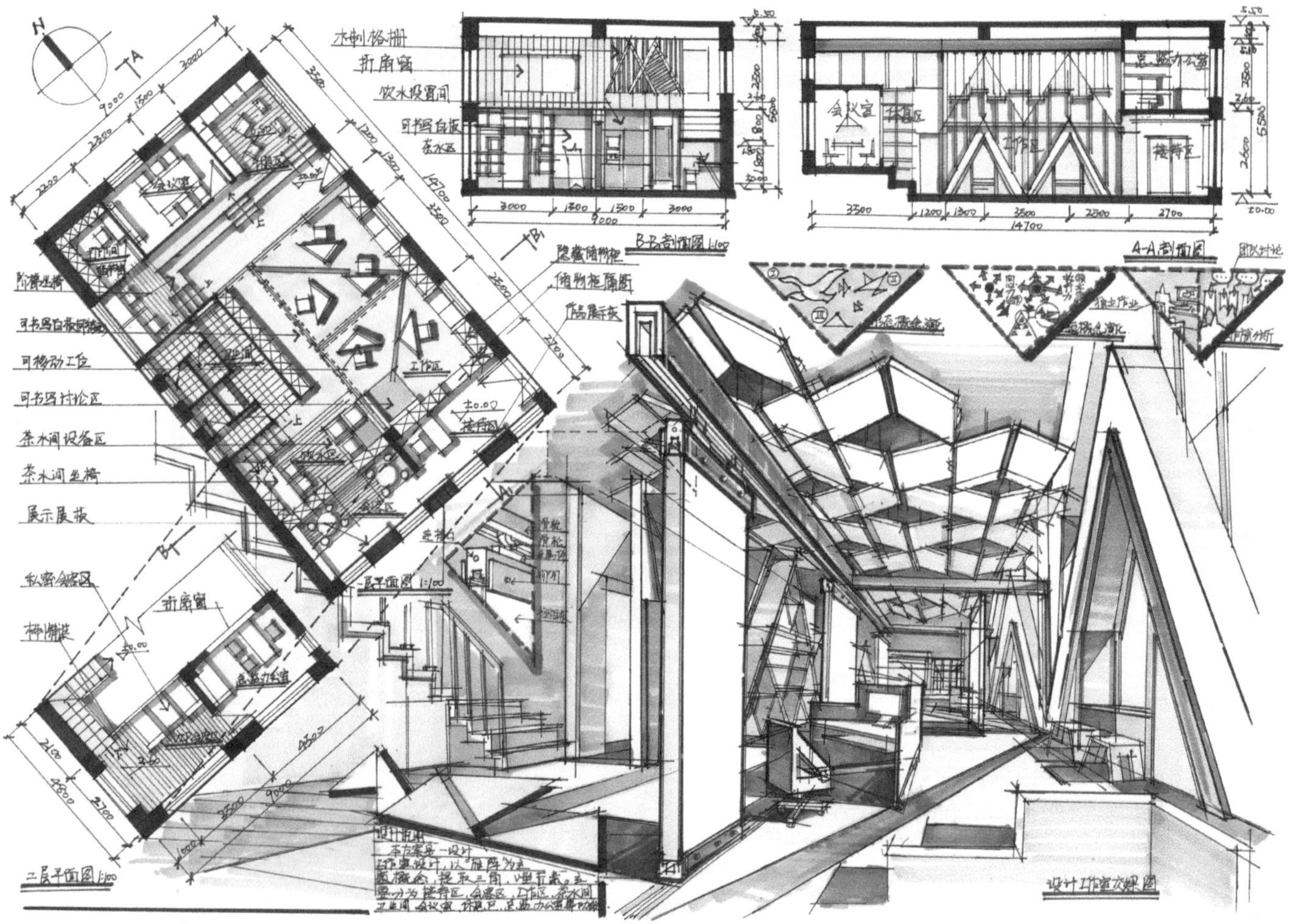

图8-45　工作室改造室内设计快题手绘（十四）/ 新蕾艺术学院学员

L 学姐
硕士研究生
北京林业大学

图8-45快题为一套以传统文化元素为设计灵感的办公空间设计方案，效果图对空间结构、材质、肌理，材料的交接线的理解都十分到位，笔法纯熟老练，制图层面严谨翔实；分析图简洁易懂，唯一需要注意的是，当线稿层面的图过多时，需要通过减少次要部分的设色来调节主次关系。

S 学姐
硕士研究生
中央美院

图8-45空间围绕“雁阵”的概念主题进行设计，功能布局合理，动线流畅，以几何形体进行空间划分，重复的块面结构可以增加空间的纵深感。不过排版有些拥挤，效果图的块面感也有些零碎，可再适当留白，突出主要内容。平面图、剖面图制图规范严谨，标注清晰，色彩统一协调，恰到好处。

工作室改造室内设计快题手绘如图8-46所示。

· 快题设计题目要求：设计工作室设计（设计实践项目选题）

S 学长
博士研究生
清华美院

本套方案为一套公共空间的设计方案，整体氛围简洁大方，设色和谐统一，相互呼应。效果图中，绘图者对木质结构的材料肌理进行刻画。一点透视使得空间深邃，空间感强，将效果图分为前景、中景、远景三个层次。制图工整，标注翔实。在下一步对该快题设计进行升级改造时，可尝试将分析图的形式进行替换。

Y 学长
硕士研究生
清华美院

方案的空间体验感丰富，大面积玻璃窗的设计巧妙，使室内通透明亮，红色木质造型的运用分割了空间功能，增加了空间的延伸感，使画面清新具有特点。作品的手绘表现干净利落，制图清晰合理，透视尺寸把握也足够准确，整体是个不错方案设计。效果图和剖面图中局部使用了水彩技法，来表现窗外的景观，虚实结合，恰到好处。

H 学姐
硕士研究生
清华美院

在设计层面，方案为打破空间中单一规整的形式语言，采用了大量的折线与斜线语言，在效果图中须注意其透视的准确性，整体空间采用较明亮的色调，可适当添加局部阴影等重色以及适量留白，拉开明暗对比的层次。值得注意的是，设计者在描绘效果图时，十分注意对构筑物材质的塑造，细节十足。平面图、剖面图和立面图的制图规范值得学习。

Y 学姐
硕士研究生
中央美院

整体设计简洁又丰富，流线清晰合理，制图也严谨规范，空间分布合理有序。公共空间与半私密空间划分的形式丰富；远处植被的处理手法与物体的刻画形成对比，远近关系、虚实关系处理得当。快题中的平面图、剖面图设计手绘表达规范严谨，干净整洁，是不可多得的范例，值得学生临摹、分析、学习。

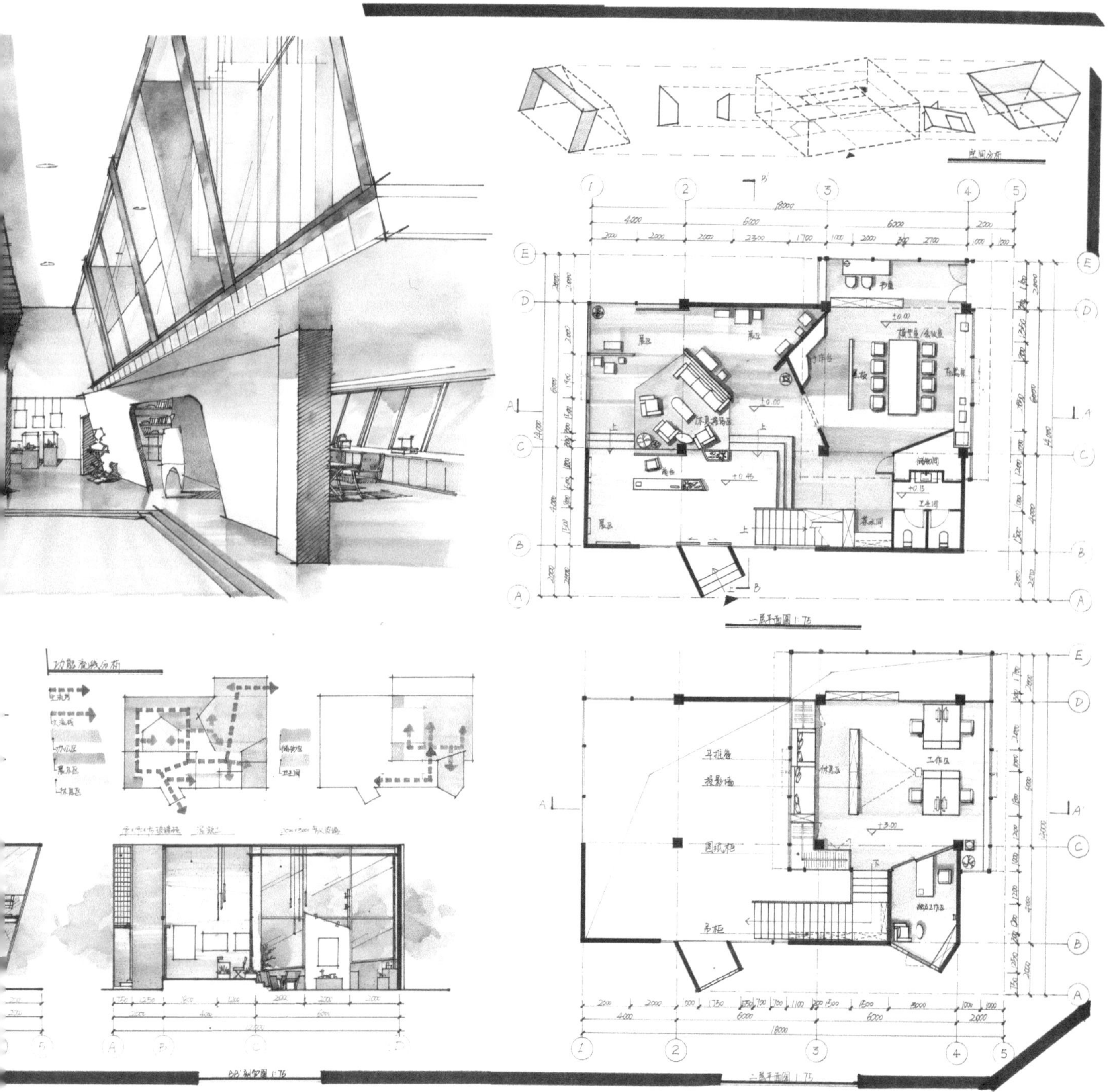

图8-46　工作室改造室内设计快题手绘（十五）/ 新蕾艺术学院学员

工作室改造室内设计快题手绘如图8-47所示。

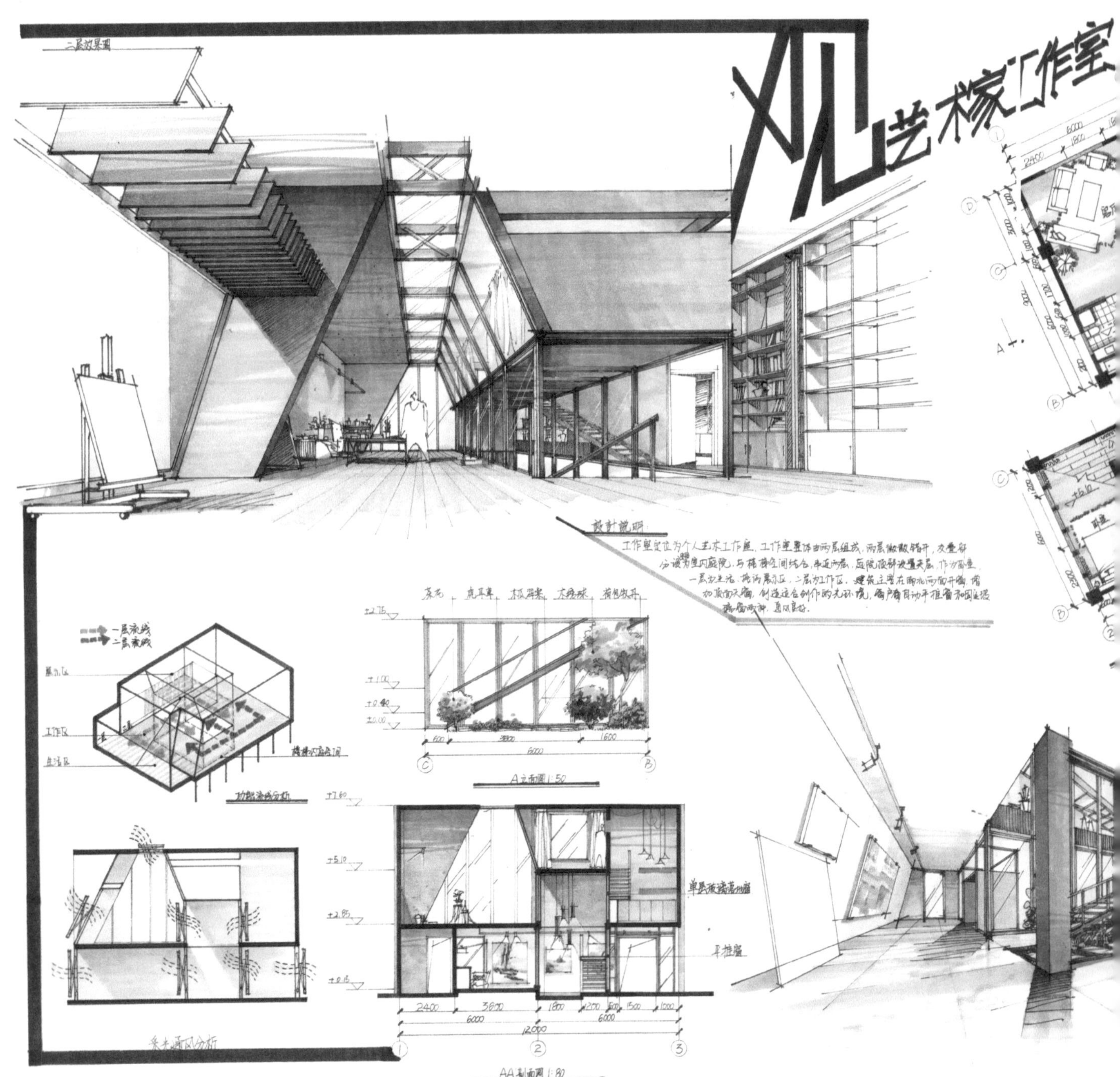

图8-47　工作室改造室内设计快题手绘（十六）/ 新蕾艺术学院学员

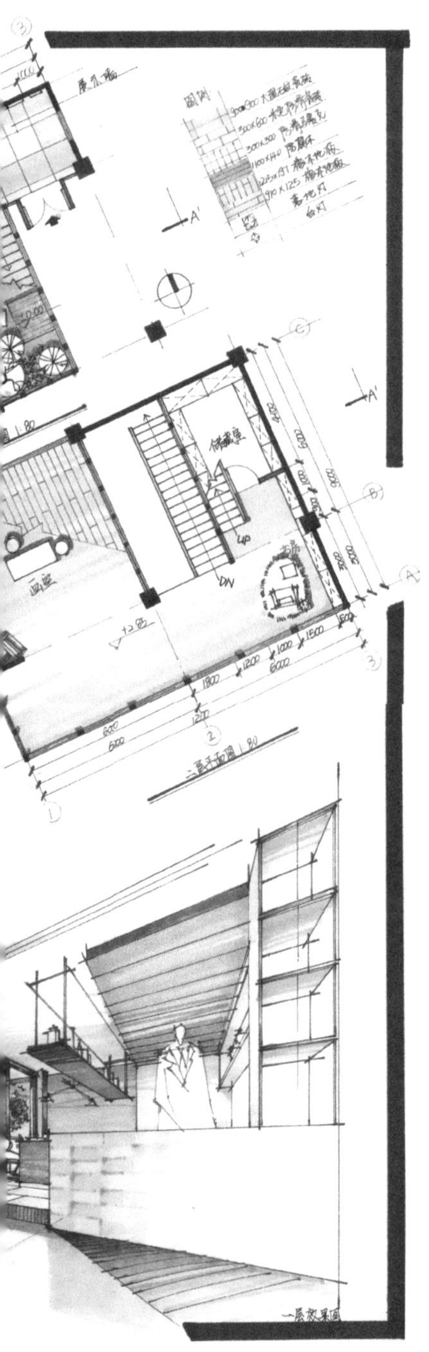

· 快题设计题目要求：设计工作室设计（设计实践项目选题）

S 学长
博士研究生
清华美院

本套快题的排版与艺术字标题处理都十分新颖独特。相较于大部分考生选择以一张效果图作为快题主体的版式不同，绘图者选择两张不同角度效果图“并驾齐驱”的方式，这种方式在使用时需注意可能会造成空间主次不清晰的情况，为了避免这一情况发生，绘图者用设色的方式进行重点区分，笔触老练自然。

Y 学长
硕士研究生
清华美院

该方案为工作室设计，采用通透、宽阔的室内空间形式，通过一点透视、两点透视的效果图将方案展示得完整详细。表现技法熟练，颜色明快，材质表现准确，很好地烘托出了艺术工作室的空间氛围。画面以大面积的冷灰作为主色调，局部搭配木纹颜色，颜色搭配协调，和谐统一，局部少量点缀彩色，活跃画面。

H 学姐
硕士研究生
清华美院

两点透视空间生活化气息浓重，活泼自然，所以设计者选用两点透视表达中庭空间。一点透视空间深邃、庄重，空间感强，设计者在设计室内空间时候，结合素水泥的材质肌理，营造出稳重大气的空间氛围。剖面图、立面图中，体现了光线对空间的影响。可适当添加分析图对设计思路进行说明。

Y 学姐
硕士研究生
中央美院

整体方案为大空间设计，斜顶天窗的设计比较巧妙，使室内通透明亮，再搭配木质、玻璃与石材的大量运用，画面清新具有特点。作品的手绘表现干净利落，制图清晰合理，透视尺寸把握也足够准确，整体是个不错方案设计。效果图一主一次，避免了效果图过大的问题，同时也更加全面展示了设计方案的内容。剖面图和立面图制图规范，手绘表达到位，值得学习。

茶室空间室内设计快题手绘如图8-48、图8-49所示。

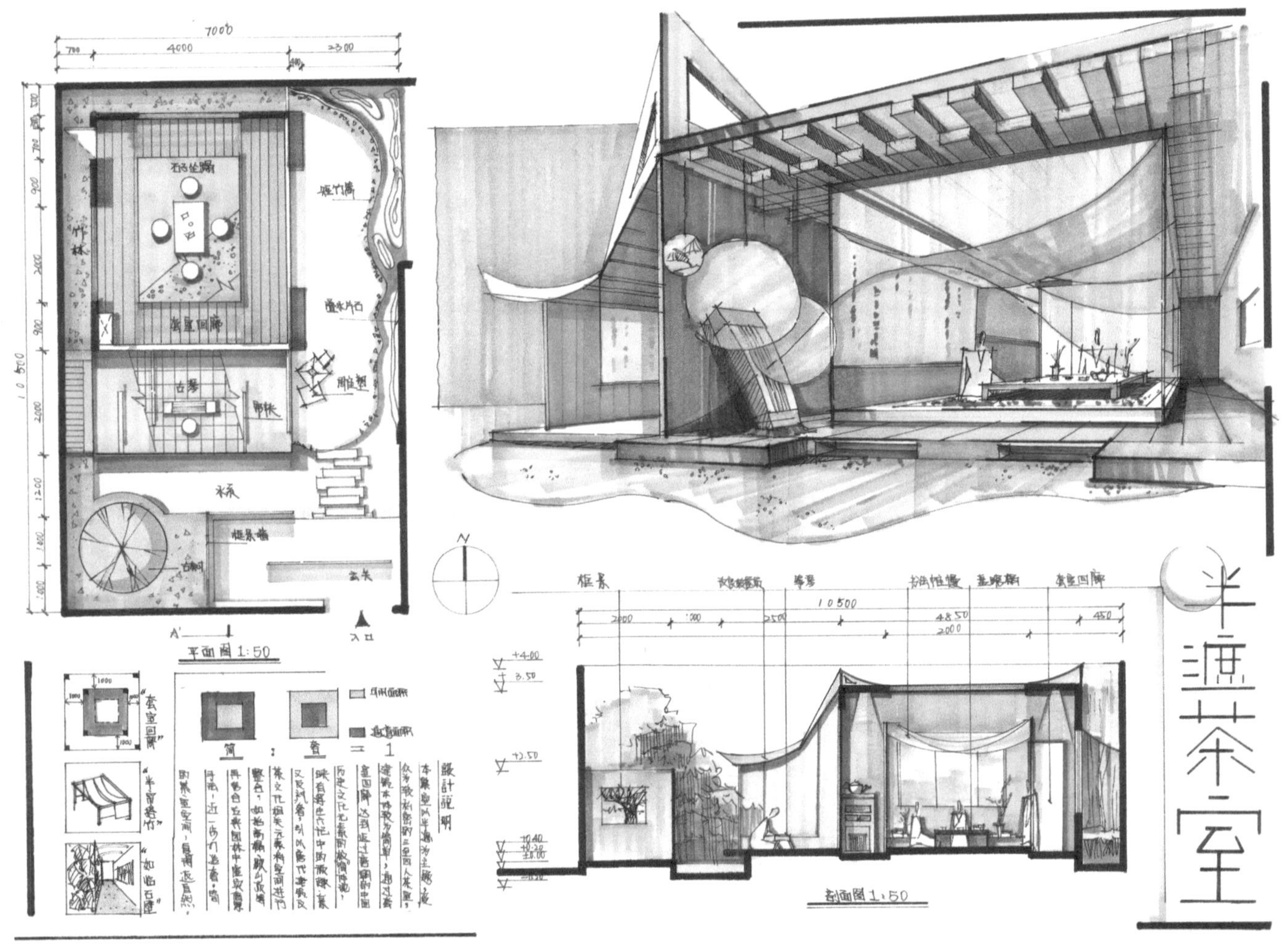

图8-48 茶室空间室内设计快题手绘（一）/ 新蕾艺术学院学员

8.6 茶室室内快题设计手绘范例及评析

茶室空间也叫茶饮空间，不仅限于品茶，更是一个静心、放松的空间，这里既可以承担社交的功能，又可以一人独处，修养身心。茶境之妙，贵在于淡，从传统茶文化的内涵出发，空间的设计与装饰烘托茶韵，简洁淡雅的基调，宁静致远的中式韵味，营造出悠闲和禅意的氛围意境。

茶室设计是各个院校的热门考题，可供饮茶、小憩、社交的多功能茶饮空间，舒适、惬意且充满活力的设计方案和良好的手绘表达必定能取得理想的成绩。

图8-49 茶室空间室内设计快题手绘（二）/ 新蕾艺术学院学员

H 学姐
硕士研究生
清华美院

本套方案为一套以城市之窗为主题的公共空间设计方案，两点透视使得空间表达更具张力，前景、中景、远景都有大量细节刻画。整体设色风格统一和谐，明暗对比强烈。在进行下一步升级改造的时候，可调整整张排版的版式及升级部分分析图的形式。制图层面也需加强。

K 学姐
硕士研究生
北京服装学院

方案效果图采用两点透视，动线清晰，画面富有张力，隔断廊道设计增加了空间的延伸感，也使空间过渡更加连贯，是不错的设计构思。立面绘制有些草率，应绘制得更加细致，可加入细节设计，使方案整体画面更精致。整体色调以蓝灰为主，统一的基础上缺乏对比，整体色调与茶室空间的主题氛围不契合。

茶室空间室内设计快题手绘如图8-50所示。

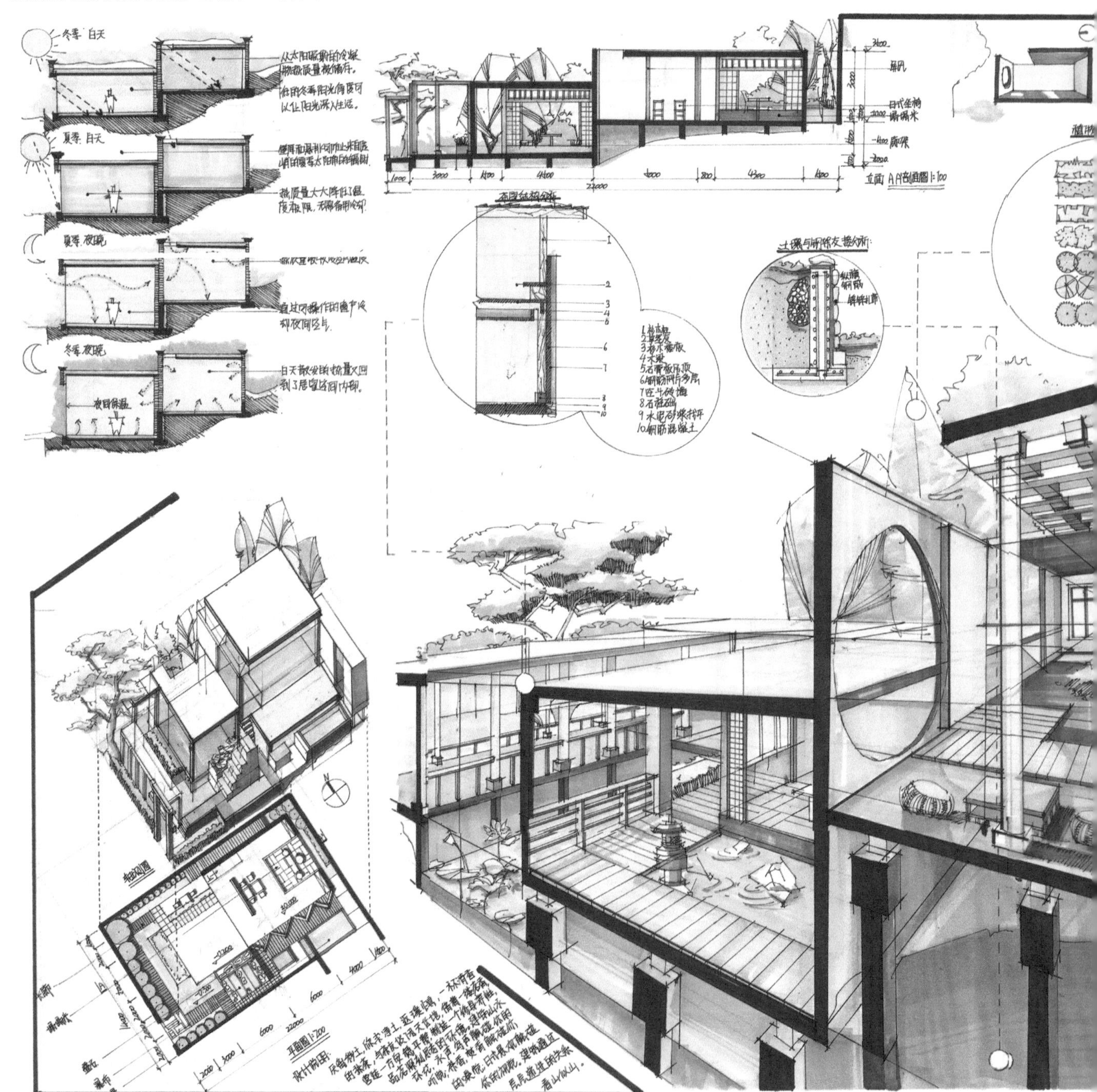

图8-50　茶室空间室内设计快题手绘（三）/ 新蕾艺术学院学员

· 快题设计题目要求：茶室空间设计（清华美院环艺 2012 年考研初试真题）

S 学长
博士研究生
清华美院

本套快题中绘图者大胆采用剖透视的方法展现效果图，新颖出众，张力十足，将室内设计与室外景观设计进行有机的结合。在距离观看者较近的位置也设置颇多细节进行描绘，分析图形式新颖别致，更为系统化、群组化，制图层面运用大量的参考线、辅助线，提升快题整体的专业性。版式自然，活泼，引人注意。

Y 学长
硕士研究生
清华美院

该方案构图新颖，视角新奇，从高处室外向室内俯瞰，整体空间展示的清晰明了，画面张力十足，细节刻画也非常丰富，空间结构表现得合理通畅，可见作者对空间透视的掌握相对透彻，表现技法也相对熟练，这种高视点的效果图可在熟练掌握透视知识的情况下进行运用，使画面抓人眼球。剖透视图的视角是这张快题的特殊之处。

H 学姐
硕士研究生
清华美院

整张快题内容丰富，图量很大，乍看之下剖透视的空间表现力极强，冲击力也很大，但是仔细观察研究方案则会发现在空间布局中，存在不甚合理的处理，需要设计者在后期进行调整。局部节点大样图、增强分析图种类的丰富性，也增强了本张快题的专业性。对光照、雨水、风向的分析，形成矩阵，体现出专业素养。制图上也十分工整、规范。

Y 学姐
硕士研究生
中央美院

效果图采用高视点构图，比普通视角具有跳跃性，空间尺度和层次都加大，表现效果的难度也上升，但该方案的作者完成较好，空间功能布局合理，颜色搭配和谐，材质区分及刻画都充分展示了空间主题，是值得学习的作品。系列分析图分析全面，形式各异，为后期的设计提供设计依据。左下角的轴测图视觉效果强烈，为整张快题增色不少。

茶室空间室内设计快题手绘如图8-51~图8-54所示。

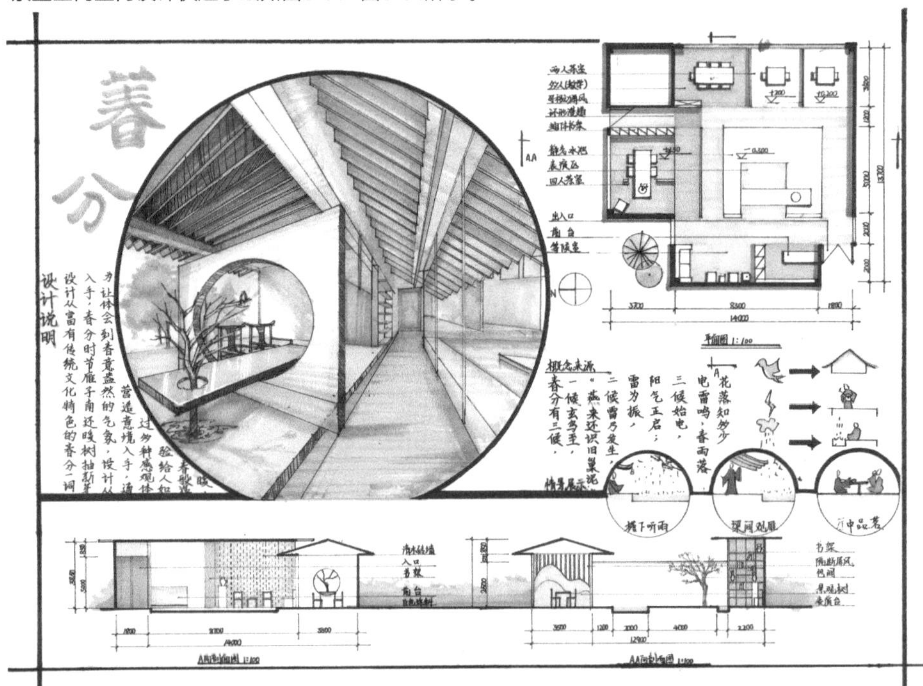

图8-51　茶室空间室内设计快题手绘（四）/ 新蕾艺术学院学员

Z 学姐
硕士研究生
清华美院

如图8-51所示快题为一套茶室空间设计方案，整体版式根据效果图中的镂空圆窗得到灵感，整体风格统一，显得自然大气、和谐统一。需要注意效果图中的透视角度是否合理，建议可将效果图放大。

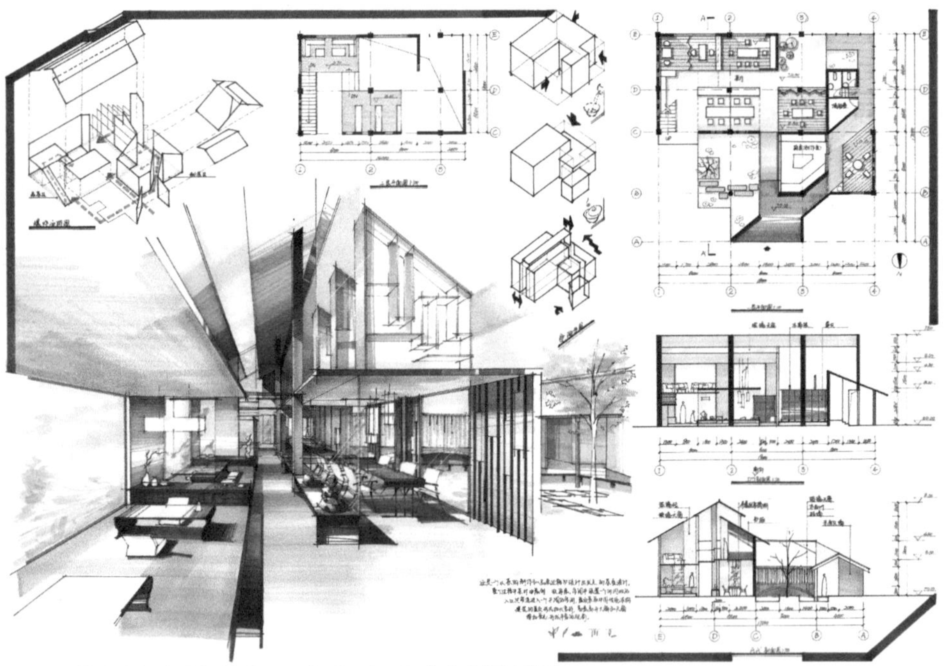

图8-52　茶室空间室内设计快题手绘（五）/ 新蕾艺术学院学员

Y 学长
硕士研究生
清华美院

如图8-52所示方案的空间感丰富，技巧熟练，平面布局合理，但上色有些死板，材质表现不够准确，还需多加练习。效果图的视平线过高，视距拉的过远，导致效果图主体不够突出，视觉冲击力不足。

Y 学姐
硕士研究生
中央美院

如图8-53所示快题为一套茶室设计方案。空间效果图将室内设计与室外景观设计相结合。整体设色统一、和谐、自然。前景、中景、远景层析分明，细节颇多。分析图新颖别致。不过整体用笔略有生硬，缺少变化。

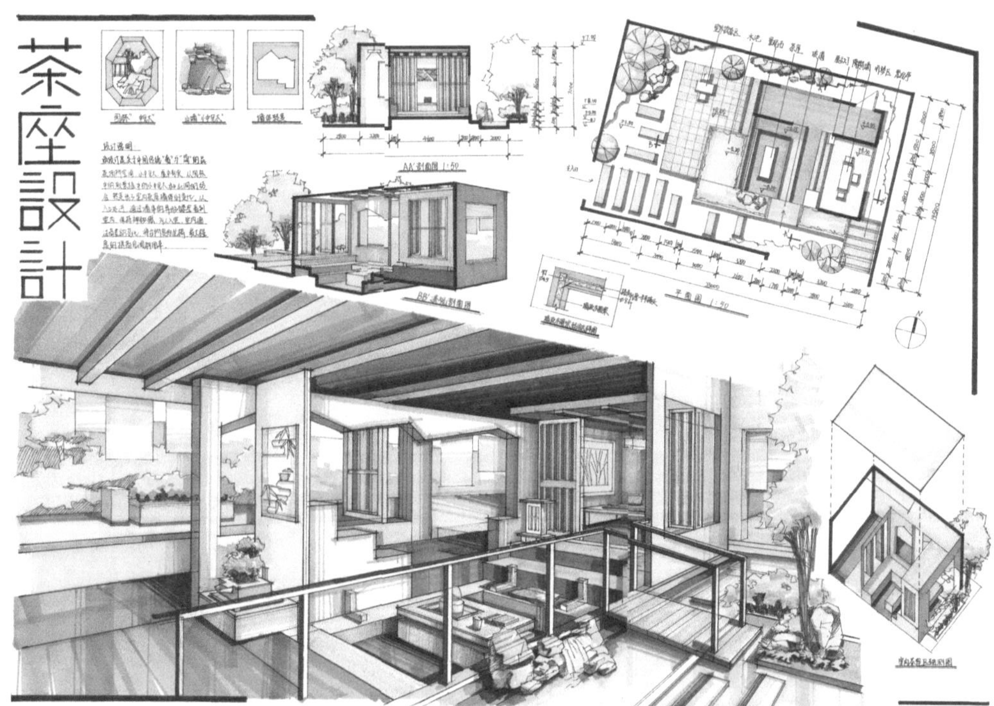

图8-53 茶室空间室内设计快题手绘（六）/ 新蕾艺术学院学员

S 学姐
硕士研究生
中央美院

如图8-54所示的快题中，“中式”这一风格可以很直观地从画面中感受到，作品的用笔潇洒，上色概括，对中式建筑的结构刻画得非常清晰、明确，但空间的远近关系较弱，空间的延伸感不强，分析图可画得更加细致。

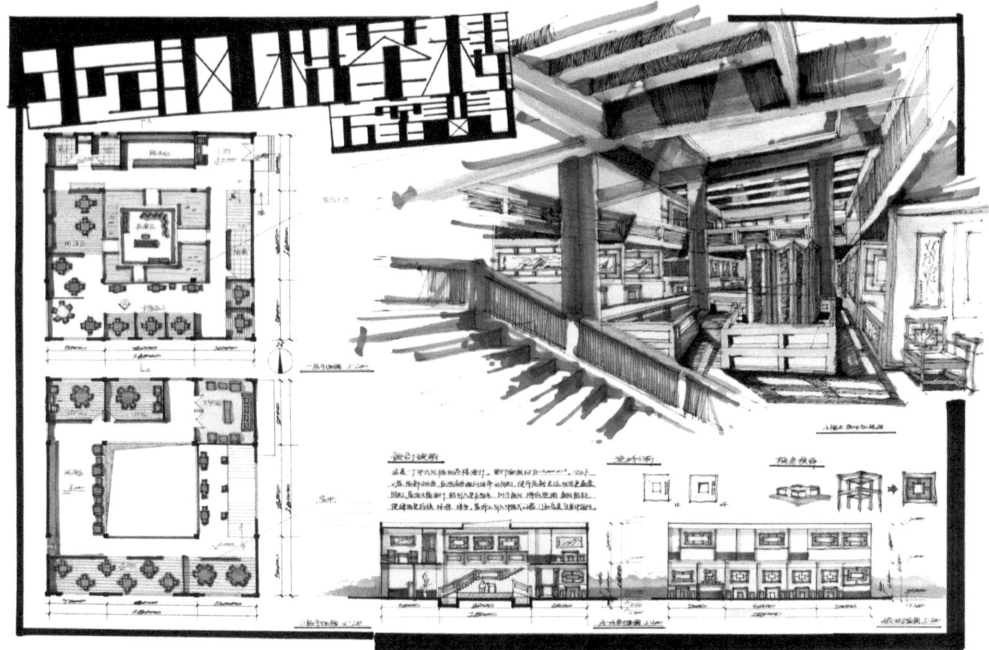

图8-54 茶室空间室内设计快题手绘（七）/ 新蕾艺术学院学员

茶室空间室内设计快题手绘如图8-55所示。

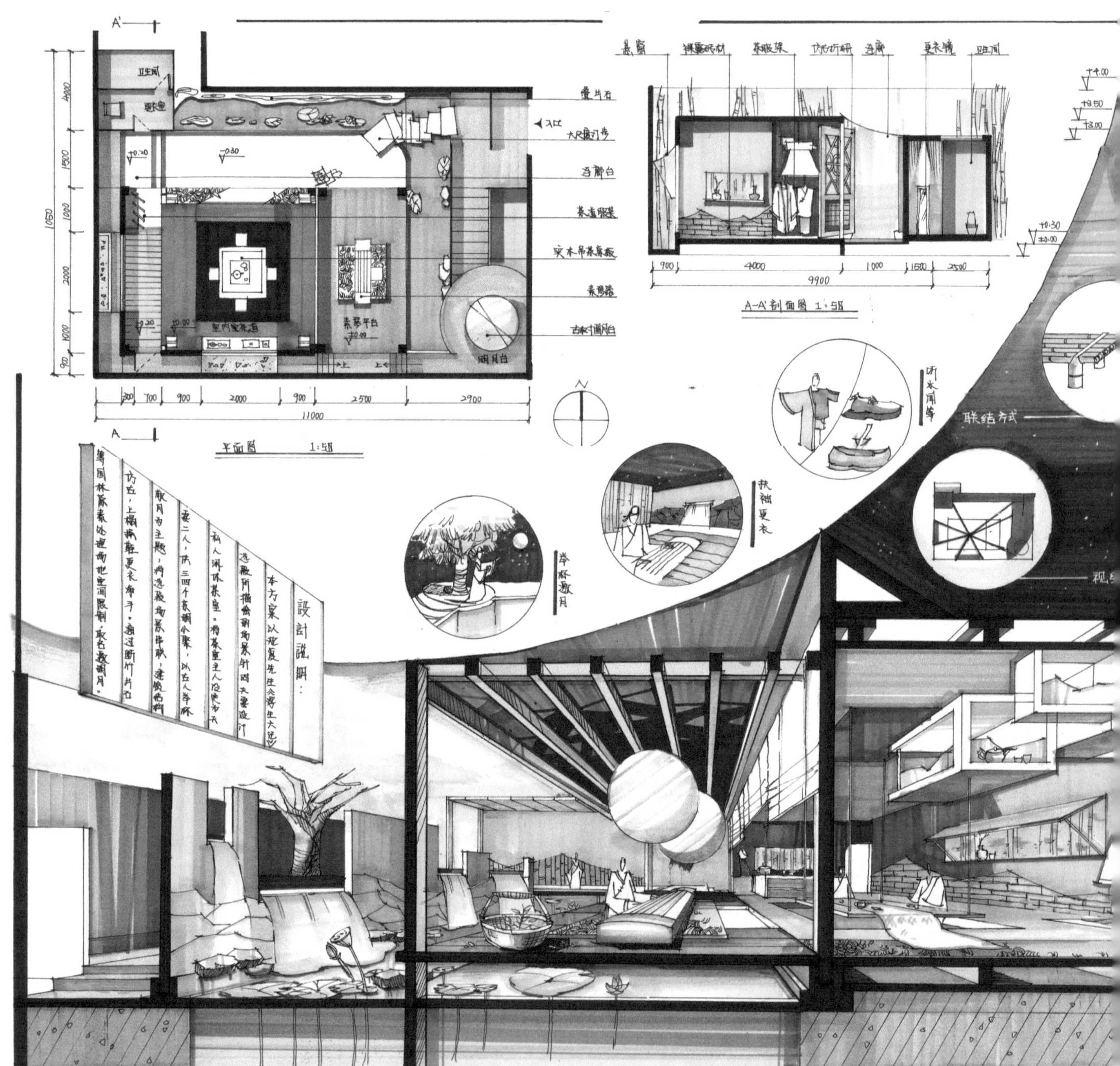

图8-55　茶室空间室内设计快题手绘（八）/ 新蕾艺术学院学员

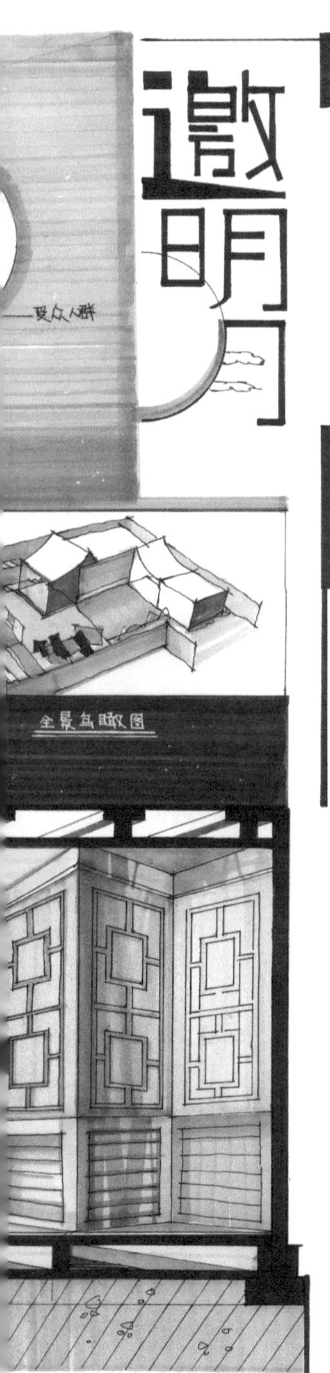

· 快题设计题目要求：茶室空间设计（清华美院环艺 2012 年考研初试真题）

S 学长
博士研究生
清华美院

本套快题设计者通过排版，巧妙地将效果图与分析图进行结合，新颖独特，张力十足。效果表现采用剖透视的方式进行表达，需要注意的是，虽然效果图中进行了多处场景塑造，但每一处都没有进行深入刻画，使得空间在仔细研究下略显空洞，可以专注于某一处细节的重点刻画，这样可以将主次进行区分。

Y 学长
硕士研究生
清华美院

该方案从排版到设计内容的完整性很高，构思也非常新颖，与众不同，配色明亮和谐，整体设计与主题的贴合度很高。水景从室外延伸到室内，过渡巧妙，层次丰富；中式风格结合少许现代设计，将“雅致”和“诗意”展现的恰到好处。快题将茶室的氛围和情调很好地表达出来，可见设计者具备良好的设计能力和一定的手绘表达能力。

H 学姐
硕士研究生
清华美院

快题整体设色和谐统一自然，有戏剧感。设计的“永恒内核”还是功能的划分。优秀的版式设计能够在最开始吸引观看者的视线。但在其后还是需要有设计内容的内核和对方案细节的表达。这两方面可成为方案提升的方向，另外一方面，可对除空间情景以外的内容进行分析，如材质、结构、功能、动线等。体现设计者的专业素养。

Y 学姐
硕士研究生
中央美院

这个方案内容设计的非常丰富，排版也比较巧妙。中式庭院的设计切合主题，空间细部的结构也被充分表现出来。效果图的空间递进感很强，采用剖切角度，将室内和室外的设计联系起来。整体构思比较有趣，以独特的视角展示茶室空间的设计内容，通过快题的标题字、设计说明、效果图的主题元素将茶室空间的主题渲染到位。

茶室空间室内设计快题手绘如图8-56所示。

·快题设计题目要求：茶室空间设计（清华美院环艺2012年考研初试真题）

S学长
博士研究生
清华美院

通过本套快题可以感受到绘图者的极大工作量，是十分优质的快题作品。但针对应试来说，极大的工作量对绘图者的完成度是巨大的考验。采用矩阵的方式排列局部分析节点，秩序感强，同时采用平行透视模型对空间进行补充说明。制图规范、工整，且清晰、严谨，配合标注和大量文字说明，清楚陈述设计者的设计思路与设计逻辑。

Y学长
硕士研究生
清华美院

从效果图可以看出该绘图者对钢架结构的了解比较充分，钢结构的搭接，给人一种非常稳定的感觉，同时又增加了设计的现代感。整个方案设计得非常完整、丰富，细节交代得也非常具体，是比较成功的作品。不仅对室内部分进行细致刻画，还兼顾室外景观环境，使得室内外相互联系，空间通透，视觉效果理想。

H学姐
硕士研究生
清华美院

本套快题的效果图设色和谐统一，自然气息浓郁，清新自然。一点透视与大量纵横线条的运用让效果图富有力量感、深邃，且空间感强。对细部节点的刻画入木三分，通过线稿与笔触表现材质肌理。明暗对强烈，鲜灰对比出众，空间的层次非常丰富，整体快题对设计内容进行全方位、多层次、多角度说明。可说是充分体现出设计者功力。

Y学姐
硕士研究生
中央美院

本套快题的风格是新中式与工业风的结合，空间结构丰富，布局合理，方案的绘制非常细致，完整度极高。效果图的绘制整齐、写实，整体需要长时间的练习才能在规定时间内达到这样的完整度。多种风格结合的构思读者可以学习和借鉴。分析图的分析角度新颖，形式独特，为快题设计增色不少。小的轴测图，表达到位，效果强烈，是整张快题的亮点。

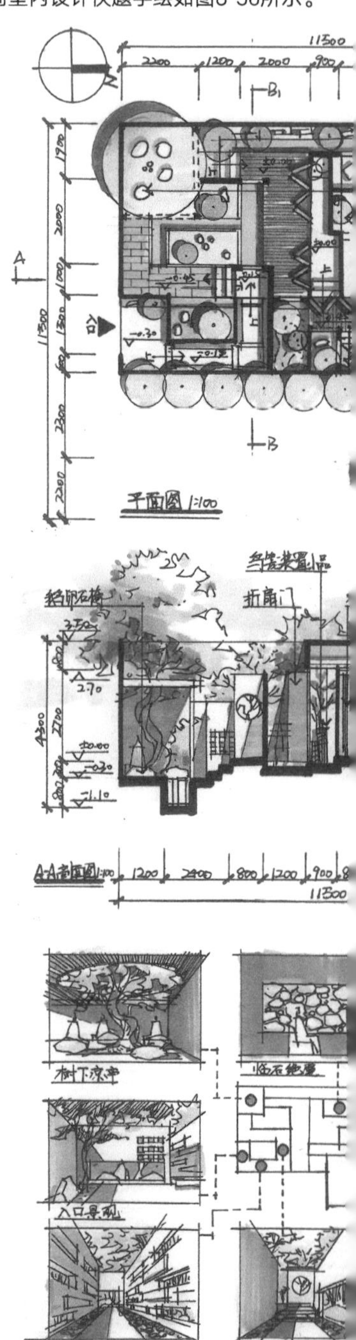

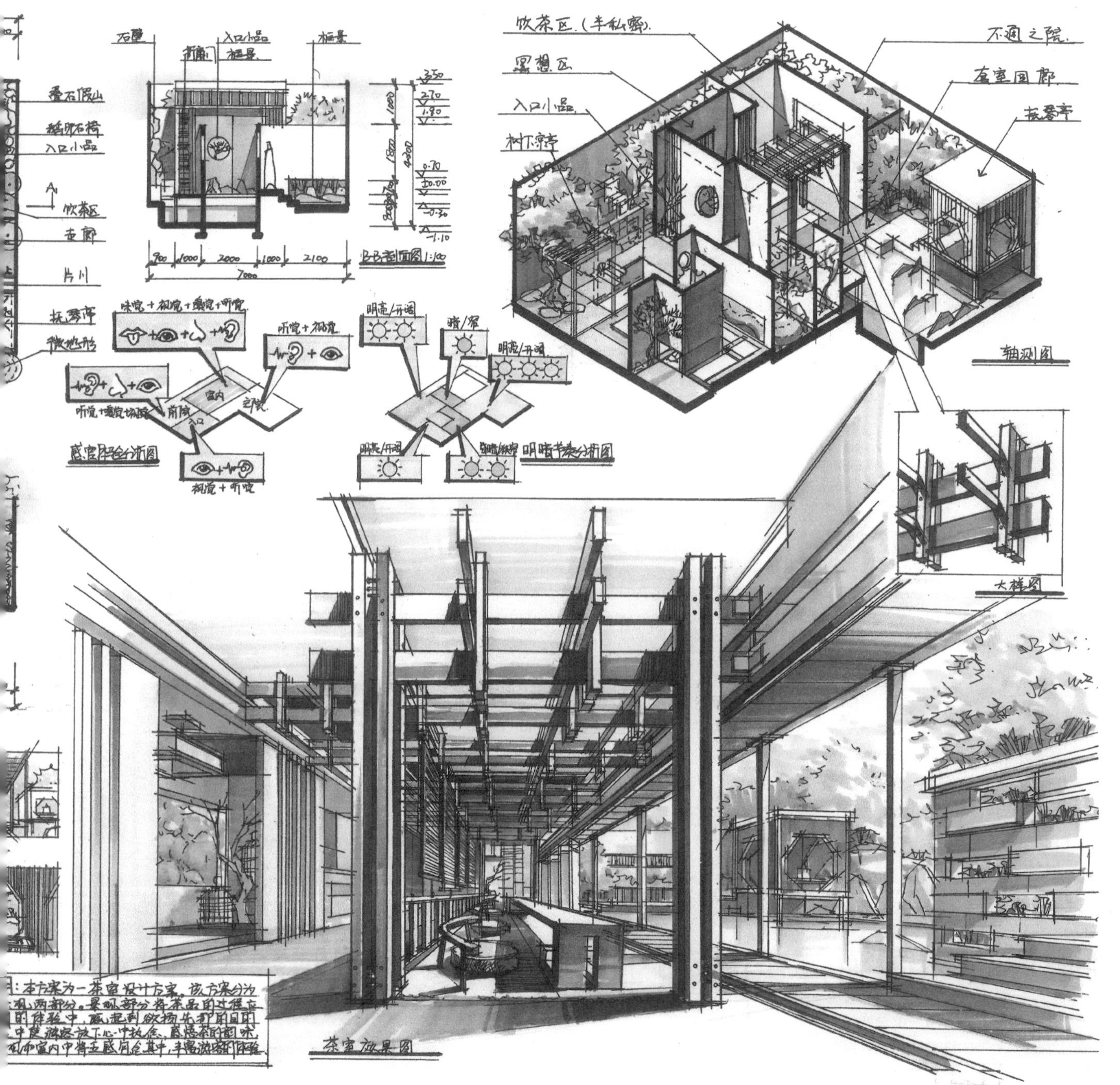

图8-56　茶室空间室内设计快题手绘（九）/ 新蕾艺术学院学员

咖啡厅、休闲简餐空间室内设计快题手绘如图8-57~图8-59所示。

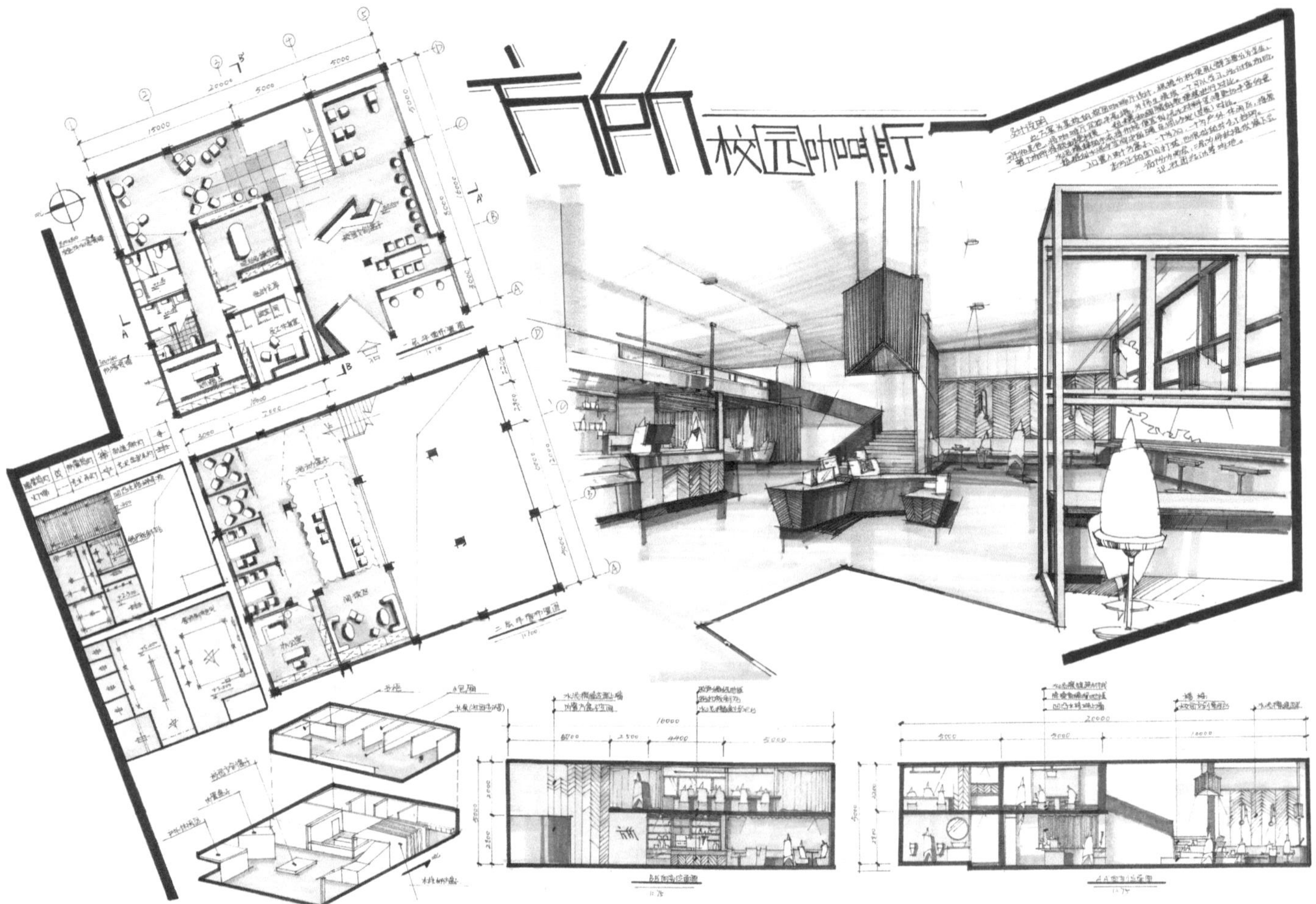

图8-57　咖啡厅、休闲简餐空间室内设计快题手绘（一）/ 新蕾艺术学院学员

8.7

咖啡厅、休闲简餐空间室内快题设计手绘范例及评析

咖啡厅（水吧）、休闲简餐空间是集茶饮、交流、展示、文化活动为一体的多功能空间，空间灵活、主题鲜明。独具特色的咖啡厅设计主题突出、风格明显，具有极高的识别度。常见的咖啡厅设计题往往在工业遗址、旧建筑改造的基础上进行改造设计，在保留了原有的风貌的基础上增添了时尚的设计语言。具有文艺气息、富含时尚感和设计感，特色鲜明的咖啡厅、水吧能够成为网红打卡景点，这些咖啡厅、休闲简餐空间是抄绘手绘的学习对象，优秀的设计方案更是快题设计学习借鉴的范例。

Y 学姐
硕士研究生
中央美院

如图8-58所示咖啡厅快题设计，缺乏咖啡厅主题氛围的设计和表达，给人一种“跑题”的感觉。室外的景观植物过于抢眼，没有表达出室内的空间感和环境氛围感，效果图表现较弱，还需要加强效果图的练习。

Y 学长
硕士研究生
清华美院

如图8-59所示快题是轴测图表达小空间的典型案例，其视觉中心是空间内的垂直绿化墙，所以绘图者对绿化墙做了着重分析。本张快题在制图层面十分严谨、工整，细致的注释增强了快题的专业性。

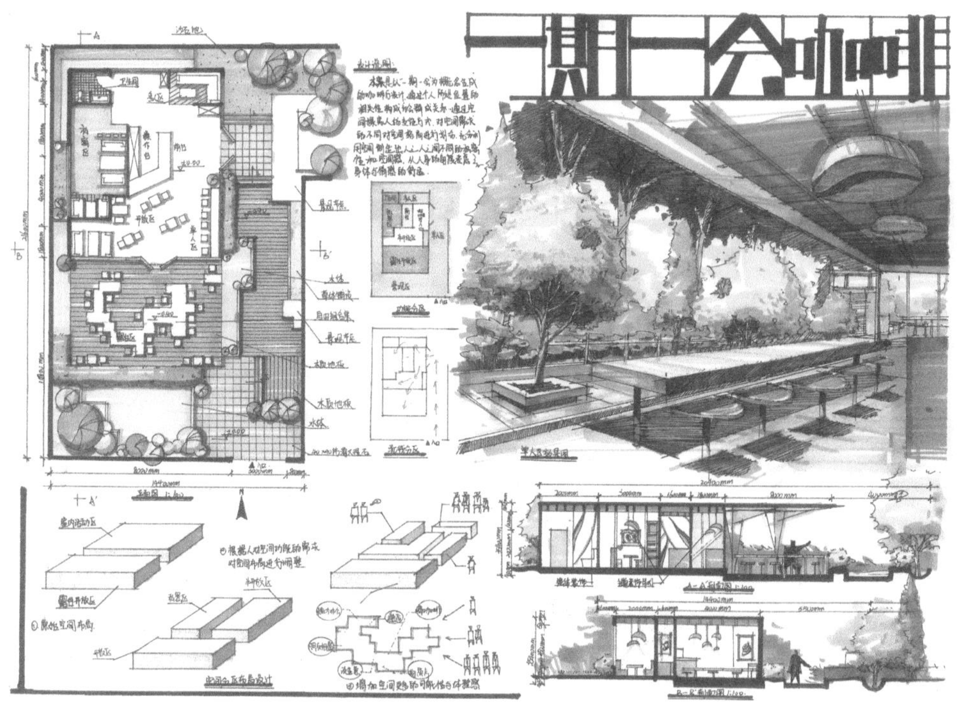

图8-58　咖啡厅、休闲简餐空间室内设计快题手绘（二）/ 新蕾艺术学院学员

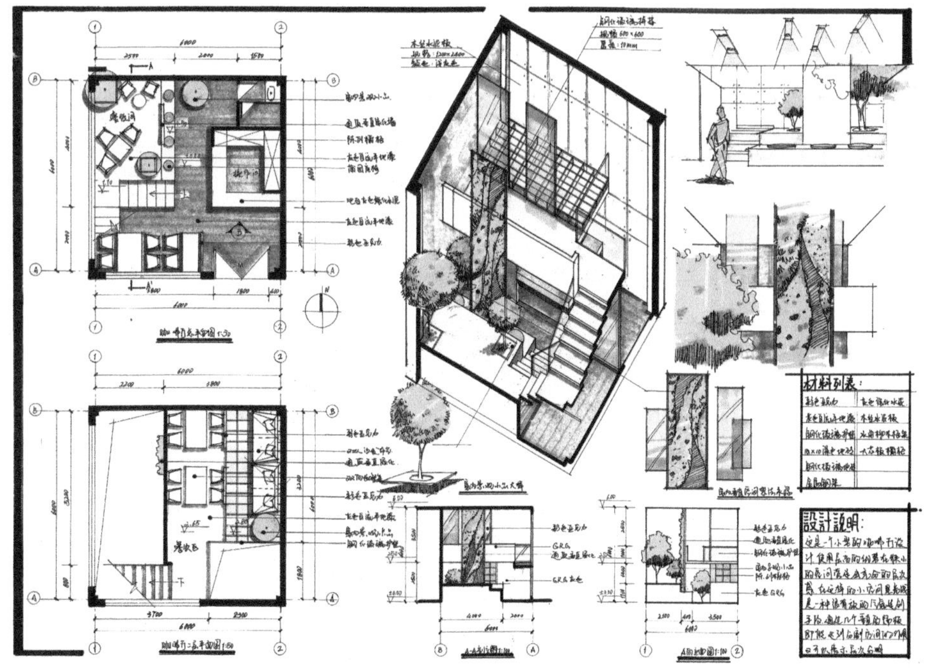

图8-59　咖啡厅、休闲简餐空间室内设计快题手绘（三）/ 新蕾艺术学院学员

咖啡厅、休闲简餐空间室内设计快题手绘如图8-60所示。

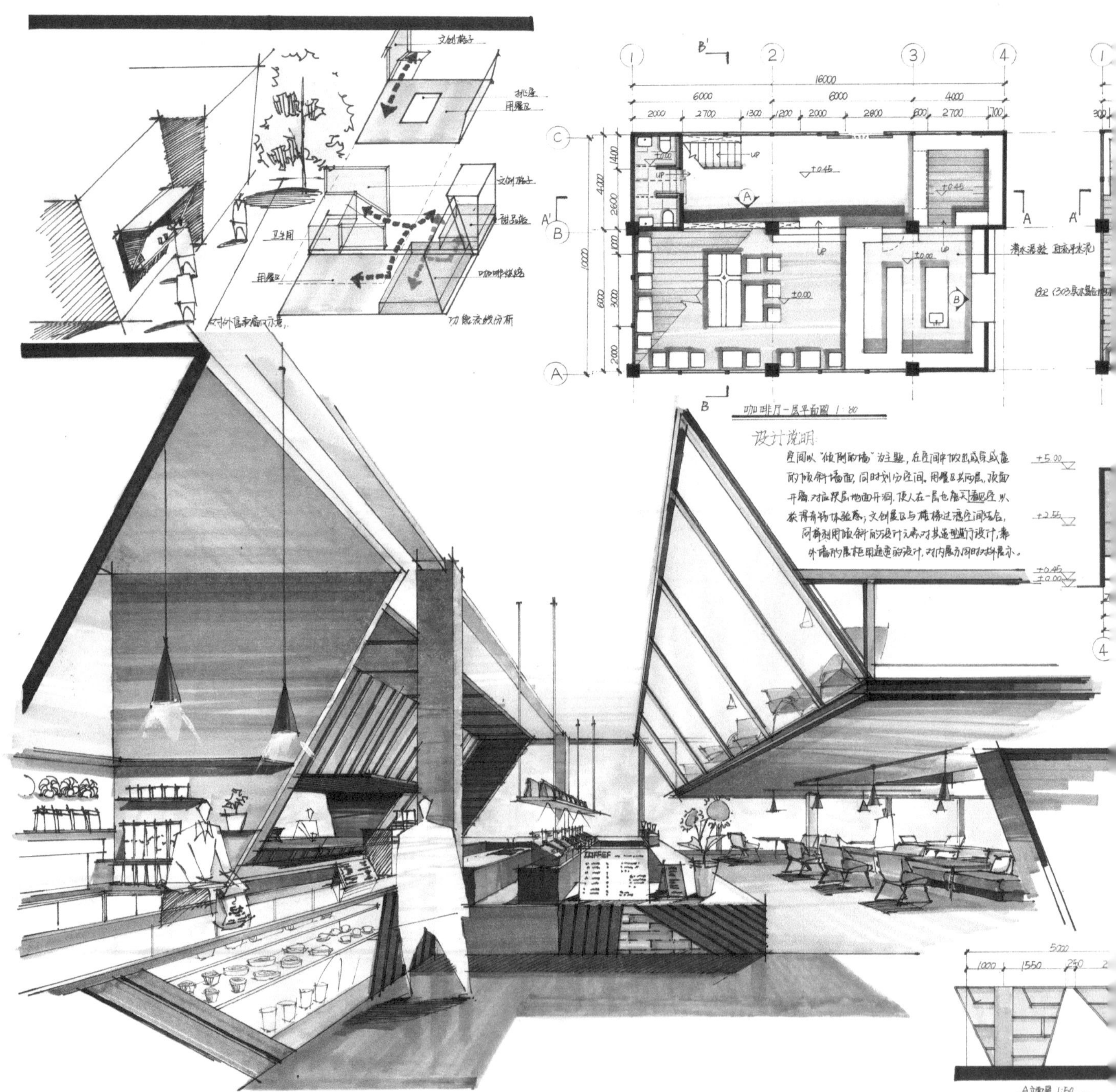

图8-60 咖啡厅、休闲简餐空间室内设计快题手绘（四）/ 新蕾艺术学院学员

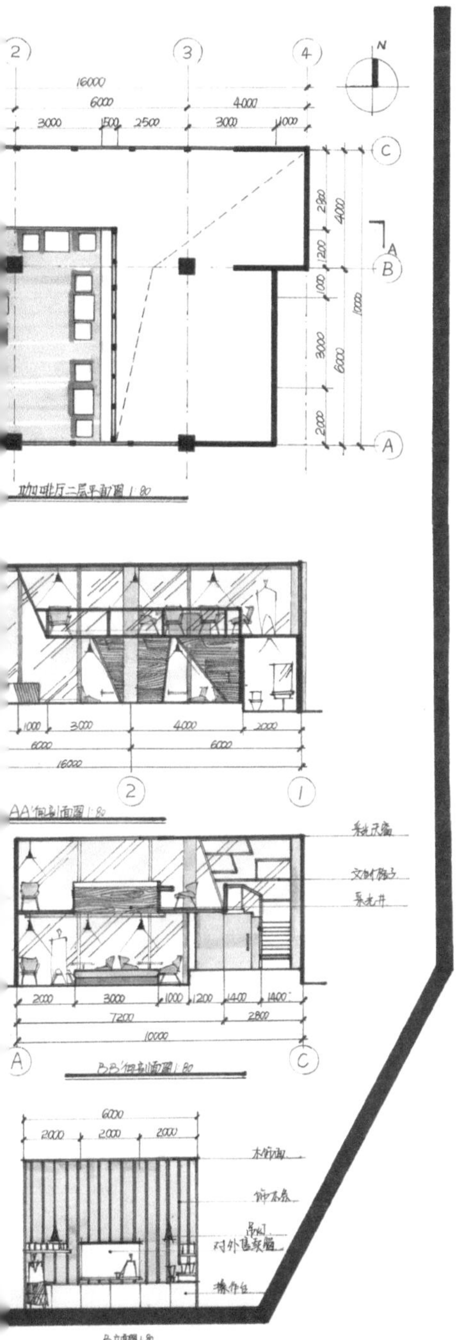

· 快题设计题目要求：咖啡厅设计（设计实践项目选题）

S 学长
博士研究生
清华美院

本套快题为一套以折线为主的咖啡厅设计方案，整体氛围轻松活泼，淳朴自然。木质结构给人温暖、踏实、稳固、安全的心理体验，与咖啡厅的环境十分相配。明暗对比较为强烈，层次分明。制图工整、规范，在进一步提升快题质量的时候，可以尝试对分析图进行重点改进，例如使用多种新颖形式的分析图。

Y 学长
硕士研究生
清华美院

整体方案比较完整，空间通透明亮，适量留白增强了画面对比，将空间层次展现了出来，纵横的线型装饰有空间分割的作用，同时与空间中的倾斜的立面产生呼应，且风格统一。台面的细节信息也非常丰富，以留白的形式与墙面产生对比。效果图的上色手法值得学习。“冷灰+木色”，色彩协调统一又不失对比，是很好的快题作品。

H 学姐
硕士研究生
清华美院

可以看出，绘图者通过笔触，对空间的材质肌理进行描绘。素水泥材质的简单利落、玻璃材质的通透清爽、木质结构的朴实自然，都被巧妙地进行了结合。人物的置入增强了空间的场景感。快题整体以效果图作为主体，其他图示作为辅助说明，主次关系通过明暗对比进行巧妙处理，层次分明。

分析图有待加强。

Y 学姐
硕士研究生
中央美院

效果图的上色工整，材质表现准确，人物绘制得很“精到”，在秩序严谨的静态空间中增添了些许动感与活力。方案动线合理，立面设计精致丰富，视觉感受非常舒适。效果图巧妙留白处理，形式感强烈，效果突出，是值得学习之处。剖面图的手绘表达制图规范、标准高，体现了很好的专业素养和专业基础。总体来说，这是一张非常优秀的快题手绘作品。

咖啡厅、休闲简餐空间室内设计快题手绘如图8-61、图8-62所示。

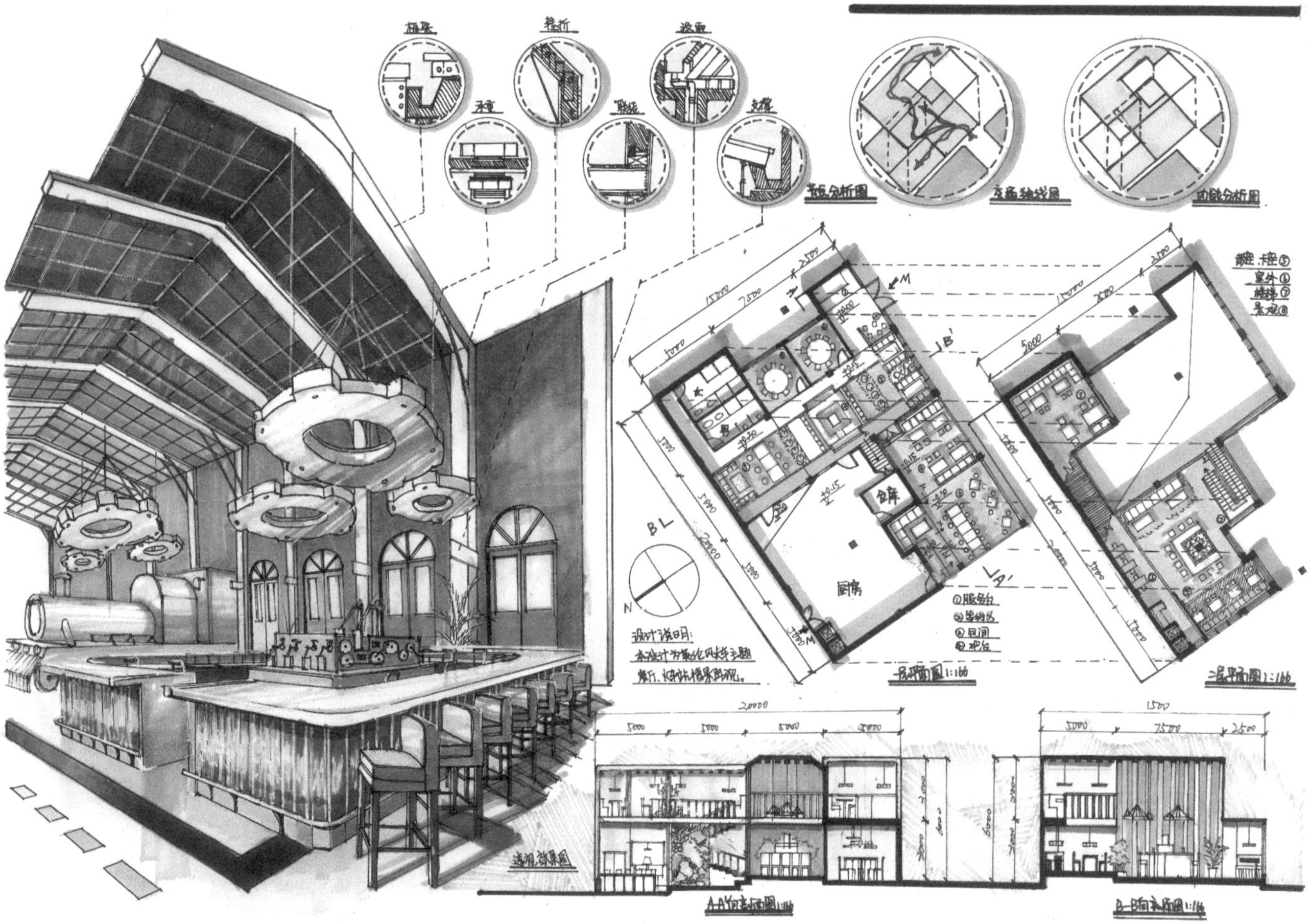

图8-61　咖啡厅、休闲简餐空间室内设计快题手绘（五）/ 新蕾艺术学院学员

L 学姐
硕士研究生
北京林业大学

如图8-61所示快题为一套以复古绿皮火车为设计元素的咖啡厅设计方案，方案中运动的材质、造型、元素、色彩、肌理都与主题息息相关，相得益彰。分析图排布新颖独特，是对结构节点进行分析说明。在制图层面，可适当减少设色，增强块体的层次感，也可以增加文字注释，为方案做进一步说明。

S 学姐
硕士研究生
中央美院

如图8-61所示快题的排版构思比较巧妙，画面整体也比较丰富，对于结构的刻画清晰，绘制了多个钢架结构节点图，有丰富画面的作用。竖向的两点透视效果图比较少见，该快题运用得比较成功，透视尺寸相对合理。整体以灰绿色调为主，颜色选择得恰到好处，凸显简餐空间的性质，不过整体中缺乏细致刻画的地方。

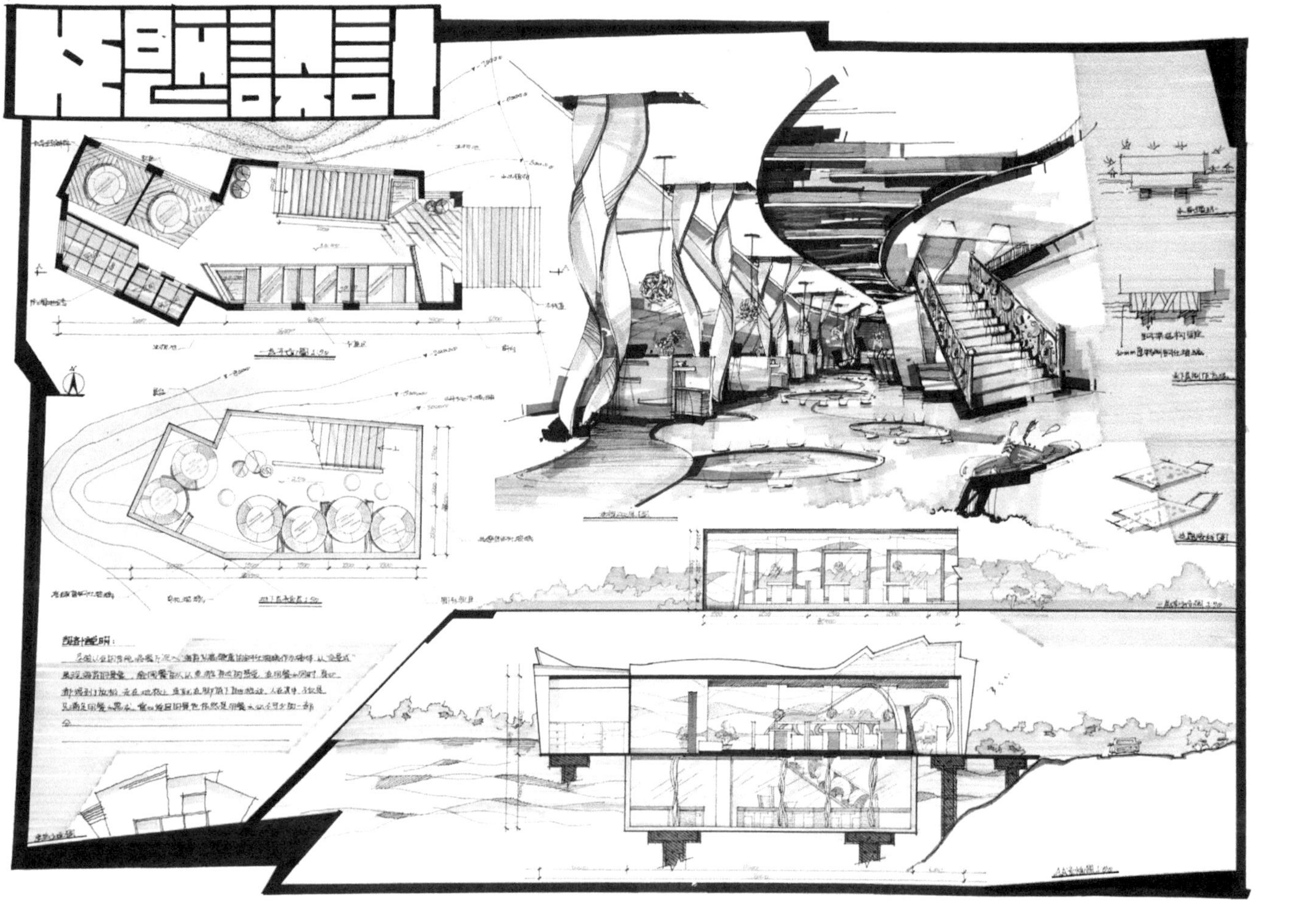

图8-62　咖啡厅、休闲简餐空间室内设计快题手绘（六）/ 新蕾艺术学院学员

Y 学姐
硕士研究生
北京理工大学

如图8-62所示快题中的版式设计较好，艺术字体为快题增强了张力。效果图中采用大量曲线造型，透视相对准确，明暗对比强烈，层次分明。在平面图、立面图、剖面图中，为配合效果图中的曲线原色，增加了地形线、等高线等元素，使得方案整体形式语言和谐自然。但整体版式设计略显花哨，有些干扰画面效果。

K 学姐
硕士研究生
北京服装学院

如图8-62所示快题整体充满着活泼的线性设计，空间动态感很强，垂落的线型绸带具有空间分割、引导作用，同时增加了空间的艺术性。该方案的排版也非常完整、和谐，在主次分明的前提下加入了许多主题元素，使各个分析图联系起来，成为一个整体，提高了方案的完整度。背景中灰色色块使各个图纸联系且统一起来。

书吧阅读空间室内设计快题手绘如图8-63、图8-64所示。

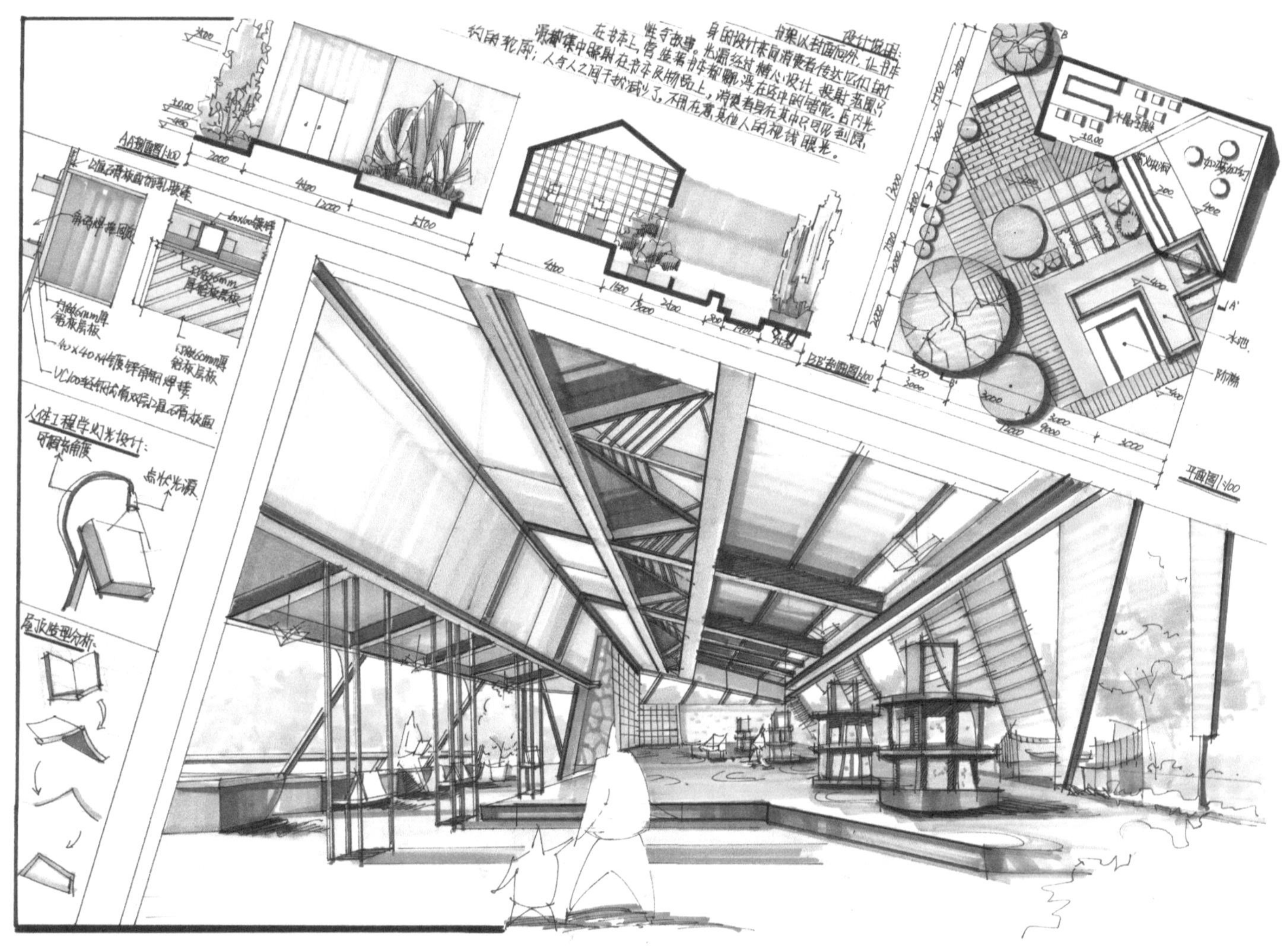

图8-63 书吧阅读空间室内设计快题手绘（一）/ 新蕾艺术学院学员

8.8 书吧阅读空间室内快题设计手绘范例及评析

书吧、书店、书屋等阅读空间是各个院校考研快题手绘重点考查的空间类型，即使是在科技便捷、信息发达的今天，我们有了更多的阅读方式，但传统书籍的阅读体验仍不可替代。当今的书店不仅以卖书为主要功能，更加注重协调空间与人的关系，以及营造环境氛围。书吧也由原有单一的功能转变为集阅读、文创商业、展示、茶饮、交流、活动等多功能于一身，以此满足不同使用者的需求，为大众阅读提供良好的公共空间。

Z 学姐
硕士研究生
清华美院

如图8-64所示快题设计方案为一套书吧设计方案。取景框式的效果图构图方式使得画面情景性很强。一点透视令空间格外深邃，空间感很强。对窗外景观不设线稿仅上色，达到了区分主次的效果。

S 学姐
硕士研究生
中央美院

如图8-64所示方案的排版新颖，且和谐有序，平面绘制得比较精致，空间布局划分合理，效果图将空间结构表现得非常细致，连续重复的线型结构增强了空间的延伸感，主次关系也表现得比较明确。

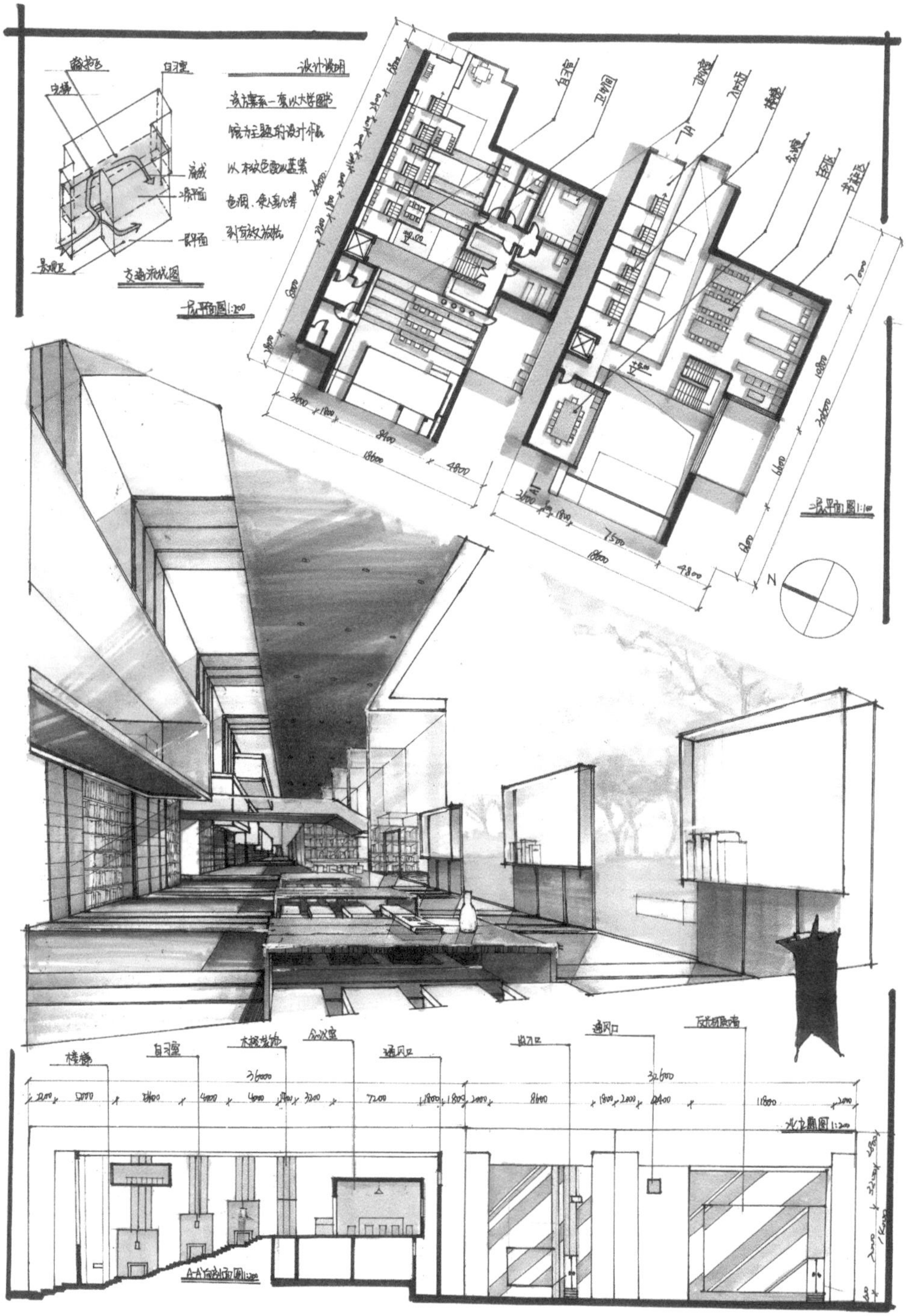

图8-64　书吧阅读空间室内设计快题手绘（二）/ 新蕾艺术学院学员

书吧阅读空间室内设计快题手绘如图8-65所示。

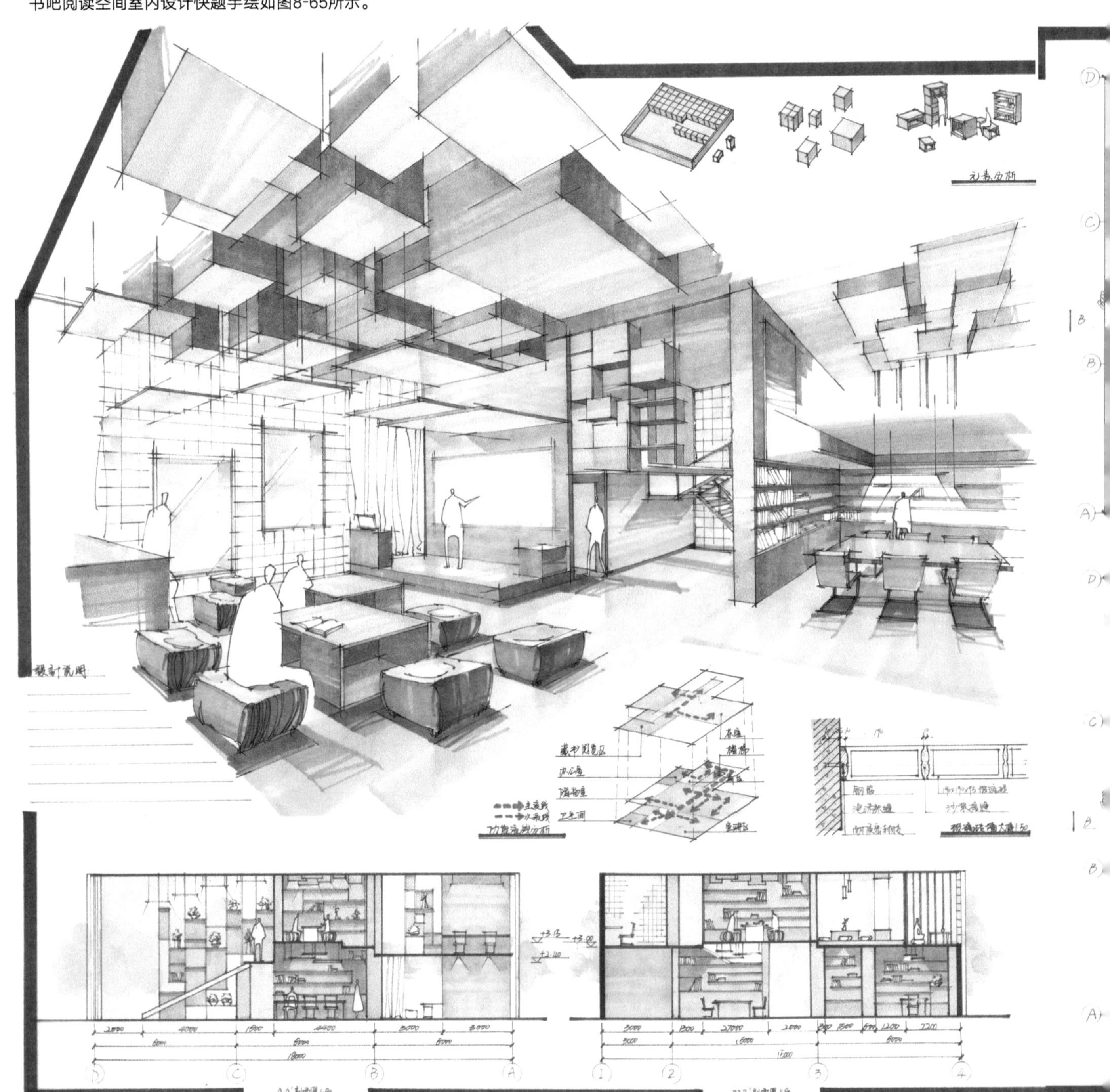

图8-65　书吧阅读空间室内设计快题手绘（三）/ 新蕾艺术学院学员

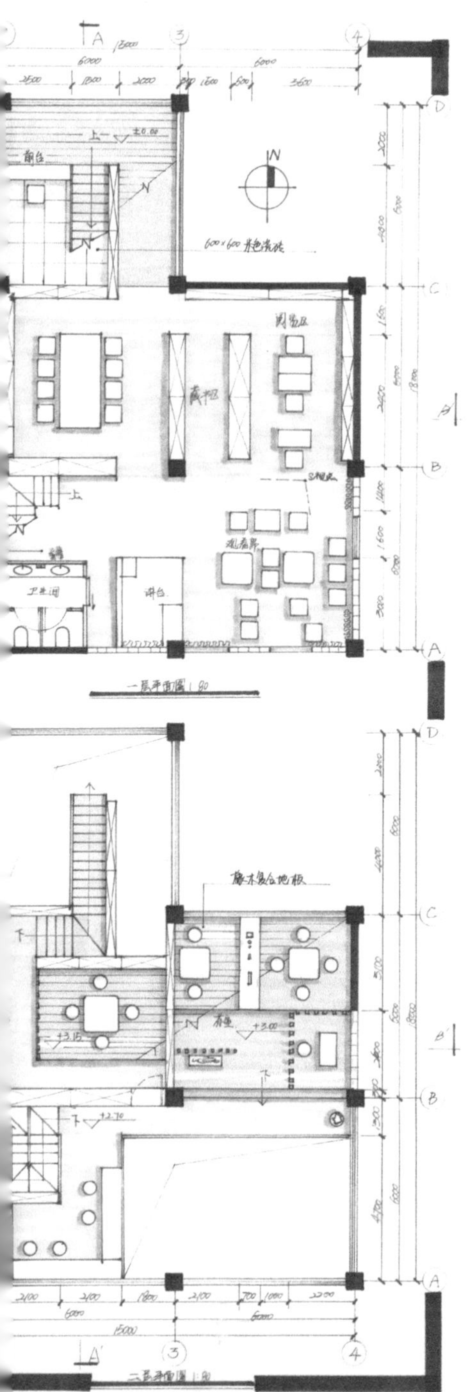

·快题设计题目要求：书吧阅读空间设计（设计实践项目选题）

S 学长
博士研究生
清华美院

本套快题为一套书吧设计方案，方案整体设色统一和谐、清新自然。大面积的效果图为方案体现极大张力，两点透视的表达效果，为空间营造轻松氛围。后续提升过程中，可在阴影处添加重色，提升整体空间的明暗对比度。在制图层面上，制图严谨，文字标注翔实，排版也随整体快题进行调整，酌情可对分析图进行形式上的升级改造。

Y 学长
硕士研究生
清华美院

空间采用两点透视进行绘制，比较自由、活泼。立方体的悬挂设计增强了空间的秩序感，同时提高了空间层次感。主题元素表现得直接易懂，立面设计细节饱满，但主体的刻画缺少细节，可增加虚实结合的纹理，丰富细节设计。版式设计虽然规矩平稳，但并不显得呆板。效果图视角选择巧妙，边缘处用笔讲究，人物留白恰当，形式感强烈。

H 学姐
硕士研究生
清华美院

从方案设计的角度来说，本套方案大量采用体块化的语言进行设计，是一种十分高效、简便的应试技巧。只要掌握准确的透视原理，便可随着题目的变化，完成相应的设计。绘图者对自身的设计灵感与设计逻辑进行了阐述，但分析图的逻辑关系相对混乱，应对其进行梳理，有助于观看者更快地掌握方案的设计思路。

Y 学姐
硕士研究生
中央美院

效果图天花的体块艺术造型使得效果图张力十足，颜色搭配比较淡雅但空间分割准确，对比强烈。平面布局合理，设计巧妙，制图规范严谨，但手绘表现不足，平面图的体积感和光影感没有被表现出来。空间动线流畅，立面细节丰富，室内与景观虚实得当，主次突出，值得借鉴。从快题的整体来看，缺少重色的点缀，整体灰了一度，对比度欠缺。

书吧阅读空间室内设计快题手绘如图8-66所示。

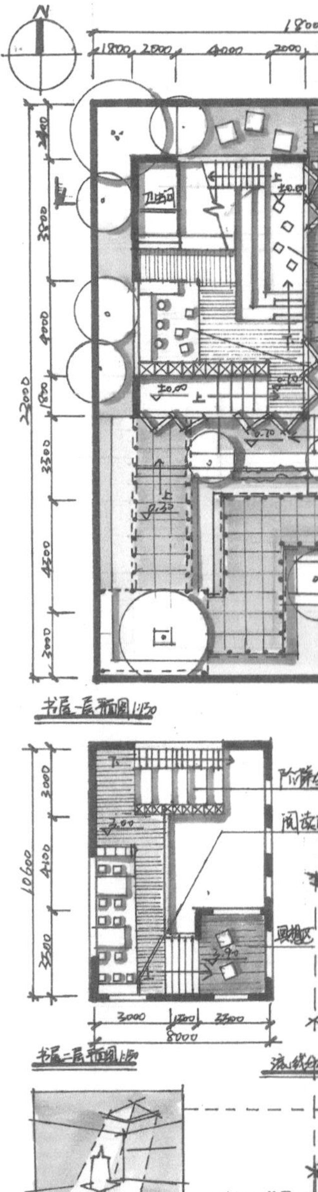

· 快题设计题目要求：书吧阅读空间设计

S 学长
博士研究生
清华美院

本套快题是一套书吧设计方案。在效果图表达中，设计者充分利用空间的体块穿插关系进行设计，制造多种高差，使得空间层次丰富多样，空间结构本身即为细节表达。一点透视使得空间感非常强，整体设色和谐统一，木质材料的大量运用使得空间令人感到舒适放松。分析图图示简洁明了地表达设计过程，为方案说明服务。

Y 学长
硕士研究生
清华美院

整体方案比较完整，适量留白增强了画面对比，将空间层次展现出来，纵横的线型结构加强了空间的节奏感，结构的刻画也非常细腻，风格非常统一。垂直分析图分析到位，增加了快题的可看性和耐看性，为快题加分不少。整体颜色丰富，但并不显得杂乱，协调统一中有变化。效果图、剖面图中景观植物、天空的处理恰到好处，起到了衬托的作用。

H 学姐
硕士研究生
清华美院

快题设计方案作为一个整体，也有其主次之分。本套方案中效果图作为快题设计方案的主体，其鲜灰对比与明暗对比都处理得十分出众，与其他图示（如平面图、立面图、剖面图、分析图）的明暗对比关系也进行了区别，适当的留白，为画面注入活力。细部构件的刻画与详尽的文字说明注释提升了画面整体的专业性。

Y 学姐
硕士研究生
中央美院

该方案从排版到内容设计都有很高的完整度，从靠近台阶的视角可以看到清晰的建筑结构，整体绘制细腻，以暖色调为主，和谐统一，平面图的布局也合理清晰；这种带有轻微工业风的风格非常适合书吧、茶吧、办公空间等公共空间的设计。效果图占据整张快题的大半部分，视觉效果强烈，空间感、体积感、光影效果表达到位。

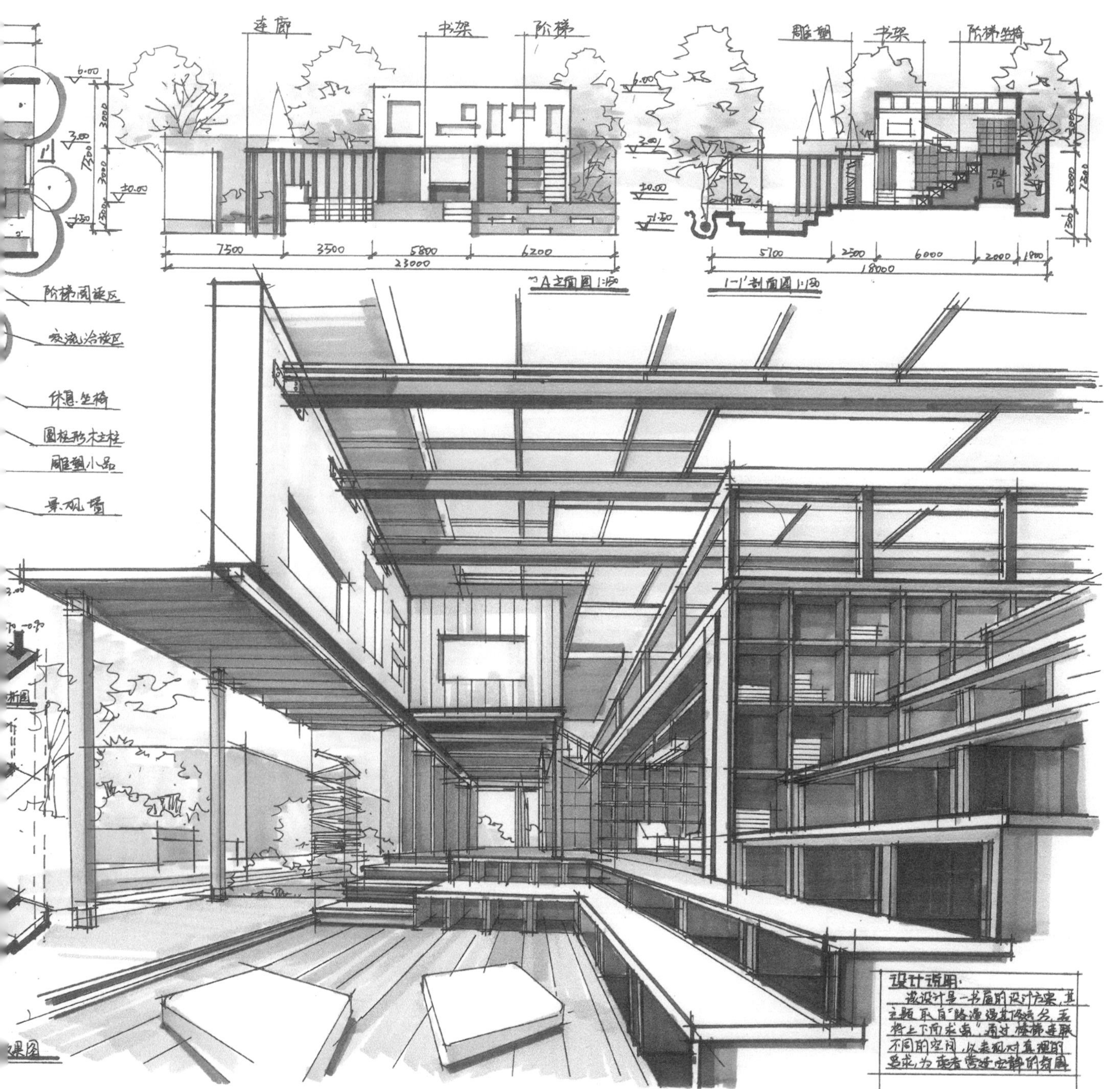

图8-66　书吧阅读空间室内设计快题手绘（四）/ 新蕾艺术学院学员

书吧阅读空间室内设计快题手绘如图8-67所示。

图8-67　书吧阅读空间室内设计快题手绘（五）/ 新蕾艺术学院学员

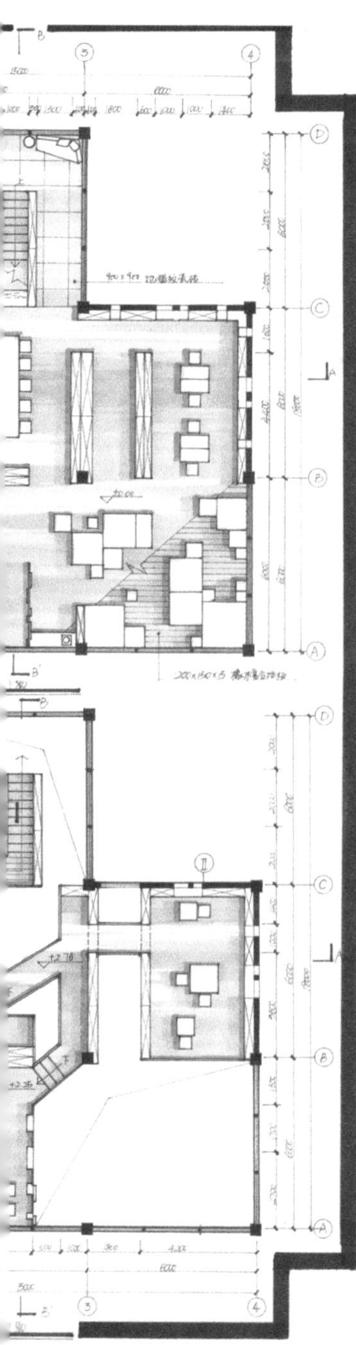

· 快题设计题目要求：书吧阅读空间设计（设计实践项目选题）

S 学长
博士研究生
清华美院

本套方案为一套书吧设计方案，空间氛围轻松和谐、整体大气干练，多种木质结构的置入使得空间富有生命力与活力，大作图范围的效果图表达，增强了快题的表现力，效果图透视准确，空间感强，明暗对比强烈，分析图形式稍显散乱，可做进一步提升。在制图层面，工整严谨、标注翔实，可适当减少立面图与剖面图的设色。

Y 学长
硕士研究生
清华美院

方案的完整度很高，主次分明，对元素的组合运用非常合理，空间的疏密关系把握得非常到位；从细节刻画可以看出作者的心思缜密，表现技法熟练。平面图可再加些冷色植被进行点缀。深棕色的木纹色略显“焦”，影响整体画面效果。平面图、剖面图以及节点大样图内容丰富、细节深入，很好地展示了设计方案的全部信息和内容，值得学习。

H 学姐
硕士研究生
清华美院

本套快题效果图氛围感极强。在设计层面上对二楼的过道空间进行了梳理，设计感十足，空间排布合理有序，尺度适宜，氛围感强。大范围的挑空处理，让使用者在其中不感到压抑。整体设计语言和谐、统一、自然。效果图左侧的装饰性墙面，为画面提供调剂，效果拔群，在场景中放入人物形象，使得画面更加生动。

Y 学姐
硕士研究生
中央美院

空间采用两点透视进行绘制，视觉感受比较自由。图书馆整体的构图丰满，但不拥挤，空间节奏把控得恰到好处。主题元素表现得直接易懂，立面设计细节饱满，刻画精细，人物的姿态将空间氛围充分带动了起来，同时人物的巧妙留白也避免了整个书架颜色“发闷”的问题，也为空间带来了一丝灵动，可以说是一张值得学习临摹的优秀案例。

展示陈列空间室内设计快题手绘如图8-68、图8-69所示。

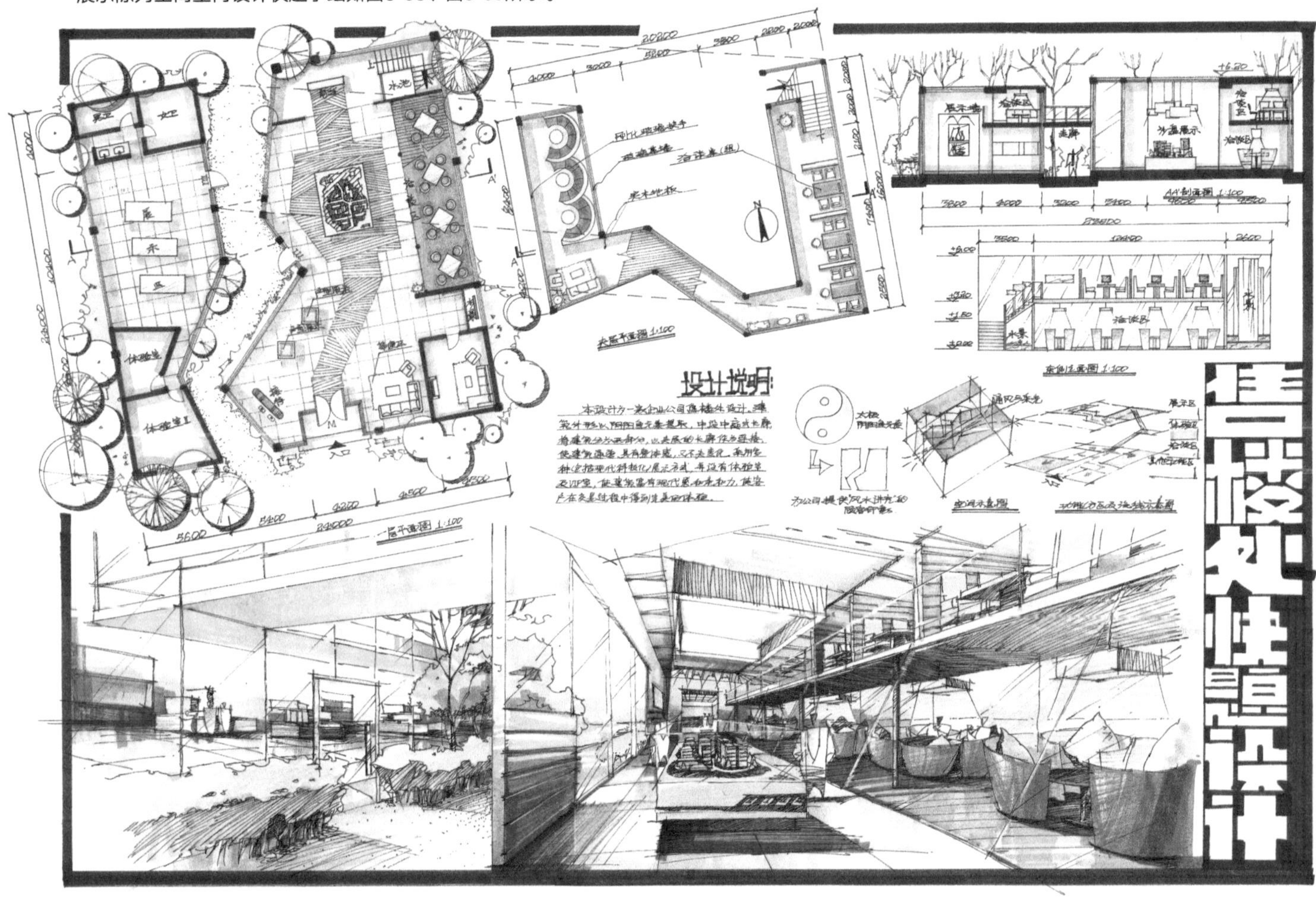

图8-68　展示陈列空间室内设计快题手绘（一）/ 新蕾艺术学院学员

8.9

展示陈列空间室内快题设计手绘范例及评析

展示陈列空间的内涵丰富、范围广泛，形式多样。优秀的展示空间设计能够营造良好的展示和商业氛围，提升品牌的形象。展示陈列空间的设计要注重实用性（功能性）、艺术性、科学性以及时代性特征，除满足基本的功能需求、环境氛围外还要注重展示道具、照明设计、材料设计、色彩设计以及橱窗的设计。售楼处设计、专卖店设计、家居体验馆设计、汽车展示空间设计等都是室内快题设计手绘中常见的商业展示陈列空间类型。

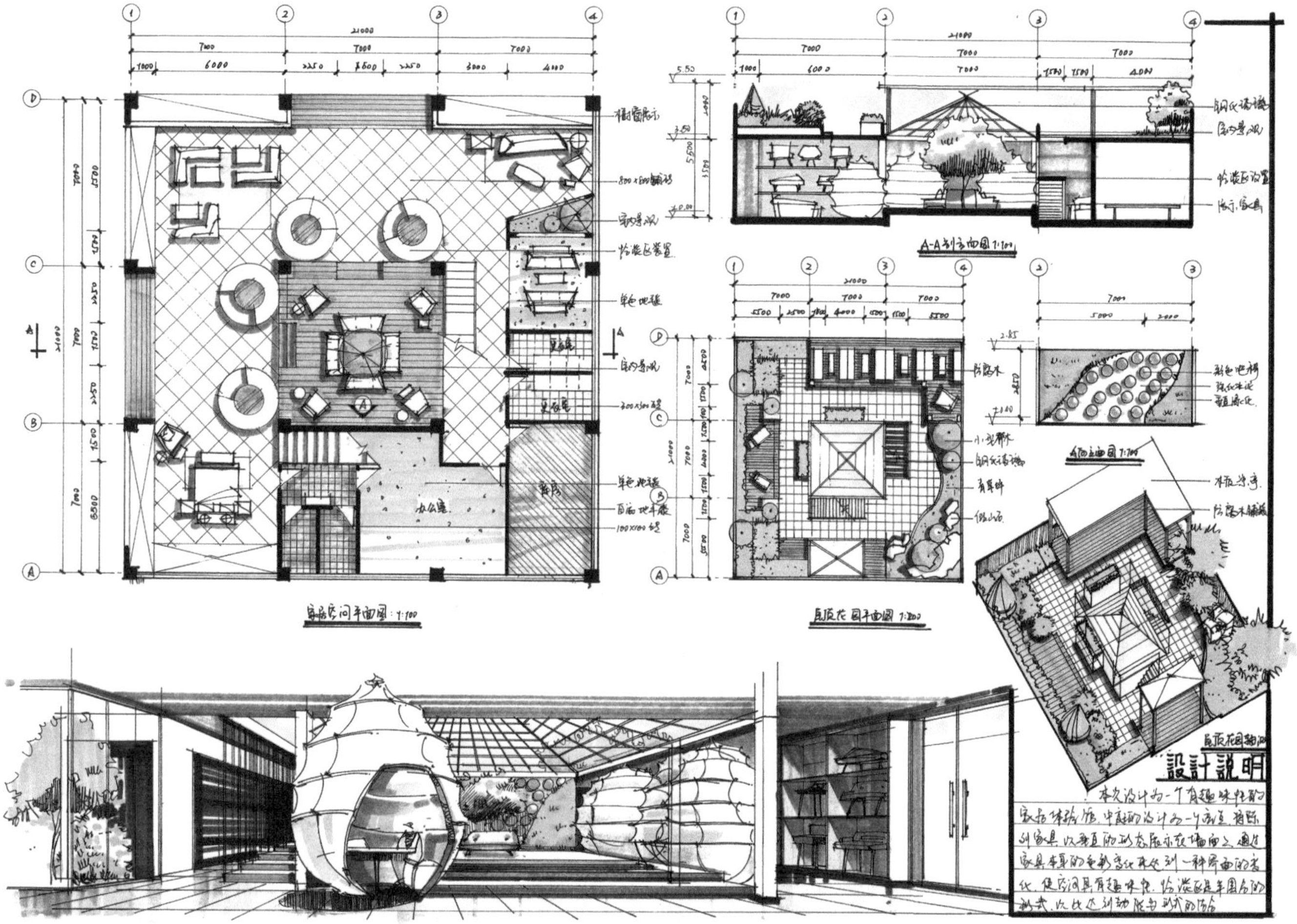

图8-69 展示陈列空间室内设计快题手绘（二）/ 新蕾艺术学院学员

Z 学姐
博士研究生
清华美院

本张快题为家居体验展示陈列空间设计，绘图者另辟蹊径，将效果图横向拉长，成“画卷”状，新颖独特，可适当将效果图进行放大、平面图进行缩小，视觉效果更佳。在效果图中前景置入造型独特的主体物，冲击力强；中景中庭设计通透、明亮；远景处的垂直绿化墙面，为调剂画面做出了很好的贡献。

S 学姐
硕士研究生
中央美院

如图8-69所示方案设计完整，中庭的尖顶玻璃天窗设计增加了空间的延伸感，独特的半包围座椅设计考虑到了使用者谈话的私密性，在公共空间中设置部分私密空间使空间层次上升，同时也满足了使用空间的舒适性要求。平面图及屋顶花园平面图，制图规范严谨，标注信息准确。小轴测图的表达是对效果图信息不完全的补充。

展示陈列空间室内设计快题手绘如图8-70所示。

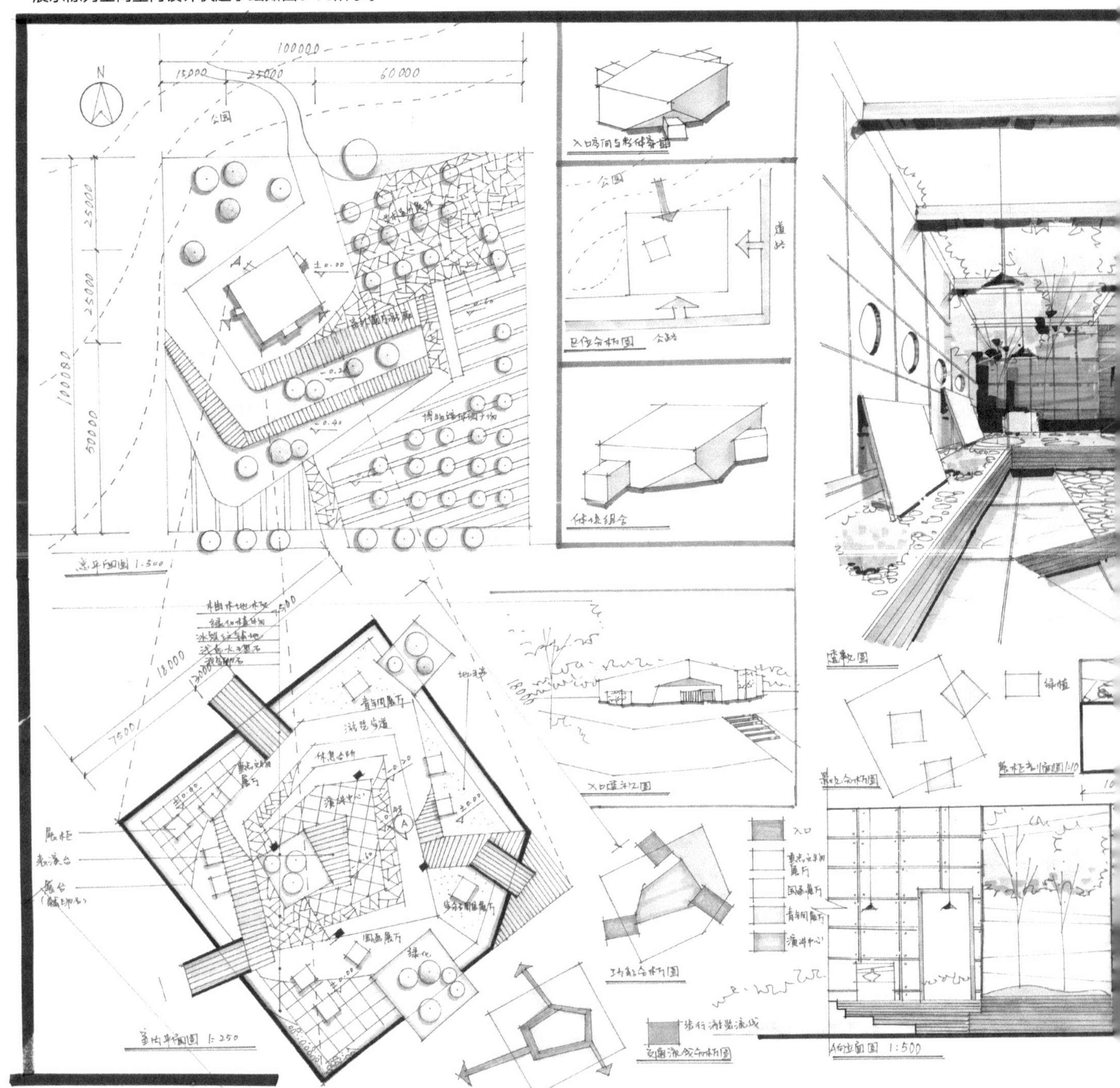

图8-70　展示陈列空间室内设计快题手绘（三）/ 新蕾艺术学院学员

· 快题设计题目要求：展示陈列空间设计（设计实践项目选题）

S 学长
博士研究生
清华美院

本套方案分别对方案中的景观部分平面与室内部分平面进行了梳理。制图严谨翔实，大量的辅助线、参考线的运用使得画面的专业性有所提升。快题整体明暗对比强烈，设色清新、自然。效果图的空间感、视点角度选取适宜，结合分析图，可对方案进行更加完善的说明，适当替换分析图的形式来提升整体快题方案。

Y 学长
硕士研究生
清华美院

该方案的平面图构思新颖，绘制细致，材质区分明确，用色清爽，整体完整度也较高，值得学习。露天中庭的设计很巧妙，台阶的逐渐抬升增加了空间的设计感，但视点较高，透视感偏弱，缺少张力。立面设计可再丰富些，表达更多的设计思考。总平面图和室内平面图的设计表达值得学习，总平面图是快题设计中容易忽略的地方。

H 学姐
硕士研究生
清华美院

结合前面的快题案例，可以发现本套快题为同一绘图者对已有方案根据题目要求进行的修改。该空间可适用于广泛需要公共空间的题目，应试性极强。在日常训练中，需要积累参考的便是这种适应性极强的空间结构，只需将其中的家具、软装元素进行替换，便可达到题目本身的要求。在效果图中选取适当的替换点，是一种省时省力、事倍功半的训练方法。

Y 学姐
硕士研究生
中央美院

方案的颜色搭配简洁、和谐，同时整体结构清晰、明了，整个画面看起来整洁大方又充满细节，完整性强。平面图的线型细节很丰富，整体建筑平面和室内平面都有清晰的展示，是其方案的一大亮点。整体设色高雅清淡，协调统一，色彩虽对比微弱，却个人风格明显，识别度高，这在众多快题中同样能够脱颖而出。

展示陈列空间室内设计快题手绘如图8-71、图8-72所示。

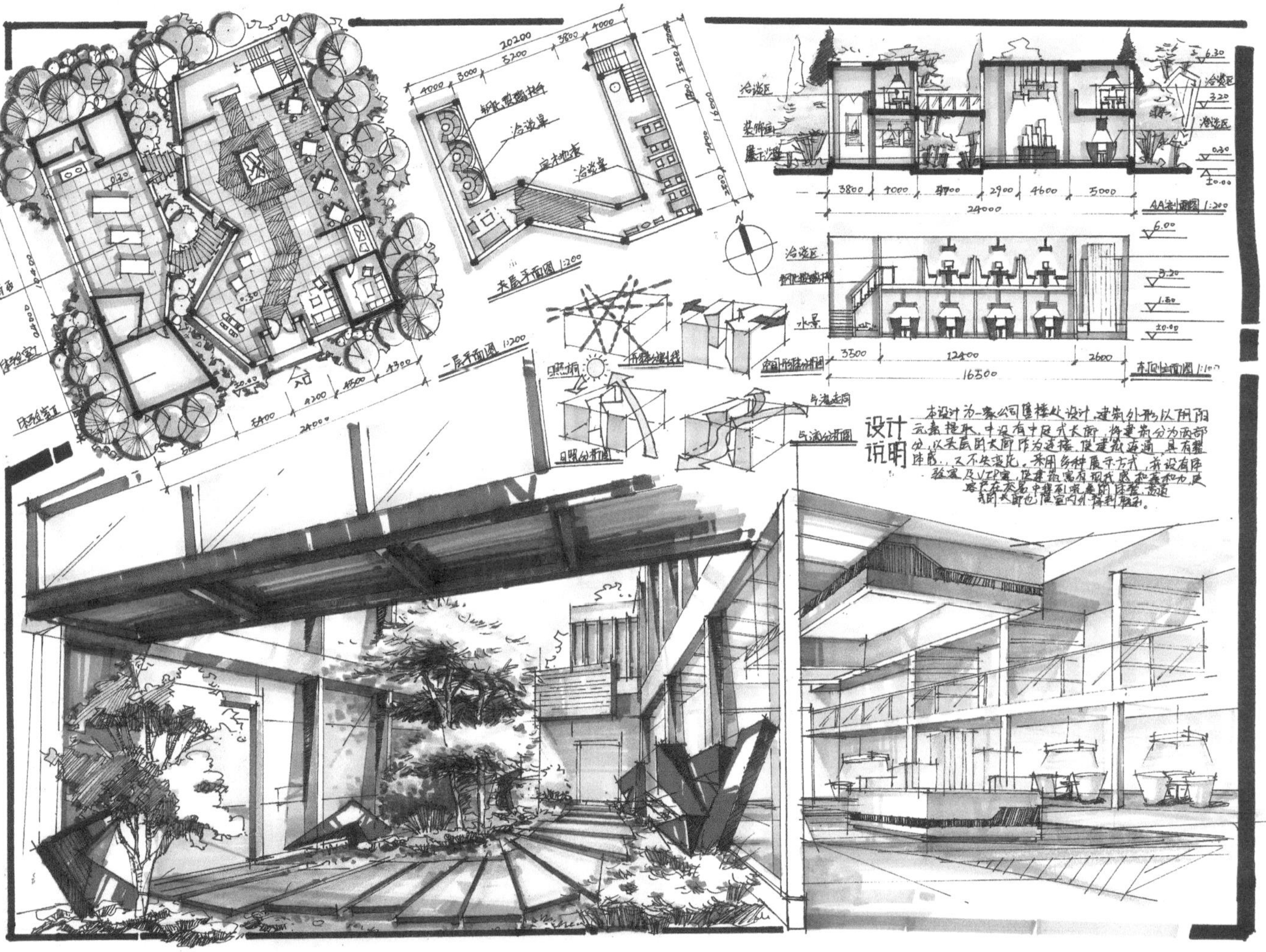

图8-71　展示陈列空间室内设计快题手绘（四）/ 新蕾艺术学院学员

Z 学姐
博士研究生
清华美院

如图8-71所示快题为一套室外景观与室内环境相结合的售楼处设计方案。室内设计与室外设计相结合的方式灵活多变，可根据透视中视点选择的不同，调整观看者的视觉中心，图中将室外景观部分作为刻画主体，通过明暗对比与鲜灰对比，强调其主体性。在制图层面适当降低色彩明度与饱和度，有助于进一步区分画面主次。

S 学姐
硕士研究生
中央美院

色彩运用是如图8-71所示快题的一个亮点，色彩运用的既统一又丰富，稳重而明快，局部纯色的几何形体很好地拉开了空间层次；笔触运用也非常放松、细致，整体效果强烈。整体略显零碎，不够整体统一。平面图中植物的手绘表达过于强烈，色彩饱和度高、对比度强，略显喧宾夺主。

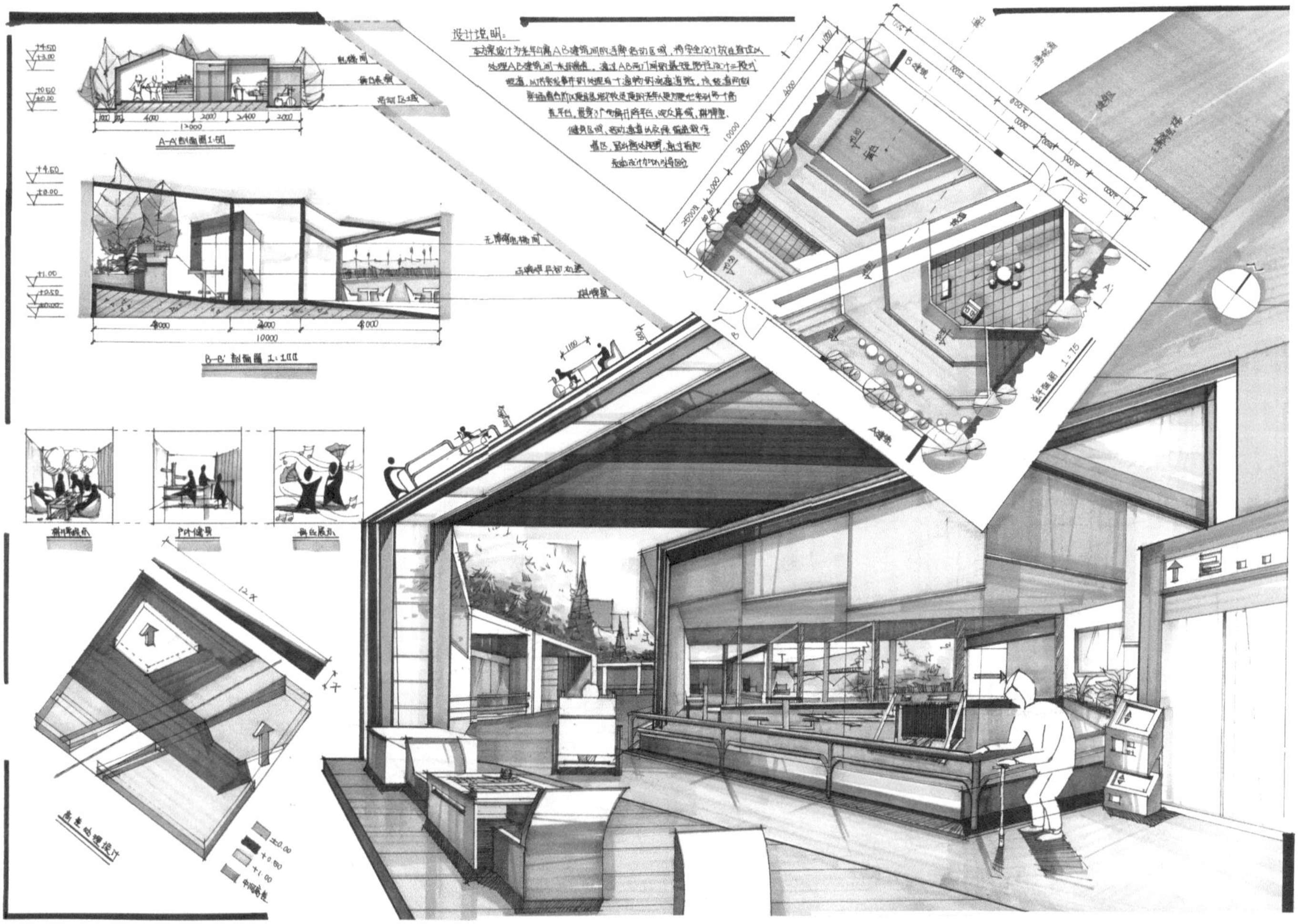

图8-72　展示陈列空间室内设计快题手绘（五）/ 新蕾艺术学院学员

L 学姐
硕士研究生
北京林业大学

如图8-72所示快题设计方案为一套老年疗养院设计方案，排版中将平面图是与效果图进行结合，新颖独特。效果图明暗对比强烈，鲜灰对比适宜，大量的灰色调为整体氛围进行铺垫，近景构筑物刻画细致，空间纵深感强，层次丰富，采用节点对场景内的使用者行为进行分析，令人印象深刻。

K 学姐
硕士研究生
北京服装学院

如图8-72所示方案的构图比较新奇，平面图的空间划分合理流畅；上色采用平铺的手法，使画面工整，但略显用笔不熟练。空间体块感、光影感较弱，缺少视觉张力，人物的绘制也有些生硬。整体画面的颜色没有把握好，整体颜色过于灰暗，缺乏亮色活跃画面。平面图、剖面图的面积过小，没有高效展示设计内容。

展示陈列空间室内设计快题手绘如图8-73所示。

图8-73　展示陈列空间室内设计快题手绘（六）/ 新蕾艺术学院学员

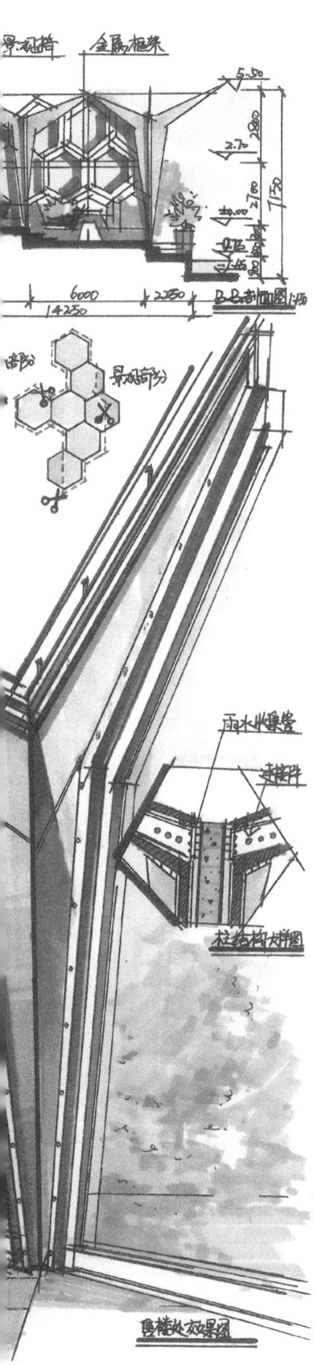

· 快题设计题目要求：展示陈列空间设计（设计实践项目选题）

S 学长
博士研究生
清华美院

本套方案为一套以蜂巢作为设计灵感的售楼处设计方案。提到售楼处，会想到房子、家等概念，设计者采用蜂巢这一概念进行设计，设计灵感十分巧妙、新颖别致，也因其独特的六边形结构使得效果图十分有特色。快题整体设色强烈大胆明快，明暗对比张弛有度。在制图层面可将平面图的设色进行调整，提高其明度，降低其“存在感”，保证整体画面的平衡。

Y 学长
硕士研究生
清华美院

该方案的设计灵感来自蜂巢，通过对蜂巢六边形的元素提取、演变，设计出独特的空间结构；整个方案细节丰富，大量运用钢架结构，钢架的搭接不仅具有稳定性，还带有现代设计感，钢架节点也做了细致分析。分析图分析全面，效果直观，蜂巢的元素应用广泛，统一了整体画面。不过平面图的室内与室外部分没有区分开，影响整体效果。

H 学姐
硕士研究生
清华美院

在本套方案中十分值得注意的是：设计者在设计空间的过程中，不止对空间中的隔断、家具进行设计，也对地面铺装进行了规划，设计出了具有指示意味的地面铺装。这种导视系统在实际方案应用中尤为重要，也体现出设计者对于设计细节的把控。同时在效果图中我们也可以看到绘图者对窗外远处景物进行模糊化处理，与室内设计形成了虚实对比。

Y 学姐
硕士研究生
中央美院

方案整体比较完整，用色鲜亮，对比度强，机械感强烈，平面图及效果图细节刻画丰富，空间结构很有张力，元素应用契合主题。效果图中“Y”字形结构结实有力，配以结构大样图，对结构、构造和施工做法进行补充，使得画面全面整体，体现出设计者良好的设计意识和基础能力。这是一张主题明确、视觉效果强烈的优秀快题手绘作品。

展示陈列空间室内设计快题手绘如图8-74、图8-75所示。

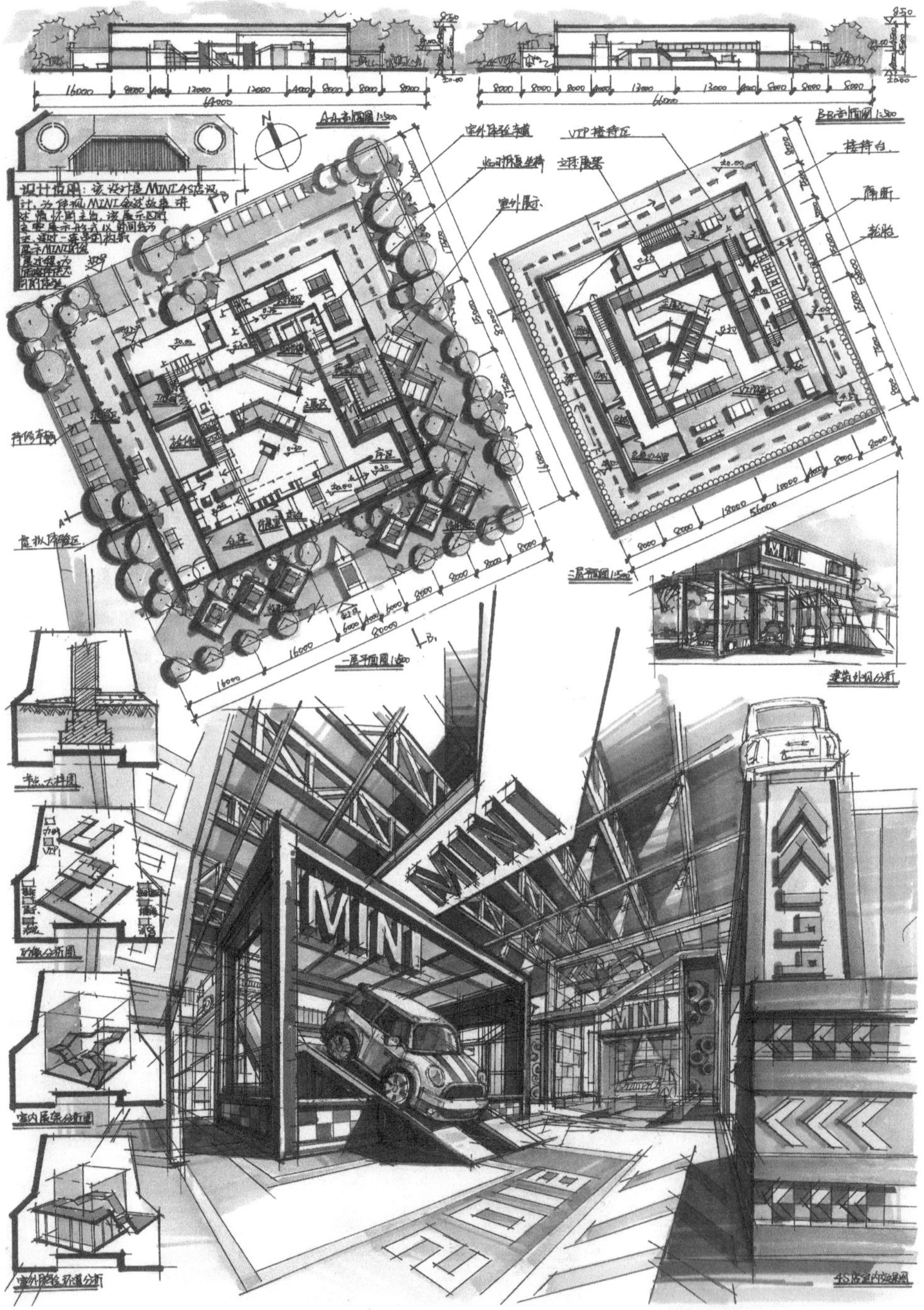

图8-74　展示陈列空间室内设计快题手绘（七）/ 新蕾艺术学院学员

Z 学姐
硕士研究生
清华美院

左图快题设计方案为汽车销售展厅设计，作者将其细化为特定车型的展销大厅。以其发展历史为设计的灵感与设计思路，新颖独特，效果图空间感强，细节丰富。不过可适当做减法。

Y 学长
硕士研究生
清华美院

左图方案为工业风，机械感强烈，对机械结构的掌握比较透彻，画面冲击力强。作品对于细节的绘制比较充分，有很高的完整度，可见作者的手绘功底较强，逻辑思维清晰，其细节刻画值得学习。

Y 学姐
硕士研究生
中央美院

右图方案为汽车展厅设计，通过局部还原汽车在使用过程中的场景，进行叙述性设计，空间氛围感强。配合效果图形式语言，在立面图、平面图、剖面图均加入等高线等设计元素，进行辅助设计，风格和谐统一。

S 学姐
硕士研究生
中央美院

右图作品的构图比较独特，平面图与剖面图的设计风格新颖，加入主题元素使画面统一有序，适量的空白也让画面的视觉效果较清爽，主次分明。效果图的表现技法熟练，用笔准确，干脆又不失细节。

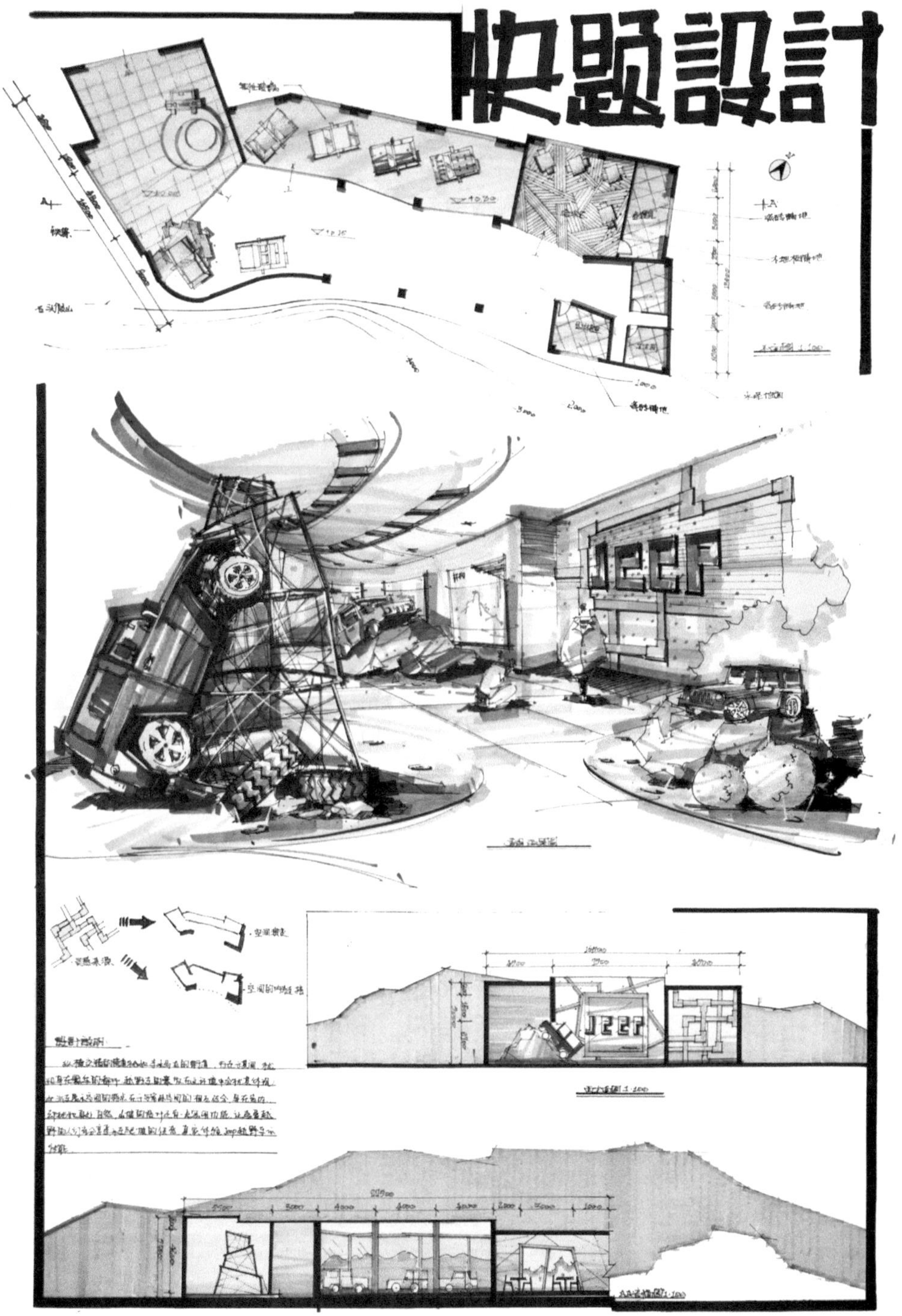

图8-75　展示陈列空间室内设计快题手绘（八）/ 新蕾艺术学院学员

展示陈列空间室内设计快题手绘如图8-76~图8-79所示。

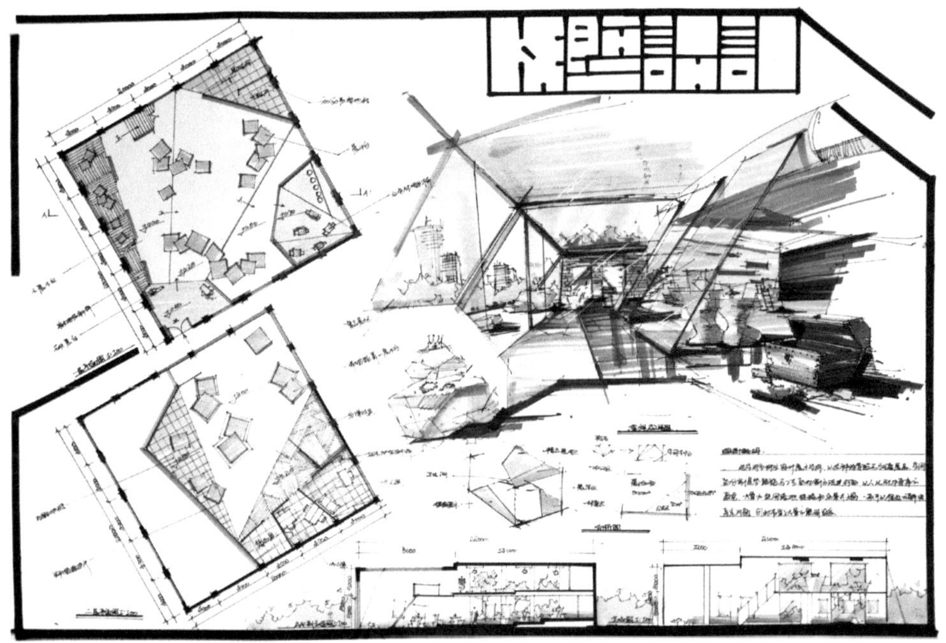

图8-76　展示陈列空间室内设计快题手绘（九）/ 新蕾艺术学院学员

Z 学姐
硕士研究生
清华美院

左图方案为沙龙展示空间设计方案，效果图中前景的宝藏箱布景极具氛围感，大量玻璃材质的使用使得空间通透，同时透明隔断也增强了空间层次感，排版活泼、生动。同时减轻工作量，适合作为应试素材。

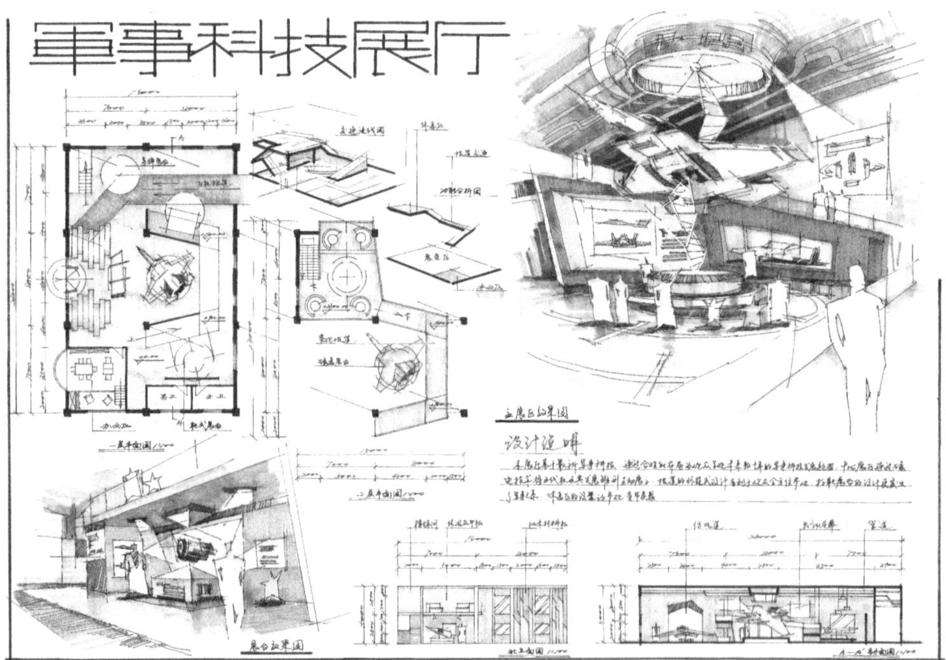

图8-77　展示陈列空间室内设计快题手绘（十）/ 新蕾艺术学院学员

Y 学长
硕士研究生
清华美院

左图展示空间的配色采用高级灰色调，以深色背景突出亮色主体物，画面具有独特的视觉效果，同时也起到了功能性作用。作品的色彩表达准确，笔触放松、大胆，整个画面又非常和谐，风格出挑。

S 学姐
硕士研究生
中央美院

在右图餐饮空间设计方案中，绘图者技术纯熟，笔法老练，效果图十分出众。绘图者运用笔触变化、色彩的明度变化，描绘构筑物的肌理，效果图空间感强，透视准确，明暗对比、鲜灰对比强烈。

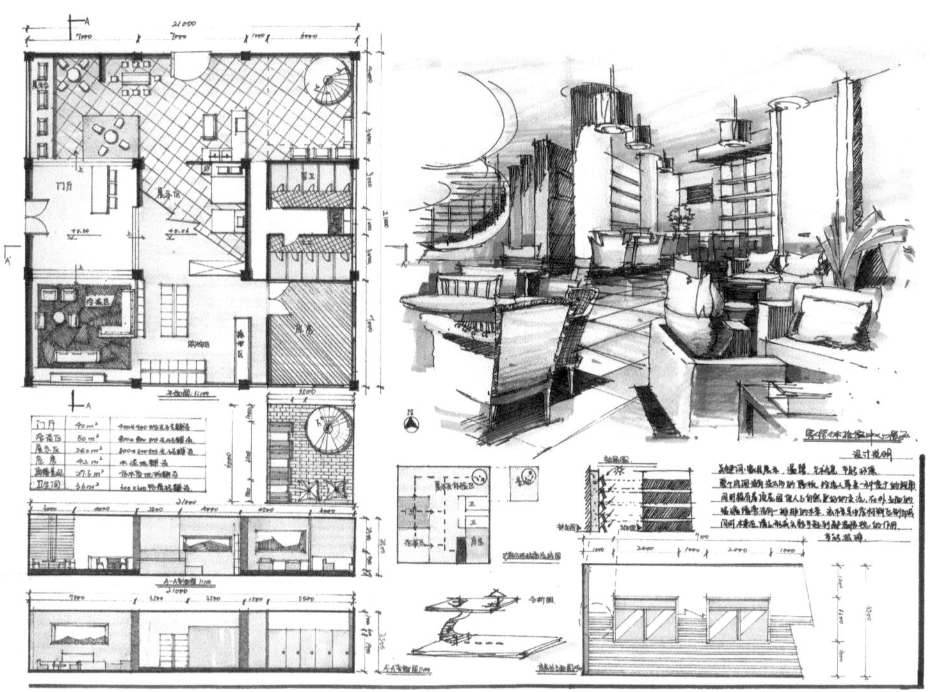

图8-78　展示陈列空间室内设计快题手绘（十一）/ 新蕾艺术学院学员

Y 学姐
硕士研究生
中央美院

右图方案的用线轻松、流畅，用色准确，笔触潇洒，结构清晰，是技法比较熟练的作品。平面功能布局合理，动线流畅，分析图的绘制非常生动，具有设计美感。纯手绘的表达展现出良好手绘功底。

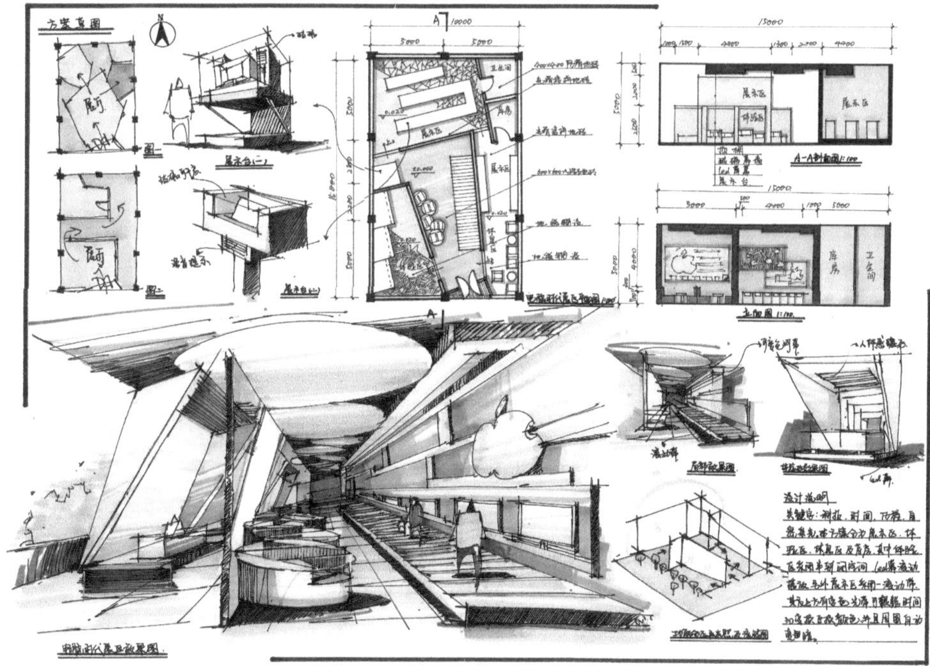

图8-79　展示陈列空间室内设计快题手绘（十二）/ 新蕾艺术学院学员

展示陈列空间室内设计快题手绘如图8-80、图8-81所示。

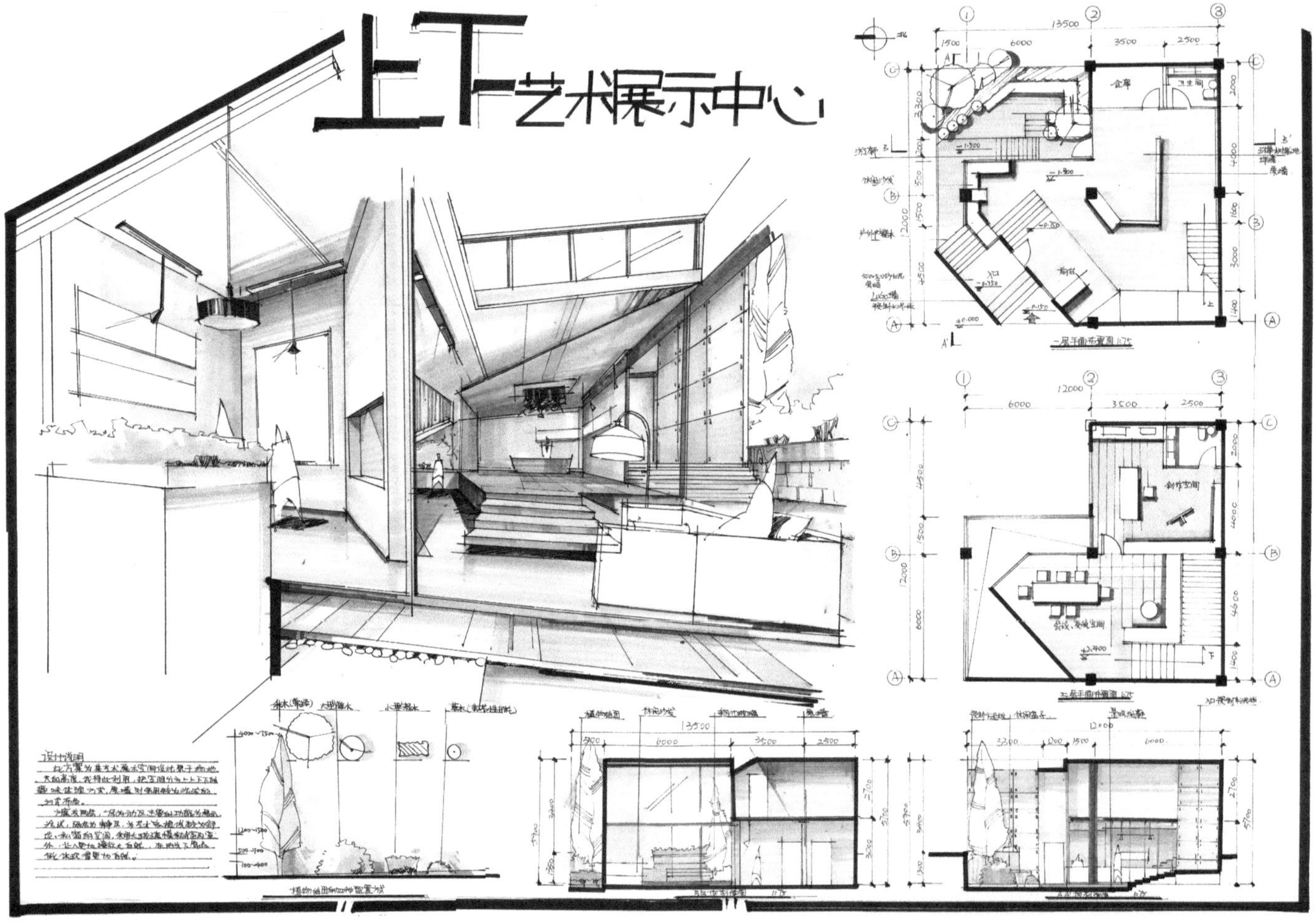

图8-80　展示陈列空间室内设计快题手绘（十三）/ 新蕾艺术学院学员

S 学姐
硕士研究生
中央美院

如图8-80所示快题为艺术展示空间设计方案，整体设色灰色调与木质材料相结合，简练、大气，能够很好地对艺术展品进行衬托，并营造空间氛围。效果图明暗对比适宜。在制图层面，严谨规范，多处用文字注释说明以增加快题的专业性，可适当添加更多分析图，表示阐述其设计的思路与过程。

L 学姐
硕士研究生
北京林业大学

如图8-80所示快题是一个艺术展示空间设计，颜色运用得简洁、准确，用简单的颜色搭配就做出了准确的空间划分和大氛围的营造，但从整体来看由于颜色的对比度不够，明度过于接近导致视觉冲击力弱，表现力不够。同时作品的制图细腻，用笔爽快，整个画面比较轻松。平面图缺少光影和体积的表现，略显平淡。

图8-81　展示陈列空间室内设计快题手绘（十四）/ 新蕾艺术学院学员

H 学姐
硕士研究生
清华美院

如图8-81所示快题也采用室内设计与室外景观设计相结合的方式，在室内前景中置入垂直绿化墙面，丰富细节，在排版中将效果图与局部节点分析图相结合，是一种很出效果的方式。在制图层面上，制图规范、严谨，文字标注翔实，分析图简明扼要，为说明方案提供依据。不过整体画面略显平均，主次虚实处理不够。

K 学姐
硕士研究生
北京服装学院

如图8-81所示方案的细节处理比较丰富，平面图与效果图都绘制得非常完整，空间布局合理。在表现手法上，材质刻画准确，但上色有些满密，画面张力较弱，可在效果图的绘制中进行取舍，增强画面对比。整体画面比较平均，主次和虚实对比欠缺，导致整个视线分散，难以集中，可尝试改变效果图视觉中心的主体物。

展示陈列空间室内设计快题手绘如图8-82、图8-83所示。

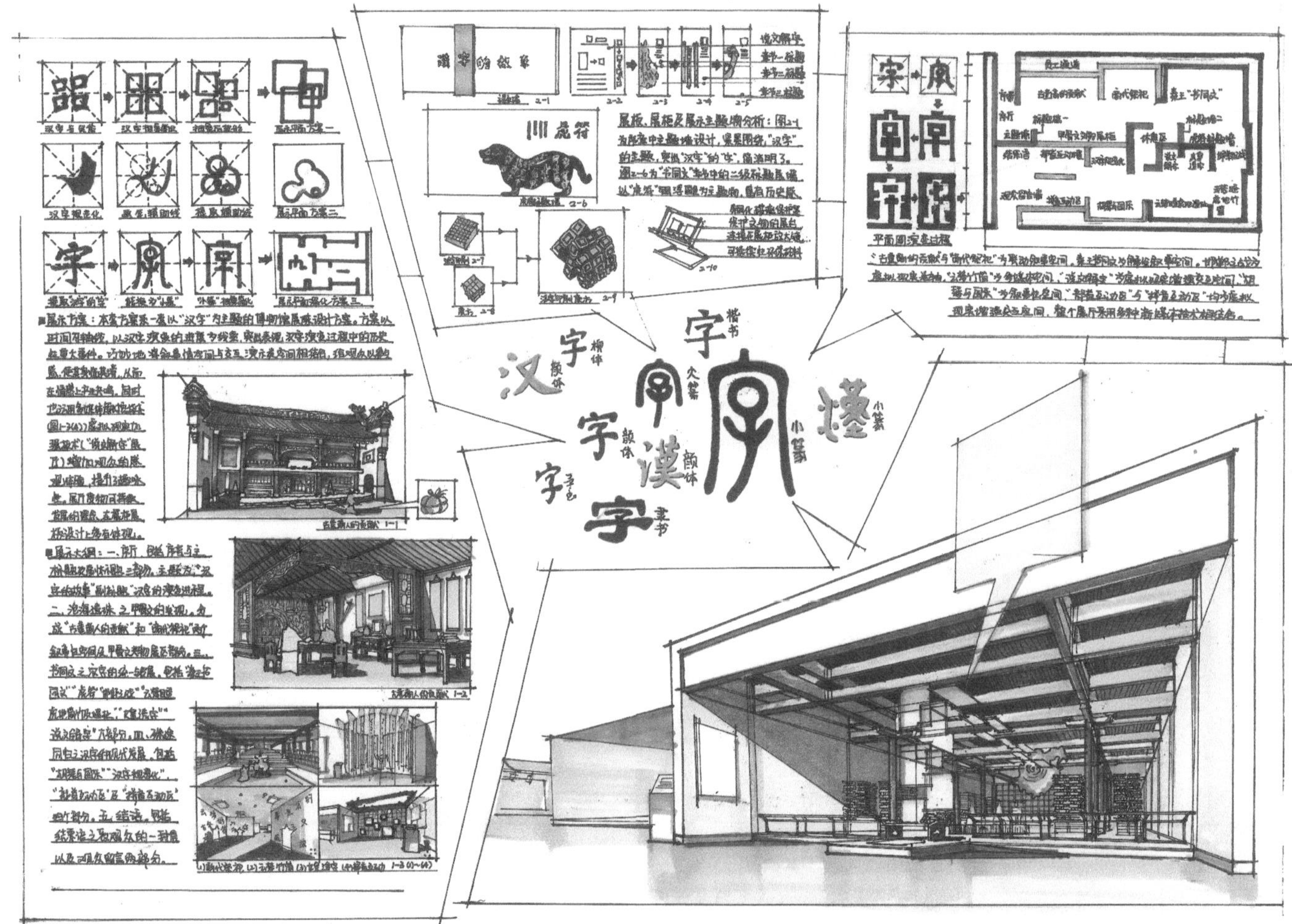

图8-82　展示陈列空间室内设计快题手绘（一）/ 新蕾艺术学院学员

8.10

博物馆科普展示空间室内快题设计手绘范例及评析

随着博物馆行业的大发展，对展示陈列设计的人才需求也在逐渐增大，部分院校因此开设博物馆展示陈列设计相关专业，展示陈列空间设计也作为快题设计考试中的常见空间类型。现代的展示陈列设计是以信息化、数字化手段为载体的设计形式，打破了传统的展示形式，以其更为灵活且丰富多变、传统形式无法抗衡的互动性、综合性，成为更符合当今观者审美诉求和情感诉求的一种新形式。

Z 学姐
硕士研究生
清华美院

如图8-83所示快题为传统民俗文化科普展示设计方案，设计者将需要科普的传统民俗文化限定为潮州木偶物质文化遗产。运用戏剧中的纹样元素进行设计，展示了整体展陈空间的多种角度的分镜。

S 学姐
硕士研究生
中央美院

如图8-83所示方案从排版到内容设计都有很高的完整度，材质及细节刻画精细，颜色对比柔和但主次分明。效果图中的大笔触值得肯定，其构图工整但“有破有立”，对方案的分析比较详尽，是优秀的写实风格作品。

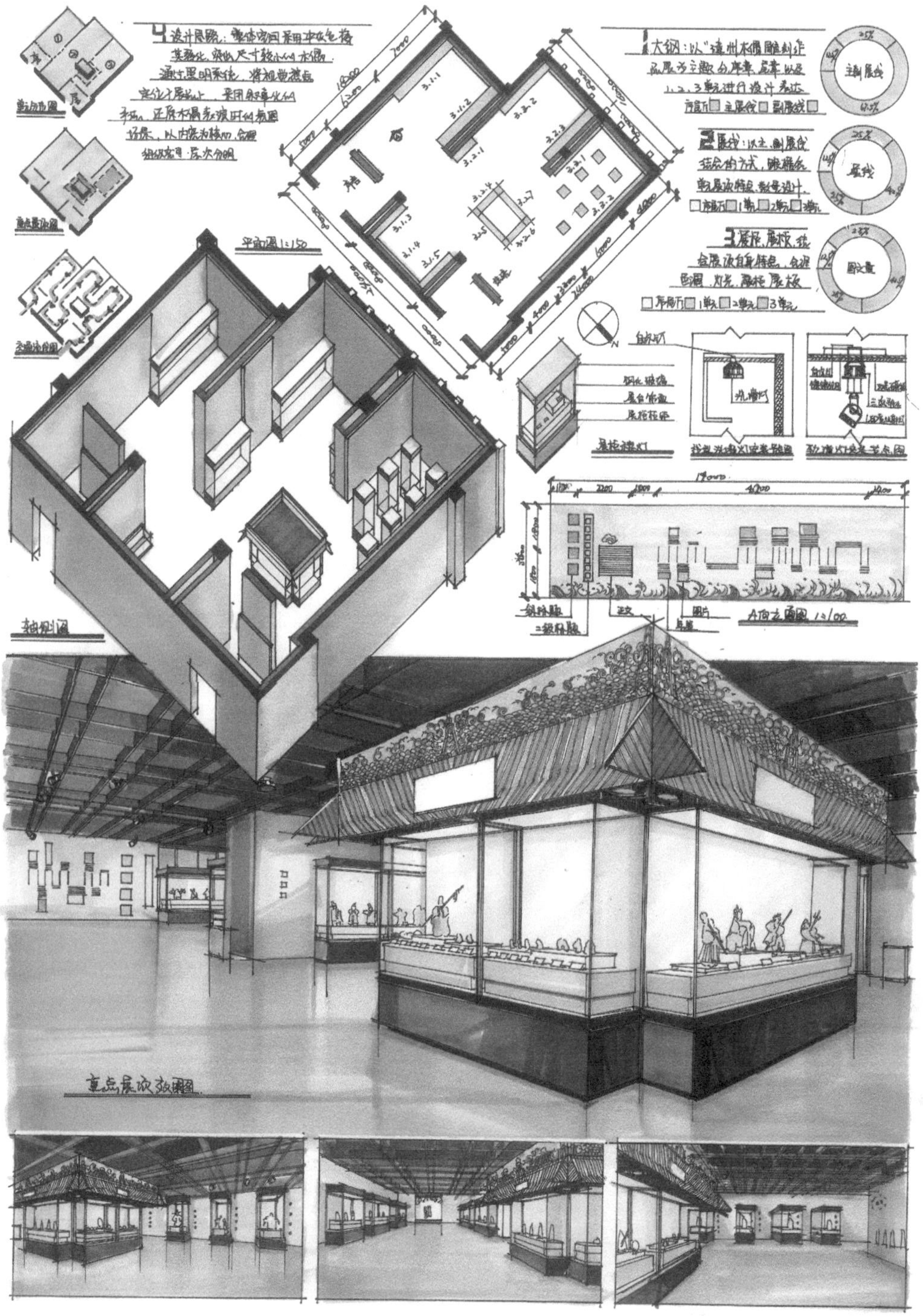

图8-83　展示陈列空间室内设计快题手绘（二）/ 新蕾艺术学院学员

博物馆科普展示空间室内设计快题手绘如图8-84、图8-85所示。

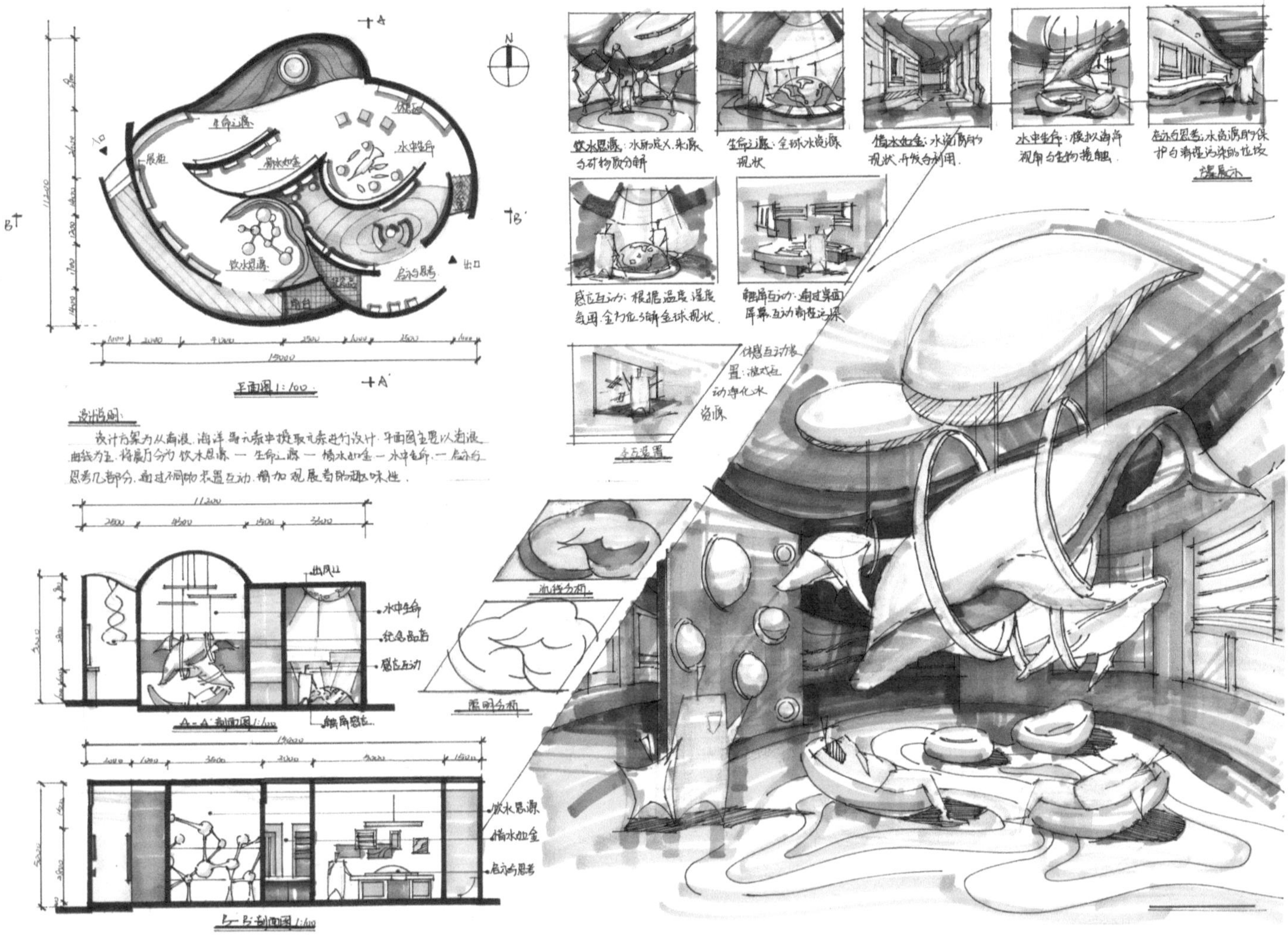

图8-84　博物馆科普展示空间室内设计快题手绘（三）/ 新蕾艺术学院学员

H 学姐
硕士研究生
清华美院

如图8-84所示快题为以水元素、海洋元素为设计主题的科普展示设计方案。其形式语言选取与水元素相得益彰的曲线语言进行设计，并选取与海洋主题相关的海豚元素为主体物。在局部节点中模拟多种场景下的情节，并对其进行分析说明。需要注意的是不可太过于注重主体物的构筑，而忽视了空间本身的层次。

Z 学姐
硕士研究生
清华美院

如图8-84所示作品的整体构图饱满，画风独特，表现手法熟练，用线丰富、流畅，将空间中的明暗关系处理得非常到位。上色准确、爽快，空间的疏密关系、主次关系和谐，虽然整体画面紧凑，但视觉效果轻松、愉快。这是一张早期的学生作品，效果图室内外环境的视角一直是学生临摹学习的范本。

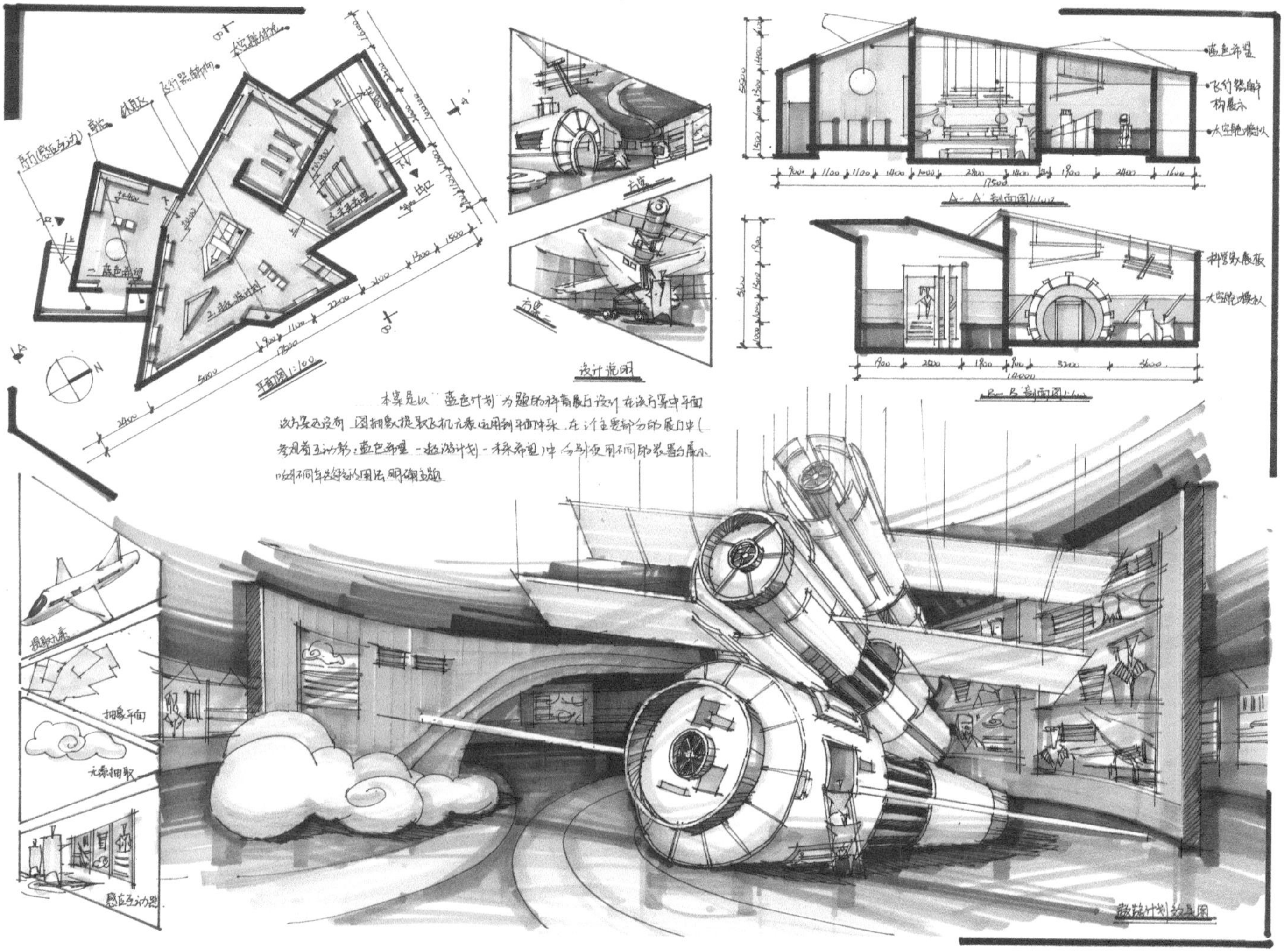

图8-85 博物馆科普展示空间室内设计快题手绘（四）/ 新蕾艺术学院学员

W 学姐
硕士研究生
清华美院

如图8-85所示快题是一套科技元素为主体的科普展示设计方案，作者将其细化为航空航天科技成果展。主体物为我国近年来大型航空航天科技成果，对其进行细致刻画，营造空间氛围，整体效果表现力极强。同时对展厅内的其他部分节点，也进行分镜处理。不过建议在效果图的空间感上进行提高，也可适当细化分析图。

M 学姐
硕士研究生
清华美院

如图8-85所示方案在表现方面，笔触活泼，塑造精细，对画面主体物的刻画非常细致，直接点题，在平立面的设计上也十分切题。绘制具象的展示装置需要对造型有详细了解，可以增加画面的丰富程度和切题度，但是需要对具象造型有大量的积累，能够运用在合适的主题中。整个快题虽创意十足，但可实施性偏差。

博物馆科普展示空间室内设计快题手绘如图8-86、图8-87所示。

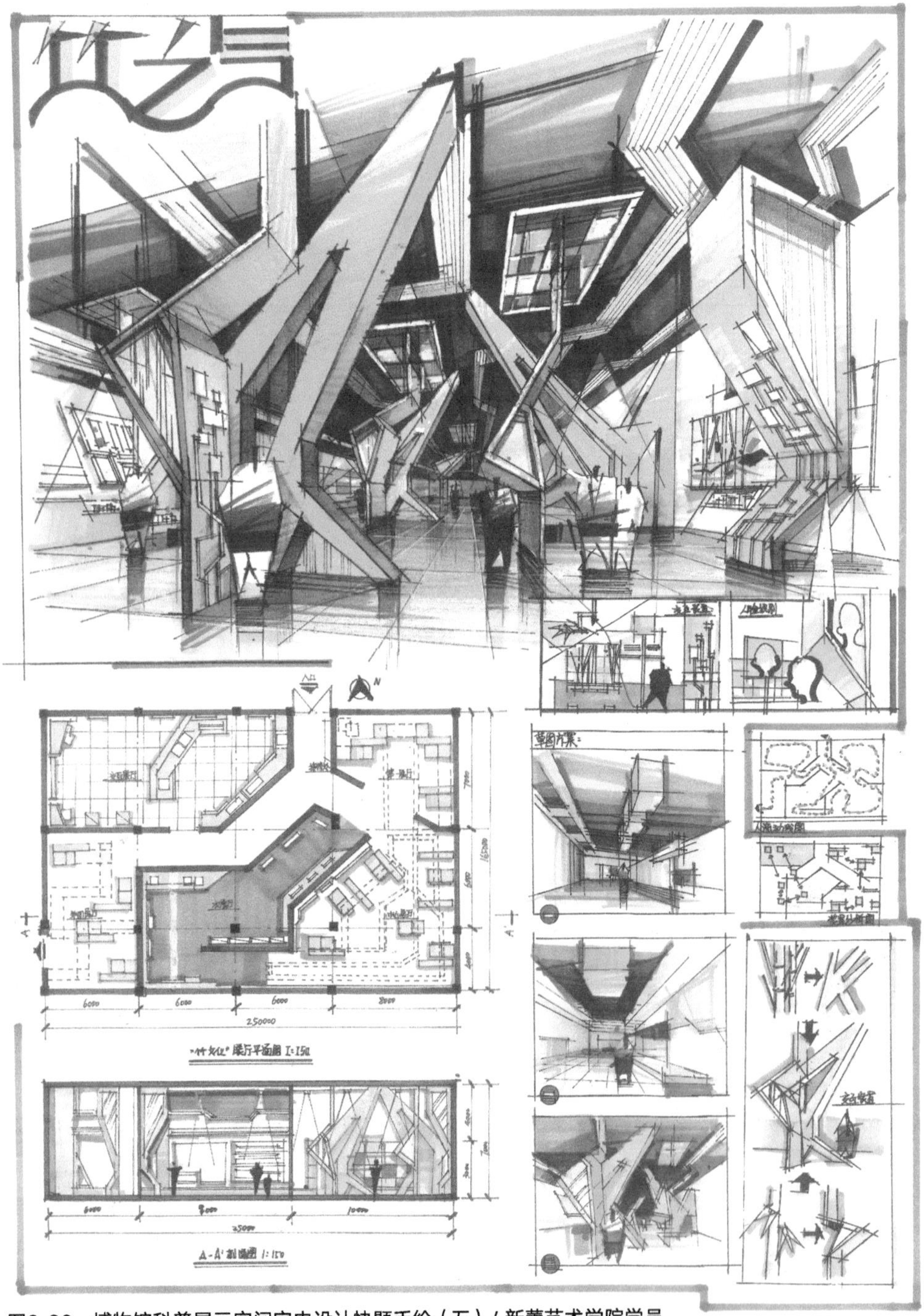

图8-86　博物馆科普展示空间室内设计快题手绘（五）/ 新蕾艺术学院学员

Z 学姐
硕士研究生
清华美院

如图8-86所示快题以植物元素为设计灵感的科普展示空间设计方案，作者将其细化为以竹元素为土题的设计。整体符合题目要求，设色统一，分析完整，空间感极强。

Y 学长
硕士研究生
清华美院

如图8-86所示快题展示空间的设计方案较完整，元素演变合理，空间中的几何折线展示台是围绕主题演变后的形态，有空间分割的作用，同时增加了展示形式的丰富度和空间的层次感，提高了展示空间的探索性。

L 学长
硕士研究生
清华美院

如图8-87所示快题是一套以科学历程为主题的科普展示方案设计。绘图者运用细胞、化学构成等科学元素进行设计。围绕主题选取主题色。画面明暗对比层次鲜明，需注意展厅空间应显示出其特有的“展陈”功能。

H 学姐
博士研究生
清华美院

如图8-87所示是一个展示空间设计方案，平面图设计新颖且切合主题，通过细胞的元素演变形成不同的空间布局，流线合理清晰。主效果图的表现技法熟练，但缺乏细节；立面图也需设计深化设计和进一步表达。

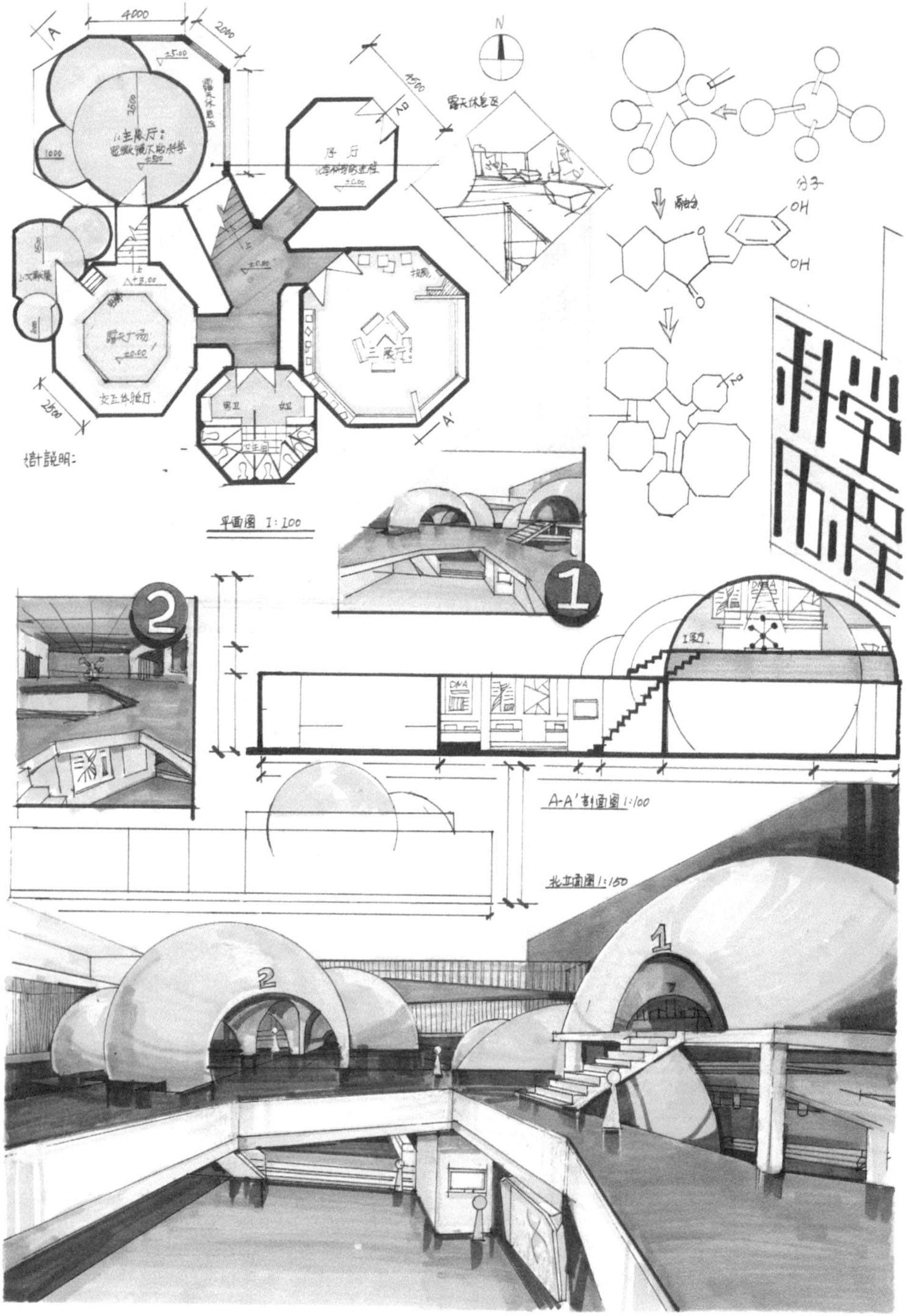

图8-87　博物馆科普展示空间室内设计快题手绘（六）/ 新蕾艺术学院学员

结束语 CONCLUSION

《室内设计快题手绘表达与解析》这本书从基础到提高，系统性地分析和讲解了室内设计快题手绘的思路和学习方法，书中展示了百余张北京地区一类设计院校近几年的高分快题作品，并邀请清华美院、中央美院、北理工等院校20余位硕士、博士进行专业的评析。在教学过程中，成果是喜人的，学生中不少应届考生以专业前三名的成绩考入了理想中的院校，其中不乏清华美院、中央美院、北京服装学院等国内知名设计院校。

手绘是表达设计思路的一种语言和手段，会因个人的背景和知识构成，表现出来的形式也有所不同。因此，手绘的风格和形式也是具有多样性和差异性的，也正是这种差异性才会使得手绘变得生动、具体。如果哪一天这种差异性没有了，变得千篇一律，则是非常可悲的。手绘的学习过程是漫长、无止境的。只有不断地突破，才能取得优异的成绩。在手绘学习的过程中，我也一直在探索新的方式和语言，也曾遇到过瓶颈，走过弯路。但无论结果如何，学习和探索的过程是有趣和令人难忘的。对于手绘的初学者，我总结了几点学习手绘的思路和方法，未必适用于每个人，但希望能给走在手绘学习之路上的读者们一些参考和经验。

一、正确的方向和适合自己的方法

正确的方向就像灯塔，指明前进的方向。无论路程中遇见什么样的困难和迷惑，正确的方向会让你在手绘的道路上走得更好、更远。在手绘学习的过程中，所谓的正确方向是指：端正手绘的目的，不是为了效果图而画效果图，不是为了表面的技法而学习手绘。要明确手绘效果图不是仅仅对空间的临摹和再现，而是一个展现设计方案和进一步完善设计思路的思考过程，是最终服务于设计本身的一种表现形式和语言。在明确了这样的前提下，手绘的学习过程中不能过多侧重于线条、笔触，以及效果图的训练，而更多应该注重对方案本身的思考过程。

在手绘的学习过程中，层出不穷的手绘学习资料和五花八门的手绘学习方法令初学者眼花缭乱。学习手绘的方法因人而异，并没有优劣之分，但适合自己的方法才是好的方法。鞋合不合适，只有脚知道，手绘的学习方法是否适合自己，只能自己做出判断和选择。每个人的基础和审美不同，绘图习惯也存在很大的差异，不能把某种方法直接拿过来生搬硬套，要结合自己的具体实际，吸收并消化，总结出适合自己的学习方法，来指导手绘学习，并在学习的过程中，不断检验和完善这套方法。

二 、合抱之木，生于毫末；九层之台，起于累土

基础不牢，地动山摇。手绘的学习不是一蹴而就的，是一个持续而漫长的过程，不能急于求成。很多初学者在学习手绘的过程中，透视还不理解就开始着急练习线条，线条还没有达到标准就开始上颜色，急于求成往往效果事与愿违。在手绘的学习过程中要端正态度，稳扎稳打，一步一个脚印把基础打牢，才能为后期的提高提供可能。本书中的内容，正是按照前后的逻辑关系来写的，前一章的内容是后一章内容的基础和前提，后一章是前一章内容的延续和补充，因此在手绘练习的过程中顺序不能乱。正如对手绘的正确认识和理解是学习手绘的前提，对绘图工具的熟悉和使用是画手绘的基础，线条的训练是画好线稿的基础，线稿又是上颜色的基础。从简到难，环环相扣。哪一部分出现了问题就要在这部分多花费些时间去研究和练习，直到把这部分的问题解决了才能继续往下进行。否则，存在的问题迟早会暴露出来，使学习的进程变慢，甚至走弯路、错路。

功夫的深浅在于内力的深厚。手绘的道路能走多远，很大程度上依赖于基础是否牢靠。对于初学者而言，一定要正视基础的内容，重视基础的内容，花大量的时间去打牢基础。

三、勤能补拙是良训，一分辛苦一分才

“天道酬勤”“书山有路勤为径，学海无涯苦作舟”，不难看出都在强调“勤奋”的重要性。自古以来，“勤”就被视为成功的秘诀之一。而对于那些在手绘方面没有天分的人来说，勤奋便是唯一的可以取得成功的法宝。手绘的学习在于每一天的勤奋练习，量变引起质变，数量上的积累必然带来质量上的突破。但每天都能坚持练习手绘并不是一件容易的事情，甚至是枯燥无味的，很多人中途就会放弃，究其原因，是缺乏内心的热爱和兴趣。当你对手绘充满了兴趣，你将会拥有学习手绘的不竭动力。因此在学习手绘的过程中，不仅要勤奋刻苦，持之以恒，更要特别注重培养对手绘的兴趣和热爱。

四、 善于总结和思考

手绘是大脑、眼睛和手相互合作来完成的，眼睛将看到的信息传递给大脑，大脑输送信息给手，手将接收到的信息用图示的方式表达出来。对于绝大多数初学者来说，学习和练习手绘时多依赖于眼睛和手上的合作，而忽视了大脑的作用。换言之，绝大多数初学者在练习手绘时，只动手，不动脑，画的时候大脑一片空白，不去思考，知其然不知其所以然，久而久之养成了这样的习惯。虽然手头速度和能力有所提高，但大脑的作用却越来越不明显，方案的设计能力也随之下降。对于初学者来说，要善于带着思考和问题去学习手绘，要善于和别人交流，多问别人问题，多问自己问题：问问自己为什么要这样画；没有画好的原因是什么；如何去避免这种情况的发生；带着这些问题去主动思考，并在画的过程中去寻找解决的办法。

曾子曰：“吾日三省吾身”，适时的自我总结和反省，能够发现自身存在的问题，从而解决这些问题。手绘学习也是这个道理，对于初学者来说，在练习手绘时会暴露出很多问题，把这些问题在本子或者画面中记录下来，下次再画之前，先看看这些问题，针对这些问题开始新一天的手绘学习，并在练习的过程中，尽量避免同样的错误再次发生。这样，每天都在解决前一天出现的问题，每天都在进步和提高。

学习手绘不仅仅是自己的事情，要善于和别人交流。三人行必有我师，无论别人画得如何，都有你值得学习的地方，去发现别人作品的可取之处，还要善于发现别人作品的问题，并带着这些思考和总结再去开始你的手绘学习，这样你会得到更多的收获。

五 、注重个性化的培养

手绘的魅力之处就在于个体间差异性的表现，就在于那种个性化的表达。计算机辅助设计虽可以提高效率，但容易产生“千篇雷同”“缺乏个性”的现象。在这个强调个性化的行业中，注重个性化表达是十分必要的。缺乏个性的平庸很难让你脱颖而出，甚至会被埋没。手绘也是这样，缺乏个人的风格和个性表达，很难在众多手绘作品中崭露头角。在日常的手绘学习中，要善于打破常规的思维和惯性，要敢于大胆的尝试。建立自己的风格不仅仅要在手绘的表现方面下功夫，例如线条、颜色、用笔等都是体现个人特点的地方，更重要的是在手绘的方案设计上体现个人对设计的独特理解，形成自己的风格，使“方案”和“表现”这两方面风格统一起来，使自己的作品能够与众不同，脱颖而出。

六 、结合设计实践

手绘最终是为了更好地服务与设计，不能脱离了设计孤立地去谈手绘，否则手绘就失去了实际的意义。毕竟设计手绘不是为了得到一张绘画作品，或者说不是为了得到一张“画”。设计手绘是为了记录设计师对设计的思考过程和对方案的推敲过程，是为了最终设计而服务的。因此，设计手绘应该结合设计的实践去学习和提高，不能纸上谈兵。在设计的过程中去检验手绘，进而反过来促进手绘的学习和提高。对于很多初学者甚至设计师来说，经常习惯于先做设计，后补手绘图，很多时候整个方案的最终效果图都已经出来了，才补画前期的手绘分析图和草图。这样的手绘还有什么意义呢？手绘已经起不到辅助设计的作用，完全是为了手绘而手绘。而回头想想，没有前期的分析和大量的草图，设计方案如何才完成的呢？

手绘不是形式主义，画得再好，不能辅助设计也是白费。对于初学者来说，不要被表面的颜色和笔触所迷惑。能否很好地指导和服务设计，才是判断手绘好坏的标准。

致谢
ACKNOWLEDGEMENT

《设计思维与手绘表达系列》包括《室内设计手绘表达与快题基础》《室内设计快题手绘表达与解析》《展示陈列设计手绘快速表达》《视觉传达设计考研手绘与快题基础》《主题展览陈列设计手绘表达》《景观园林设计手绘表达与快题基础》6本书，陆续规划出版《珠宝首饰设计手绘表达与快题基础》《服装设计手绘表达与快题基础》《工业产品设计手绘表达与快题基础》等系列书籍。其中《室内设计快题手绘表达与解析》作为这套系列丛书的第二本，以室内设计、环境艺术设计专业考研快题手绘为重点，从分析图设计，到平面图、剖立面图设计，由浅入深、循序渐进系统地介绍了设计思维与手绘表达的学习方法、考研快题手绘绘制要点与技巧，以及优秀快题范例与评析。书中收录了百余幅新蕾艺术学院环艺教研组老师以及部分学生手绘作品，展示了近5年一类艺术设计院校考研手绘优秀作品，是近几年教学成果的集中展示，专业水准高、针对性强，是环境艺术设计、室内设计考研手绘必备书籍之一，也是设计师入职考试“宝典”。

在此，特别感谢陈六汀教授为我作序，陈老师作为我本科阶段环艺专业的启蒙人，对我专业学习和发展有着重要作用。其次，致谢新蕾艺术学院环艺教研组的各位老师，以及环艺相关专业的各位学生，基于他们的日常教学和实践工作，才有了如此丰硕的成果和骄人的成绩。再次，还要感谢机械工业出版社，感谢他们的高效工作及辛苦付出。最后希望这本书可以在设计思维与手绘表达领域，尤其是考研快题手绘方面给读者带来帮助，为读者在考研之路上指点迷津。不足之处，敬请谅解。书中部分作品有错别字现象，这点还请读者在学习过程中一定注意避免，考试时间虽然紧张，但满篇的错别字也会影响阅卷人对作品的印象。

环境艺术教研组编委：徐飞、罗亦鸣、韩坤炯、张宇春、杨跃、李成惠、苗雨霏、吴楠、张一凡、黄蕾、王华石、苏春婷、杨莹、李香漫、郑德群、宋晓菲、宋雨晴、刘雅静、孔泑涵、杜旭萍、王彤匀、鲍艳艳、赵凝。

收录作品名单（排名不分先后）：欧阳书琳、曹蕾、李逸文、张洁、刘彩辰、钟明、于琦格、谭楚姝、凌泽玉、李子璇、陈尧祥、刘迪等。

注：由于作品整理过程中存在部分作品未署名，无法确定作者信息，以上名单并未包含书中所有作品作者姓名，特此说明。

作者简介
ABOUT AUTHOR

宋 威

硕士毕业于清华大学美术学院环境艺术设计系，清华大学美术学院信息艺术设计系在读博士，中国人民革命军事博物馆设计美术室设计师、美术师。

第七届世界军人运动会“和平友谊之星”奖牌设计者，参与设计“共和国勋章”“国家荣誉称号奖章”“七一勋章”“八一勋章”。完成“英雄史诗 不朽丰碑”——纪念中国工农红军长征胜利 80 周年主题展览概念设计，“铭记光辉历史　开创强军伟业”——庆祝中国人民解放军建军 90 周年主题展览及“铭记伟大胜利　捍卫和平正义”——纪念中国人民志愿军抗美援朝出国作战 70 周年主题展览、“在党的旗帜下前进”——人民军队庆祝中国共产党成立 100 周年主题展览设计，中国人民革命军事博物馆公共空间及主题氛围营造概念设计、中国人民革命军事博物馆馆史馆概念设计、国家科技传播中心艺术装置及艺术品整体规划布局等多项重大设计创作任务。

完成国家社会科学基金艺术学重大项目课题研究，国家科技传播中心陈列布展总体概念设计及面向未来科技成果高科技展示技术应用课题研究，曾出版发行《完全手绘表现临本——景观设计快题表现》《设计思维与手绘表达——室内设计手绘表达与快题基础》。